Bootstrap+Vue.js

前端开发超实用代码集锦

罗帅 罗斌 编著

清華大学出版社
北京

内容简介

本书以“问题描述＋解决方案”的模式，使用 361 个实例介绍了 Bootstrap 和 Vue. js 两种前端开发框架的技术要点。全书根据内容分为两部分：在第 1 部分的 Bootstrap 代码中，主要介绍了输入框组、按钮组、块级按钮、胶囊导航、路径导航、导航栏折叠、分页、轮播、堆叠表单、内联表单、选项卡切换、选项卡下拉菜单、胶囊下拉菜单、手风琴折叠、Jumbotron、徽章、卡片、模态框、条纹进度条、动画进度条、滚动监听、响应式浮动、多媒体对象等技术；在第 2 部分的 Vue. js 代码中，主要介绍了单向数据绑定、双向数据绑定、动态属性绑定、多个事件绑定、样式绑定、计算属性、监听属性、过滤器、修饰符、全局组件和局部组件、全局指令和局部指令、各种内置指令、插槽、模板、混入对象、钩子函数、路由及其参数传递、过渡动画，以及 Vue. js 与 Lodash、GSAP、jQuery、Velocity、Animate、TweenJS 等第三方库（框架）的整合应用。

本书适合作为前端开发人员的案例参考书，无论对于编程初学者，还是编程高手，本书都极具参考和收藏价值。

图书在版编目(CIP)数据

Bootstrap＋Vue. js 前端开发超实用代码集锦/罗帅，罗斌编著. —北京：清华大学出版社，2021. 2
ISBN 978-7-302-56815-5

Ⅰ. ①B… Ⅱ. ①罗… ②罗… Ⅲ. ①网页制作工具－程序设计 Ⅳ. ①TP392. 092. 2

中国版本图书馆 CIP 数据核字(2020)第 217371 号

责任编辑：黄 芝
封面设计：刘 键
责任校对：焦丽丽
责任印制：丛怀宇

出版发行：清华大学出版社
网 址：http://www. tup. com. cn，http://www. wqbook. com
地 址：北京清华大学学研大厦 A 座 **邮 编**：100084
社 总 机：010-62770175 **邮 购**：010-83470235
投稿与读者服务：010-62776969，c-service@tup. tsinghua. edu. cn
质量反馈：010-62772015，zhiliang@tup. tsinghua. edu. cn
课件下载：http://www. tup. com. cn，010-83470236
印 装 者：三河市铭诚印务有限公司
经 销：全国新华书店
开 本：210mm×285mm **印 张**：31. 5 **字 数**：905 千字
版 次：2021 年 2 月第 1 版 **印 次**：2021 年 2 月第1 次印刷
印 数：1～2500
定 价：99. 80 元

产品编号：089516-01

随着互联网技术的发展和HTML、CSS、JavaScript的应用，前端界面变得更加美观，体验更加友好，交互更加显著，功能更加强大。为了让开发者得到更好的编程体验，将编程生产力转化为实际效益，前端开发已不仅仅局限于使用HTML、CSS及JavaScript等原始技术，而是广泛使用其衍生出来的各种框架，如Vue.js、Node.js、Three.js、React、Bootstrap、Angular等，这些前端框架均提供了比较优秀的解决方案，有效地将开发者从烦琐的代码中解放出来，使开发者更专注于内容呈现和逻辑实现。本书将以实例代码的模式解析Bootstrap和Vue.js这两个空前火爆的前端开发框架的技术要点。

Bootstrap是Twitter公司的设计师Mark Otto和Jacob Thornton基于HTML、CSS、JavaScript编写的前端开发框架，Bootstrap提供了响应式的栅格系统、链接样式、配色方案，以及大量可重用的组件和样式，本书将以实例的形式演示该框架的主要技术，如输入框组、按钮组、块级按钮、胶囊导航、路径导航、导航栏折叠、分页、轮播、排版、条纹表格、堆叠表单、内联表单、自定义表单、选项卡切换、选项卡下拉菜单、胶囊下拉菜单、导航栏下拉菜单、手风琴折叠、Jumbotron、缩略图、徽章、卡片、警告框、弹出框、模态框、条纹进度条、动画进度条、滚动监听、响应式浮动、多媒体对象等。

Vue.js是华人尤雨溪在2014年2月编写的一个主要以数据驱动和组件化的思想构建的JavaScript库。相比其他前端开发库，Vue.js提供了更简洁、更易于理解的API。如果说jQuery是手工作坊，那么Vue.js就像是一座工厂，虽然Vue.js做的大多数事情jQuery都可以做，但无论是代码量还是流程规范性都是Vue.js较优。本书以实例的形式列举了Vue.js非常有个性化的代码，如单向数据绑定、双向数据绑定、动态属性绑定、多个事件绑定、样式绑定、计算属性、监听属性、过滤器、修饰符、全局组件和局部组件、全局指令和局部指令、各种内置指令、插槽、模板、混入对象、钩子函数、路由及其参数传递、过渡动画，以及Vue.js与Lodash、GSAP、jQuery、Velocity、Animate、TweenJS等第三方库(框架)的整合应用。

如果Bootstrap是对CSS的再次封装，那么Vue.js就是对HTML的再次优化，因此本书需要读者有一定的HTML、CSS和JavaScript的基础知识。本书的Bootstrap代码基于Bootstrap 4.3.1实现，Vue.js代码基于Vue.js 2.6.11实现，在IntelliJ IDEA 2019.2.3环境编写完成，在最新版的"搜狗高速浏览器"和"Google Chrome浏览器"测试成功(即在浏览器中直接打开源代码.html文件)。因此建议读者在上述环境或条件下使用源代码。所有源代码不需要下载Bootstrap和Vue.js的其他文件，在测试或使用时保持网络畅通即可。由于Bootstrap和Vue.js这两个框架版本较多，并且不同的版本新增和作废的内容较多，因此不建议在其他版本中使用源代码，特别是不能使用较低的版本测试这些源代码。

本书实例丰富，技术新颖，贴近实战，思路清晰，高效直观，通俗易懂，操作性强。全书内容和思想并非一人之力所能及，而是凝聚了众多热心人士的智慧并经过充分的提炼和总结而成，在此对他们表示崇高的敬意和衷心的感谢！限于时间关系和作者水平，少量内容可能存在认识不全面或偏颇及一些疏漏和不当之处，敬请读者批评指正。

罗帅　罗斌

2020年于重庆渝北

目录 Contents

第1部分

Bootstrap代码

Bootstrap 是 Twitter 开发的一套 Web 前端框架，Bootstrap 可以简单地理解为：对 CSS 的再次封装，因此在大多数情况下，对 Bootstrap 的应用就是对该框架的相关调用。本书所有 Bootstrap 代码基于 Bootstrap 4.3.1 实现，在 IntelliJ IDEA 2019.2.3 环境中编写完成，在最新版的“搜狗高速浏览器”和“Google Chrome 浏览器”上测试成功，因此建议读者在上述环境或条件下使用源代码。所有源代码不需要下载 Bootstrap 的其他文件，在使用时保持网络畅通即可。

001 对文本的字体线条进行细化

此实例主要通过使用 font-weight-light 类，实现对文本字体线条进行细化的效果。当在浏览器中显示页面时，单击“显示原始文本”按钮，则原始文本的效果如图 001-1 所示；单击“显示加细文本”按钮，则第二行文本被加细之后的效果如图 001-2 所示。

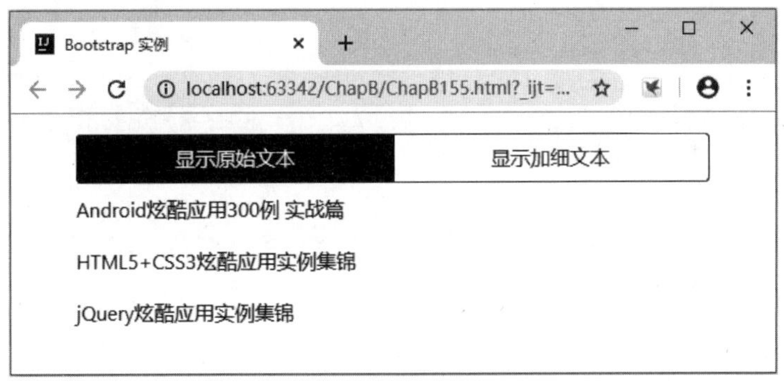

图 001-1

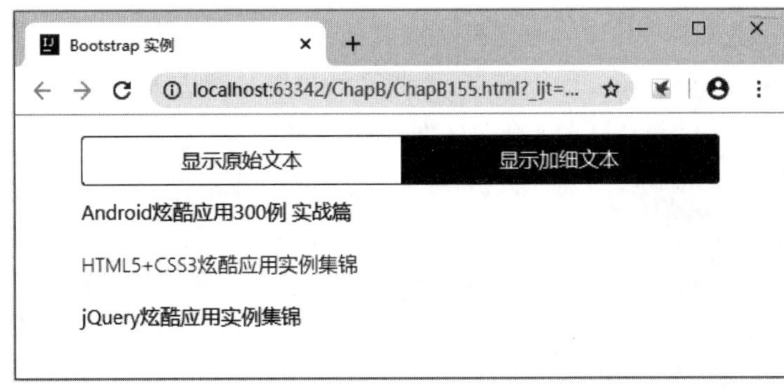

图 001-2

主要代码如下：

```
<!DOCTYPE html><html>
<head>
   <title>Bootstrap 实例</title>
   <meta charset="utf-8">
   <meta name="viewport" content="width=device-width, initial-scale=1">
   <link rel="stylesheet" href="https://cdn.staticfile.org/
      twitter-bootstrap/4.3.1/css/bootstrap.min.css">
   <script src="https://cdn.staticfile.org/
      jquery/3.2.1/jquery.min.js"></script>
   <script src="https://cdn.staticfile.org/
      popper.js/1.15.0/umd/popper.min.js"></script>
   <script src="https://cdn.staticfile.org/
      twitter-bootstrap/4.3.1/js/bootstrap.min.js"></script>
</head>
<body>
   <div class="container mt-3">
      <div class="btn-group w-100 mb-2">
        <button type="button" class="btn btn-outline-dark"
                 id="myButton1">显示原始文本</button>
        <button type="button" class="btn btn-outline-dark"
                 id="myButton2">显示加细文本</button></div>
        <p>Android 炫酷应用 300 例 实战篇</p>
        <p id="p2" class="font-weight-light">HTML5 + CSS3 炫酷应用实例集锦</p>
        <p>jQuery 炫酷应用实例集锦</p>
   </div>
<script>
    $(function () {
      $("#myButton1").click(function(){          //响应单击"显示原始文本"按钮
          $("#p2")[0].className = "font-weight-normal";
      });
      $("#myButton2").click(function(){          //响应单击"显示加细文本"按钮
          $("#p2")[0].className = "font-weight-light";
      }); });
</script></body></html>
```

在上面这段代码中，class="container mt-3"表示创建一个容器，在大多数的 Bootstrap 应用中，都需要这个容器；container 类用于创建固定宽度并支持响应式布局的容器，container-fluid 类用于创建 100% 宽度，占据全部视口（viewport）的容器。class="font-weight-light"表示对该元素（段落）中的文本字体线条进行加细。font-weight-normal 类则表示以正常字体显示文本。

在大多数情况下，使用 Bootstrap4 框架的类或其他插件需要引入 bootstrap.min.css、bootstrap.min.js、jquery.min.js、popper.min.js 等文件，这些文件可以从官方网站 https://getbootstrap.com 下载，但在国内推荐使用 Staticfile CDN 在线文件，即：

```
<!-- Bootstrap4 核心 CSS 文件 -->
<link rel="stylesheet" href="https://cdn.staticfile.org/
    twitter-bootstrap/4.3.1/css/bootstrap.min.css">
<!-- jQuery 文件，务必在 bootstrap.min.js 之前引入 -->
<script src="https://cdn.staticfile.org/
    jquery/3.2.1/jquery.min.js"></script>
```

```
<!—该文件主要用于弹窗、提示、下拉菜单 -->
<script src="https://cdn.staticfile.org/
    popper.js/1.15.0/umd/popper.min.js"></script>
<!-- Bootstrap4 核心 JavaScript 文件 -->
<script src="https://cdn.staticfile.org/
    twitter-bootstrap/4.3.1/js/bootstrap.min.js"></script>
```

本书的所有 Bootstrap 源代码如无特别说明，均使用了上述四个文件，因此其他实例的纸质文字说明不再录入这些内容，只提供在 body 中的源代码。此外，部分实例可能涉及较多的 Bootstrap4 知识点，由于篇幅限制，这些知识点说明不会在某个实例中一次性介绍，而是分散在多个实例中，因此在单个实例中，只需明白该实例强调的知识点即可。

此实例的源文件是 MyCode\ChapB\ChapB155.html。

002 对文本的字体线条进行加粗

此实例主要通过使用 font-weight-bold 类，实现对文本字体线条进行加粗的效果。当在浏览器中显示页面时，单击“显示原始文本”按钮，则原始文本的效果如图 002-1 所示；单击“显示加粗文本”按钮，则第二行文本被加粗之后的效果如图 002-2 所示。

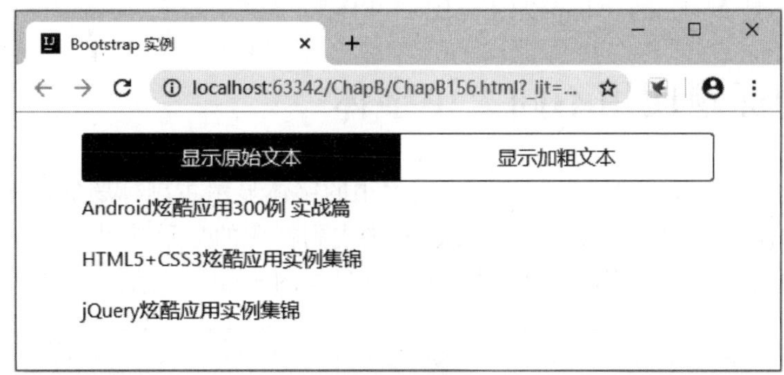

图 002-1

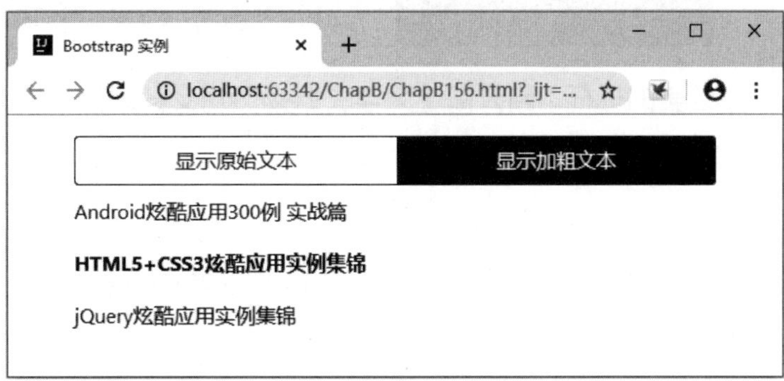

图 002-2

主要代码如下：

```
<body>
<div class="container mt-3">
 <div class="btn-group w-100 mb-2">
```

```
    <button type="button" class="btn btn-outline-dark"
            id="myButton1">显示原始文本</button>
    <button type="button" class="btn btn-outline-dark"
            id="myButton2">显示加粗文本</button></div>
  <p>Android 炫酷应用 300 例 实战篇</p>
  <p id="p2" class="font-weight-bold"> HTML5 + CSS3 炫酷应用实例集锦</p>
  <p>jQuery 炫酷应用实例集锦</p>
</div>
<script>
  $(function () {
    $("#myButton1").click(function(){          //响应单击"显示原始文本"按钮
      $("#p2")[0].className = "font-weight-normal";
    });
    $("#myButton2").click(function(){          //响应单击"显示加粗文本"按钮
      $("#p2")[0].className = "font-weight-bold";
    }); });
</script></body>
```

在上面这段代码中，font-weight-normal 类表示以正常字体显示文本。font-weight-bold 类表示以加粗字体显示文本。

此实例的源文件是 MyCode\ChapB\ChapB156.html。

003 主副标题使用不同大小字体

此实例主要通过使用 small 类，实现使用不同大小的字体显示主副标题的效果。当在浏览器中显示页面时，单击“主副标题使用相同大小字体”按钮，则主副标题的显示效果如图 003-1 所示；单击“主副标题使用不同大小字体”按钮，则主副标题的显示效果如图 003-2 所示。

图 003-1

图 003-2

主要代码如下：

```
<body>
<div class="container mt-3">
 <div class="btn-group w-100 mb-4">
  <button type="button" class="btn btn-outline-dark"
          id="myButton1">主副标题使用相同大小字体</button>
  <button type="button" class="btn btn-outline-dark"
          id="myButton2">主副标题使用不同大小字体</button></div>
 <h4>让美的标杆不断升高<span class="small">__大学生张扬贵州支教纪实</span></h4>
</div>
<script>
 $(function () {
  $("#myButton1").click(function (){          //响应单击"主副标题使用相同大小字体"按钮
   $("span")[0].className = "";
  });
  $("#myButton2").click(function (){          //响应单击"主副标题使用不同大小字体"按钮
   $("span")[0].className = "small";
  }); });
</script></body>
```

在上面这段代码中，small类用于指定更小文本（为父元素的85%），该类实现的功能与<small>元素实现的功能特别类似。

此实例的源文件是MyCode\ChapB\ChapB177.html。

004 创建黑色半透明的字体线条

此实例主要通过使用text-black-50等类，创建黑色半透明的文本字体线条。当在浏览器中显示页面时，单击“以默认风格显示文本”按钮，则文本显示效果如图004-1所示；单击“以半透明风格显示文本”按钮，则文本以黑色半透明风格显示的效果如图004-2所示。

图 004-1

主要代码如下：

```
<body>
<div class="container mt-3">
 <div class="btn-group" style="width:100%;margin-bottom:8px;">
```

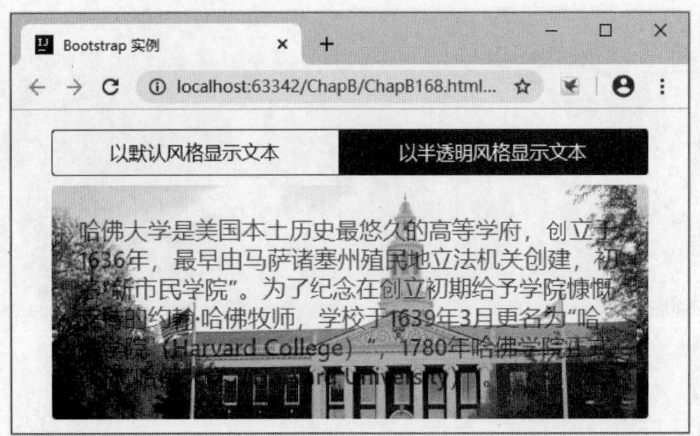

图 004-2

```
  <button type="button" class="btn btn-outline-dark"
          id="myButton1">以默认风格显示文本</button>
  <button type="button" class="btn btn-outline-dark"
          id="myButton2">以半透明风格显示文本</button></div>
 <h5 id="myText" class="text-black-50 p-4 rounded"
       style="background-image: url(images/img089.jpg);">哈佛大学是美国本土历史最悠久的高等学府,
创立于1636年,最早由马萨诸塞州殖民地立法机关创建,初名"新市民学院"。为了纪念在创立初期给予学院慷
慨支持的约翰·哈佛牧师,学校于1639年3月更名为"哈佛学院(Harvard College)",1780年哈佛学院正式改称
"哈佛大学(Harvard University)"。</h5>
</div>
<script>
  $(function () {
   $("#myButton1").click(function(){              //响应单击"以默认风格显示文本"按钮
    $("#myText")[0].className = "p-4 rounded";
   });
   $("#myButton2").click(function(){              //响应单击"以半透明风格显示文本"按钮
    $("#myText")[0].className = "text-black-50 p-4 rounded";
   }); });
</script></body>
```

在上面这段代码中,text-black-50 类表示文本字体线条呈现为黑色半透明。如果需要设置文本字体线条呈现为白色半透明,则使用 text-white-50 类。

此实例的源文件是 MyCode\ChapB\ChapB168.html。

005 使用自定义字体突出段落

此实例主要通过使用 lead 类,实现使用自定义字体让段落更突出的效果。当在浏览器中显示页面时,单击“显示原始英文”按钮,则原始英文的效果如图 005-1 所示;单击“突出显示部分文本”按钮,则第二、三段文本被处理之后的效果如图 005-2 所示。

主要代码如下:

```
<body>
<div class="container mt-3">
 <div class="btn-group w-100 mb-4">
```

```
  <button type="button" class="btn btn-outline-dark"
          id="myButton1">显示原始英文</button>
  <button type="button" class="btn btn-outline-dark"
          id="myButton2">突出显示部分文本</button></div>
 <p>Let freedom ring from the mighty mountains of New York.<br>
  <span id="mySpan" class="lead">
  Let freedom ring from the heightening Alleghenies of Pennsylvania!<br>
  Let freedom ring from the snowcapped Rockies of Colorado!<br></span>
  Let freedom ring from the curvaceous peaks of California!<br></p>
</div>
<script>
 $(function () {
  $("#myButton1").click(function(){              //响应单击"显示原始英文"按钮
   $("#mySpan")[0].className = "";
  });
  $("#myButton2").click(function(){              //响应单击"突出显示部分文本"按钮
   $("#mySpan")[0].className = "lead";
  }); });
</script></body>
```

在上面这段代码中，lead类用于以较大的自定义字体让段落更突出。

此实例的源文件是MyCode\ChapB\ChapB176.html。

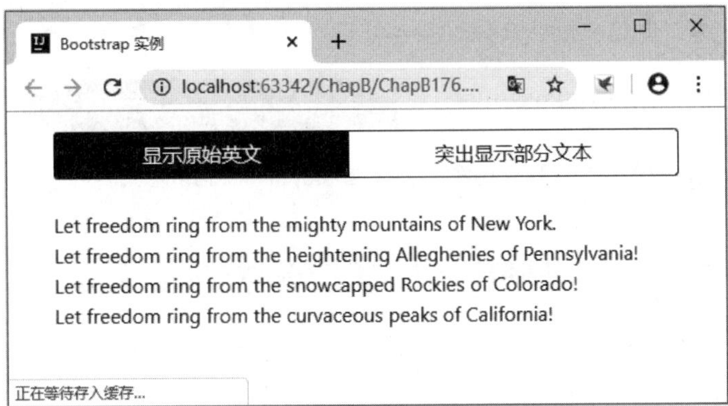

图 005-1

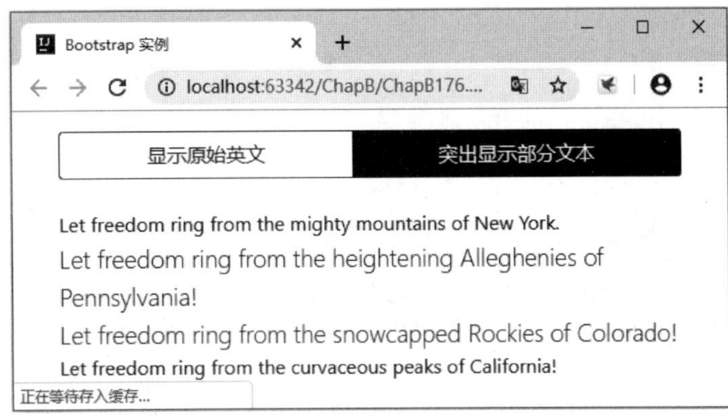

图 005-2

006 自定义引用和引用的脚注

此实例主要通过使用 blockquote、blockquote-footer 等类，创建 Bootstrap4 风格的引用及其脚注。当在浏览器中显示页面时，单击“以默认风格显示引用”按钮，则默认引用的显示效果如图 006-1 所示；单击“以 Bootstrap4 风格显示引用”按钮，则 Bootstrap4 风格的引用的显示效果如图 006-2 所示。

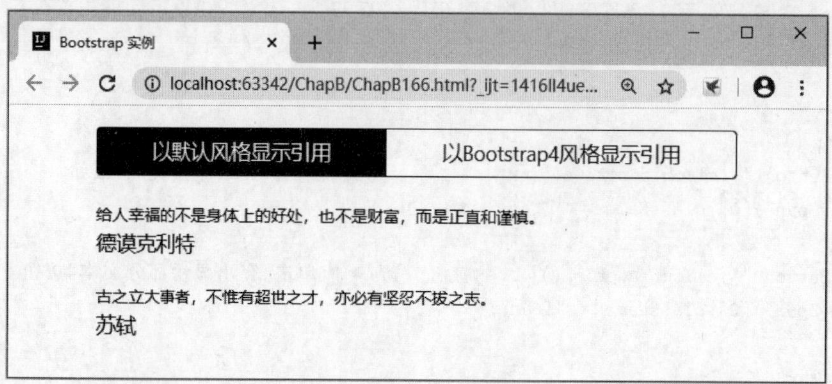

图 006-1

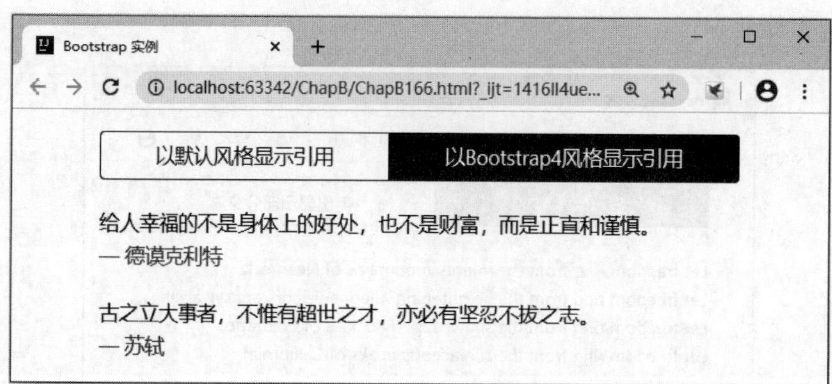

图 006-2

主要代码如下：

```
<body>
<div class="container mt-3">
 <div class="btn-group w-100 mb-3">
  <button type="button" class="btn btn-outline-dark"
          id="myButton1">以默认风格显示引用</button>
  <button type="button" class="btn btn-outline-dark"
          id="myButton2">以 Bootstrap4 风格显示引用</button></div>
 <blockquote class="blockquote">
  <small>给人幸福的不是身体上的好处,也不是财富,而是正直和谨慎。</small>
  <footer class="blockquote-footer">德谟克利特</footer></blockquote>
 <blockquote class="blockquote">
  <small>古之立大事者,不惟有超世之才,亦必有坚忍不拔之志。</small>
  <footer class="blockquote-footer">苏轼</footer></blockquote>
</div>
```

```
<script>
  $(function () {
   $("#myButton1").click(function(){            //响应单击"以默认风格显示引用"按钮
    $("blockquote").each(function () { $(this)[0].className = ""; });
    $("footer").each(function () { $(this)[0].className = ""; });
   });
   $("#myButton2").click(function(){            //响应单击"以 Bootstrap4 风格显示引用"按钮
    $("blockquote").each(function () { $(this)[0].className = "blockquote"; });
    $("footer").each(function () { $(this)[0].className = "blockquote-footer"; });
   }); });
</script></body>
```

在上面这段代码中，blockquote 类用于创建 Bootstrap4 风格的引用内容。blockquote-footer 类用于创建 Bootstrap4 风格的引用脚注。

此实例的源文件是 MyCode\ChapB\ChapB166.html。

007 创建黑底白字风格的文本

此实例主要通过使用 Bootstrap4 改写的 kbd 元素，实现以黑底白字风格显示部分文本的效果。当在浏览器中显示页面时，黑底白字风格的文本效果如图 007-1 所示。

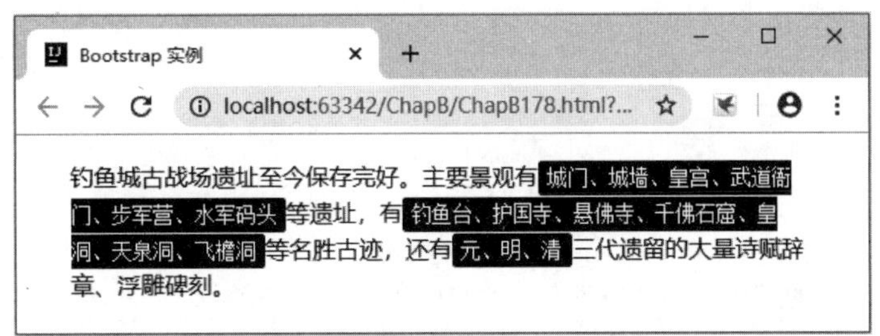

图 007-1

主要代码如下：

```
<body>
<div class="container mt-3">
 <p>钓鱼城古战场遗址至今保存完好.主要景观有<kbd>城门、城墙、皇宫、武道衙门、步军营、水军码头</kbd>
等遗址,有<kbd>钓鱼台、护国寺、悬佛寺、千佛石窟、皇洞、天泉洞、飞檐洞</kbd>等名胜古迹,还有<kbd>元、明、
清</kbd>三代遗留的大量诗赋辞章、浮雕碑刻.</p>
</div></body>
```

在上面这段代码中，kbd 元素是经过 Bootstrap4 改写的 kbd 元素，不是 HTML 原生的 kbd 元素，原生的 kbd 元素用于定义键盘文本，它表示文本是从键盘上键入的，它经常用在与计算机相关的文档或手册中。如果在页面文件中添加与 Bootstrap4 相关的 CSS 文件，则采用 Bootstrap4 改写的 kbd 元素（呈现黑底白字效果），否则采用 HTML 原生的 kbd 元素（呈现小字）。

此实例的源文件是 MyCode\ChapB\ChapB178.html。

008 使段落中的所有字母大写或小写

此实例主要通过使用 text-uppercase 类和 text-lowercase 类，实现段落中的所有字母大写或小写的效果。当在浏览器中显示页面时，单击“将所有字母大写”按钮，则所有字母大写之后的效果如

图 008-1 所示；单击“将所有字母小写”按钮，则所有字母小写之后的效果如图 008-2 所示。

图 008-1

图 008-2

主要代码如下：

```
<body>
<div class = "container mt - 3">
 <div class = "btn - group w - 100 mb - 4">
  <button type = "button" class = "btn btn - outline - dark"
          id = "myButton1">将所有字母大写 </button>
  <button type = "button" class = "btn btn - outline - dark"
          id = "myButton2">将所有字母小写 </button></div>
 <p> If winter comes, can spring be far behind </p>
</div>
<script>
  $ (function () {
   $ ("#myButton1").click(function(){          //响应单击"将所有字母大写"按钮
    $ ("p")[0].className = "text - uppercase";
   });
   $ ("#myButton2").click(function(){          //响应单击"将所有字母小写"按钮
    $ ("p")[0].className = "text - lowercase";
   }); });
</script></body>
```

在上面这段代码中，text-uppercase 类用于将所有字母转为大写；text-lowercase 类用于将所有字母转为小写。在 Bootstrap4 中，initialism 类还可以在 abbr 元素中实现将文本以小号字体展示，且将小写字母转为大写字母。

此实例的源文件是 MyCode\ChapB\ChapB143. html。

009　使段落中所有单词的首字母大写

此实例主要通过使用 text-capitalize 类，实现段落中所有单词的首字母大写的效果。当在浏览器中显示页面时，单击“显示原始英文”按钮，则原始英文的效果如图 009-1 所示；单击“大写单词首字母"按钮,则所有单词的首字母在大写之后的效果如图 009-2 所示。

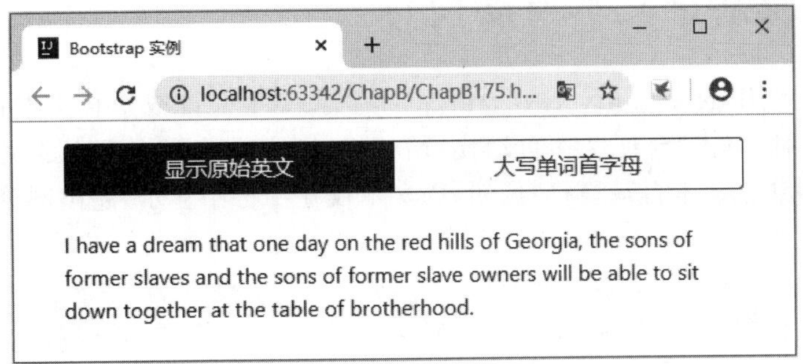

图　009-1

图　009-2

主要代码如下：

```
<body>
<div class="container mt-3">
 <div class="btn-group w-100 mb-4">
  <button type="button" class="btn btn-outline-dark"
          id="myButton1">显示原始英文</button>
  <button type="button" class="btn btn-outline-dark"
          id="myButton2">大写单词首字母</button></div>
 <p class="text-capitalize"> I have a dream that one day on the red hills of Georgia, the sons of former
slaves and the sons of former slave owners will be able to sit down together at the table of brotherhood.</p>
</div>
<script>
 $(function(){
  $("#myButton1").click(function(){         //响应单击"显示原始英文"按钮
   $("p")[0].className = "";
  });
  $("#myButton2").click(function(){         //响应单击"大写单词首字母"按钮
   $("p")[0].className = "text-capitalize";
  }); });
</script></body>
```

在上面这段代码中，text-capitalize 类用于设置单词的首字母大写。
此实例的源文件是 MyCode\ChapB\ChapB175.html。

010　允许或禁止文本自动换行

此实例主要通过使用 text-justify、text-truncate 等类，实现允许或禁止文本自动换行的效果。当在浏览器中显示页面时，单击“允许文本自动换行”按钮，则文本将根据页面的宽度自动换行，效果如图 010-1 所示；单击“禁止文本自动换行”按钮，则文本仅在一行中显示，超出部分使用省略号代替，效果如图 010-2 所示。

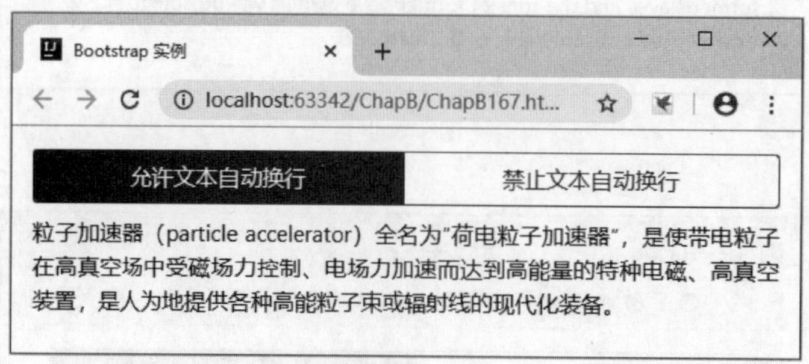

图　010-1

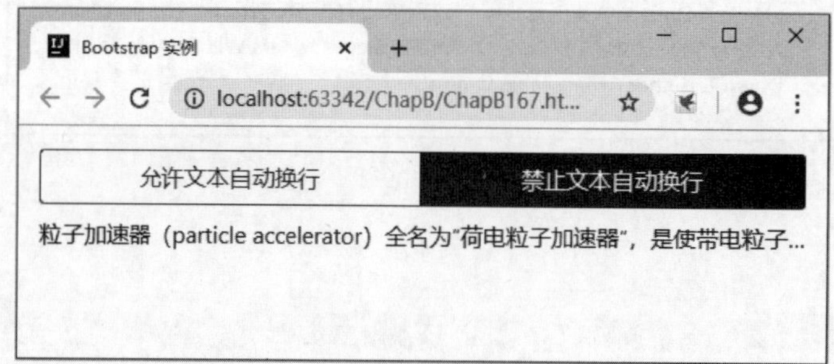

图　010-2

主要代码如下：

```
<body>
<div class="container mt-3">
 <div class="btn-group" style="width:100%;margin-bottom:8px;">
  <button type="button" class="btn btn-outline-dark"
          id="myButton1">允许文本自动换行</button>
  <button type="button" class="btn btn-outline-dark"
          id="myButton2">禁止文本自动换行</button>
 </div>
 <p id="myText" class="text-justify">粒子加速器(particle accelerator)全名为"荷电粒子加速器",是
使带电粒子在高真空场中受磁场力控制、电场力加速而达到高能量的特种电磁、高真空装置,是人为地提供各
种高能粒子束或辐射线的现代化装备。</p>
</div>
<script>
 $(function(){
  $("#myButton1").click(function(){          //响应单击"允许文本自动换行"按钮
   $("#myText")[0].className = "text-justify";
  });
  $("#myButton2").click(function(){          //响应单击"禁止文本自动换行"按钮
   $("#myText")[0].className = "text-truncate";
  }); });
</script></body>
```

在上面这段代码中，text-justify 类用于使文本根据页面宽度自动换行显示。text-truncate 类可在文本溢出后省略，溢出部分替换为省略号。

此实例的源文件是 MyCode\ChapB\ChapB167.html。

011 设置文本靠左或靠右对齐

此实例主要通过使用 text-left、text-center、text-right 等类，实现每行文本左对齐、水平居中、右对齐的效果。当在浏览器中显示页面时，单击"文本左对齐"按钮，则下面的文本将左对齐；单击"文本居中"按钮，则下面的文本将水平居中，如图 011-1 所示；单击"文本右对齐"按钮，则下面的文本将右对齐，如图 011-2 所示。

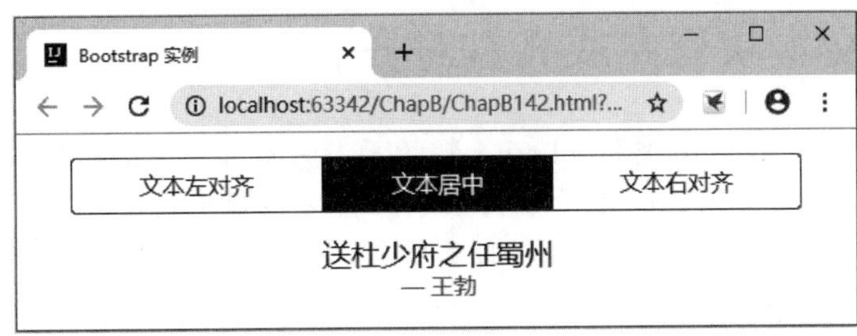

图 011-1

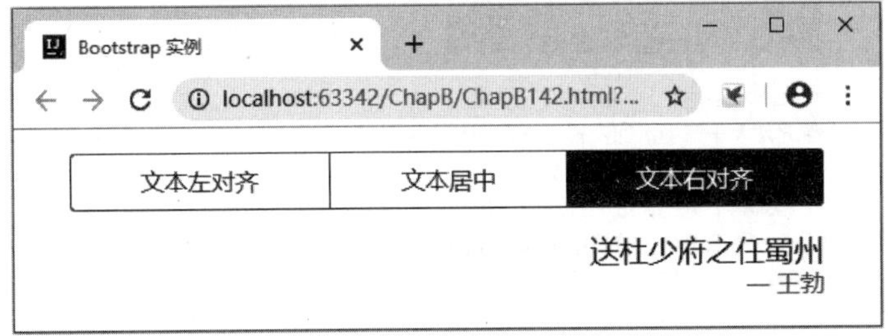

图 011-2

主要代码如下：

```
<body>
<div class = "container mt - 3">
 <div class = "btn - group w - 100 mb - 3">
  <button type = "button" class = "btn btn - outline - dark"
          id = "myButton1">文本左对齐</button>
  <button type = "button" class = "btn btn - outline - dark"
          id = "myButton2">文本居中</button>
  <button type = "button" class = "btn btn - outline - dark"
          id = "myButton3">文本右对齐</button></div>
 <h5 class = "text - left " id = "myText">送杜少府之任蜀州
    <small class = "blockquote - footer">王勃</small></h5>
</div>
<script>
  $(function(){
   $("#myButton1").click(function(){          //响应单击"文本左对齐"按钮
    $("#myText")[0].className = "text - left";
   });
```

```
    $("#myButton2").click(function(){           //响应单击"文本居中"按钮
     $("#myText")[0].className = "text - center";
    });
    $("#myButton3").click(function(){           //响应单击"文本右对齐"按钮
     $("#myText")[0].className = "text - right";
    });});
</script></body>
```

在上面这段代码中，text-left 类用于以左对齐方式显示文本；text-center 类用于以水平居中方式显示文本；text-right 类用于以右对齐方式显示文本。

此实例的源文件是 MyCode\ChapB\ChapB142.html。

012　设置文本块靠左或靠右对齐

此实例主要通过使用 mr-auto 类和 ml-auto 类，实现靠左或靠右显示元素（文本块）的效果。当在浏览器中显示页面时，单击“靠左显示文本块”按钮，则文本块的显示效果如图 012-1 所示；单击“靠右显示文本块”按钮，则文本块的显示效果如图 012-2 所示。

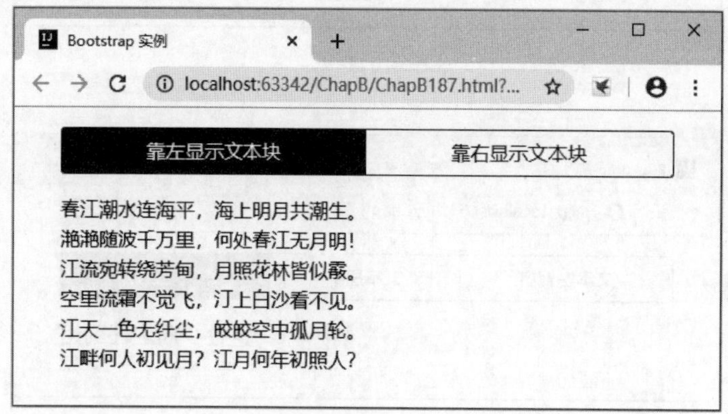

图　012-1

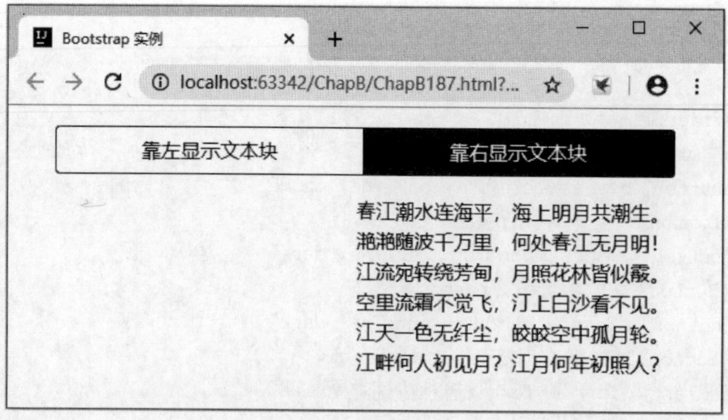

图　012-2

主要代码如下：

```
<body>
<div class = "container mt - 3">
```

```
<div class="btn-group w-100 mb-3">
  <button type="button" class="btn btn-outline-dark"
          id="myButton1">靠左显示文本块</button>
  <button type="button" class="btn btn-outline-dark"
          id="myButton2">靠右显示文本块</button></div>
 <div class="ml-auto" style="width:260px" id="myDiv">
  <p>春江潮水连海平,海上明月共潮生。
   滟滟随波千万里,何处春江无月明!
   江流宛转绕芳甸,月照花林皆似霰。
   空里流霜不觉飞,汀上白沙看不见。
   江天一色无纤尘,皎皎空中孤月轮。
   江畔何人初见月?江月何年初照人?</p></div>
</div>
<script>
 $(function(){
  $("#myButton1").click(function(){         //响应单击"靠左显示文本块"按钮
   $("#myDiv")[0].className="mr-auto";
  });
  $("#myButton2").click(function(){         //响应单击"靠右显示文本块"按钮
   $("#myDiv")[0].className="ml-auto";
  }); });
</script></body>
```

在上面这段代码中,style="width:260px"用于设置显示文本的 div 块的宽度。ml-auto 类表示将容器的剩余宽度设置为元素(文本块 div)的左外边距(left margin),这样即可实现元素(文本块 div)与容器的右端靠齐。mr-auto 类表示将容器的剩余宽度设置为元素(文本块 div)的右外边距,这样即可实现元素(文本块 div)与容器的左端靠齐。注意:在使用这两个类时通常需要设置 div 块的 width 值,否则没有效果。

此实例的源文件是 MyCode\ChapB\ChapB187.html。

013 在水平方向上居中显示文本块

此实例主要通过使用 mx-auto 类,实现在水平方向上居中显示元素(文本块)的效果。当在浏览器中显示页面时,单击“以默认方式显示文本块”按钮,则文本块的默认显示效果如图 013-1 所示;单击“以居中方式显示文本块”按钮,则文本块在水平方向居中显示的效果如图 013-2 所示。

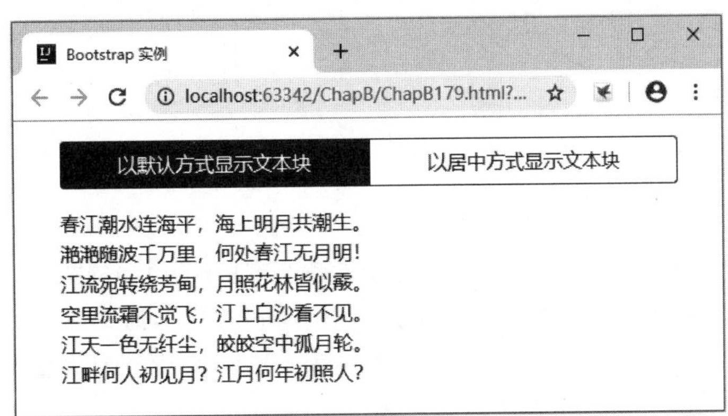

图 013-1

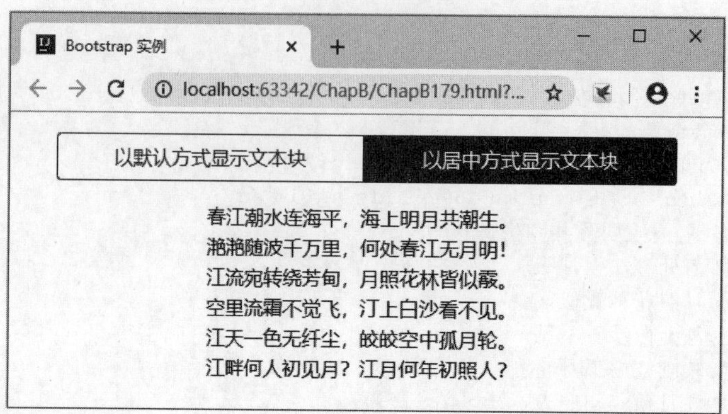

图 013-2

主要代码如下：

```
<body>
<div class="container mt-3">
 <div class="btn-group w-100 mb-3">
  <button type="button" class="btn btn-outline-dark"
          id="myButton1">以默认方式显示文本块</button>
  <button type="button" class="btn btn-outline-dark"
          id="myButton2">以居中方式显示文本块</button></div>
 <div class="mx-auto" style="width:260px" id="myDiv">
<p>春江潮水连海平,海上明月共潮生。
 滟滟随波千万里,何处春江无月明!
 江流宛转绕芳甸,月照花林皆似霰。
 空里流霜不觉飞,汀上白沙看不见。
 江天一色无纤尘,皎皎空中孤月轮。
 江畔何人初见月?江月何年初照人?</p></div>
</div>
<script>
 $(function(){
  $("#myButton1").click(function(){        //响应单击"以默认方式显示文本块"按钮
   $("#myDiv")[0].className="";
  });
  $("#myButton2").click(function(){        //响应单击"以居中方式显示文本块"按钮
    $("#myDiv")[0].className="mx-auto";
    //$("#myDiv")[0].className = "mr-auto ml-auto";
  });
 });
</script>
</body>
```

在上面这段代码中，style="width:260px"用于设置文本块(div 块)的宽度；mx-auto 类表示在水平方向(x 轴)上居中显示元素(文本块)，当设置了 mx-auto 之后，通常需要设置元素(文本块)的 width 值，否则没有居中显示的效果。此外，如果在元素(文本块)中同时设置 mr-auto 类和 ml-auto 类，则也能实现与 mx-auto 类相同的水平居中功能。

此实例的源文件是 MyCode\ChapB\ChapB179.html。

014　在垂直方向上居中显示文本块

此实例主要通过使用 d-flex、my-auto 等类，实现在垂直方向上居中显示元素（文本块）的效果。当在浏览器中显示页面时，单击"以默认方式显示文本块"按钮，则文本块的默认显示效果如图 014-1 所示；单击"以居中方式显示文本块"按钮，则文本块在垂直方向上居中显示的效果如图 014-2 所示。

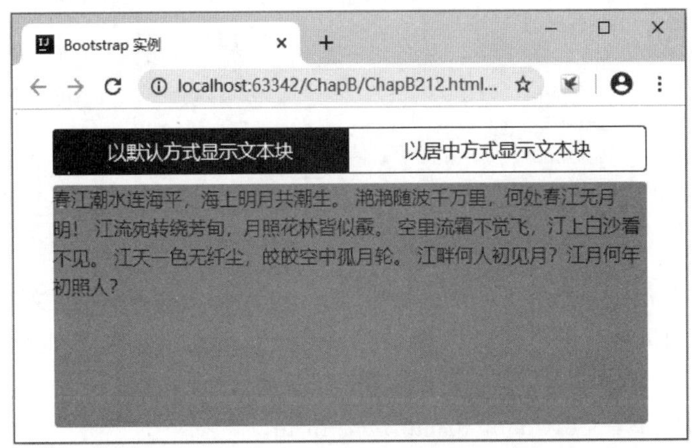

图　014-1

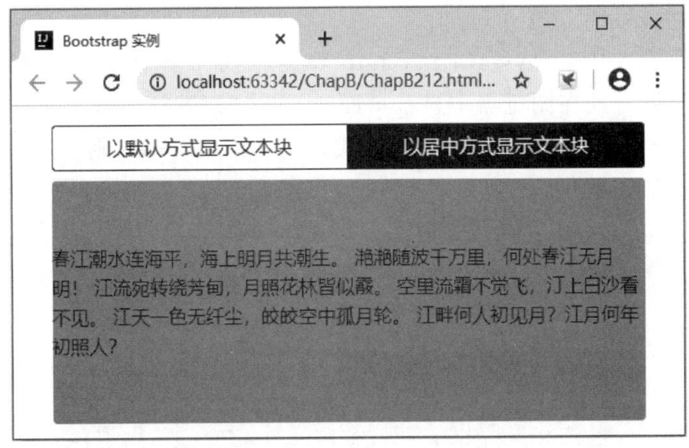

图　014-2

主要代码如下：

```
<body>
<div class="container mt-3">
 <div class="btn-group w-100 mb-2">
  <button type="button" class="btn btn-outline-dark"
          id="myButton1">以默认方式显示文本块</button>
  <button type="button" class="btn btn-outline-dark"
          id="myButton2">以居中方式显示文本块</button></div>
 <div class="d-flex rounded bg-info" style="height:200px;">
  <div class="my-auto" id="myDiv">
    春江潮水连海平,海上明月共潮生。
    滟滟随波千万里,何处春江无月明!
```

```
    江流宛转绕芳甸,月照花林皆似霰。
    空里流霜不觉飞,汀上白沙看不见。
    江天一色无纤尘,皎皎空中孤月轮。
    江畔何人初见月?江月何年初照人?</div></div>
</div>
<script>
 $(function () {
  $("#myButton1").click(function(){            //响应单击"以默认方式显示文本块"按钮
   $("#myDiv")[0].className = "";
  });
  $("#myButton2").click(function(){            //响应单击"以居中方式显示文本块"按钮
   $("#myDiv")[0].className = "my-auto";
   //$("#myDiv")[0].className = "mt-auto mb-auto";
  }); });
</script></body>
```

在上面这段代码中,d-flex类用于创建弹性容器；my-auto类表示元素(文本块)在弹性容器中垂直(y轴)居中。此外,如果在元素中同时设置mt-auto类和mb-auto类,则也能实现与my-auto类相同的垂直居中功能。

此实例的源文件是MyCode\ChapB\ChapB212.html。

015 在水平方向上和垂直方向上均居中显示文本块

此实例主要通过使用d-flex、my-auto、mx-auto等类,实现在水平方向上和垂直方向上同时居中显示元素(文本块)的效果。当在浏览器中显示页面时,单击“以默认方式显示文本块”按钮,则文本块的默认显示效果如图015-1所示；单击“以居中方式显示文本块”按钮,则文本块在水平方向和垂直方向上同时居中显示的效果如图015-2所示。

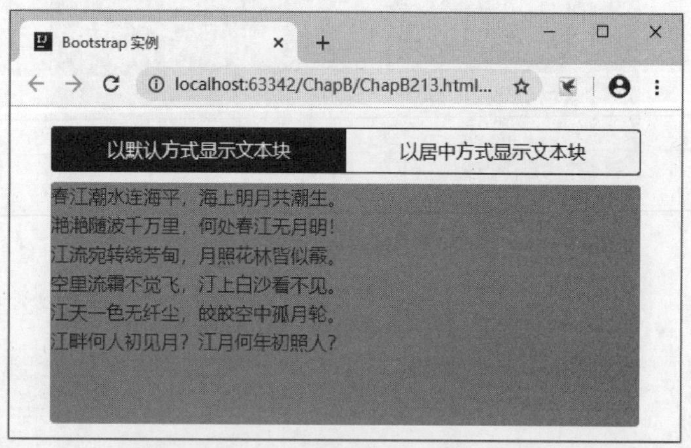

图 015-1

主要代码如下：

```
<body>
<div class="container mt-3">
 <div class="btn-group w-100 mb-2">
  <button type="button" class="btn btn-outline-dark"
```

```
            id = "myButton1">以默认方式显示文本块</button>
   <button type = "button" class = "btn btn - outline - dark"
            id = "myButton2">以居中方式显示文本块</button></div>
  <div class = "d - flex rounded bg - info" style = "height:200px;">
   <div class = "mx - auto my - auto" id = "myDiv" style = "width: 260px;" >
     春江潮水连海平,海上明月共潮生。
     滟滟随波千万里,何处春江无月明!
     江流宛转绕芳甸,月照花林皆似霰。
     空里流霜不觉飞,汀上白沙看不见。
     江天一色无纤尘,皎皎空中孤月轮。
     江畔何人初见月?江月何年初照人?</div></div>
</div>
<script>
  $(function () {
   $("#myButton1").click(function(){          //响应单击"以默认方式显示文本块"按钮
    $("#myDiv")[0].className = "";
   });
   $("#myButton2").click(function(){          //响应单击"以居中方式显示文本块"按钮
    $("#myDiv")[0].className = "mx - auto my - auto";
    //$("#myDiv")[0].className = "m - auto";
   }); });
</script></body>
```

在上面这段代码中,d-flex 类用于创建弹性容器。mx-auto 类表示元素(文本块)在弹性容器中水平(x 轴)居中。my-auto 类表示元素(文本块)在弹性容器中垂直(y 轴)居中。此外,如果在元素中设置 m-auto 类,则也能实现与 mx-auto 类和 my-auto 类相同的居中功能。

此实例的源文件是 MyCode\ChapB\ChapB213. html。

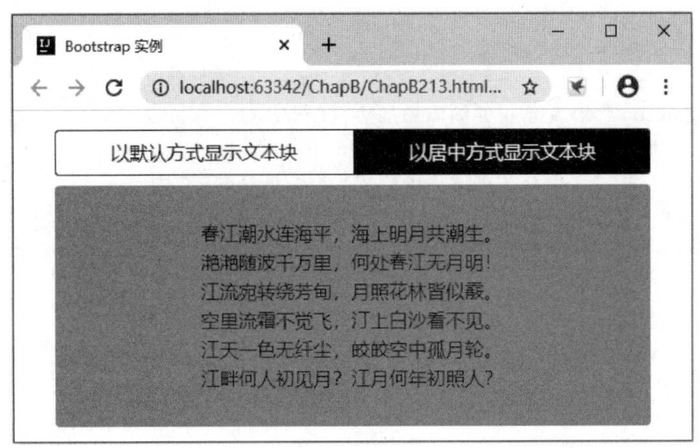

图　015-2

016　为文本块添加圆角边框线

此实例主要通过使用 border、rounded、border-success 等类,实现在文本块(或其他元素)的周围添加圆角边框线的效果。当在浏览器中显示页面时,单击“在文本块的周围添加边框线”按钮,则文本块在添加圆角边框线之后的效果如图 016-1 所示;单击“去掉在文本块周围的边框线”按钮,则文本块在去掉圆角边框线之后的效果如图 016-2 所示。

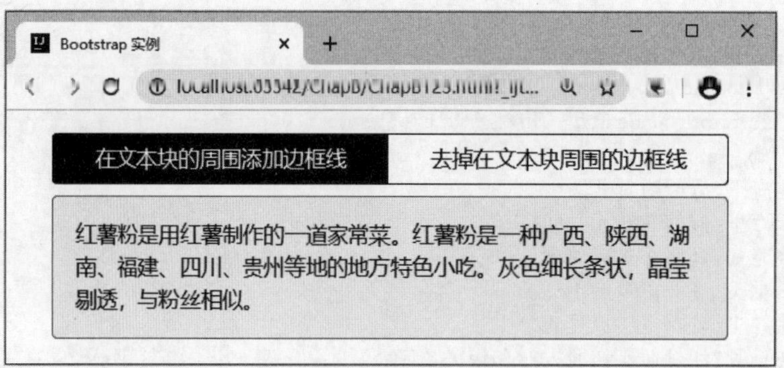

图 016-1

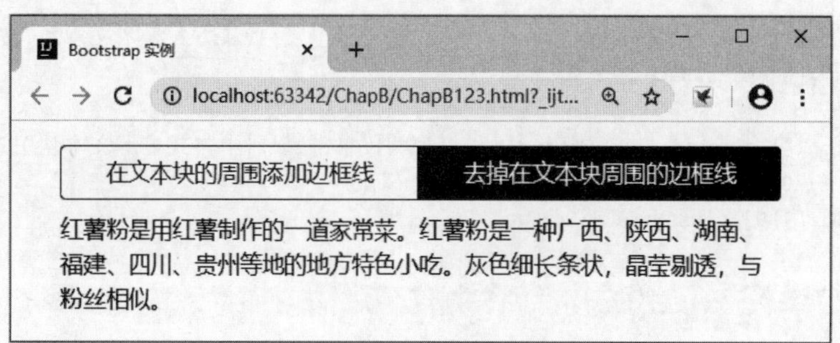

图 016-2

主要代码如下：

```
<body>
<div class="container mt-3">
 <div class="btn-group w-100 mb-2">
  <button type="button" class="btn btn-outline-dark"
          id="myButton1">在文本块的周围添加边框线</button>
  <button type="button" class="btn btn-outline-dark"
          id="myButton2">去掉在文本块周围的边框线</button></div>
 <p class="text-left border rounded border-success">红薯粉是用红薯制作的一道家常菜。红薯粉是一种
广西、陕西、湖南、福建、四川、贵州等地的地方特色小吃。灰色细长条状,晶莹剔透,与粉丝相似。</p>
</div>
<style>
 .border {
  display: inline-block;
  padding: 16px;
  background-color: aliceblue;
 }
</style>
<script>
 $(function () {
  //响应单击"在文本块的周围添加边框线"按钮
  $("#myButton1").click(function(){
   $("p")[0].className = "text-left border rounded border-success";
  });
  //响应单击"去掉在文本块周围的边框线"按钮
  $("#myButton2").click(function(){
```

```
    $("p")[0].className = "text-left";
  });
});
</script></body>
```

在上面这段代码中，class="text-left border rounded border-success"的 border 类用于在元素周围添加边框线，border-success 类用于设置绿色的边框线，rounded 类用于对边框的四角进行圆角，如果仅需要部分圆角，可以使用以下类：rounded-top（对左上角和右上角进行圆角）、rounded-right（对右上角和右下角进行圆角）、rounded-bottom（对左下角和右下角进行圆角）、rounded-left（对左上角和左下角进行圆角）、rounded-circle（直接将边框转为椭圆形）。

此实例的源文件是 MyCode\ChapB\ChapB123. html。

017 为文本块添加开口边框线

此实例主要通过使用 border、border-top-0、border-bottom-0、border-primary 等类，在文本块（或其他元素）的周围创建上开口或下开口的边框线。当在浏览器中显示页面时，单击“为文本块添加上开口边框线”按钮，则文本块在添加上开口边框线之后的效果如图 017-1 所示；单击“为文本块添加下开口边框线”按钮，则文本块在添加下开口边框线之后的效果如图 017-2 所示。

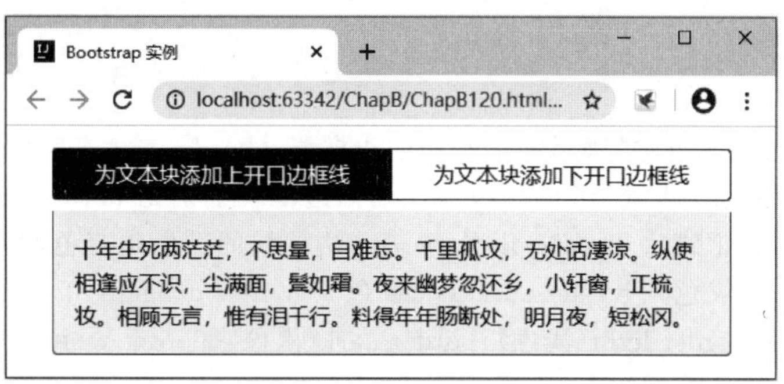

图 017-1

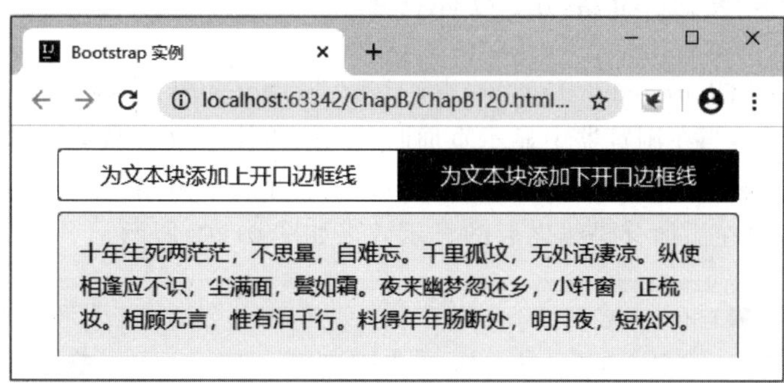

图 017-2

主要代码如下：

```
<body>
<div class="container mt-3">
 <div class="btn-group w-100 mb-2">
```

```
  <button type="button" class="btn btn-outline-dark"
          id="myButton1">为文本块添加上开口边框线</button>
  <button type="button" class="btn btn-outline-dark"
          id="myButton2">为文本块添加下开口边框线</button></div>
 <p class="border border-top-0 rounded-bottom border-primary">十年生死两茫茫,不思量,自难忘。千里孤坟,无处话凄凉。纵使相逢应不识,尘满面,鬓如霜。夜来幽梦忽还乡,小轩窗,正梳妆。相顾无言,惟有泪千行。料得年年肠断处,明月夜,短松冈。</p>
</div>
<style>
 .border {
  display: inline-block;
  padding: 16px;
  background-color: aliceblue;
 }
</style>
<script>
 $(function () {
  $("#myButton1").click(function(){          //响应单击"为文本块添加上开口边框线"按钮
   $("p")[0].className = "border border-top-0 rounded-bottom border-primary";
  });
  $("#myButton2").click(function(){          //响应单击"为文本块添加下开口边框线"按钮
   $("p")[0].className = "border border-bottom-0 rounded-top border-primary";
  });
 });
</script>
</body>
```

在上面这段代码中,border类表示添加封闭的边框线。border-top-0类表示添加上开口边框线,border-bottom-0类表示添加下开口边框线,其他几种边框线分别是border-left-0(左开口边框线)、border-right-0(右开口边框线)。border-primary表示边框线的颜色是蓝色,其他几种边框线颜色分别是border-secondary(灰色)、border-success(绿色)、border-danger(红色)、border-info(青色)、border-warning(黄色)、border-light(浅色)、border-dark(黑色)、border-white(白色)。

此实例的源文件是MyCode\ChapB\ChapB120. html。

018 在文本块之间添加分隔线

此实例主要通过使用border-bottom、border-right、border-dark等类,实现在文本块之间添加指定颜色的分隔线的效果。当在浏览器中显示页面时,单击"在上下文本块之间添加分隔线"按钮,则上下两个文本块在添加分隔线之后的显示效果如图018-1所示;单击"在左右文本块之间添加分隔线"按钮,则左右两个文本块在添加分隔线之后的显示效果如图018-2所示。

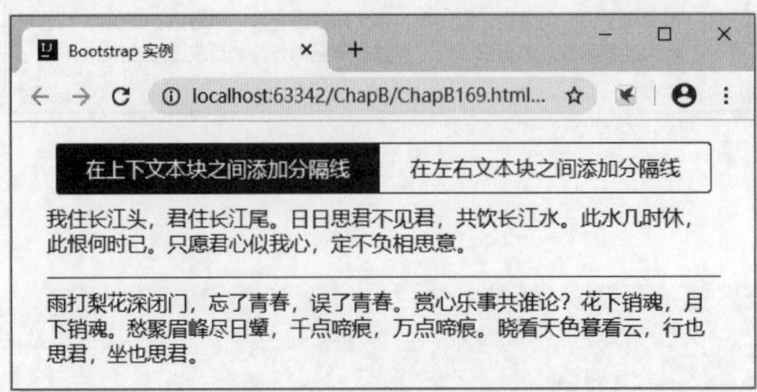

图 018-1

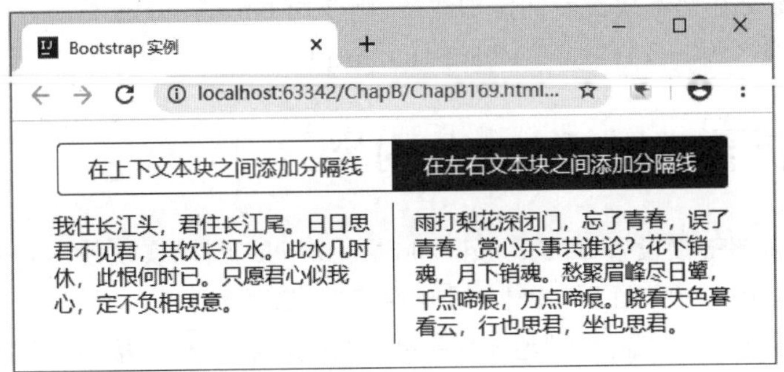

图 018-2

主要代码如下：

```
<body>
<div class="container mt-3">
 <div class="btn-group w-100 mb-1">
  <button type="button" class="btn btn-outline-dark"
          id="myButton1">在上下文本块之间添加分隔线
  </button>
  <button type="button" class="btn btn-outline-dark"
          id="myButton2">在左右文本块之间添加分隔线
  </button>
</div>
 <div class="row p-2">
  <h6 id="myText1" class="border-bottom border-dark pb-3">
  我住长江头,君住长江尾。日日思君不见君,共饮长江水。此水几时休,此恨何时已。只愿君心似我心,定不负相思意。</h6>
  <h6 id="myText2" class="">
  雨打梨花深闭门,忘了青春,误了青春。赏心乐事共谁论?花下销魂,月下销魂。愁聚眉峰尽日颦,千点啼痕,万点啼痕。晓看天色暮看云,行也思君,坐也思君。
  </h6>
 </div>
</div>
<script>
 $(function () {
  //响应单击"在上下文本块之间添加分隔线"按钮
  $("#myButton1").click(function(){
   $("#myText1")[0].className = "border-bottom border-dark pb-3";
   $("#myText2")[0].className = "";
  });
  //响应单击"在左右文本块之间添加分隔线"按钮
  $("#myButton2").click(function(){
   $("#myText1")[0].className = "w-50 p-1 border-right border-dark";
   $("#myText2")[0].className = "w-50 p-1 pl-3";
  });
 });
</script>
</body>
```

在上面这段代码中,border-bottom 类表示在文本块(或其他元素)的底部添加线条(边框)。如果需要在文本块的顶部添加线条,则使用 border-top 类;如果需要在文本块的左侧添加线条,则使用

border-left 类；如果需要在文本块的右侧添加线条，则使用 border-right 类。

此实例的源文件是 MyCode\ChapB\ChapB169. html。

019 动态折叠或展开文本块内容

此实例主要通过为超链接设置 data-toggle 和 data-target 属性，实现使用超链接折叠或展开长文本的效果。当在浏览器中显示页面时，单击"展开内容"超链接，则将在下面显示更多的文本内容，此时"展开内容"超链接改变为"折叠内容"超链接；单击"折叠内容"超链接，则将折叠下面的文本内容，此时"折叠内容"超链接改变为"展开内容"超链接，效果分别如图 019-1 和图 019-2 所示。

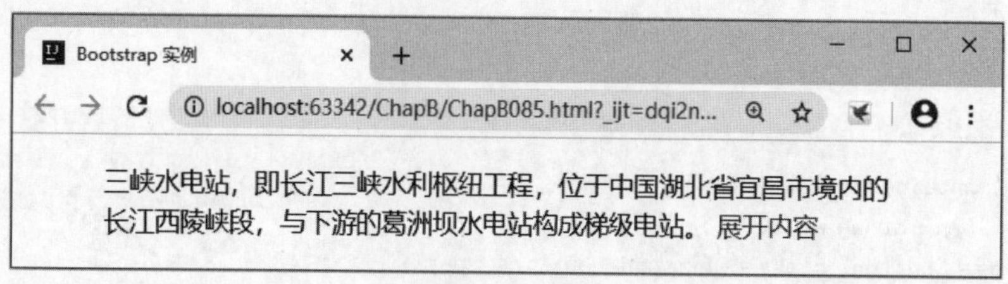

图 019-1

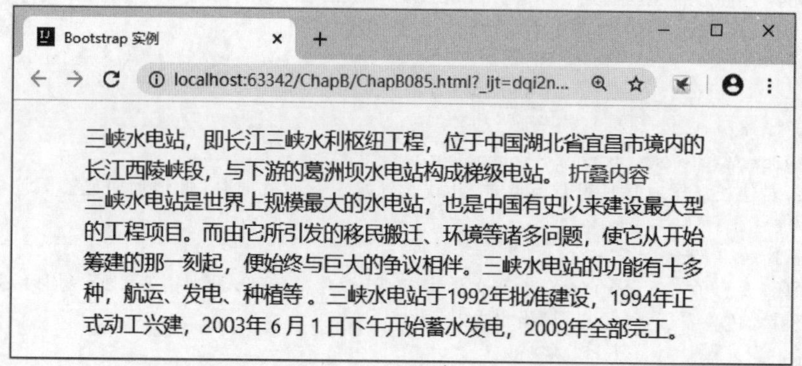

图 019-2

主要代码如下：

```
<body>
<div class="container mt-3">
 <div>三峡水电站，即长江三峡水利枢纽工程，位于中国湖北省宜昌市境内的长江西陵峡段，与下游的葛洲坝水电站构成梯级电站。<a href="#" data-toggle="collapse" data-target="#myContent" id="myCollapse">展开内容</a>
</div>
 <div id="myContent" class="collapse">三峡水电站是世界上规模最大的水电站，也是中国有史以来建设最大型的工程项目。而由它所引发的移民搬迁、环境等诸多问题，使它从开始筹建的那一刻起，便始终与巨大的争议相伴。三峡水电站的功能有十多种，航运、发电、种植等。三峡水电站于 1992 年批准建设，1994 年正式动工兴建，2003 年 6 月 1 日下午开始蓄水发电，2009 年全部完工。
</div>
</div>
<script>
  $(function(){
  var isCollapsed=true;
   $("#myCollapse").click(function(){
```

```
        isCollapsed = ! isCollapsed;
        if(isCollapsed){
         $ (this).text("展开内容");}
        else{
         $ (this).text("折叠内容");
         }
      });
    });
  </script>
  </body>
```

在上面这段代码中，data-toggle="collapse"用于使超链接实现折叠或展开功能。data-target="#myContent"用于指定折叠或展开的内容(即 div 元素)。class="collapse"用于自动折叠该 div 元素。

此实例的源文件是 MyCode\ChapB\ChapB085.html。

020 在首次显示时展开隐藏内容

此实例主要通过在 div 元素(被折叠的文本内容)上设置 class="collapse show"，实现在页面显示时展开被折叠的文本内容的效果。当在浏览器中(首次)显示页面时，将展开所有被折叠的文本内容，如图 020-1 所示，单击“折叠内容”超链接，则在下面显示的文本内容被折叠(隐藏)，如图 020-2 所示；此时“折叠内容”超链接改变为“展开内容”超链接；单击“展开内容”超链接，则将展开被折叠(隐藏)的文本内容，此时“展开内容”超链接改变为“折叠内容”超链接。

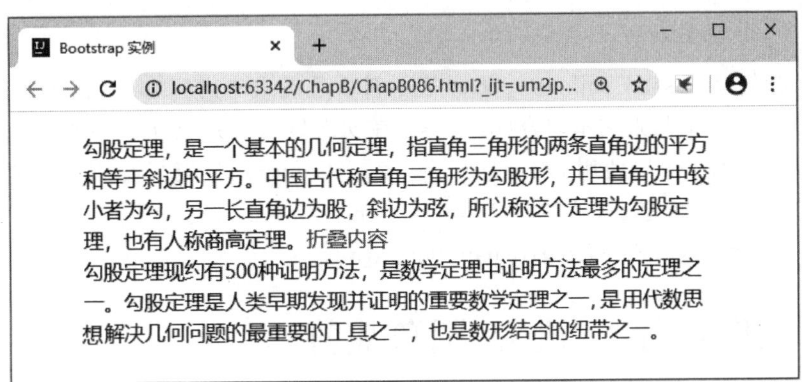

图 020-1

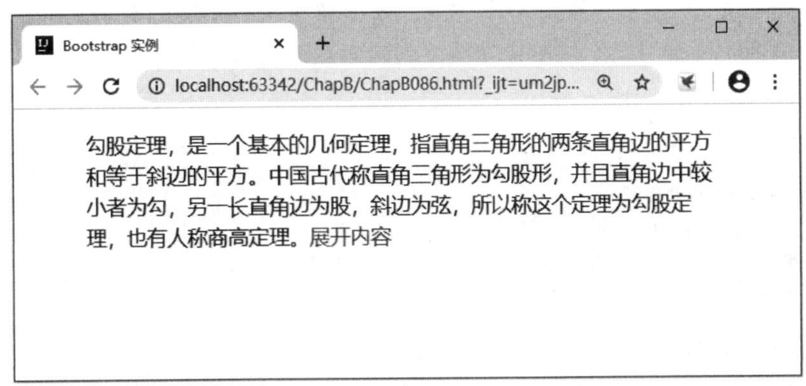

图 020-2

主要代码如下：

```
<body>
<div class="container mt-3">
 <div>勾股定理,是一个基本的几何定理,指直角三角形的两条直角边的平方和等于斜边的平方。中国古代称直角三角形为勾股形,并且直角边中较小者为勾,另一长直角边为股,斜边为弦,所以称这个定理为勾股定理,也有人称商高定理。<a href="#myContent" data-toggle="collapse" id="myCollapse">折叠内容</a>
</div>
 <div id="myContent" class="collapse show">勾股定理现约有 500 种证明方法,是数学定理中证明方法最多的定理之一。勾股定理是人类早期发现并证明的重要数学定理之一,是用代数思想解决几何问题的最重要的工具之一,也是数形结合的纽带之一。
  </div>
</div>
<script>
 $(function(){
  var isCollapsed=true;
  $("#myCollapse").click(function(){
   isCollapsed=!isCollapsed;
   if(isCollapsed){
     $(this).text("折叠内容");
   }
   else{
     $(this).text("展开内容");
     }
  });
 });
</script>
</body>
```

在上面这段代码中,class="collapse show"表示被折叠的文本内容(div 元素)在初次显示时完全展开,如果 class="collapse",则文本内容(div 元素)在初次显示时完全折叠(隐藏)。此外需要说明的是：在 Bootstrap4 中,除了可以使用 data-target="#myContent"指定折叠或展开的目标之外,也可以使用 a 元素的 href 属性指定折叠目标,如 href="#myContent"。

此实例的源文件是 MyCode\ChapB\ChapB086.html。

021 对图像进行小(或大)圆角裁剪

此实例主要通过使用 rounded-sm、rounded-lg 等类,实现对图像进行小圆角或大圆角裁剪。当在浏览器中显示页面时,单击"显示小圆角图像"按钮,则图像在执行小圆角裁剪之后的效果如图 021-1 所示；单击"显示大圆角图像"按钮,则图像在执行大圆角裁剪之后的效果如图 021-2 所示。

主要代码如下：

```
<body>
<div class="container mt-3">
 <div class="btn-group w-100">
  <button type="button" class="btn btn-outline-dark"
          id="myButton1">显示小圆角图像</button>
  <button type="button" class="btn btn-outline-dark"
          id="myButton2">显示大圆角图像</button></div>
 <img src="images/img078.jpg" id="myImage" class="w-100 mt-2 rounded-sm">
```

```
</div>
<script>
 $(function () {
  $("#myButton1").click(function(){         //响应单击"显示小圆角图像"按钮
   $("#myImage")[0].className = "w-100 mt-2 rounded-sm";
  });
  $("#myButton2").click(function(){         //响应单击"显示大圆角图像"按钮
   $("#myImage")[0].className = "w-100 mt-2 rounded-lg";
  });});
</script></body>
```

图 021-1

图 021-2

在上面这段代码中，rounded-sm 类用于对图像进行小圆角裁剪；rounded-lg 类用于对图像进行大圆角裁剪。rounded 类与 rounded-lg 类效果相同，也用于对图像进行大圆角裁剪。

此实例的源文件是 MyCode\ChapB\ChapB055.html。

022 对图像的上(或下)边进行圆角裁剪

此实例主要通过使用 rounded-top、rounded-bottom 等类,实现对图像的上(或下)边进行圆角裁剪。当在浏览器中显示页面时,单击"对图像的上边进行圆角裁剪"按钮,则图像的左上角和右上角在圆角裁剪之后的效果如图 022-1 所示;单击"对图像的下边进行圆角裁剪"按钮,则图像的左下角和右下角在圆角裁剪之后的效果如图 022-2 所示。

图 022-1

图 022-2

主要代码如下:

```
<body>
<div class = "container mt - 3">
 <div class = "btn - group w - 100">
  <button type = "button" class = "btn btn - outline - dark"
           id = "myButton1">对图像的上边进行圆角裁剪</button>
  <button type = "button" class = "btn btn - outline - dark"
```

```
            id = "myButton2">对图像的下边进行圆角裁剪</button></div>
  < img src = "images/img086.jpg" id = "myImage" class = "w - 100 mt - 2 rounded - top">
</div>
< script >
  $ (function () {
   $ (" # myButton1").click(function(){         //响应单击"对图像的上边进行圆角裁剪"按钮
    $ (" # myImage")[0].className = "w - 100 mt - 2 rounded - top";
   });
   $ (" # myButton2").click(function(){         //响应单击"对图像的下边进行圆角裁剪"按钮
    $ (" # myImage")[0].className = "w - 100 mt - 2 rounded - bottom";
   }); });
</script></body>
```

在上面这段代码中，rounded-top 类用于对图像的左上角和右上角进行圆角裁剪；rounded-bottom 类用于对图像的左下角和右下角进行圆角裁剪。同理，rounded-left 类用于对图像的左上角和左下角进行圆角裁剪；rounded-right 类用于对图像的右上角和右下角进行圆角裁剪。

此实例的源文件是 MyCode\ChapB\ChapB205.html。

023 将矩形图像裁剪成椭圆形状

此实例主要通过使用 rounded-circle 类，实现将图像裁剪成椭圆形状的效果。当在浏览器中显示页面时，单击"显示原始图像"按钮，则效果如图 023-1 所示；单击"裁剪椭圆图像"按钮，则效果如图 023-2 所示。

图 023-1

主要代码如下：

```
< body >
< div class = "container mt - 3">
 < div class = "btn - group w - 100 mb - 2">
  < button type = "button" class = "btn btn - outline - dark"
            id = "myButton1">显示原始图像</button>
  < button type = "button" class = "btn btn - outline - dark"
            id = "myButton2">裁剪椭圆图像</button></div>
 < img src = "images/img085.jpg" id = "myImage" class = "w - 100 rounded - circle">
```

```
</div>
<script>
 $(function () {
  $("#myButton1").click(function(){           //响应单击"显示原始图像"按钮
   $("#myImage")[0].className = "w-100";
  });
  $("#myButton2").click(function(){           //响应单击"裁剪椭圆图像"按钮
   $("#myImage")[0].className = "w-100 rounded-circle";
  }); });
</script></body>
```

在上面这段代码中，rounded-circle 类用于对图像进行椭圆裁剪，为了裁剪不同大小的椭圆，通常需要设置元素（图像）的 width 值。如果图像的宽高相同，则裁剪之后将是一个圆。

此实例的源文件是 MyCode\ChapB\ChapB056.html。

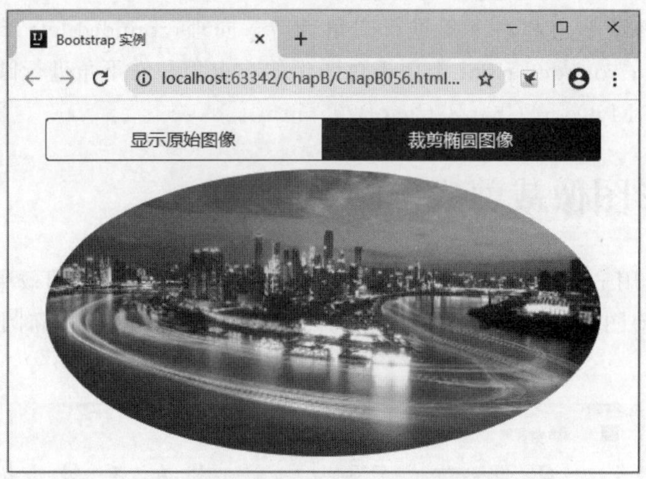

图 023-2

024 将矩形图像裁剪成胶囊形状

此实例主要通过使用 rounded-pill 类，实现将图像裁剪成胶囊形状的效果。当在浏览器中显示页面时，单击"显示原始图像"按钮，则效果如图 024-1 所示；单击"裁剪胶囊图像"按钮，则效果如图 024-2 所示。

图 024-1

图　024-2

主要代码如下：

```
<body>
<div class="container mt-3">
 <div class="btn-group w-100 mb-2">
  <button type="button" class="btn btn-outline-dark"
          id="myButton1">显示原始图像</button>
  <button type="button" class="btn btn-outline-dark"
          id="myButton2">裁剪胶囊图像</button></div>
 <img src="images/img129.jpg" id="myImage" class="w-100 rounded-pill">
</div>
<script>
 $(function () {
  $("#myButton1").click(function(){          //响应单击"显示原始图像"按钮
   $("#myImage")[0].className = "w-100";
  });
  $("#myButton2").click(function(){          //响应单击"裁剪胶囊图像"按钮
   $("#myImage")[0].className = "w-100 rounded-pill";
  }); });
</script></body>
```

在上面这段代码中，rounded-pill类用于对图像按照胶囊形状进行裁剪，胶囊形状的大小取决于图像的宽度和高度。

此实例的源文件是MyCode\ChapB\ChapB151.html。

025　在图像边缘添加镶边效果

此实例主要通过使用img-thumbnail类，实现在图像边缘添加镶边效果，即在图像边缘添加一条浅色的边框线。当在浏览器中显示页面时，单击“显示原始图像”按钮，则效果如图025-1所示；单击“添加镶边效果”按钮，则将在图像边缘添加一条浅色的边框线，效果如图025-2所示。

图 025-1

图 025-2

主要代码如下：

```
<body><div class="container mt-3">
 <div class="btn-group w-100 mb-2">
  <button type="button" class="btn btn-outline-dark"
          id="myButton1">显示原始图像</button>
  <button type="button" class="btn btn-outline-dark"
```

```
        id = "myButton2">添加镶边效果</button></div>
  <img src = "images/img133.jpg" id = "myImage" class = "img - thumbnail w - 100">
</div>
<script>
  $(function () {
   $("#myButton1").click(function(){          //响应单击"显示原始图像"按钮
    $("#myImage")[0].className = "";
   });
   $("#myButton2").click(function(){          //响应单击"添加镶边效果"按钮
    $("#myImage")[0].className = "img - thumbnail w - 100";
   }); });
</script></body>
```

在上面这段代码中，img-thumbnail 类用于在图像边缘添加一条浅色的边框线。

此实例的源文件是 MyCode\ChapB\ChapB147.html。

026　设置图像在水平方向上居中

此实例主要通过使用 mx-auto 类，实现在水平方向上居中显示（在 div 块中的）图像的效果。当在浏览器中显示页面时，单击“在水平方向上靠左显示图像”按钮，则图像靠左显示的效果如图 026-1 所示；单击“在水平方向上居中显示图像”按钮，则图像居中显示的效果如图 026-2 所示。

图　026-1

图　026-2

主要代码如下：

```
<body>
<div class = "container mt - 3">
 <div class = "btn - group w - 100 mb - 3">
  <button type = "button" class = "btn btn - outline - dark"
          id = "myButton1">在水平方向上靠左显示图像</button>
  <button type = "button" class = "btn btn - outline - dark"
          id = "myButton2">在水平方向上居中显示图像</button></div>
 <div  class = "mx - auto rounded border" style = "width:248px" id = "myDiv">
  <img src = "images/img126.jpg" class = "rounded" style = "width: 120px;">
  <img src = "images/img127.jpg" class = "rounded" style = "width: 120px;"></div>
</div>
<script>
 $(function () {
  $("#myButton1").click(function(){          //响应单击"在水平方向上靠左显示图像"按钮
   $("#myDiv")[0].className = "rounded border";
  });
  $("#myButton2").click(function(){          //响应单击"在水平方向上居中显示图像"按钮
   $("#myDiv")[0].className = "mx - auto rounded border";
  }); });
</script></body>
```

在上面这段代码中，style="width:248px"用于设置居中显示的 div 块的宽度(图像则包含在 div 块中)。mx-auto 类表示居中显示 div 块，当在 div 块中设置了 mx-auto 类之后，通常需要设置 width 值，否则没有居中显示的效果。如果同时使用 ml-auto 类和 mr-auto 类，则也可以实现 mx-auto 类相同的功能。如果没有设置 height 值，m-auto 类也可以实现 mx-auto 类相同的功能。

此实例的源文件是 MyCode\ChapB\ChapB122.html。

027 设置图像在垂直方向上居中

此实例主要通过使用 d-flex、mt-auto、mb-auto 等类，实现在垂直方向上居中显示图像的效果。当在浏览器中显示页面时，单击“以默认方式显示图像”按钮，则图像将显示在容器(div 块)的左上角，如图 027-1 所示；单击“在垂直方向上居中显示图像”按钮，则图像将在容器(div 块)的垂直方向上居中显示，如图 027-2 所示。

图 027-1

图 027-2

主要代码如下：

```
<body>
<div class="container mt-3">
 <div class="btn-group w-100 mb-2">
  <button type="button" class="btn btn-outline-dark"
          id="myButton1">以默认方式显示图像</button>
  <button type="button" class="btn btn-outline-dark"
          id="myButton2">在垂直方向上居中显示图像</button></div>
 <div class="d-flex rounded bg-info" style="height:200px;">
  <img src="images/img119.jpg" class="mt-auto mb-auto rounded w-75"
       id="myImage" style="height:100px;"></div>
</div>
<script>
  $(function(){
   $("#myButton1").click(function(){          //响应单击"以默认方式显示图像"按钮
    $("#myImage")[0].className="rounded w-75";
   });
   $("#myButton2").click(function(){          //响应单击"在垂直方向上居中显示图像"按钮
    $("#myImage")[0].className="mt-auto mb-auto rounded w-75";
   });});
</script></body>
```

在上面这段代码中，d-flex 类用于创建弹性容器。mt-auto 类表示元素（图像）的上外边距（top margin）自动分配弹性容器的剩余高度，mb-auto 类表示元素（图像）的下外边距（bottom margin）自动分配弹性容器的剩余高度，如果元素（图像）同时设置了 mt-auto 类和 mb-auto 类，则元素（图像）的上外边距和下外边距平均分配弹性容器的剩余高度，即垂直居中。在这种情况下，通常需要设置元素（图像）的 width 值和 height 值。此外，使用 my-auto 类也能够实现在垂直方向上居中显示图像。

此实例的源文件是 MyCode\ChapB\ChapB210.html。

028 设置图像在水平方向上和垂直方向上均居中

此实例主要通过使用 d-flex、m-auto 等类，实现在水平方向上和垂直方向上同时居中显示图像的效果。当在浏览器中显示页面时，单击“以默认方式显示图像”按钮，则图像将显示在容器（div 块）的左上角，如图 028-1 所示；单击“以居中方式显示图像”按钮，则图像将在容器(div 块)的水平方向和垂直方向上同时居中，如图 028-2 所示。

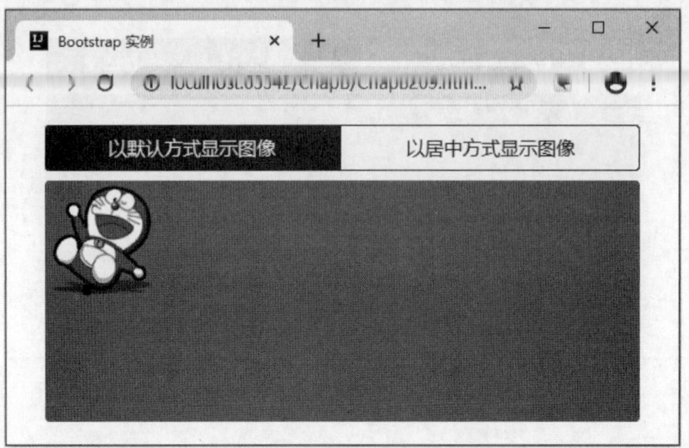

图 028-1

图 028-2

主要代码如下：

```
<body>
<div class="container mt-3">
 <div class="btn-group w-100 mb-2">
  <button type="button" class="btn btn-outline-dark"
          id="myButton1">以默认方式显示图像</button>
  <button type="button" class="btn btn-outline-dark"
          id="myButton2">以居中方式显示图像</button></div>
 <div class="d-flex align-items-baseline rounded bg-info" style="height:200px;">
  <img src="images/img122.png" class="m-auto" id="myImage"></div>
</div>
<script>
 $(function(){
  $("#myButton1").click(function(){         //响应单击"以默认方式显示图像"按钮
   $("#myImage")[0].className="";
  });
  $("#myButton2").click(function(){         //响应单击"以居中方式显示图像"按钮
```

```
    $("#myImage")[0].className="m-auto";
  }); });
</script></body>
```

在上面这段代码中，d-flex 类用于创建弹性容器。m-auto 类表示元素(图像)的外边距(margin)自动分配弹性容器的剩余高度和宽度，在这种情况下，通常需要设置元素(图像)的 width 值和 height 值(或设置 align-items-baseline 类)。此外，同时使用 mt-auto、mb-auto、ml-auto、mr-auto 四个类也能实现 m-auto 类的功能。

此实例的源文件是 MyCode\ChapB\ChapB209.html。

029 设置图像与容器的底部靠齐

此实例主要通过使用 d-flex、mt-auto、mb-auto 等类，实现图像与弹性容器的顶部或底部靠齐的效果。当在浏览器中显示页面时，单击"设置图像与容器顶部靠齐"按钮，则图像与弹性容器(div 块)的顶部靠齐的效果如图 029-1 所示；单击"设置图像与容器底部靠齐"按钮，则图像与弹性容器(div 块)的底部靠齐的效果如图 029-2 所示。

图 029-1

图 029-2

主要代码如下：

```
<body>
<div class = "container mt - 3">
 <div class = "btn - group w - 100 mb - 3">
  <button type = "button" class = "btn btn - outline - dark"
          id = "myButton1">设置图像与容器顶部靠齐</button>
  <button type = "button" class = "btn btn - outline - dark"
          id = "myButton2">设置图像与容器底部靠齐</button></div>
 <div class = "d - flex rounded bg - info" style = "height:200px;">
  <img src = "images/img119.jpg" class = "mt - auto rounded w - 75"
       id = "myImage" style = "height:100px;"></div>
</div>
<script>
 $(function(){
  $("#myButton1").click(function(){          //响应单击"设置图像与容器顶部靠齐"按钮
   $("#myImage")[0].className = "mb - auto rounded w - 75";
  });
  $("#myButton2").click(function(){          //响应单击"设置图像与容器底部靠齐"按钮
   $("#myImage")[0].className = "mt - auto rounded w - 75";
  });});
</script></body>
```

在上面这段代码中，d-flex 类用于创建弹性容器。mt-auto 类表示元素（图像）的上外边距（top margin）自动分配弹性容器的剩余高度，mb-auto 类表示元素（图像）的下外边距（bottom margin）自动分配弹性容器的剩余高度；在这种情况下，通常需要设置元素（图像）的 width 值和 height 值。

此实例的源文件是 MyCode\ChapB\ChapB211.html。

030 设置图像与容器的右侧靠齐

此实例主要通过使用 float-left、float-right 等类，实现元素（图像）靠左或靠右对齐容器的效果。当在浏览器中显示页面时，单击“图像在左边”按钮，则图像靠左对齐的效果如图 030-1 所示；单击“图像在右边”按钮，则图像靠右对齐的效果如图 030-2 所示。

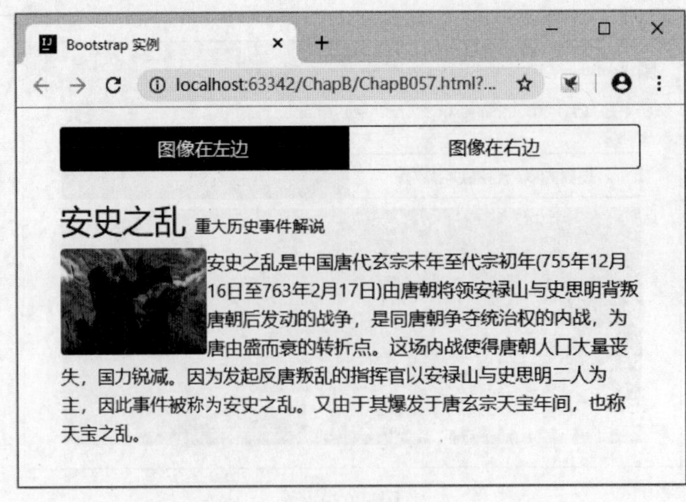

图 030-1

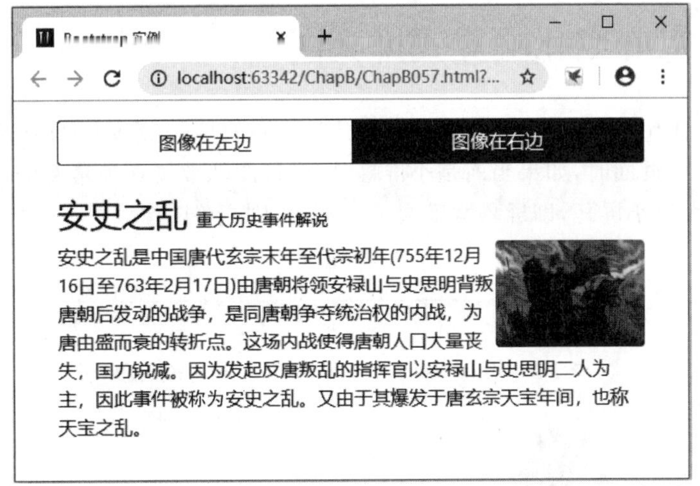

图 030-2

主要代码如下：

```
<body>
<div class="container mt-3">
 <div class="btn-group w-100 mb-4">
  <button type="button" class="btn btn-outline-dark"
          id="myButton1">图像在左边</button>
  <button type="button" class="btn btn-outline-dark"
          id="myButton2">图像在右边</button></div>
 <h3>安史之乱 <small><small><small>
      重大历史事件解说</small></small></small></h3>
 <img src="images/img007.jpg" width="130" height="90"
      class="float-right rounded">
 <p>安史之乱是中国唐代玄宗末年至代宗初年(755年12月16日至763年2月17日)由唐朝将领安禄山与史思明背叛唐朝后发动的战争,是同唐朝争夺统治权的内战,为唐由盛而衰的转折点。这场内战使得唐朝人口大量丧失,国力锐减。因为发起反唐叛乱的指挥官以安禄山与史思明二人为主,因此事件被称为安史之乱。又由于其爆发于唐玄宗天宝年间,也称天宝之乱。</p>
</div>
<script>
 $(function () {
  $("#myButton1").click(function(){         //响应单击"图像在左边"按钮
   $("img")[0].className = "float-left rounded";
  });
  $("#myButton2").click(function(){         //响应单击"图像在右边"按钮
   $("img")[0].className = "float-right rounded";
  }); });
</script></body>
```

在上面这段代码中，float-right 表示将元素放置在容器的右端，float-left 表示将元素放置在容器的左端。<h3>安史之乱 <small><small><small>重大历史事件解说</small></small></small></h3>中的 small 表示以小于主标题(安史之乱)的字号显示副标题(重大历史事件解说)，每增加一个 small，则副标题的字号变得更小。

此实例的源文件是 MyCode\ChapB\ChapB057.html。

031 根据宽度变化响应式排列图像

此实例主要通过使用 float-sm-right 类，实现根据不同的屏幕宽度以响应式规则排列图像的效果。当在浏览器中显示页面时，如果当前是小屏幕，则魔兽图像放置在屏幕左侧，如图 031-1 所示；如果当前不是小屏幕(大于小屏幕，即屏幕宽度大于 576px)，则魔兽图像放置在屏幕左右两侧，如图 031-2 所示。

图 031-1

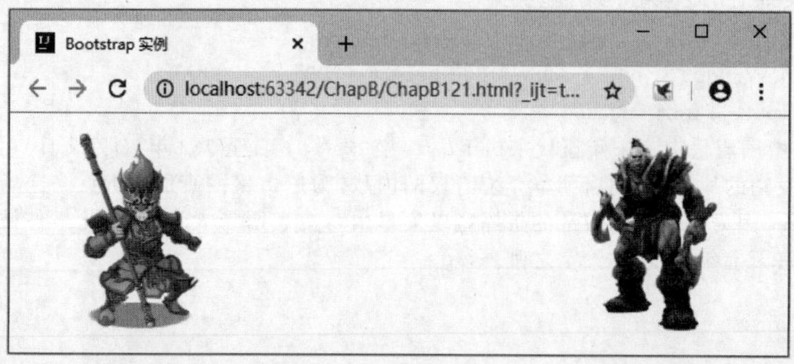

图 031-2

主要代码如下：

```
<body>
<div class="container mt-3">
  <img src="images/img061.png" class="float-sm-right"
        width="100px;" height="150px">
  <p></p>
  <img src="images/img062.png" width="100px;" height="150px">
  </div>
</body>
```

在上面这段代码中，float-sm-right 类表示在大于小屏幕尺寸(屏幕宽度 576px)时元素(图像)靠右浮动，其他相关类分别是：float-md-right 表示在大于中等屏幕尺寸(屏幕宽度 768px)时元素靠右浮动，float-lg-right 表示在大于大屏幕尺寸(屏幕宽度 992px)时元素靠右浮动，float-xl-right 表示在大于超大屏幕尺寸(屏幕宽度 1200px)时元素靠右浮动。

此实例的源文件是 MyCode\ChapB\ChapB121.html。

032　以动画风格折叠或展开图像

此实例主要通过使用 collapse 等类，实现以动画风格折叠或展开图像的效果。当在浏览器中显示页面时，单击"香港夜景"按钮，则将展开香港夜景图像；再次单击"香港夜景"按钮，则将从下向上折叠香港夜景图像，效果分别如图 032-1 和图 032-2 所示。

图　032-1

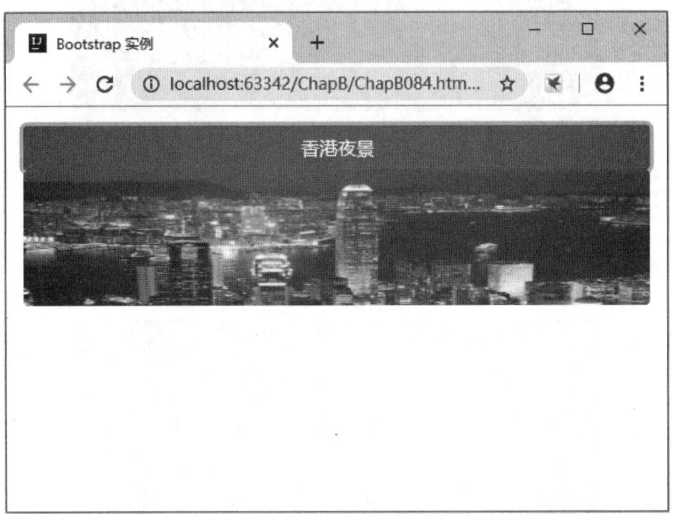

图　032-2

主要代码如下：

```
<body>
<div class="container mt-3">
  <button type="button" class="btn btn-primary w-100"
```

```
        data - toggle = "collapse" data - target = "#myImage">香港夜景</button>
  < img src = "images/img086.jpg" class = "rounded w - 100 collapse" id = "myImage">
</div>
</body>
```

在上面这段代码中，data-toggle＝"collapse"表示在单击按钮后执行折叠或展开动作。data-target＝"#myImage"表示折叠或展开的目标（图像）。collapse 表示 img 元素具有折叠或展开功能。

此实例的源文件是 MyCode\ChapB\ChapB084.html。

033 创建手风琴风格的互斥折叠

此实例主要通过设置 div 元素的 data-parent 属性，在一组折叠块中实现手风琴风格的互斥折叠。当在浏览器中显示页面时，单击标题“贵州茅台酒”，则将在下面展开该标题对应的图像，其他已经展开的图像折叠，如图 033-1 所示；单击标题“白金老酱酒”，则将在下面展开该标题对应的图像，其他已经展开的图像折叠，如图 033-2 所示。单击其他标题将实现类似的效果。

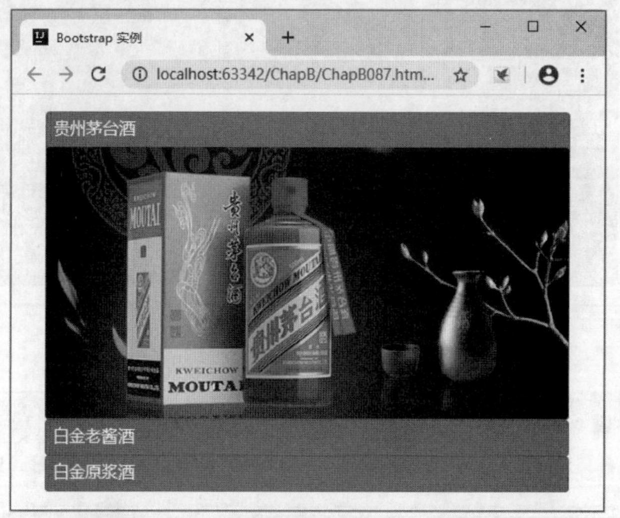

图 033-1

图 033-2

主要代码如下：

```
<body>
<div class="container mt-3">
 <div id="myParent">
  <div class="card bg-danger">
   <div><a class="card-link" data-toggle="collapse" href="#myCollapse1">
    <h5 class="text-white ml-2"><small>贵州茅台酒</small></h5></a></div>
   <div id="myCollapse1" class="collapse show" data-parent="#myParent">
    <img class="card-img" src="images/img038.jpg"></div></div>
  <div class="card bg-danger">
   <div><a class="card-link" data-toggle="collapse" href="#myCollapse2">
    <h5 class="text-white ml-2"><small>白金老酱酒</small></h5></a></div>
   <div id="myCollapse2" class="collapse" data-parent="#myParent">
    <img class="card-img" src="images/img039.jpg"></div></div>
  <div class="card bg-danger">
   <div><a class="card-link" data-toggle="collapse" href="#myCollapse3">
    <h5 class="text-white ml-2"><small>白金原浆酒</small></h5></a></div>
   <div id="myCollapse3" class="collapse" data-parent="#myParent">
    <img class="card-img" src="images/img040.jpg"></div></div>
 </div></div></body>
```

在上面这段代码中，data-toggle="collapse"表示在单击超链接时折叠或展开 href 属性指定的 div 元素(可折叠块)。class="collapse show"表示该 div 元素在初次显示时是展开的。class="collapse"表示该 div 元素在初次显示时是折叠的。data-parent="#myParent"用于指定该组可折叠块的父容器，实现互斥折叠或展开效果。

此实例的源文件是 MyCode\ChapB\ChapB087.html。

034 在输入框组的左侧添加文本

此实例主要通过使用 input-group、input-group-prepend、input-group-text 等类，实现在输入框组左侧添加固定文本的效果。当在浏览器中显示页面时，在输入框组的左侧添加固定文本的效果分别如图 034-1 和图 034-2 所示，文本“重庆市渝北区”是不可更改的，右侧则是输入框。

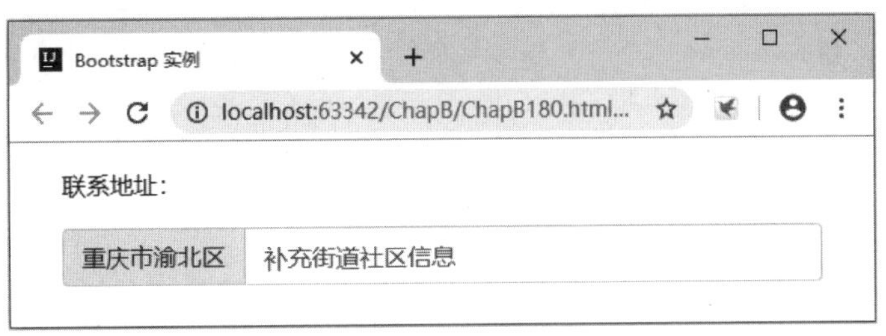

图 034-1

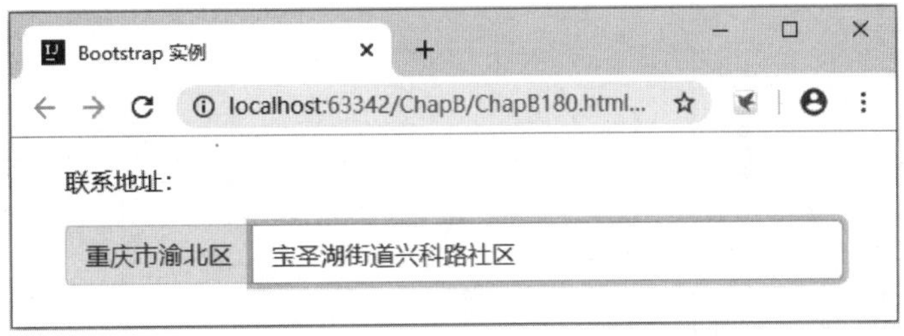

图 034-2

主要代码如下：

```
<body>
<div class = "container mt-3">
 <form><p>联系地址：</p>
  <div class = "input-group">
   <div class = "input-group-prepend">
        <span class = "input-group-text">重庆市渝北区</span></div>
   <input type = "text" class = "form-control" placeholder = "补充街道社区信息">
  </div></form></div></body>
```

在上面这段代码中，input-group-prepend 类用于设置固定文本（元素）在输入框组的左侧。input-group-text 类用于设置固定文本的样式。input-group 类用于创建中号输入框组，如果使用 input-group-sm 类，则可以创建小号输入框组，如果使用 input-group-lg 类，则可以创建大号的输入框组。

此实例的源文件是 MyCode\ChapB\ChapB180.html。

035 在输入框组的右侧添加文本

此实例主要通过使用 input-group、input-group-append、input-group-text 等类，实现在输入框组右侧添加固定文本的效果。当在浏览器中显示页面时，在输入框组的右侧添加固定文本的效果分别如图 035-1 和图 035-2 所示。文本“@163.com”是不可更改的，左侧是输入框。

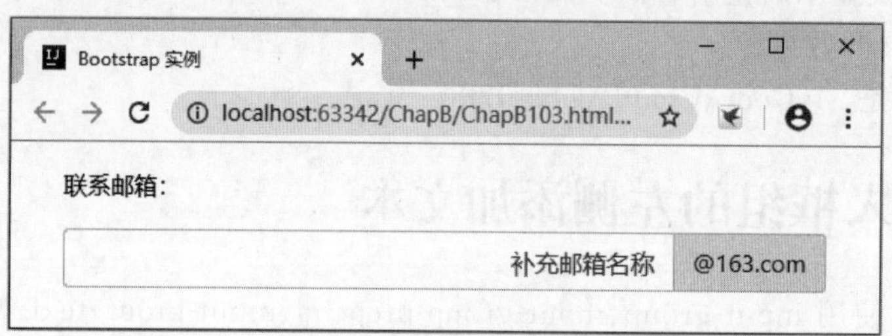

图 035-1

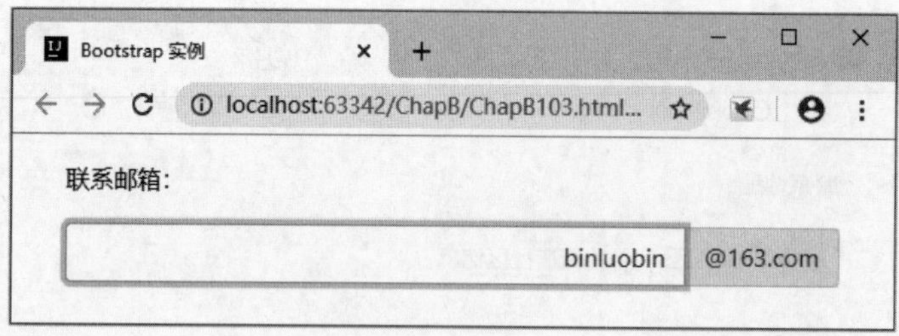

图 035-2

主要代码如下：

```
<body>
<div class = "container mt-3">
 <form><p>联系邮箱：</p>
  <div class = "input-group">
   <input type = "text" class = "form-control text-right"
          placeholder = "补充邮箱名称">
```

```
    <div class = "input - group - append">
     <span class = "input - group - text">@163.com</span></div>
   </div></form></div></body>
```

在上面这段代码中，input-group-append 类用于设置固定文本(元素)在输入框组的右侧。input-group-text 类用于设置固定文本的样式。input-group 类用于创建中号输入框组。

此实例的源文件是 MyCode\ChapB\ChapB103.html。

036　在输入框组中添加单选按钮

此实例主要通过使用 input-group、input-group-prepend、input-group-text 等类，实现将输入框和单选按钮组合在一起的效果。当在浏览器中显示页面时，将输入框和单选按钮组合在一起的效果分别如图 036-1 和图 036-2 所示。

图　036-1

图　036-2

主要代码如下：

```
<body>
<div class = "container mt - 3">
 <form><p>报考部门及岗位：</p>
  <div class = "input - group">
   <div class = "input - group - prepend">
    <div class = "input - group - text">
     <div class = "radio form - check - inline" id = "myRadio1">
      <label class = "form - check - label">
       <input type = "radio" name = "myRadioGroup"
              class = "form - check - input" value = "">财政局</label></div>
     <div class = "radio form - check - inline" id = "myRadio2">
      <label class = "form - check - label">
       <input type = "radio" name = "myRadioGroup"
              class = "form - check - input" value = "">审计局</label></div>
```

```
        <div class = "radio form - check - inline" id = "myRadio3">
          <label class = "form - check - label">
            <input type = "radio" name = "myRadioGroup"
                   class = "form - check - input" value = "">规划局</label> </div>
      </div>
    </div>
    <input type = "text" class = "form - control" placeholder = "补充岗位科室名称">
  </div></form></div></body>
```

在上面这段代码中，input-group 类用于创建中号输入框组。input-group-prepend 类用于设置元素(单选按钮)在输入框组的左侧。input-group-text 类用于设置添加元素的样式。

此实例的源文件是 MyCode\ChapB\ChapB104.html。

037 在输入框组中添加复选框

此实例主要通过使用 input-group、input-group-prepend、input-group-text 等类，实现将输入框和复选框组合在一起的效果。当在浏览器中显示页面时，将输入框和复选框组合在一起的效果如图 037-1 所示。

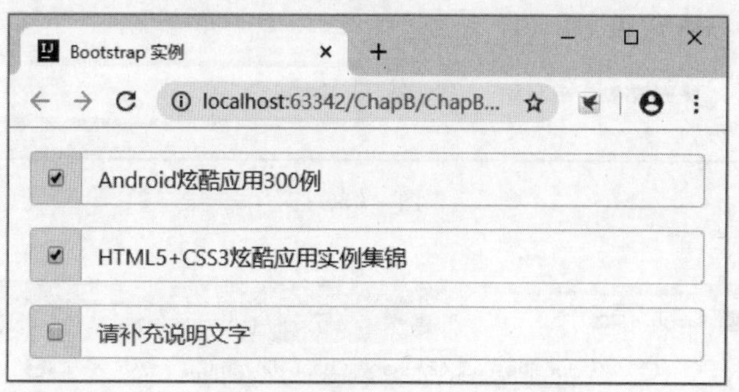

图 037-1

主要代码如下：

```
<body>
<div class = "container mt - 3">
 <p><div class = "input - group">
  <div class = "input - group - prepend">
   <div class = "input - group - text">
    <input type = "checkbox" id = "myCheckbox1"></div></div>
  <input type = "text" class = "form - control"
         id = "myLabel1" placeholder = "请补充说明文字"></div>
 <p><div class = "input - group">
  <div class = "input - group - prepend">
   <div class = "input - group - text">
    <input type = "checkbox" id = "myCheckbox2"></div></div>
  <input type = "text" class = "form - control"
         id = "myLabel2" placeholder = "请补充说明文字"></div>
 <p><div class = "input - group">
  <div class = "input - group - prepend">
   <div class = "input - group - text">
    <input type = "checkbox" id = "myCheckbox3"></div></div>
```

```
    <input type="text" class="form-control"
           id="myLabel3" placeholder="请补充说明文字"></div>
</div></body>
```

在上面这段代码中，input-group 用于创建中号输入框组。input-group-prepend 用于在输入框组的左侧添加元素（复选框）。input-group-text 类用于设置添加元素的样式。

此实例的源文件是 MyCode\ChapB\ChapB105.html。

038　在输入框组中添加下拉菜单

此实例主要通过使用 input-group、input-group-prepend、input-group-append、input-group-text、dropdown-menu、dropdown-menu-right 等类，实现在输入框组中添加下拉菜单的效果。当在浏览器中显示页面时，在输入框中添加下拉菜单的效果如图 038-1 所示。

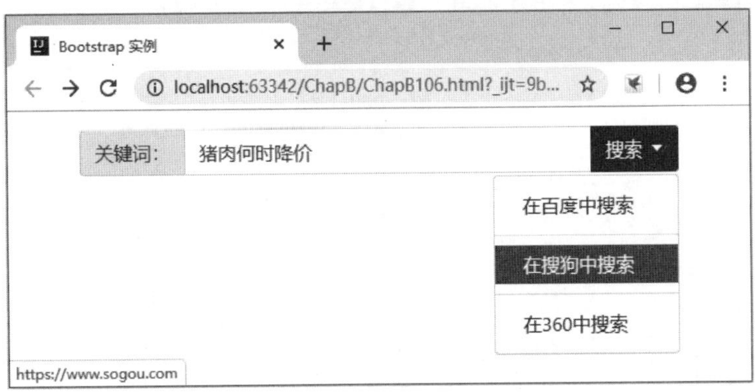

图　038-1

主要代码如下：

```
<body>
<div class="container mt-3">
 <div class="input-group">
  <div class="input-group-prepend">
   <span class="input-group-text">关键词：</span></div>
  <input type="text" class="form-control">
  <div class="input-group-append">
   <button type="button" class="btn btn-outline-dark dropdown-toggle"
           data-toggle="dropdown">搜索</button>
   <div class="dropdown-menu dropdown-menu-right">
    <a class="dropdown-item" href="https://www.baidu.com">在百度中搜索</a>
    <div class="dropdown-divider"></div>
    <a class="dropdown-item" href="https://www.sogou.com">在搜狗中搜索</a>
    <div class="dropdown-divider"></div>
    <a class="dropdown-item" href="https://hao.360.com">在 360 中搜索</a>
   </div></div></div></div></body>
```

在上面这段代码中，input-group 用于创建中号输入框组。input-group-prepend 用于在输入框组的左侧添加元素。input-group-append 用于在输入框组的右侧添加元素。input-group-text 类用于设置添加元素（不限于文本）的样式。dropdown-menu 类用于创建下拉菜单。dropdown-menu-right 类表示在容器右侧布局下拉菜单。dropdown-item 类表示下拉菜单项。dropdown-divider 类表示下拉菜单的分隔线。

此实例的源文件是 MyCode\ChapB\ChapB106. html。

039 在输入框组中添加多个元素

此实例主要通过使用 input-group、input-group-prepend、input-group-text 等类，实现在输入框组中添加多个元素的效果。当在浏览器中显示页面时，在输入框中添加多个元素的效果如图 039-1 所示。

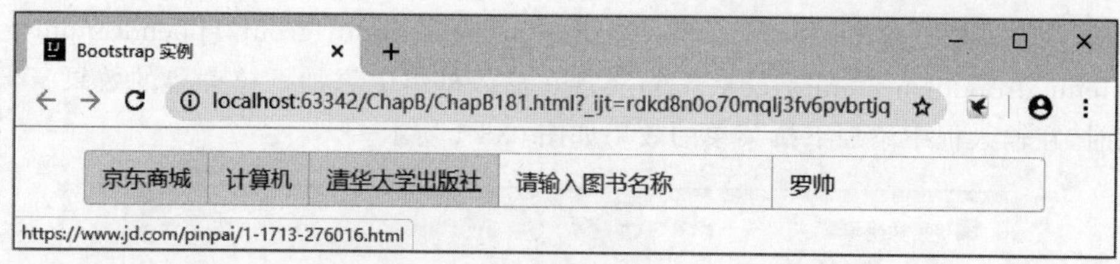

图 039-1

主要代码如下：

```
<body>
<div class = "container mt - 3">
 <form>
  <div class = "input - group mb - 3">
   <div class = "input - group - prepend">
    <span class = "input - group - text">京东商城</span>
    <span class = "input - group - text">计算机</span>
    <span class = "input - group - text">
      <a href = "https://www.jd.com/pinpai/1 - 1713 - 276016.html">
      清华大学出版社</a></span>
   </div>
   <input type = "text" class = "form - control" placeholder = "请输入图书名称">
   <input type = "text" class = "form - control" placeholder = "请输入作者姓名">
  </div></form></div></body>
```

在上面这段代码中，input-group 用于创建中号输入框组。input-group-prepend 用于在输入框组的左侧添加元素。input-group-text 类用于设置添加元素（不限于文本）的样式。当在输入框组中添加多个元素时，多个（不同）元素应该放在 input-group-prepend 类（或 input-group-append 类）作用的 div 容器中，并且设置 input-group-text 类。

此实例的源文件是 MyCode\ChapB\ChapB181. html。

040 创建多种颜色的实心按钮

此实例主要通过使用 btn、btn-primary、btn-secondary 等类，创建多种颜色的实心按钮。当在浏览器中显示页面时，创建的多种颜色的实心按钮如图 040-1 所示；单击其中任一按钮，则将弹出一个模态框，如图 040-2 所示。

图 040-1

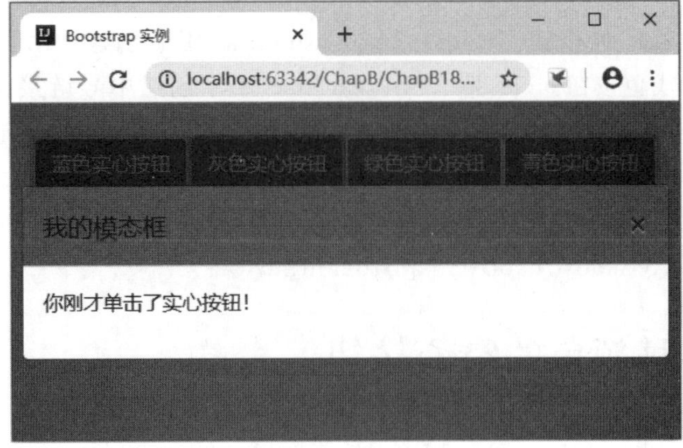

图 040-2

主要代码如下：

```
<body>
<div class = "container mt - 4">
 <div class = "jumbotron p - 1">
  <button type = "button" class = "btn btn - primary" data - toggle = "modal"
         data - target = "#myModal">蓝色实心按钮</button>
  <button type = "button" class = "btn btn - secondary" data - toggle = "modal"
         data - target = "#myModal">灰色实心按钮</button>
  <button type = "button" class = "btn btn - success" data - toggle = "modal"
         data - target = "#myModal">绿色实心按钮</button>
  <button type = "button" class = "btn btn - info" data - toggle = "modal"
         data - target = "#myModal">青色实心按钮</button>
  <button type = "button" class = "btn btn - warning" data - toggle = "modal"
         data - target = "#myModal">黄色实心按钮</button>
  <button type = "button" class = "btn btn - danger" data - toggle = "modal"
         data - target = "#myModal">红色实心按钮</button>
  <button type = "button" class = "btn btn - dark" data - toggle = "modal"
         data - target = "#myModal">黑色实心按钮</button>
  <button type = "button" class = "btn btn - light" data - toggle = "modal"
         data - target = "#myModal">浅色实心按钮</button>
  <button type = "button" class = "btn btn - link" data - toggle = "modal"
         data - target = "#myModal">链接按钮</button>
 </div>
 <div class = "modal" id = "myModal">
```

```
<div class = "modal - dialog modal - dialog - centered">
 <div class = "modal - content">
  <div class = "modal - header bg - info">
   <h5 class = "modal - title">我的模态框</h5>
   <button type = "button" class = "close" data - dismiss = "modal">&times;</button>
  </div>
  <div class = "modal - body">
   <p>你刚才单击了实心按钮!</p>
  </div></div></div></div></div></body>
```

在上面这段代码中，class＝"btn btn-primary"用于创建中号蓝色按钮。class＝"btn btn-secondary"用于创建中号灰色按钮。class＝"btn btn-success"用于创建中号绿色按钮。class＝"btn btn-info"用于创建中号青色按钮。class＝"btn btn-warning"用于创建中号黄色按钮。class＝"btn btn-danger"用于创建中号红色按钮。class＝"btn btn-dark"用于创建中号黑色按钮。class＝"btn btn-light"用于创建中号浅色按钮。class＝"btn btn-link"用于创建中号链接按钮。如果需要创建大号蓝色按钮，则使用 class＝"btn btn-primary btn-lg"；如果需要创建小号蓝色按钮，则使用 class＝"btn btn-primary btn-sm"，创建其他颜色的大号或小号按钮以此类推。data-toggle＝"modal"和 data-target＝"＃myModal"用于弹出模态框。

此实例的源文件是 MyCode\ChapB\ChapB182. html。

041 创建多种颜色的空心按钮

此实例主要通过使用 btn、btn-outline-primary、btn-outline-secondary 等类，创建多种颜色的空心按钮。当在浏览器中显示页面时，创建的多种颜色的空心按钮如图 041-1 所示；单击其中任一按钮，则将弹出一个模态框，如图 041-2 所示。

图 041-1

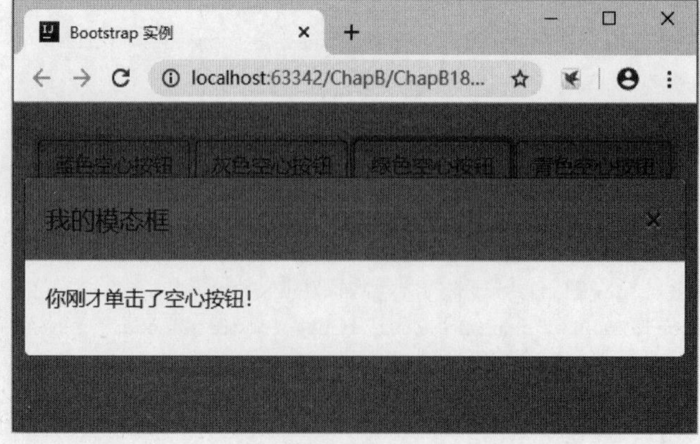

图 041-2

主要代码如下：

```
<body>
<div class="container mt-4">
 <div class="jumbotron p-1">
  <button type="button" class="btn btn-outline-primary" data-toggle="modal"
          data-target="#myModal">蓝色空心按钮</button>
  <button type="button" class="btn btn-outline-secondary" data-toggle="modal"
          data-target="#myModal">灰色空心按钮</button>
  <button type="button" class="btn btn-outline-success" data-toggle="modal"
          data-target="#myModal">绿色空心按钮</button>
  <button type="button" class="btn btn-outline-info" data-toggle="modal"
          data-target="#myModal">青色空心按钮</button>
  <button type="button" class="btn btn-outline-warning" data-toggle="modal"
          data-target="#myModal">黄色空心按钮</button>
  <button type="button" class="btn btn-outline-danger" data-toggle="modal"
          data-target="#myModal">红色空心按钮</button>
  <button type="button" class="btn btn-outline-dark" data-toggle="modal"
          data-target="#myModal">黑色空心按钮</button>
  <button type="button" class="btn btn-outline-light" data-toggle="modal"
          data-target="#myModal">浅色空心按钮</button>
 </div>
 <div class="modal" id="myModal">
  <div class="modal-dialog modal-dialog-centered">
   <div class="modal-content">
    <div class="modal-header bg-info">
     <h5 class="modal-title">我的模态框</h5>
     <button type="button" class="close" data-dismiss="modal">&times;</button>
    </div>
    <div class="modal-body">
     <p>你刚才单击了空心按钮!</p>
    </div></div></div></div></div></body>
```

在上面这段代码中，class="btn btn-outline-primary"用于创建中号蓝色空心按钮。class="btnbtn-outline-secondary"用于创建中号灰色空心按钮。class="btn btn-outline-success"用于创建中号绿色空心按钮。class="btn btn-outline-info"用于创建中号青色空心按钮。class="btn btn-outline-warning"用于创建中号黄色空心按钮。class="btnbtn-outline-danger"用于创建中号红色空心按钮。class="btn btn-outline-dark"用于创建中号黑色空心按钮。class="btn btn-outline-light"用于创建中号浅色空心按钮。如果需要创建大号蓝色空心按钮，则使用 class="btn btn-outline-primary btn-lg"；如果需要创建小号蓝色空心按钮，则使用 class="btn btn-outline-primary btn-sm"，创建其他颜色的大号或小号空心按钮以此类推。data-toggle="modal"和 data-target="#myModal"用于弹出模态框。

此实例的源文件是 MyCode\ChapB\ChapB183.html。

042 创建两端靠齐的块级按钮

此实例主要通过使用 btn-block 等类，实现将普通按钮转换为块级元素的效果，即按钮的左右两端将会与容器的左右两侧靠齐。当在浏览器中显示页面时，无论怎样改变页面的宽度，"青色实心块级按钮"按钮始终与容器靠齐，效果分别如图 042-1 和图 042-2 所示。

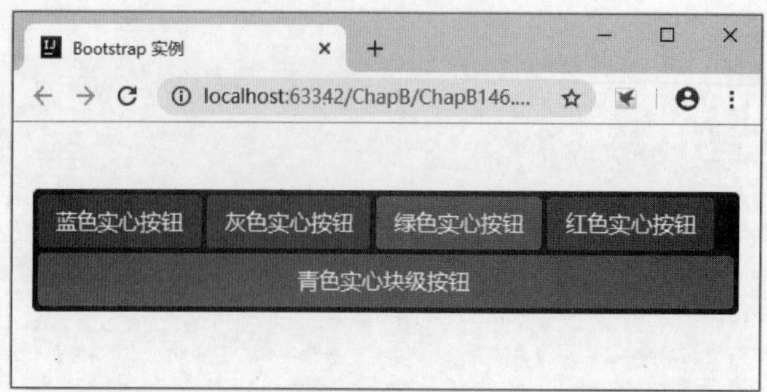

图 042-1

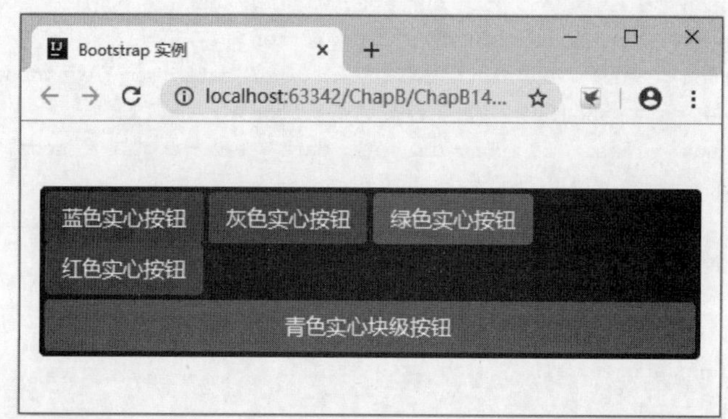

图 042-2

主要代码如下：

```
<body>
<div class="container mt-5">
 <div class="jumbotron p-1 bg-dark">
  <button type="button" class="btn btn-primary">蓝色实心按钮</button>
  <button type="button" class="btn btn-secondary">灰色实心按钮</button>
  <button type="button" class="btn btn-success">绿色实心按钮</button>
  <button type="button" class="btn btn-danger">红色实心按钮</button>
  <button type="button" class="btn btn-info btn-block mt-1">
         青色实心块级按钮</button>
 </div></div></body>
```

在上面这段代码中，btn-block 类用于将普通按钮转为块级元素，此时按钮左右两侧将会与容器(div 块)的左右两侧靠齐。

此实例的源文件是 MyCode\ChapB\ChapB146.html。

043 设置按钮的激活状态样式

此实例主要通过使用 active 等类，设置空心按钮的激活状态为 Bootstrap4 样式。当在浏览器中显示页面时，如果单击“激活绿色空心按钮”按钮，则效果如图 043-1 所示；如果单击“激活红色空心按钮”按钮，则效果如图 043-2 所示。

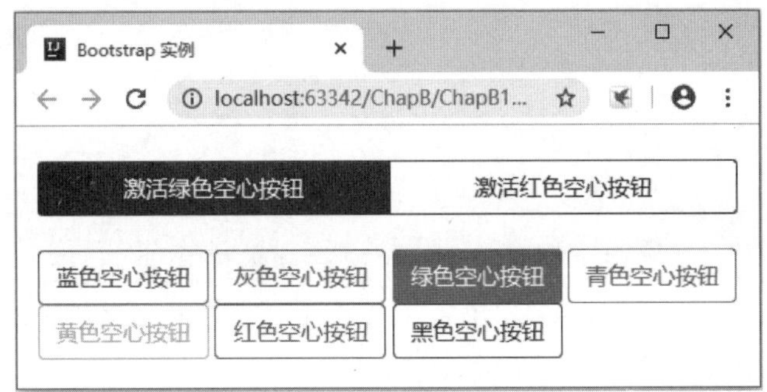

图　043-1

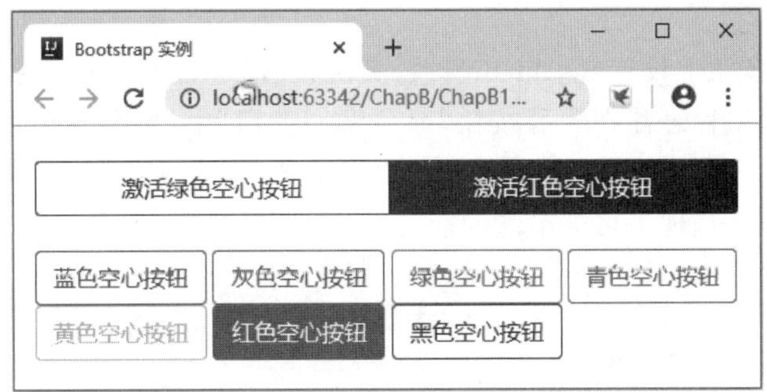

图　043-2

主要代码如下：

```
<body>
<div class = "container mt - 4">
 <div class = "btn - group mb - 4 w - 100">
  <button type = "button" class = "btn btn - outline - dark"
          id = "myButton1">激活绿色空心按钮</button>
  <button type = "button" class = "btn btn - outline - dark"
          id = "myButton2">激活红色空心按钮</button>
  </div>
 <button type = "button" class = "btn btn - outline - primary">蓝色空心按钮</button>
  <button type = "button" class = "btn btn - outline - secondary">灰色空心按钮</button>
  <button type = "button" class = "btn btn - outline - success active"
          id = "myGreenBtn">绿色空心按钮</button>
  <button type = "button" class = "btn btn - outline - info">青色空心按钮</button>
  <button type = "button" class = "btn btn - outline - warning">黄色空心按钮</button>
  <button type = "button" class = "btn btn - outline - danger"
          id = "myRedBtn">红色空心按钮</button>
  <button type = "button" class = "btn btn - outline - dark">黑色空心按钮</button>
</div>
<script>
 $ (function () {
  $ ("#myButton1").click(function(){        //响应单击"激活绿色空心按钮"按钮
   $ ("#myGreenBtn")[0].className = "btn btn - outline - success active";
   $ ("#myRedBtn")[0].className = "btn btn - outline - danger";
  });
  $ ("#myButton2").click(function(){        //响应单击"激活红色空心按钮"按钮
   $ ("#myGreenBtn")[0].className = "btn btn - outline - success";
```

```
    $("#myRedBtn")[0].className = "btn btn-outline-danger active";
  });
 });
</script>
</body>
```

在上面这段代码中，active类用于设置按钮处于激活状态的样式，它会自动根据按钮原来的颜色设置激活状态的颜色样式。在Bootstrap4中，active类可用于设置大多数元素的激活状态样式。

此实例的源文件是MyCode\ChapB\ChapB184.html。

044 设置按钮的禁用状态样式

此实例主要通过在按钮上设置disabled属性，实现设置实心按钮的禁用状态样式效果。当在浏览器中显示页面时，如果鼠标悬浮在普通按钮"绿色实心按钮"上，则呈现可以被单击的小手形状，如图044-1所示，在单击之后将会弹出一个模态框；由于按钮"蓝色实心按钮"被设置为禁用状态，因此当鼠标悬浮在该按钮上时，呈现不可被单击的箭头形状，如图044-2所示，并且单击之后无任何响应。

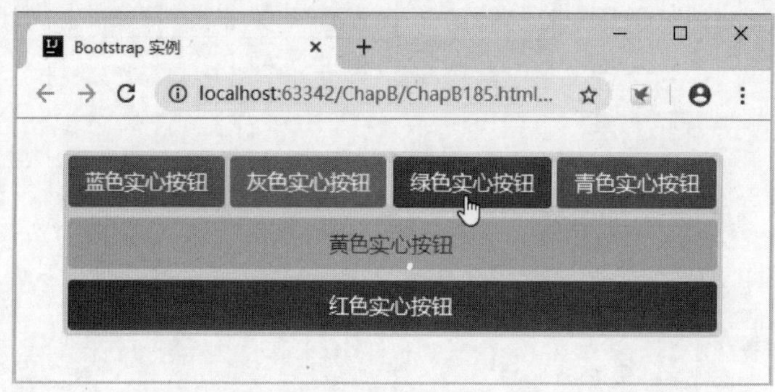

图 044-1

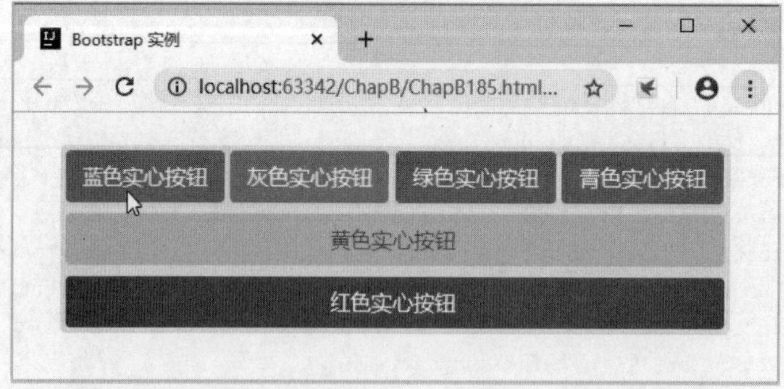

图 044-2

主要代码如下：

```
<body>
<div class="container mt-4">
 <div class="jumbotron p-1">
  <button type="button" class="btn btn-primary " data-toggle="modal"
          data-target="#myModal" disabled>蓝色实心按钮</button>
```

```
<button type="button" class="btn btn-secondary " data-toggle="modal"
        data-target="#myModal" disabled>灰色实心按钮</button>
<button type="button" class="btn btn-success" data-toggle="modal"
        data-target="#myModal">绿色实心按钮</button>
<button type="button" class="btn btn-info" data-toggle="modal"
        data-target="#myModal">青色实心按钮</button>
<button type="button" class="btn btn-warning btn-block mt-2" data-toggle="modal"
        data-target="#myModal" disabled>黄色实心按钮</button>
<button type="button" class="btn btn-danger btn-block" data-toggle="modal"
        data-target="#myModal">红色实心按钮</button>
</div>
<div class="modal" id="myModal">
 <div class="modal-dialog modal-dialog-centered">
  <div class="modal-content">
   <div class="modal-header  bg-info">
    <h5 class="modal-title">我的模态框</h5>
    <button type="button" class="close" data-dismiss="modal">&times;</button>
   </div>
   <div class="modal-body">
    <p>你刚才单击了实心按钮!</p>
   </div></div></div></div></div></body>
```

在上面这段代码中，disabled 属性用于设置按钮是不可单击的，在 Bootstrap4 中，该属性也适用于设置大多数元素的禁用状态。

此实例的源文件是 MyCode\ChapB\ChapB185.html。

045 使用多个按钮创建按钮组

此实例主要通过使用 btn-group 类，实现使用多个按钮创建按钮组的效果。当在浏览器中显示页面时，将在水平方向上组合 4 个按钮，单击“富春江”按钮，效果如图 045-1 所示；单击“九寨沟”按钮，效果如图 045-2 所示。

图 045-1

图 045-2

主要代码如下：

```
<body>
<div class="container mt-3 text-center">
 <div class="btn-group w-100">
  <button type="button" class="btn btn-outline-primary"
          id="myButton1">武当山</button>
  <button type="button" class="btn btn-outline-primary"
          id="myButton2">茶山竹海</button>
  <button type="button" class="btn btn-outline-primary"
          id="myButton3">富春江</button>
  <button type="button" class="btn btn-outline-primary"
          id="myButton4">九寨沟</button>
 </div>
 <img src="images/img090.jpg" class="rounded mt-1 w-100" id="myImage">
</div>
<script>
 $(function () {
  $("#myButton1").click(function(){           //响应单击"武当山"按钮
   $('#myImage').attr("src", "images/img090.jpg");
  });
  $("#myButton2").click(function(){           //响应单击"茶山竹海"按钮
   $('#myImage').attr("src", "images/img091.jpg");
  });
  $("#myButton3").click(function(){           //响应单击"富春江"按钮
   $('#myImage').attr("src", "images/img092.jpg");
  });
  $("#myButton4").click(function(){           //响应单击"九寨沟"按钮
   $('#myImage').attr("src", "images/img093.jpg");
  }); });
</script></body>
```

在上面这段代码中，btn-group 类用于创建一个水平按钮组，如果需要创建垂直按钮组，则使用 btn-group-vertical 类。btn-group 类在默认情况下创建的是中号按钮组，如果添加 btn-group-lg 类

(如 class="btn-group btn-group-lg w-100"),则创建大号按钮组；如果使用 btn-group-sm 类(如 class="btn-group btn-group-sm w-100"),则创建小号按钮组。

此实例的源文件是 MyCode\ChapB\ChapB059.html。

046 在垂直方向上创建按钮组

此实例主要通过使用 btn-group-vertical 类,在垂直方向上创建由多个按钮组成的按钮组。当在浏览器中显示页面时,将在垂直方向上组合 5 个按钮,如果单击“上海夜景”按钮,则效果如图 046-1 所示；如果单击“香港夜景”按钮,则效果如图 046-2 所示。

图 046-1

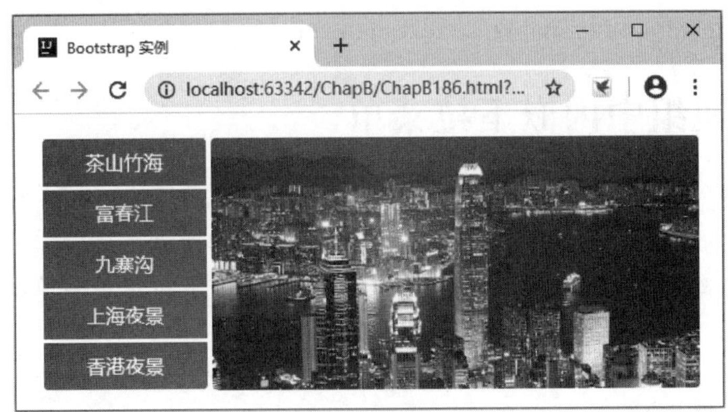

图 046-2

主要代码如下：

```
<body>
<div class="container mt-3">
 <div class="row">
  <div class="btn-group-vertical w-25 mt-1">
   <button type="button" class="btn btn-primary mb-1"
           id="myButton2">茶山竹海</button>
   <button type="button" class="btn btn-primary mb-1"
          id="myButton3">富春江</button>
   <button type="button" class="btn btn-primary mb-1"
          id="myButton4">九寨沟</button>
```

```
    <button type = "button" class = "btn btn - primary mb - 1"
            id = "myButton5">上海夜景</button>
    <button type = "button" class = "btn btn - primary mb - 1"
            id = "myButton6">香港夜景</button>
   </div>
   <div class = "w - 75">
    <img src = "images/img091.jpg" class = "rounded m - 1 w - 100 " id = "myImage">
   </div></div>
 </div>
 <script>
  $ (function () {
   $ ("#myButton2").click(function(){          //响应单击"茶山竹海"按钮
    $ ('#myImage').attr("src", "images/img091.jpg");
   });
   $ ("#myButton3").click(function(){          //响应单击"富春江"按钮
    $ ('#myImage').attr("src", "images/img092.jpg");
   });
   $ ("#myButton4").click(function(){          //响应单击"九寨沟"按钮
    $ ('#myImage').attr("src", "images/img093.jpg");
   });
   $ ("#myButton5").click(function(){          //响应单击"上海夜景"按钮
    $ ('#myImage').attr("src", "images/img087.jpg");
   });
   $ ("#myButton6").click(function(){          //响应单击"香港夜景"按钮
    $ ('#myImage').attr("src", "images/img086.jpg");
   }); });
 </script></body>
```

在上面这段代码中，btn-group-vertical 类用于在垂直方向上创建按钮组。

此实例的源文件是 MyCode\ChapB\ChapB186.html。

047 在按钮组中内嵌下拉菜单

此实例主要通过使用 dropdown-toggle、dropdown-menu、dropdown-item 等类，实现在按钮组的按钮上内嵌下拉菜单的效果。当在浏览器中显示页面时，单击“城市夜景”按钮，则将弹出下拉菜单，在下拉菜单中单击“上海夜景”菜单，则效果如图 047-1 所示；在下拉菜单中单击“香港夜景”菜单，则效果如图 047-2 所示。

图 047-1

图 047-2

主要代码如下：

```
<body>
<div class="container mt-3 text-center">
 <div class="btn-group w-100">
  <button type="button" class="btn btn-primary mr-1"
          id="myButton1">文化遗产</button>
  <button type="button" class="btn btn-primary mr-1"
          id="myButton2">自然遗产</button>
  <button type="button" class="btn btn-primary mr-1"
          id="myButton3">乡间风情</button>
  <button type="button" class="btn btn-primary mr-1"
          id="myButton4">民族风情</button>
  <button type="button" class="btn btn-primary dropdown-toggle"
          data-toggle="dropdown">城市夜景</button>
  <div class="dropdown-menu bg-primary " style="width: 100px;">
   <button type="button" class="btn btn-primary mb-1 w-100"
           id="myButton6">重庆夜景</button>
   <button type="button" class="btn btn-primary mb-1 w-100"
           id="myButton7">上海夜景</button>
   <button type="button" class="btn btn-primary mb-1 w-100"
           id="myButton8">香港夜景</button>
  </div></div>
 <img src="images/img087.jpg" class="rounded mt-1 w-100" id="myImage">
</div>
<script>
 $(function () {
  $("#myButton7").click(function(){         //响应单击"上海夜景"下拉菜单
   $('#myImage').attr("src","images/img087.jpg");
  });
  $("#myButton8").click(function(){         //响应单击"香港夜景"下拉菜单
   $('#myImage').attr("src","images/img086.jpg");
  }); });
</script></body>
```

在上面这段代码中，dropdown-toggle 类用于使按钮（城市夜景）呈现下箭头图标。dropdown 用于实现在单击按钮（城市夜景）时弹出下拉菜单。dropdown-menu 类用于创建包含下拉菜单项的容器。

此实例的源文件是 MyCode\ChapB\ChapB060.html。

048 在按钮上嵌套黄色的徽章

此实例主要通过使用 badge、badge-warning 等类，实现在按钮上嵌套黄色徽章的效果。当在浏览器中显示页面时，在 3 个按钮上嵌套的黄色徽章（一、二、三）的效果如图 048-1 所示。

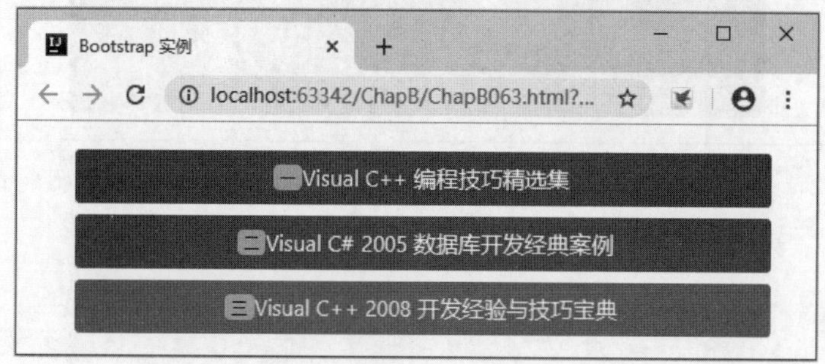

图 048-1

主要代码如下：

```
<body>
<div class="container mt-3">
 <button type="button" class="btn btn-primary m-1 w-100 ">
  <span class="badge badge-warning">一</span>Visual C++编程技巧精选集
 </button>
 <button type="button" class="btn btn-secondary m-1 w-100">
  <span class="badge badge-warning">二</span>Visual C# 2005 数据库开发经典案例
 </button>
 <button type="button" class="btn btn-success m-1 w-100">
  <span class="badge badge-warning">三</span>Visual C++ 2008 开发经验与技巧宝典
 </button>
</div></body>
```

在上面这段代码中，badge 类表示创建徽章。badge-warning 类表示徽章的颜色是黄色。一般情况下，只要使用 span 元素即可将徽章嵌套在大多数元素上。

此实例的源文件是 MyCode\ChapB\ChapB063.html。

049 创建多种颜色和大小的徽章

此实例主要通过使用 badge、badge-primary 等类，实现根据父元素的大小创建大小和颜色均不相同的徽章的效果。当在浏览器中显示页面时，创建的 4 种徽章效果如图 049-1 所示。

主要代码如下：

```
<body>
<div class="container mt-3">
```

```
<h2>一线城市：<span class="badge badge-primary">北京、上海、深圳、广州</span></h2>
 <h3>二线城市：<span class="badge badge-secondary">成都、杭州、重庆、武汉、西安、苏州、天津、南京等
</span></h3>
 <h4>三线城市：<span class="badge badge-success">无锡、佛山、合肥、大连、福州、厦门、贵阳、太原、海口等
</span></h4>
 <h5>四线城市：<span class="badge badge-danger">湖州、桂林、大庆、吉林、九江、宜昌、江门、新乡、咸阳、绵
阳、遵义、廊坊等</span></h5>
</div></body>
```

在上面这段代码中，badge 类表示创建徽章。badge-primary 类表示创建的徽章颜色为蓝色。badge-secondary 类表示创建的徽章颜色为灰色。badge-success 类表示创建的徽章颜色为绿色。badge-danger 类表示创建的徽章颜色为红色。其他几种徽章颜色如下：badge-warning 类表示创建的徽章颜色为黄色；badge-info 类表示创建的徽章颜色为青色；badge-light 类表示创建的徽章颜色为浅色；badge-dark 类表示创建的徽章颜色为黑色。在 Bootstrap4 中，徽章(badge)主要用于突出显示新的或未读的项，如需使用徽章，只需要将 badge 类加上带有指定意义的颜色类(如 badge-secondary)添加到 span 元素上即可，徽章可根据父元素大小的变化而变化。

此实例的源文件是 MyCode\ChapB\ChapB062.html。

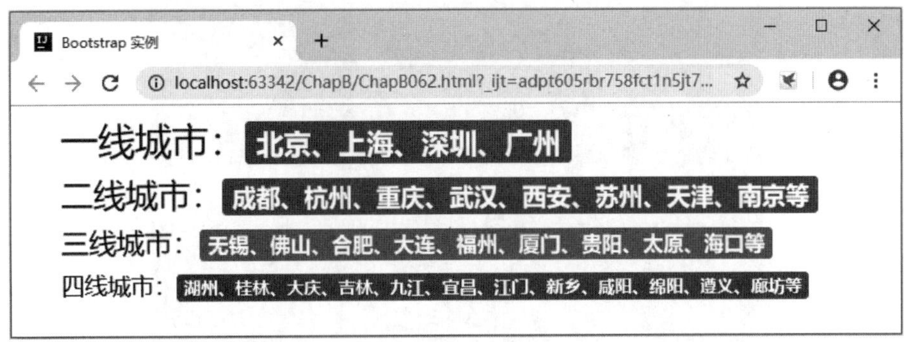

图 049-1

050 在列表项上嵌套胶囊型徽章

此实例主要通过使用 badge、badge-pill 等样式类，实现在列表项上嵌套胶囊型徽章的效果。当在浏览器中显示页面时，在 7 个列表项上嵌套的胶囊型徽章效果如图 050-1 所示，编号代表普通徽章，书名代表列表项文本，价格代表胶囊型的徽章。

主要代码如下：

```
<body>
<div class="container mt-3">
 <ul class="list-group">
  <li class="list-group-item bg-success text-white">
    <span class="badge badge-light">一</span> Visual C++编程技巧精选集
    <span class="badge badge-pill badge-light">115.00</span></li>
  <li class="list-group-item bg-info text-white">
    <span class="badge badge-light">二</span> Visual C# 2005 数据库开发经典案例
    <span class="badge badge-pill badge-light">68.00</span></li>
  <li class="list-group-item bg-danger text-white">
```

```
    <span class = "badge badge - light">三</span> Visual C++2008 开发经验与技巧宝典
    <span class = "badge badge - pill badge - light"> 78.00 </span></li>
  <li class = "list - group - item bg - warning text - white">
    <span class = "badge badge - light">四</span> Visual C++2005 编程技巧大全
    <span class = "badge badge - pill badge - light"> 78.00 </span></li>
  <li class = "list - group - item bg - primary text - white">
    <span class = "badge badge - light">五</span> Android 炫酷应用 300 例
    <span class = "badge badge - pill badge - light"> 99.00 </span></li>
  <li class = "list - group - item bg - secondary text - white">
    <span class = "badge badge - light">六</span> HTML5 + CSS3 炫酷应用实例集锦
    <span class = "badge badge - pill badge - light"> 149.00 </span></li>
  <li class = "list - group - item bg - dark text - white">
    <span class = "badge badge - light">七</span> jQuery 炫酷应用实例集锦
    <span class = "badge badge - pill badge - light"> 99.00 </span></li>
</ul></div></body>
```

图 050-1

在上面这段代码中，badge 类用于创建徽章。badge-pill 类表示徽章的形状是胶囊型(药丸形状)的。badge-light 类用于创建浅色徽章。text-white 类用于设置白色文本。其他几种设置文本颜色的类分别是：text-primary 类用于设置蓝色文本，text-success 类用于设置绿色文本，text-info 类用于设置青色文本，text-warning 类用于设置黄色文本，text-danger 类用于设置红色文本，text-secondary 类用于设置灰色文本，text-dark 类用于设置黑色文本，text-light 用于设置浅色文本。在默认情况下，徽章会按照从左向右的顺序排列。如果需要徽章右对齐，可以参考弹性容器的对齐规则，如下面的代码所示：

```
<body>
<div class = "container mt - 3">
 <ul class = "list - group">
  <li class = "list - group - item list - group - item - success d - flex">
   Android 炫酷应用 300 例<span class = "badge badge - info ml - auto"> 99 </span></li>
  <li class = "list - group - item list - group - item - danger d - flex">
   jQuery 炫酷应用实例集锦 <span class = "badge badge - info ml - auto"> 149 </span></li>
  <li class = "list - group - item list - group - item - warning d - flex"> HTML5 + CSS3 炫酷应用实例集锦
<span class = "badge badge - info ml - auto"> 99 </span></li>
 </ul></div></body>
```

此实例的源文件是 MyCode\ChapB\ChapB064.html。

051 创建 Bootstrap4 风格的复选框

此实例主要通过使用 custom-control、custom-checkbox、custom-control-input、custom-control-label 等类，创建 Bootstrap4 风格的复选框。当在浏览器中显示页面时，单击“创建默认风格的复选框”按钮，则默认风格的复选框效果如图 051-1 所示；单击“创建 Bootstrap4 风格的复选框”按钮，则 Bootstrap4 风格的复选框效果如图 051-2 所示。

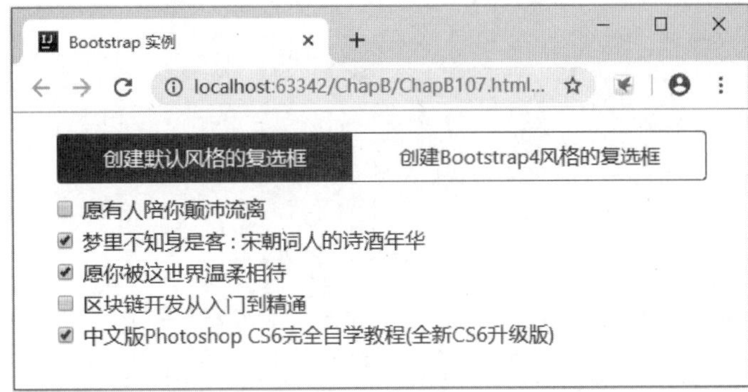

图 051-1

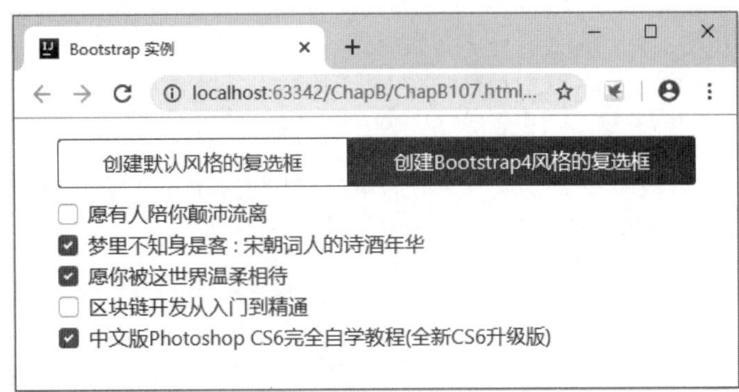

图 051-2

主要代码如下：

```
<body>
<div class="container mt-3">
 <div class="btn-group w-100 mb-2">
  <button type="button" class="btn btn-outline-dark"
         id="myButton1">创建默认风格的复选框</button>
  <button type="button" class="btn btn-outline-dark"
         id="myButton2">创建 Bootstrap4 风格的复选框</button></div>
 <div id="myChecks">
  <div class="custom-control custom-checkbox">
   <input type="checkbox" class="custom-control-input"
         value="愿有人陪你颠沛流离" id="myCheckbox1">
   <label class="custom-control-label"
         for="myCheckbox1">愿有人陪你颠沛流离</label></div>
```

```
<div class = "custom - control custom - checkbox">
 <input type = "checkbox" class = "custom - control - input"
        value = "梦里不知身是客 : 宋朝词人的诗酒年华" id = "myCheckbox2">
 <label class = "custom - control - label"
        for = "myCheckbox2">梦里不知身是客 : 宋朝词人的诗酒年华</label></div>
<div class = "custom - control custom - checkbox">
  <input type = "checkbox" class = "custom - control - input"
        value = "愿你被这世界温柔相待" id = "myCheckbox3">
  <label class = "custom - control - label"
        for = "myCheckbox3">愿你被这世界温柔相待</label></div>
<div class = "custom - control custom - checkbox">
 <input type = "checkbox" class = "custom - control - input"
        value = "区块链开发从入门到精通" id = "myCheckbox4">
 <label class = "custom - control - label"
        for = "myCheckbox4">区块链开发从入门到精通</label></div>
<div class = "custom - control custom - checkbox">
 <input type = "checkbox" class = "custom - control - input"
  value = "中文版 Photoshop CS6 完全自学教程(全新 CS6 升级版)" id = "myCheckbox5">
 <label class = "custom - control - label"  for = "myCheckbox5">
   中文版 Photoshop CS6 完全自学教程(全新 CS6 升级版)</label></div>
</div>
</div>
<script>
 $(function () {
  $("#myButton1").click(function(){        //响应单击"创建默认风格的复选框"按钮
   $("#myChecks div").each(function () { $(this)[0].className = "form - check"; });
   $("input").each(function () { $(this)[0].className = "form - check - input"; });
   $("label").each(function () { $(this)[0].className = "form - check - label"; });
  });
  $("#myButton2").click(function(){        //响应单击"创建 Bootstrap4 风格的复选框"按钮
   $("#myChecks div").each(function (){ $(this)[0].className =
            "custom - control custom - checkbox"; });
   $("input").each(function () { $(this)[0].className =
            "custom - control - input"; });
   $("label").each(function () { $(this)[0].className =
            "custom - control - label"; });
  }); });
</script></body>
```

在上面这段代码中，class="custom-control-input"和 class="custom-control custom-checkbox"用于设置 Bootstrap4 风格的复选框。class="custom-control-label"用于设置 Bootstrap4 风格的复选框的标签。

此实例的源文件是 MyCode\ChapB\ChapB107.html。

052 按照行优先排列自定义复选框

此实例主要通过使用 custom-control-inline 类，实现以行优先原则横向排列在容器(div 元素)中的多个自定义复选框的效果。当在浏览器中显示页面时，单击“以行优先原则排列自定义复选框”按钮，则在下面的多个自定义复选框将以行优先原则横向排列，如果一行无法排列全部复选框，则依次在第二行排列，效果如图 052-1 所示；单击“以默认原则排列自定义复选框”按钮，则在下面的多个自定义复选框将逐个纵向分行排列，如图 052-2 所示。

图 052-1

图 052-2

主要代码如下：

```
<body>
<div class="container mt-3">
 <div class="btn-group w-100 mb-3">
  <button type="button" class="btn btn-outline-dark"
          id="myButton1">以行优先原则排列自定义复选框</button>
  <button type="button" class="btn btn-outline-dark"
          id="myButton2">以默认原则排列自定义复选框</button></div></div>
<div id="myList" class="container">
 <div class="custom-control custom-checkbox  custom-control-inline">
  <input type="checkbox" class="custom-control-input"
        value="愿有人陪你颠沛流离" id="myCheckbox1">
  <label class="custom-control-label"
        for="myCheckbox1">愿有人陪你颠沛流离</label></div>
 <div class="custom-control custom-checkbox  custom-control-inline">
  <input type="checkbox" class="custom-control-input"
        value="梦里不知身是客 ：宋朝词人的诗酒年华" id="myCheckbox2">
  <label class="custom-control-label"
        for="myCheckbox2">梦里不知身是客 ：宋朝词人的诗酒年华</label></div>
 <div class="custom-control custom-checkbox  custom-control-inline">
  <input type="checkbox" class="custom-control-input"
        value="愿你被这世界温柔相待" id="myCheckbox3">
  <label class="custom-control-label"
        for="myCheckbox3">愿你被这世界温柔相待</label></div>
 <div class="custom-control custom-checkbox  custom-control-inline">
```

```
  <input type="checkbox" class="custom-control-input"
         value="区块链开发从入门到精通" id="myCheckbox4">
  <label class="custom-control-label"
         for="myCheckbox4">区块链开发从入门到精通</label></div>
 <div class="custom-control custom-checkbox  custom-control-inline">
  <input type="checkbox" class="custom-control-input"
   value="中文版 Photoshop CS6 完全自学教程(全新 CS6 升级版)" id="myCheckbox5">
  <label class="custom-control-label"  for="myCheckbox5">
   中文版 Photoshop CS6 完全自学教程(全新 CS6 升级版)</label></div>
</div>
<script>
 $(function(){
 $("#myButton1").click(function(){      //响应单击"以行优先原则排列自定义复选框"按钮
   $("#myList div").each(function(index,element){
    $(this)[0].className="custom-control custom-checkbox custom-control-inline";
   });});
 $("#myButton2").click(function(){      //响应单击"以默认原则排列自定义复选框"按钮
   $("#myList div").each(function(index,element){
    $(this)[0].className="custom-control custom-checkbox ";
   });});});
</script></body>
```

在上面这段代码中，custom-control-inline 类用于以行优先原则排列在容器(div 元素)中的多个自定义复选框，如果一行无法排列所有复选框，则依次在第二行中排列；在默认情况下，在容器(div 元素)中的多个复选框将在垂直方向上逐个逐行排列。

此实例的源文件是 MyCode\ChapB\ChapB109.html。

053 以行优先原则排列默认复选框

此实例主要通过使用 form-check-inline 类，实现以行优先原则排列多个默认风格复选框的效果。当在浏览器中显示页面时，单击“以行优先原则排列默认复选框”按钮，则多个默认风格的复选框在按照行优先原则排列之后的效果如图 053-1 所示；单击“以默认原则排列默认复选框”按钮，则多个默认风格的复选框在按照默认原则排列之后的效果如图 053-2 所示。

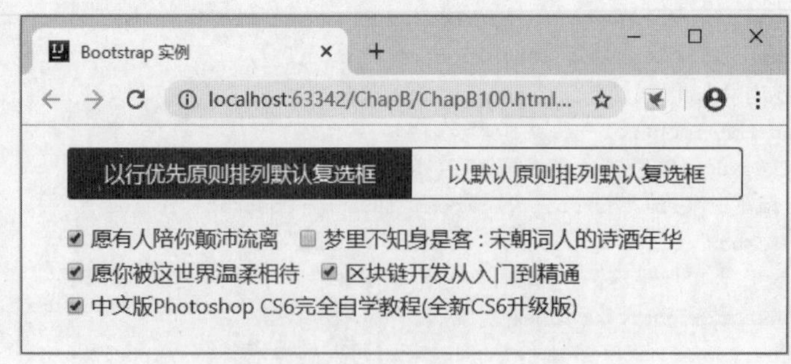

图 053-1

主要代码如下：

```
<body>
<div class="container mt-3">
```

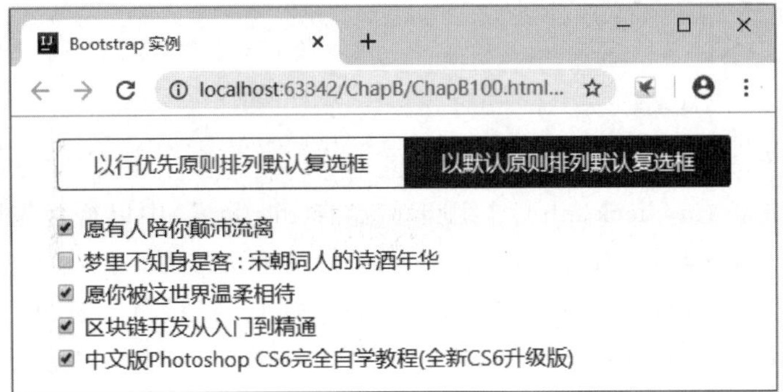

图　053-2

```
<div class="btn-group w-100 mb-3">
  <button type="button" class="btn btn-outline-dark"
          id="myButton1">以行优先原则排列默认复选框</button>
  <button type="button" class="btn btn-outline-dark"
          id="myButton2">以默认原则排列默认复选框</button></div></div>
<div id="myList" class="container">
 <div class="form-check form-check-inline">
  <input type="checkbox" class="form-check-input"
         value="愿有人陪你颠沛流离" id="myCheckbox1">
  <label class="form-check-label"
         for="myCheckbox1">愿有人陪你颠沛流离</label></div>
 <div class="form-check form-check-inline">
  <input type="checkbox" class="form-check-input"
         value="梦里不知身是客 : 宋朝词人的诗酒年华" id="myCheckbox2">
  <label class="form-check-label"
         for="myCheckbox2">梦里不知身是客 : 宋朝词人的诗酒年华</label></div>
 <div class="form-check form-check-inline">
  <input type="checkbox" class="form-check-input"
         value="愿你被这世界温柔相待" id="myCheckbox3">
  <label class="form-check-label"
         for="myCheckbox3">愿你被这世界温柔相待</label></div>
 <div class="form-check form-check-inline">
  <input type="checkbox" class="form-check-input"
         value="区块链开发从入门到精通" id="myCheckbox4">
  <label class="form-check-label"
         for="myCheckbox4">区块链开发从入门到精通</label></div>
 <div class="form-check form-check-inline">
  <input type="checkbox" class="form-check-input"
   value="中文版 Photoshop CS6 完全自学教程(全新 CS6 升级版)" id="myCheckbox5">
  <label class="form-check-label"  for="myCheckbox5">
   中文版 Photoshop CS6 完全自学教程(全新 CS6 升级版)</label></div>
</div>
<script>
 $(function(){
  $("#myButton1").click(function(){          //响应单击"以行优先原则排列默认复选框"按钮
   $("#myList div").each(function(index,element){
    $(this)[0].className="form-check form-check-inline";
  }); });
  $("#myButton2").click(function(){          //响应单击"以默认原则排列默认复选框"按钮
```

```
    $("#myList div").each(function(index,element){
     $(this)[0].className = "form-check";
   }); }); });
</script></body>
```

在上面这段代码中，form-check-inline 类用于在容器（div 元素）中以行优先原则排列多个默认风格的复选框，如果一行无法排列所有复选框，则在第二行中依次排列；在默认情况下，在容器（div 元素）中的多个默认风格的复选框将按照列优先原则纵向排列。实际测试表明：custom-control-inline 类也能实现与 form-check-inline 类相似的功能。

此实例的源文件是 MyCode\ChapB\ChapB100.html。

054 启用或禁用默认的复选框

此实例主要通过为复选框设置或取消 disabled 属性，实现禁用或启用复选框的效果。当在浏览器中显示页面时，单击"启用第二个复选框"按钮，则该复选框即可正常使用，效果如图 054-1 所示；单击"禁用第二个复选框"按钮，则该复选框立即禁止使用，效果如图 054-2 所示。

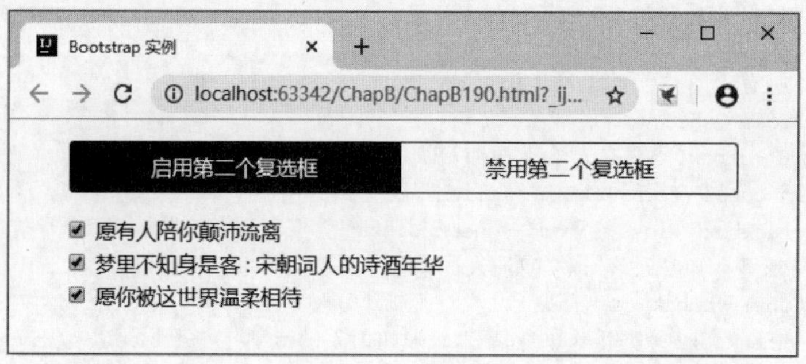

图 054-1

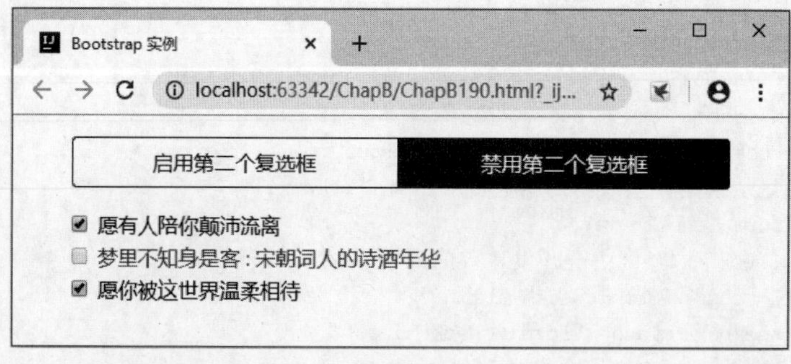

图 054-2

主要代码如下：

```
<body>
<div class = "container mt-3">
 <div class = "btn-group w-100 mb-3">
  <button type = "button" class = "btn btn-outline-dark"
          id = "myButton1">启用第二个复选框</button>
  <button type = "button" class = "btn btn-outline-dark"
          id = "myButton2">禁用第二个复选框</button></div></div>
```

```
<div id = "myList" class = "container">
 <div class = "form - check">
  < input type = "checkbox" class = "form - check - input"
        value = "愿有人陪你颠沛流离" id = "myCheckbox1">
  < label class = "form - check - label"
        for = "myCheckbox1">愿有人陪你颠沛流离</label ></div >
 <div class = "form - check">
  < input type = "checkbox" class = "form - check - input"
        value = "梦里不知身是客 : 宋朝词人的诗酒年华" id = "myCheckbox2" disabled>
  < label class = "form - check - label"
        for = "myCheckbox2">梦里不知身是客 : 宋朝词人的诗酒年华</label ></div >
 <div class = "form - check">
  < input type = "checkbox" class = "form - check - input"
        value = "愿你被这世界温柔相待" id = "myCheckbox3">
  < label class = "form - check - label"
        for = "myCheckbox3">愿你被这世界温柔相待</label ></div >
</div >
< script >
 $ (function () {
  $ ("#myButton1").click(function(){         //响应单击"启用第二个复选框"按钮
   $ ("#myCheckbox2").removeAttr("disabled");
  });
  $ ("#myButton2").click(function(){         //响应单击"禁用第二个复选框"按钮
   $ ("#myCheckbox2").attr("disabled","disabled");
  }); });
</script ></body >
```

在上面这段代码中，disabled 用于禁止使用复选框，该属性在大多数元素中均有效。

此实例的源文件是 MyCode\ChapB\ChapB190. html。

055　创建 Bootstrap4 风格的单选按钮

此实例主要通过使用 custom-control、custom-radio、custom-control-input、custom-control-label 等类，创建 Bootstrap4 风格的单选按钮。当在浏览器中显示页面时，单击“创建默认风格的单选按钮”按钮，则创建的默认风格的单选按钮的效果如图 055-1 所示；单击“创建 Bootstrap4 风格的单选按钮”按钮，则创建的 Bootstrap4 风格的单选按钮的效果如图 055-2 所示。

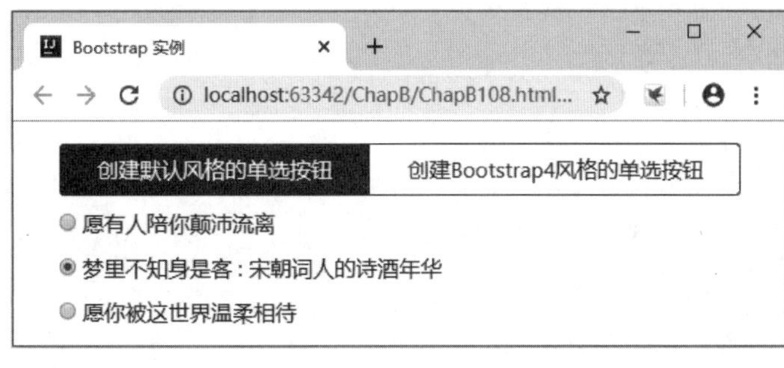

图　055-1

图 055-2

主要代码如下：

```
<body>
<div class = "container mt - 3">
 <div class = "btn - group w - 100 mb - 2">
  <button type = "button" class = "btn btn - outline - dark"
          id = "myButton1">创建默认风格的单选按钮</button>
  <button type = "button" class = "btn btn - outline - dark"
          id = "myButton2">创建 Bootstrap4 风格的单选按钮</button></div>
 <div id = "myRadios">
  <div class = "custom - control custom - radio">
   <input type = "radio" class = "custom - control - input"
          id = "myCustomRadio1" name = "myCustomRadioGroup">
   <label class = "custom - control - label"
          for = "myCustomRadio1"> 愿有人陪你颠沛流离</label></div>
  <div class = "custom - control custom - radio">
   <input type = "radio" class = "custom - control - input"
          id = "myCustomRadio2" name = "myCustomRadioGroup">
   <label class = "custom - control - label" for = "myCustomRadio2">
    梦里不知身是客 : 宋朝词人的诗酒年华</label></div>
  <div class = "custom - control custom - radio">
   <input type = "radio" class = "custom - control - input"
          id = "myCustomRadio3" name = "myCustomRadioGroup">
   <label class = "custom - control - label"
          for = "myCustomRadio3">愿你被这世界温柔相待</label></div>
 </div>
</div>
<script>
 $ (function () {
  //响应单击"创建默认风格的单选按钮"按钮
  $ ("#myButton1").click(function () {
   $ ("#myRadios div").each(function () { $ (this)[0].className = ""; });
   $ ("input").each(function () { $ (this)[0].className = ""; });
   $ ("label").each(function () { $ (this)[0].className = ""; });
  });
  //响应单击"创建 Bootstrap4 风格的单选按钮"按钮
  $ ("#myButton2").click(function(){
   $ ("#myRadios div").each(function (){ $ (this)[0].className =
       "custom - control custom - radio"; });
   $ ("input").each(function () { $ (this)[0].className =
       "custom - control - input"; });
```

```
    $("label").each(function () { $(this)[0].className =
        "custom-control-label"; });
  }); });
</script></body>
```

在上面这段代码中，class="custom-control-input"和 class="custom-control custom-radio"用于设置 Bootstrap4 单选按钮的风格。class="custom-control-label"用于设置 Bootstrap4 单选按钮标签的风格。

此实例的源文件是 MyCode\ChapB\ChapB108. html。

056 按照行优先排列自定义单选按钮

此实例主要通过使用 custom-control-inline 类，实现以行优先原则横向排列在容器(div 元素)中的多个自定义单选按钮的效果。当在浏览器中显示页面时，单击"以行优先原则排列自定义单选按钮"按钮，则多个自定义单选按钮将以行优先原则横向排列，如果一行无法排列所有自定义单选按钮，则在第二行依次排列，效果如图 056-1 所示；单击"以默认原则排列自定义单选按钮"按钮，则多个自定义单选按钮将逐个纵向分行排列，如图 056-2 所示。

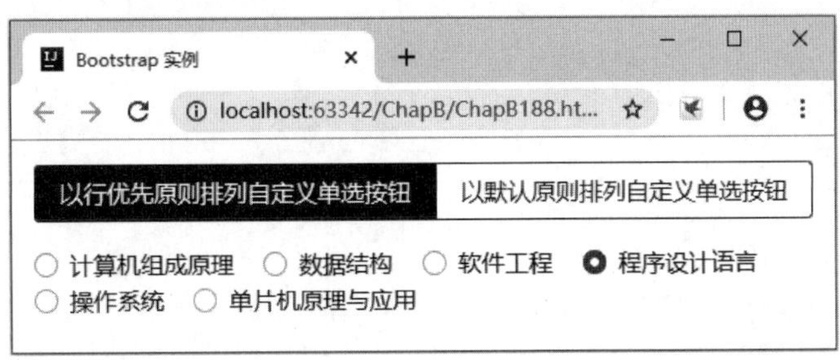

图 056-1

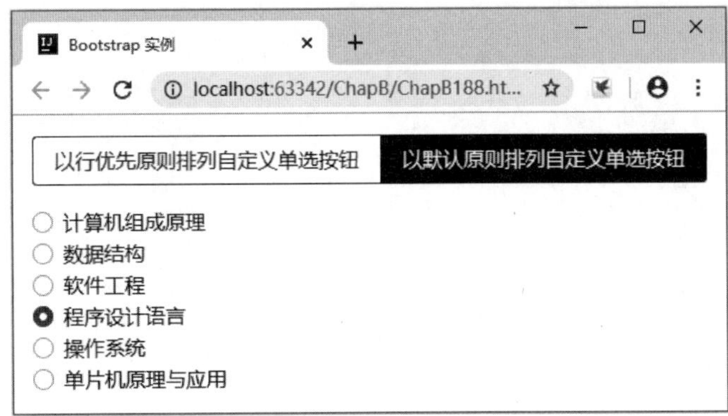

图 056-2

主要代码如下：

```
<body>
<div class="container mt-3">
 <div class="btn-group w-100 mb-3">
  <button type="button" class="btn btn-outline-dark"
```

```
            id="myButton1">以行优先原则排列自定义单选按钮</button>
    <button type="button" class="btn btn-outline-dark"
            id="myButton2">以默认原则排列自定义单选按钮</button></div>
   <div id="myRadios">
    <div class="custom-control custom-radio custom-control-inline">
     <input type="radio" class="custom-control-input"
            id="myCustomRadio1" name="myCustomRadioGroup">
     <label class="custom-control-label"
            for="myCustomRadio1">计算机组成原理</label></div>
    <div class="custom-control custom-radio custom-control-inline">
     <input type="radio" class="custom-control-input"
            id="myCustomRadio2" name="myCustomRadioGroup">
     <label class="custom-control-label"
            for="myCustomRadio2">数据结构</label></div>
    <div class="custom-control custom-radio custom-control-inline">
     <input type="radio" class="custom-control-input"
            id="myCustomRadio3" name="myCustomRadioGroup">
     <label class="custom-control-label"
            for="myCustomRadio3">软件工程</label></div>
    <div class="custom-control custom-radio custom-control-inline">
     <input type="radio" class="custom-control-input"
            id="myCustomRadio4" name="myCustomRadioGroup">
     <label class="custom-control-label"
            for="myCustomRadio4">程序设计语言</label></div>
    <div class="custom-control custom-radio custom-control-inline">
     <input type="radio" class="custom-control-input"
            id="myCustomRadio5" name="myCustomRadioGroup">
     <label class="custom-control-label"
            for="myCustomRadio5">操作系统</label></div>
    <div class="custom-control custom-radio custom-control-inline">
     <input type="radio" class="custom-control-input"
            id="myCustomRadio6" name="myCustomRadioGroup">
     <label class="custom-control-label"
            for="myCustomRadio6">单片机原理与应用</label></div>
  </div></div>
 <script>
  $(function(){
   //响应单击"以行优先原则排列自定义单选按钮"按钮
   $("#myButton1").click(function(){
    $("#myRadios div").each(function(index,element){
     $(this)[0].className="custom-control custom-radio custom-control-inline";
    }); });
   //响应单击"以默认原则排列自定义单选按钮"按钮
   $("#myButton2").click(function(){
    $("#myRadios div").each(function(index,element){
     $(this)[0].className="custom-control custom-radio";
    }); }); });
 </script></body>
```

在上面这段代码中，custom-control-inline 类用于以行优先原则排列在容器(div 元素)中的多个自定义单选按钮，如果一行无法排列所有单选按钮，则在第二行中依次排列；在默认情况下，在容器(div 元素)中的多个单选按钮将在垂直方向上逐行排列。

此实例的源文件是 MyCode\ChapB\ChapB188.html。

057 启用或禁用自定义的单选按钮

此实例主要通过为单选按钮(input 元素)设置或取消 disabled 属性,实现禁用或启用单选按钮的效果。当在浏览器中显示页面时,单击"启用第二个单选按钮"按钮,则该单选按钮即可正常使用,效果如图 057-1 所示;单击"禁用第二个单选按钮"按钮,则该单选按钮立即禁止使用,效果如图 057-2 所示。

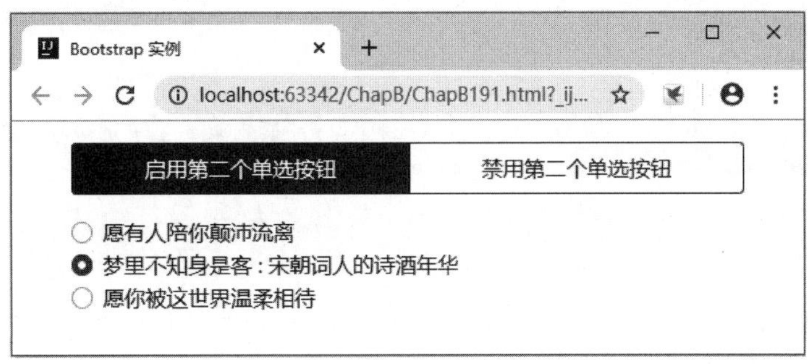

图 057-1

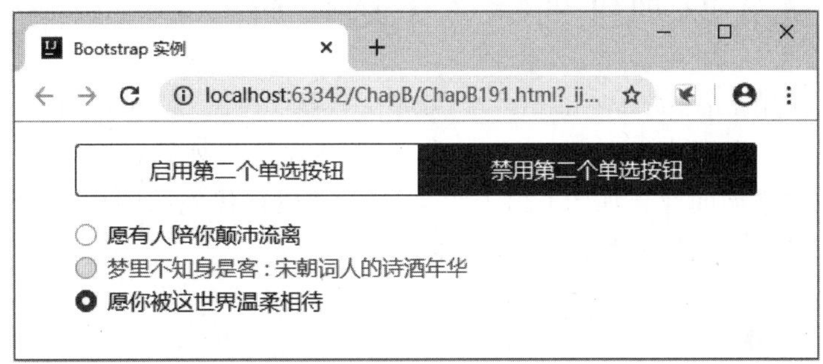

图 057-2

主要代码如下:

```
<body>
<div class = "container mt - 3">
 <div class = "btn - group w - 100 mb - 3">
  <button type = "button" class = "btn btn - outline - dark"
          id = "myButton1">启用第二个单选按钮</button>
  <button type = "button" class = "btn btn - outline - dark"
          id = "myButton2">禁用第二个单选按钮</button></div></div>
<div id = "myRadios" class = "container">
 <div class = "custom - control custom - radio">
  <input type = "radio" class = "custom - control - input"
         id = "myCustomRadio1" name = "myCustomRadioGroup">
  <label class = "custom - control - label"
         for = "myCustomRadio1">愿有人陪你颠沛流离</label></div>
 <div class = "custom - control custom - radio">
  <input type = "radio" class = "custom - control - input"
         id = "myCustomRadio2" name = "myCustomRadioGroup" disabled>
  <label class = "custom - control - label"
```

```
    for = "myCustomRadio2">梦里不知身是客 : 宋朝词人的诗酒年华</label></div>
 <div class = "custom - control custom - radio">
  < input type = "radio" class = "custom - control - input"
          id = "myCustomRadio3" name = "myCustomRadioGroup">
  < label class = "custom - control - label"
          for = "myCustomRadio3">愿你被这世界温柔相待</label></div>
</div>
<script>
 $ (function () {
  $ ("#myButton1").click(function(){         //响应单击"启用第二个单选按钮"按钮
    $ ("#myCustomRadio2").removeAttr("disabled");
  });
  $ ("#myButton2").click(function(){         //响应单击"禁用第二个单选按钮"按钮
   $ ("#myCustomRadio2").attr("disabled","disabled");
  }); });
</script></body>
```

在上面这段代码中，disabled 用于禁止使用单选按钮，该属性在大多数元素中均有效。

此实例的源文件是 MyCode\ChapB\ChapB191.html。

058　以行优先原则排列默认单选按钮

此实例主要通过使用 form-check-inline 类，实现在容器（div 元素）中以行优先原则横向排列多个单选按钮的效果。当在浏览器中显示页面时，单击“以默认原则排列默认单选按钮”按钮，则多个单选按钮按照默认原则纵向排列的效果如图 058-1 所示；单击“以行优先原则排列默认单选按钮”按钮，则多个单选按钮按照行优先原则横向排列的效果如图 058-2 所示。

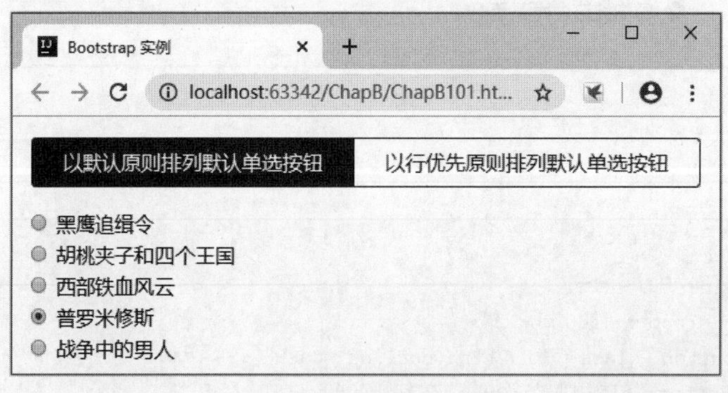

图　058-1

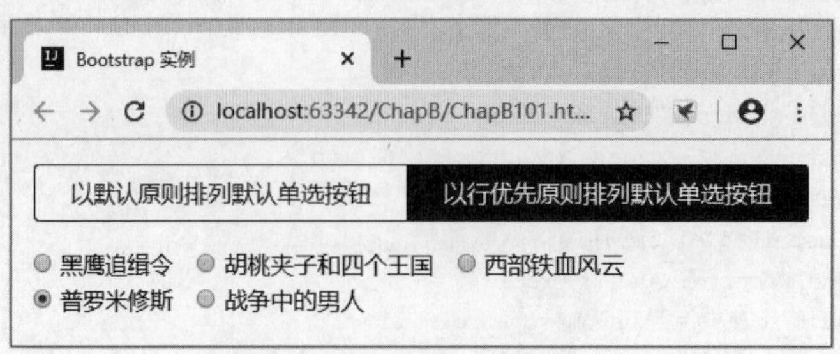

图　058-2

主要代码如下：

```
<body>
<div class = "container mt - 3">
 <div class = "btn - group w - 100">
  <button type = "button" class = "btn btn - outline - dark"
          id = "myButton1">以默认原则排列默认单选按钮</button>
  <button type = "button" class = "btn btn - outline - dark"
          id = "myButton2">以行优先原则排列默认单选按钮</button></div>
</div><p>
<div class = "container" id = "myRadios">
 <div class = "radio form - check - inline">
  <label class = "form - check - label">
   <input type = "radio" name = "myRadioGroup"
          class = "form - check - input" value = "">黑鹰追缉令</label></div>
 <div class = "radio form - check - inline">
  <label class = "form - check - label">
   <input type = "radio" name = "myRadioGroup"
          class = "form - check - input" value = "">胡桃夹子和四个王国</label></div>
 <div class = "radio form - check - inline">
  <label class = "form - check - label">
   <input type = "radio" name = "myRadioGroup"
          class = "form - check - input" value = "">西部铁血风云</label></div>
 <div class = "radio form - check - inline">
  <label class = "form - check - label">
   <input type = "radio" name = "myRadioGroup"
          class = "form - check - input" value = "">普罗米修斯</label></div>
 <div class = "radio form - check - inline">
  <label class = "form - check - label">
   <input type = "radio" name = "myRadioGroup"
          class = "form - check - input" value = "">战争中的男人</label></div>
</div>
<script>
 $(function () {
  //响应单击"以默认原则排列默认单选按钮"按钮
  $("#myButton1").click(function () {
   $("#myRadios div").each(function (index, element) {
    $(this)[0].className = "form - check";
   }); });
  //响应单击"以行优先原则排列默认单选按钮"按钮
  $("#myButton2").click(function () {
   $("#myRadios div").each(function (index, element) {
    $(this)[0].className = "form - check form - check - inline";
   });});});
</script></body>
```

上面这段代码中，form-check-inline类原本用于以行优先原则排列在容器(div元素)中的多个复选框，如果一行无法排列所有复选框，则在第二行中依次排列；但是经过实际测试表明：使用form-check-inline类也可以实现以行优先原则排列在容器(div元素)中的多个单选按钮，如果一行无法排列所有单选按钮，则在第二行中依次排列。

此实例的源文件是MyCode\ChapB\ChapB101.html。

059 按照行优先排列多种表单元素

此实例主要通过使用 form-inline 类，在内联表单上实现以行优先原则横向排列所有表单元素的效果。当在浏览器中显示页面时，单击"以行优先原则排列表单元素"按钮，则表单的所有元素在按照行优先原则排列之后的效果如图 059-1 所示；单击"以默认原则排列表单元素"按钮，则表单的所有元素在按照默认原则（在垂直方向上）排列之后的效果如图 059-2 所示。

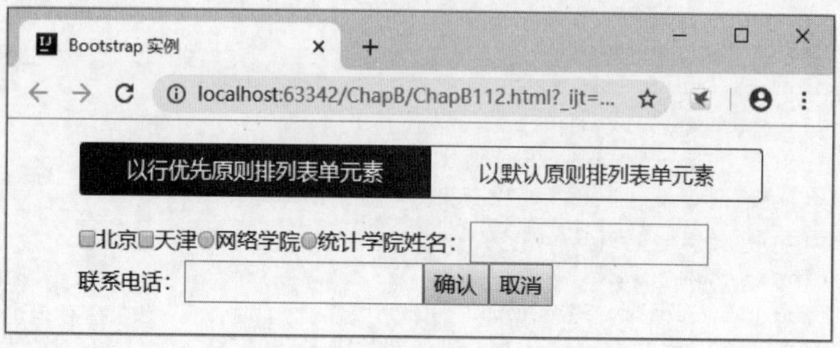

图 059-1

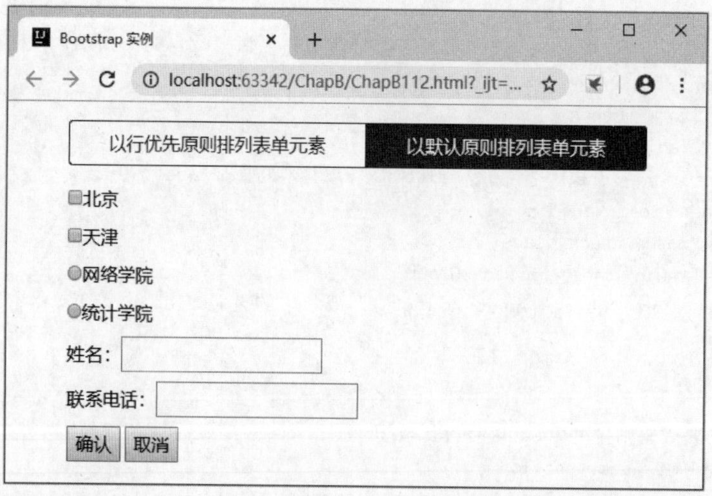

图 059-2

主要代码如下：

```
<body>
<div class="container mt-3">
 <div class="btn-group w-100">
  <button type="button" class="btn btn-outline-dark"
          id="myButton1">以行优先原则排列表单元素</button>
  <button type="button" class="btn btn-outline-dark"
          id="myButton2">以默认原则排列表单元素</button></div>
</div><p>
<div class="container">
 <form class="form-inline" id="myForm">
   <div><label><input type="checkbox">北京</label></div>
   <div><label><input type="checkbox">天津</label></div>
   <div><label><input type="radio">网络学院</label></div>
```

```
    <div><label><input type="radio">统计学院</label></div>
    <div><label>姓名: <input type="text"></label></div>
    <div><label>联系电话: <input type="text"></label></div>
    <button type="button" >确认</button>
    <button type="button" >取消</button>
  </form>
</div>
<script>
  $(function () {
   $("#myButton1").click(function(){          //响应单击"以行优先原则排列表单元素"按钮
    $("#myForm")[0].className = "form-inline";
   });
   $("#myButton2").click(function(){          //响应单击"以默认原则排列表单元素"按钮
    $("#myForm")[0].className = "";
   }); });
</script></body>
```

在上面代码中,class="form-inline"用于实现在表单上的所有元素以内联(以行优先原则)方式排列。在默认情况下,Bootstrap 的 input、select、textarea 等元素有 100% 宽度(即充满整行),因此在使用内联表单时,需要在这些元素上设置宽度值。

此实例的源文件是 MyCode\ChapB\ChapB112.html。

060 创建 Bootstrap4 风格的 textarea

此实例主要通过使用 form-control 等类,创建 Bootstrap4 风格的 textarea。当在浏览器中显示页面时,单击"创建默认风格的 textarea"按钮,则创建的默认风格的 textarea 的效果如图 060-1 所示;单击"创建 Bootstrap4 风格的 textarea"按钮,则创建的 Bootstrap4 风格的 textarea 的效果如图 060-2 所示。

图 060-1

主要代码如下:

```
<body>
<div class="container mt-3">
 <div class="btn-group w-100 mb-2">
  <button type="button" class="btn btn-outline-dark"
```

```
            id = "myButton1">创建默认风格的 textarea </button>
    < button type = "button" class = "btn btn - outline - dark"
            id = "myButton2">创建 Bootstrap4 风格的 textarea </button></div>
  < form >
    < div class = "form - group">
     < label for = "myTextarea">基本概念:</label>
     < textarea  class = "form - control"  rows = "5" id = "myTextarea">万有引力定律属于自然科学领域定律,
在自然界中的任何两个物体都是相互吸引的,引力的大小与这两个物体的质量乘积成正比,与它们的距离的二
次方成反比。</textarea>
    </div></form>
</div>
< script >
  $ (function(){
   //响应单击"创建默认风格的 textarea"按钮
   $ ("#myButton1").click(function () {
    $ ("#myTextarea")[0].className = "";
   });
   //响应单击"创建 Bootstrap4 风格的 textarea"按钮
   $ ("#myButton2").click(function(){
    $ ("#myTextarea")[0].className = "form - control";
   }); });
</script></body>
```

在上面这段代码中,class="form-control"用于创建 Bootstrap4 风格的 textarea。

此实例的源文件是 MyCode\ChapB\ChapB189.html。

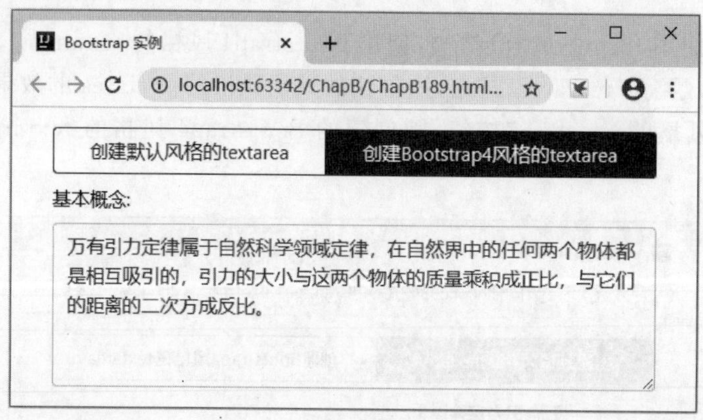

图 060-2

061 在一行中排列 label 和 select 元素

此实例主要通过使用 form-inline 类,在同一行中排列 label 元素和 select 元素。当在浏览器中显示页面时,单击“以默认风格排列 label 和 select 元素”按钮,则 label 元素(“选择白酒香型:”)与 select 元素(选择框)将分行纵向排列,如图 061-1 所示;单击“在同一行中排列 label 和 select 元素”按钮,则 label 元素与 select 元素(选择框)将在同一行中横向排列,如图 061-2 所示。

主要代码如下:

```
< body >
< div class = "container mt - 3">
```

```
<div class = "btn - group w - 100 mb - 2">
  <button type = "button" class = "btn btn - outline - dark"
          id = "myButton1">以默认风格排列 label 和 select 元素</button>
  <button type = "button" class = "btn btn - outline - dark"
          id = "myButton2">在同一行中排列 label 和 select 元素</button></div>
 <form>
  <div class = "form - inline" id = "myGroup">
   <label for = "mySelect">选择白酒香型: </label>
   <select class = "form - control w - 25" id = "mySelect">
    <option>浓香型</option>
    <option>酱香型</option>
    <option>凤香型</option>
    <option>清香型</option>
   </select></div></form>
</div>
<script>
  $(function () {
  //响应单击"以默认风格排列 label 和 select 元素"按钮
   $("#myButton1").click(function () {
    $("#myGroup")[0].className = "";
   });
  //响应单击"在同一行中排列 label 和 select 元素"按钮
   $("#myButton2").click(function(){
    $("#myGroup")[0].className = "form - inline";
   }); });
</script></body>
```

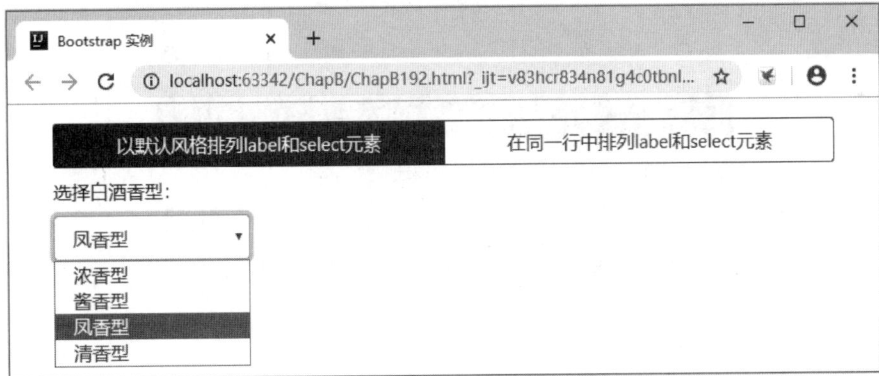

图　061-1

图　061-2

在上面这段代码中,class="form-inline"用于在同一行中排列 label 元素和 select 元素,form-inline 类还可以在其他元素上实现类似的效果。

此实例的源文件是 MyCode\ChapB\ChapB192.html。

062 在 select 元素中实现多选功能

此实例主要通过在 select 元素中设置 multiple 属性,在 select 元素中实现多选功能。当在浏览器中显示页面时,按住 Shift 键,即可使用鼠标在 select 中选择多种图书,然后单击“显示图书选择结果”按钮,则将在下面显示选择的多种图书,效果分别如图 062-1 和图 062-2 所示。

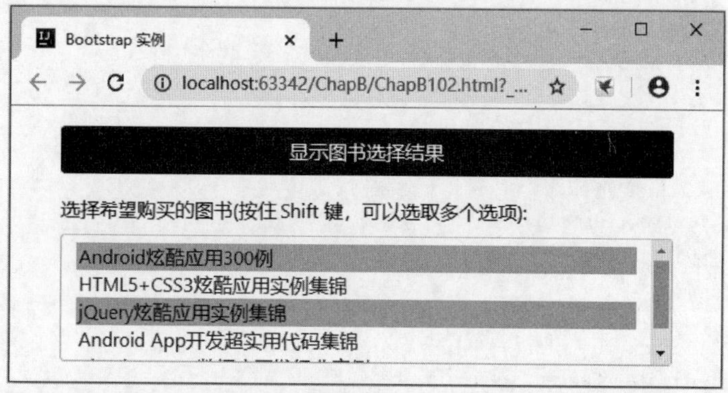

图 062-1

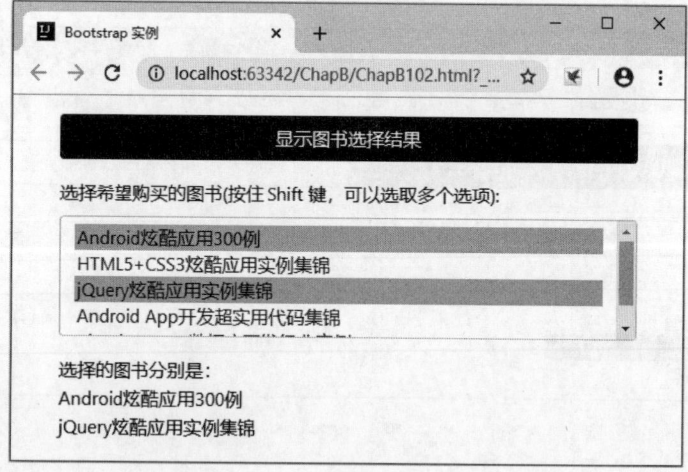

图 062-2

主要代码如下:

```
<body>
<div class = "container mt - 3">
 <button type = "button" class = "btn btn - dark w - 100 mb - 3"
         id = "myButton">显示图书选择结果</button><br>
 <label for = "mySelect">
  选择希望购买的图书(按住 Shift 键,可以选取多个选项):</label>
 <select multiple class = "form - control" id = "mySelect">
  <option value = "Android 炫酷应用 300 例"> Android 炫酷应用 300 例</option>
```

```
    <option value="HTML5 + CSS3 炫酷应用实例集锦">
     HTML5 + CSS3 炫酷应用实例集锦</option>
    <option value="jQuery 炫酷应用实例集锦">jQuery 炫酷应用实例集锦</option>
    <option value="Android App 开发超实用代码集锦">
     Android App 开发超实用代码集锦</option>
    <option value="Visual C# 2005 数据库开发经典案例">
     Visual C# 2005 数据库开发经典案例</option>
   </select>
  <p><div id="myBox"  class="w-100"></div>
  </div>
  <script>
   $(function(){
    $('#myBox').hide();
    $("#myButton").click(function(){
     var myResult="选择的图书分别是:<br>";
     for(var i=0;i<$("select").val().length;i++){
      myResult+= $("select").val()[i]+"<br>";
     }
     myResult=myResult.substring(0,myResult.length-1);
     $('#myBox').html(myResult).fadeIn().delay(5000).fadeOut();
   }); });
  </script></body>
```

在上面这段代码中，<select multiple class="form-control" id="mySelect">的 multiple 属性表示支持多选功能，如果不设置此属性，则一次只能选择一个选项。

此实例的源文件是 MyCode\ChapB\ChapB102.html。

063　禁用或启用 select 元素的选项

此实例主要通过在 select 元素中的 option 元素上设置或取消 disabled 属性，实现禁用或启用 select 元素部分选项的效果。当在浏览器中显示页面时，单击"启用第二个选项"按钮，则在 select 元素中的第二个选项(HTML5+CSS3 炫酷应用实例集锦)是可以正常选择的，效果如图 063-1 所示；单击"禁用第二个选项"按钮，则在 select 元素中的第二个选项(HTML5+CSS3 炫酷应用实例集锦)是不可选择的，并且呈现灰色，效果如图 063-2 所示。

图　063-1

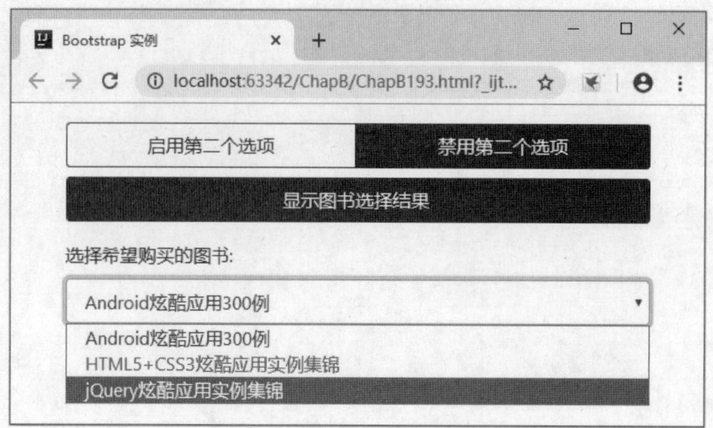

图 063-2

主要代码如下：

```
<body>
<div class="container mt-3">
 <div class="btn-group w-100 mb-2">
  <button type="button" class="btn btn-outline-dark"
         id="myButton1">启用第二个选项</button>
  <button type="button" class="btn btn-outline-dark"
         id="myButton2">禁用第二个选项</button></div>
 <button type="button" class="btn btn-dark w-100 mb-3"
        id="myButton" >显示图书选择结果</button><br>
 <label for="mySelect">选择希望购买的图书:</label>
 <select class="form-control" id="mySelect">
  <option id="myOption1" value="Android 炫酷应用 300 例">
    Android 炫酷应用 300 例</option>
  <option id="myOption2" value="HTML5 + CSS3 炫酷应用实例集锦" disabled>
   HTML5 + CSS3 炫酷应用实例集锦</option>
  <option id="myOption3" value="jQuery 炫酷应用实例集锦">
    jQuery 炫酷应用实例集锦</option>
 </select>
<p><div id="myBox"  class="w-100"></div>
</div>
<script>
 $(function(){
  $("#myButton1").click(function(){          //响应单击"启用第二个选项"按钮
   $("#myOption2").removeAttr("disabled");
  });
  $("#myButton2").click(function(){          //响应单击"禁用第二个选项"按钮
   $("#myOption2").attr("disabled","disabled");
  });
  $('#myBox').hide();
  $("#myButton").click(function(){
   var myResult = "选择的图书是: " + $("select").val();
   $('#myBox').html(myResult).fadeIn().delay(5000).fadeOut();
  }); });
</script></body>
```

在上面这段代码中，disabled 用于禁止使用选择框的选项，该属性在大多数元素中均有效。

此实例的源文件是 MyCode\ChapB\ChapB193.html。

064 在 select 元素中实现选项分组

此实例主要通过在 select 元素中添加 optgroup 元素，实现对 select 元素中的选项（option 元素）进行分组的效果。当在浏览器中显示页面时，“清华大学出版社”和“中国水利水电出版社”是选项的分组标题，因此它们是不可选择的，其他选项则可以自由选择，如图 064-1 所示。

图 064-1

主要代码如下：

```
<body>
<div class="container mt-3">
 <button type="button" class="btn btn-outline-dark w-100 mb-3 mt-3"
         id="myButton">显示图书选择结果</button><br>
 <label for="mySelect">选择希望购买的图书：</label>
 <select id="mySelect" class="w-100">
  <optgroup label="清华大学出版社">
  <option value="Android 炫酷应用 300 例">Android 炫酷应用 300 例</option>
  <option value="HTML5 + CSS3 炫酷应用实例集锦">
          HTML5 + CSS3 炫酷应用实例集锦</option>
  <option value="jQuery 炫酷应用实例集锦">jQuery 炫酷应用实例集锦</option>
  </optgroup>
  <optgroup  label="中国水利水电出版社">
  <option value="C++Builder 精彩编程实例集锦">
              C++Builder 精彩编程实例集锦</option>
  <option value="Visual C++2005 编程实例精粹">Visual C++2005 编程实例精粹</option>
  <option value="Visual C#  2005 编程技巧大全">Visual C#  2005 编程技巧大全</option>
  </optgroup>
 </select><p>
 <div id="myBox" class="w-100"></div>
</div>
<script>
 $(function(){
```

```
    $('#myBox').hide();
    $("#myButton").click(function(){
     var myResult = "选择的图书是: " + $("select").val();
      $('#myBox').html(myResult).fadeIn().delay(5000).fadeOut();
    }); });
</script></body>
```

在上面这段代码中，<optgroup label="清华大学出版社">用于在选项中创建组，label 属性设置的内容则为组标题，该标题不可选择。

此实例的源文件是 MyCode\ChapB\ChapB145.html。

065 创建自定义的 select 元素

此实例主要通过使用 custom-select 类，创建自定义的 select 元素。当在浏览器中显示页面时，单击"创建默认的 select 元素"按钮，则 select 元素的效果如图 065-1 所示；单击"创建自定义 select 元素"按钮，则自定义的 select 元素的效果如图 065-2 所示。

图 065-1

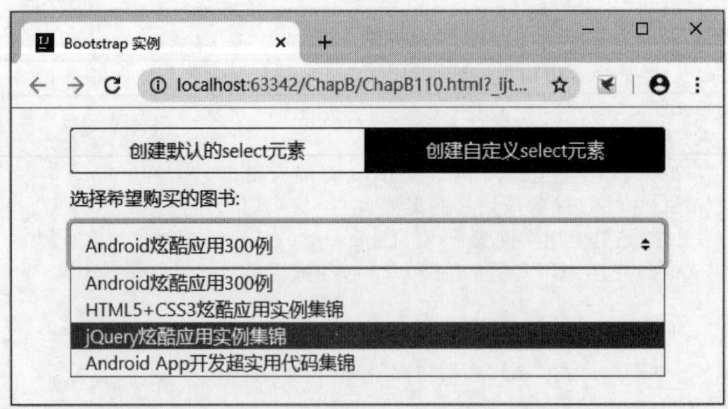

图 065-2

主要代码如下：

```
<body>
<div class = "container mt - 3">
 <div class = "btn - group w - 100 mb - 2">
  <button type = "button" class = "btn btn - outline - dark"
```

```
            id = "myButton1">创建默认的 select 元素</button>
    <button type = "button" class = "btn btn - outline - dark"
            id = "myButton2">创建自定义 select 元素</button></div>
  <label for = "mySelect">选择希望购买的图书:</label>
  <select class = "custom - select" id = "mySelect">
    <option value = "Android 炫酷应用 300 例"> Android 炫酷应用 300 例</option>
    <option value = "HTML5 + CSS3 炫酷应用实例集锦">
            HTML5 + CSS3 炫酷应用实例集锦</option>
    <option value = "jQuery 炫酷应用实例集锦"> jQuery 炫酷应用实例集锦</option>
    <option value = "Android App 开发超实用代码集锦">
                Android App 开发超实用代码集锦</option>
  </select>
</div>
<script>
  $ (function(){
   $ ("#myButton1").click(function(){          //响应单击"创建默认的 select 元素"按钮
    $ ("#mySelect")[0].className = "";
   });
   $ ("#myButton2").click(function(){          //响应单击"创建自定义 select 元素"按钮
    $ ("#mySelect")[0].className = "custom - select";
  }); });
</script></body>
```

在上面这段代码中，class="custom-select"用于创建自定义 select 元素，如果需要设置自定义 select 元素的大小，应使用 custom-select-sm 类创建小号 select 元素或使用 custom-select-lg 类创建大号 select 元素。

此实例的源文件是 MyCode\ChapB\ChapB110.html。

066 创建自定义的 range 元素

此实例主要通过使用 custom-range 类，创建自定义的 range 元素（滑块控件）。当在浏览器中显示页面时，单击"创建默认的 range 元素"按钮，则默认的 range 元素的滑块呈现为矩形块，效果如图 066-1 所示；单击"创建自定义 range 元素"按钮，则自定义的 range 元素的滑块呈现为蓝色圆点，效果如图 066-2 所示。

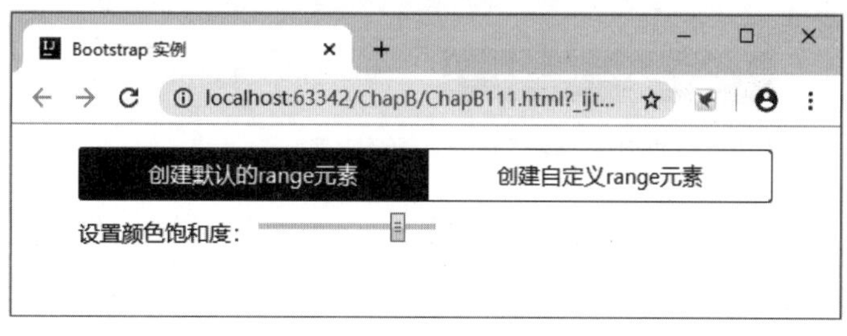

图 066-1

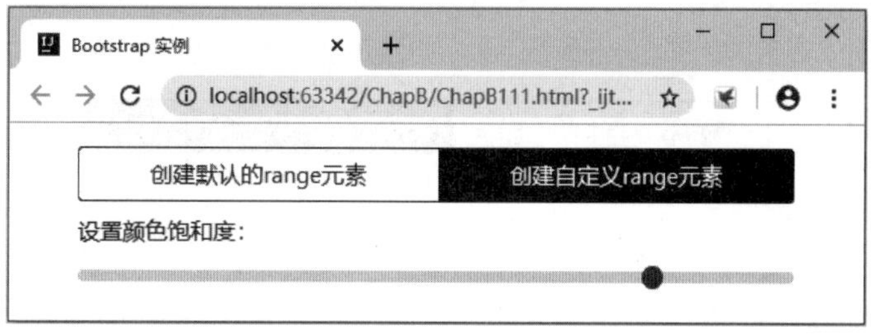

图 066-2

主要代码如下：

```
<body>
<div class = "container mt - 3">
 <div class = "btn - group w - 100 mb - 2">
  <button type = "button" class = "btn btn - outline - dark"
          id = "myButton1">创建默认的 range 元素</button>
  <button type = "button" class = "btn btn - outline - dark"
          id = "myButton2">创建自定义 range 元素</button></div>
 <label for = "myRange">设置颜色饱和度: </label>
 <input type = "range" class = "custom - range" id = "myRange"
        min = "0" max = "100" value = "70" step = "1">
</div>
<script>
  $ (function(){
   $ ("#myButton1").click(function(){          //响应单击"创建默认的 range 元素"按钮
    $ ("#myRange")[0].className = "";
   });
   $ ("#myButton2").click(function(){          //响应单击"创建自定义 range 元素"按钮
    $ ("#myRange")[0].className = "custom - range";
   }); });
</script></body>
```

在上面这段代码中，class="custom-range"用于创建自定义的 range 元素（滑块控件）。

此实例的源文件是 MyCode\ChapB\ChapB111.html。

067　创建自定义的文件上传控件

此实例主要通过使用 custom-file、custom-file-input、custom-file-label 等类，创建自定义的文件上传控件。当在浏览器中显示页面时，单击"显示默认文件上传控件"按钮，则创建的默认文件上传控件的样式如图 067-1 所示；单击"显示自定义文件上传控件"按钮，则创建的自定义文件上传控件的样式如图 067-2 所示。

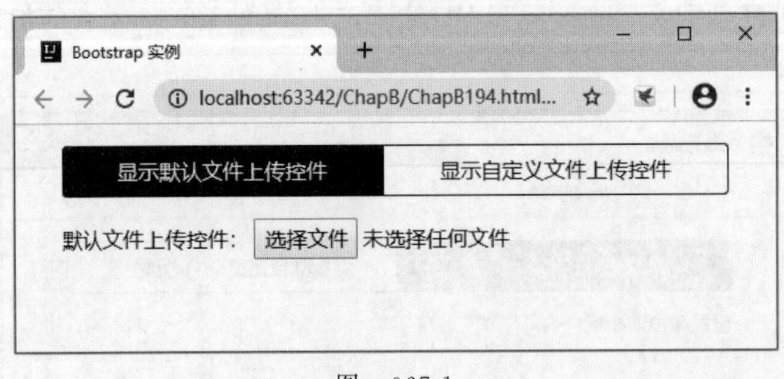

图　067-1

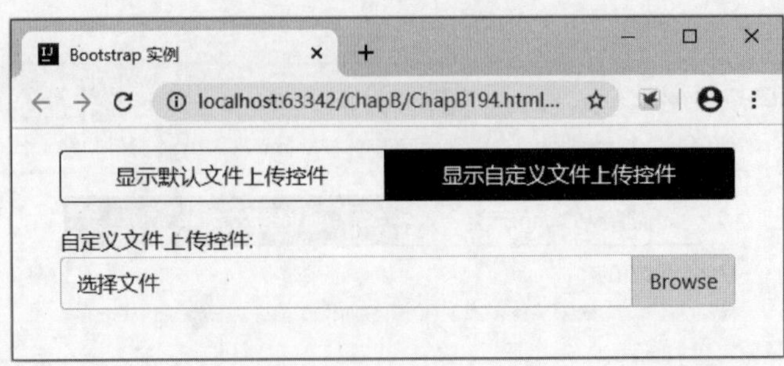

图　067-2

主要代码如下：

```
<body>
<div class="container mt-3">
 <div class="btn-group w-100 mb-3">
  <button type="button" class="btn btn-outline-dark"
          id="myButton1">显示默认文件上传控件</button>
  <button type="button" class="btn btn-outline-dark"
          id="myButton2">显示自定义文件上传控件</button></div>
 <form>
  <div id="myCustomFile">自定义文件上传控件:
  <div class="custom-file">
   <input type="file" class="custom-file-input" id="customFile" name="filename">
   <label class="custom-file-label" for="customFile">选择文件</label>
  </div>
  </div>
  <div id="myFile">默认文件上传控件: <input type="file" id="defaultFile" name="filename2">
</div>
 </form></div>
<script>
 $(function(){
  $("#myFile").hide();
  $("#myButton1").click(function(){          //响应单击"显示默认文件上传控件样式"按钮
   $("#myCustomFile").hide();
   $("#myFile").show();
  });
  $("#myButton2").click(function(){          //响应单击"显示自定义文件上传控件样式"按钮
   $("#myCustomFile").show();
   $("#myFile").hide();
  });});
</script></body>
```

在上面这段代码中，custom-file 用于设置文件上传控件容器(div 元素)。custom-file-input 类用于设置文件上传控件。custom-file-label 类用于设置文件上传控件的标签。

此实例的源文件是 MyCode\ChapB\ChapB194.html。

068　创建不同颜色的自定义进度条

此实例主要通过使用 progress-bar、bg-primary 等类，实现自定义进度条的已完成进度颜色的效果。当在浏览器中显示页面时，蓝色进度条的长度将由短变长，直到完全填充整个进度条，效果分别如图 068-1 和图 068-2 所示。

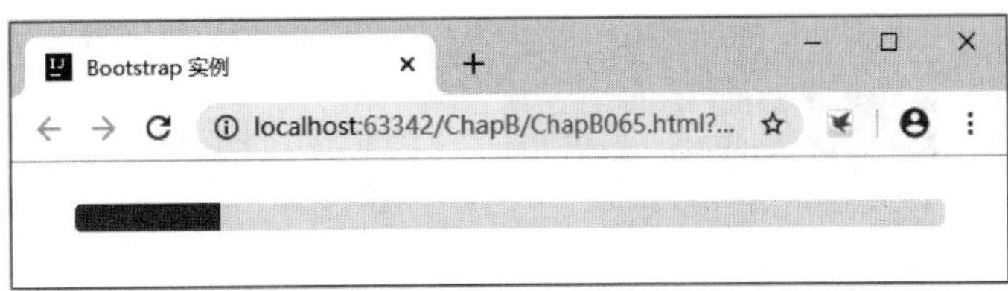

图　068-1

图 068-2

主要代码如下：

```
<body>
<div class="container mt-4">
 <div class="progress">
  <div class="progress-bar bg-primary"  id="myProgress"></div>
 </div>
</div>
<script type="text/javascript">
  $(document).ready(function () {
   var myProgress = 0;
   var myTimer = setInterval(function () {            //使用定时器模拟进度条执行情况
    if(myProgress<101){
      $("#myProgress").css("width", myProgress+"%");
     myProgress++;
    }else{clearInterval(myTimer); } }, 100); });
</script></body>
```

在上面这段代码中，class="progress-bar bg-primary"的 bg-primary 表示使用蓝色代表进度条的已完成进度，即创建蓝色的进度条；在默认情况下，class="progress-bar"也将创建蓝色的进度条。此外，也可以使用下列类创建其他颜色的进度条：bg-success(绿色)、bg-info(青色)、bg-warning(黄色)、bg-danger(红色)、bg-secondary(灰色)、bg-dark(黑色)、bg-light(浅色)。

此实例的源文件是 MyCode\ChapB\ChapB065.html。

069 创建不同条纹的自定义进度条

此实例主要通过使用 progress-bar、bg-success、progress-bar-striped 等类，实现使用不同颜色的条纹自定义进度条已完成进度的效果。当在浏览器中显示页面时，单击"创建绿色条纹的进度条"按钮，则创建的绿色条纹的进度条的效果如图 069-1 所示；单击"创建青色条纹的进度条"按钮，则创建的青色条纹的进度条的效果如图 069-2 所示。

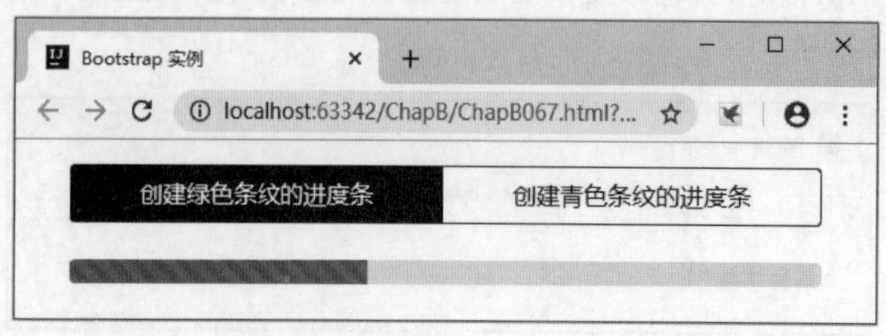

图 069-1

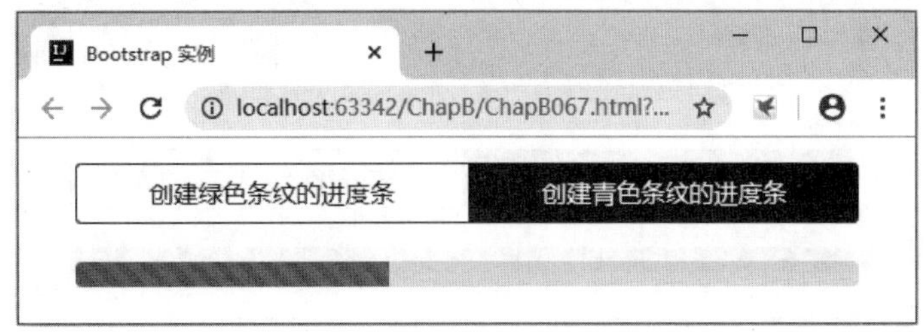

图 069-2

主要代码如下：

```
<body>
<div class = "container mt - 3">
 <div class = "btn - group w - 100 mb - 4">
  <button type = "button" class = "btn btn - outline - dark"
          id = "myButton1">创建绿色条纹的进度条</button>
  <button type = "button" class = "btn btn - outline - dark"
          id = "myButton2">创建青色条纹的进度条</button></div>
 <div class = "progress">
  <div class = "progress - bar bg - success progress - bar - striped"
       style = "width:40 % " id = "myProgress"></div></div>
</div>
<script>
 $ (function(){
  $ ("#myButton1").click(function(){          //响应单击"创建绿色条纹的进度条"按钮
   $ ("#myProgress")[0].className = "progress - bar bg - success progress - bar - striped";
  });
  $ ("#myButton2").click(function(){          //响应单击"创建青色条纹的进度条"按钮
   $ ("#myProgress")[0].className = "progress - bar bg - info progress - bar - striped";
  }); });
</script></body>
```

在上面这段代码中，class="progress-bar bg-success progress-bar-striped"用于创建绿色条纹的进度条。如果不使用 bg-success 类，在默认情况下将创建蓝色条纹的进度条；如果需要创建其他颜色的条纹进度条，则可以通过下列方式实现：

class="progress-bar bg-info progress-bar-striped"表示创建青色条纹进度条；

class="progress-bar bg-warning progress-bar-striped"表示创建黄色条纹进度条；

class="progress-bar bg-danger progress-bar-striped"表示创建红色条纹进度条；

class="progress-bar bg-dark progress-bar-striped"表示创建黑色条纹进度条；

class="progress-bar bg-secondary progress-bar-striped"表示创建灰色条纹进度条。

此实例的源文件是 MyCode\ChapB\ChapB067.html。

070 自定义进度条的未完成进度

此实例主要通过使用 progress、bg-success 等类，实现自定义进度条的未完成进度颜色的效果。当在浏览器中显示页面时，单击“使用绿色代表未完成进度”按钮，则进度条的效果如图 070-1 所示；单击“使用黄色代表未完成进度”按钮，则进度条的效果如图 070-2 所示。

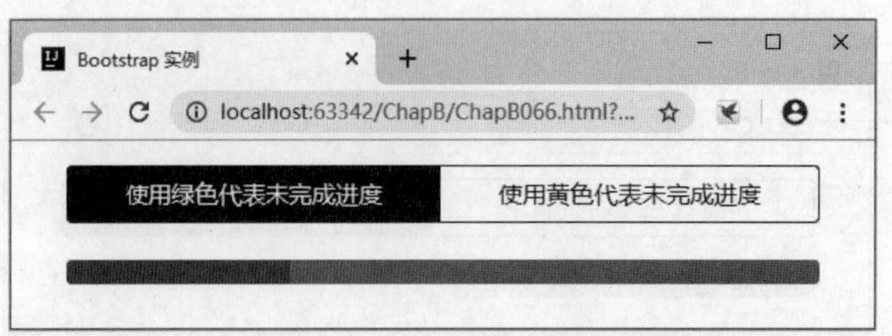

图 070-1

图 070-2

主要代码如下：

```
<body>
<div class="container mt-3">
 <div class="btn-group w-100 mb-4">
  <button type="button" class="btn btn-outline-dark"
          id="myButton1">使用绿色代表未完成进度</button>
  <button type="button" class="btn btn-outline-dark"
          id="myButton2">使用黄色代表未完成进度</button></div>
 <div class="progress bg-success" id="myDiv">
  <div class="progress-bar" style="width:30%" id="myProgress"></div>
 </div>
</div>
<script>
 $(function(){
  $("#myButton1").click(function(){        //响应单击"使用绿色代表未完成进度"按钮
   $("#myDiv")[0].className="progress bg-success";
  });
  $("#myButton2").click(function(){        //响应单击"使用黄色代表未完成进度"按钮
   $("#myDiv")[0].className="progress bg-warning";
  }); });
</script></body>
```

在上面这段代码中，class="progress bg-success"的 bg-success 表示使用绿色代表进度条的未完成进度，此外也可以使用下列类来为进度条的未完成进度指定其他颜色：bg-primary（蓝色）、bg-info（青色）、bg-warning（黄色）、bg-danger（红色）、bg-secondary（灰色）、bg-dark（黑色）、bg-light（浅色）。

此实例的源文件是 MyCode\ChapB\ChapB066.html。

071 自定义细实线风格的进度条

此实例主要通过设置进度条的高度，创建细实线风格的自定义进度条。当在浏览器中显示页面时，单击“创建细实线风格的进度条”按钮，则进度条的效果如图 071-1 所示；单击“创建默认风格的进度条"按钮，则进度条的效果如图 071-2 所示。

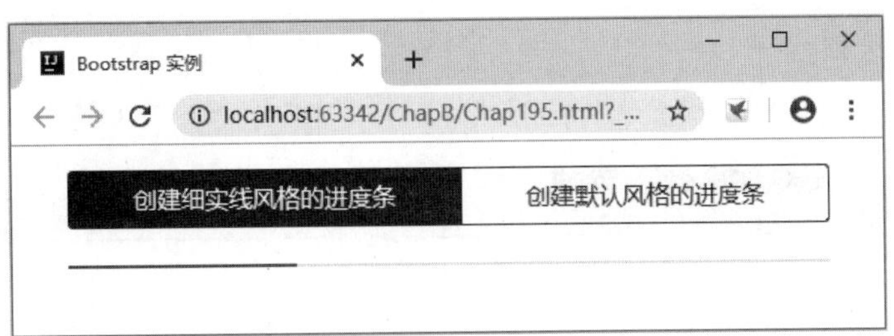

图　071-1

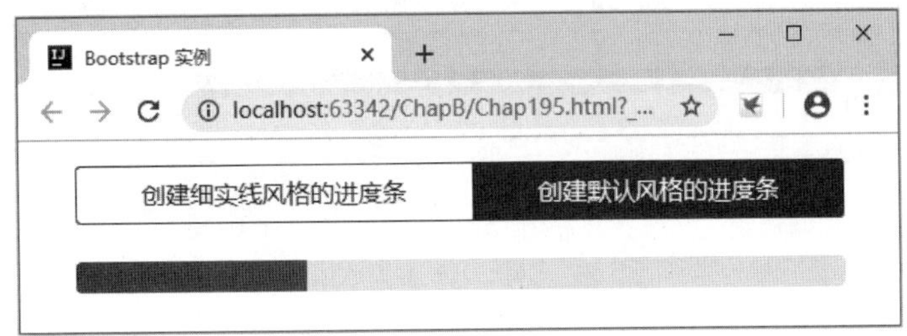

图　071-2

主要代码如下：

```
<body>
<div class = "container mt - 3">
 <div class = "btn - group w - 100 mb - 4">
  <button type = "button" class = "btn btn - outline - dark"
          id = "myButton1">创建细实线风格的进度条</button>
  <button type = "button" class = "btn btn - outline - dark"
          id = "myButton2">创建默认风格的进度条</button></div>
 <div class = "progress" id = "myDiv" style = "height: 2px;">
  <div class = "progress - bar" style = "width:30 %" id = "myProgress"></div>
 </div>
</div>
<script>
 $(function(){
  $("#myButton1").click(function(){          //响应单击"创建细实线风格的进度条"按钮
   $("#myDiv")[0].style = "height: 2px;";
  });
  $("#myButton2").click(function(){          //响应单击"创建默认风格的进度条"按钮
   $("#myDiv")[0].style = "height: 20px;";
  }); });
</script></body>
```

在上面这段代码中，<div class="progress" id="myDiv" style="height: 2px;">的 2px 用于设置进度条的高度，此值越小，进度条越细；此值越大，进度条越粗。

此实例的源文件是 MyCode\ChapB\ChapB195.html。

072　在进度条上显示完成百分比

此实例主要通过在进度条上添加 span 元素，实现在进度条上动态显示进度完成百分比数字的效果。当在浏览器中显示页面时，进度条的长度将由短变长，直到完全填充整个进度条，同时在进度条上显示进度完成百分比数字，效果分别如图 072-1 和图 072-2 所示。

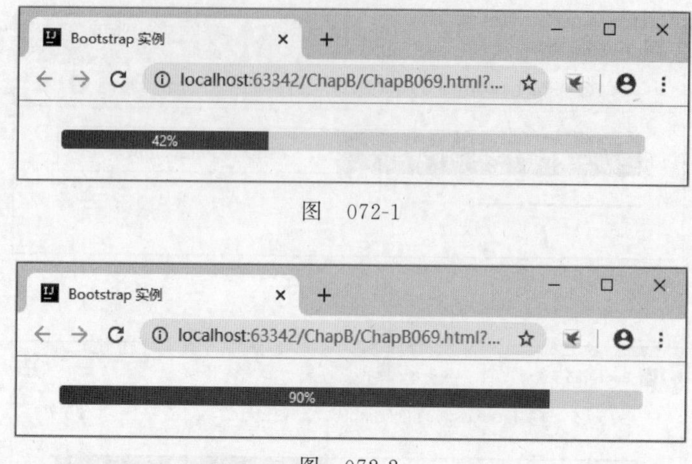

图 072-1

图 072-2

主要代码如下：

```
<body>
<div class="container mt-4">
 <div class="progress">
  <div class="progress-bar" id="myProgress"><span id="mySpan"/></div>
 </div>
</div>
<script type="text/javascript">
 $(document).ready(function () {
  var myProgress = 0;
  var myTimer = setInterval(function () {          //使用定时器模拟进度执行情况
   if(myProgress<101){
    $("#myProgress").css("width", myProgress+"%");
    $("#mySpan").text(myProgress+"%");
    myProgress++;
   }else{clearInterval(myTimer); } }, 100); });
</script></body>
```

在上面这段代码中，$("#mySpan").text(myProgress+"%")用于在进度条上动态显示进度完成百分比数字，因此$("#mySpan")必须放在进度条(div 元素)里面。

此实例的源文件是 MyCode\ChapB\ChapB069.html。

073　在条纹进度条上添加动画

此实例主要通过使用 progress-bar、progress-bar-striped、progress-bar-animated 等类，创建条纹进度条并为其添加动画。当在浏览器中显示页面时，蓝色条纹进度条的长度将由短变长，直到完全填充整个进度条，同时条纹本身呈现翻滚的动画，效果分别如图 073-1 和图 073-2 所示。

图 073-1

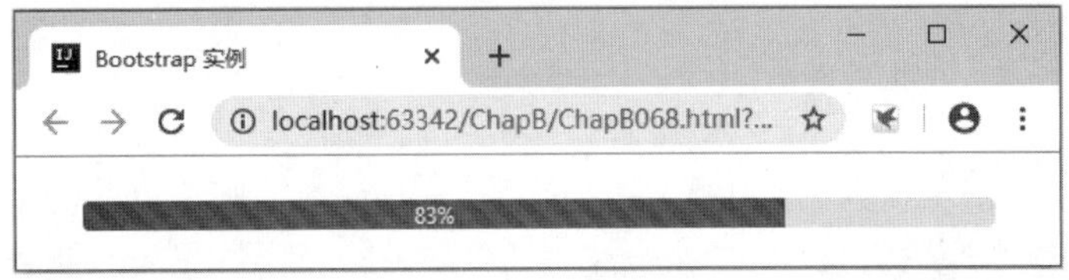

图 073-2

主要代码如下：

```
<body>
<div class="container mt-4">
 <div class="progress">
  <div class="progress-bar  progress-bar-striped progress-bar-animated"
       style="width:0%" id="myProgress"><span id="mySpan"/></div>
 </div>
</div>
<script type="text/javascript">
 $(document).ready(function () {
  var myProgress = 0;
  var myTimer = setInterval(function () {          //使用定时器模拟进度执行情况
   if (myProgress < 101) {
    $("#myProgress").css("width", myProgress + "%");
    $("#mySpan").text(myProgress + "%");
    myProgress++;
   } else { clearInterval(myTimer); } }, 100);
 });
</script></body>
```

在上面这段代码中，progress-bar 类和 progress-bar-striped 类用于创建条纹进度条。progress-bar-animated 类用于使条纹产生动画效果。

此实例的源文件是 MyCode\ChapB\ChapB068.html。

074 使用进度条展示多类别占比

此实例主要通过在进度条容器(progress)中添加多个代表各个类别的进度条(progress-bar)，实现使用进度条展示多类别占比的效果。当在浏览器中显示页面时，使用进度条展示多类别占比的效果如图 074-1 所示。

图 074-1

主要代码如下：

```
<body>
<div class="container mt-3">
 <div class="progress" style="height:100px;font-size: larger;">
  <div class="progress-bar bg-success" style="width:30%">本科占比 30%</div>
  <div class="progress-bar bg-warning" style="width:30%">专科占比 30%</div>
  <div class="progress-bar bg-danger" style="width:40%"> 未上线占比 40%</div>
 </div></div></body>
```

在上面这段代码中，<div class="progress" style="height:100px;font-size: larger;">用于创建进度条容器，并设置其高度为100px，字体为大号；然后在该div元素中添加代表各个类别的div元素(progress-bar)即可。

此实例的源文件是MyCode\ChapB\ChapB070.html。

075　在卡片上添加文本和图像

此实例主要通过使用card、card-header、card-img、card-body、card-text、card-footer等类，创建Bootstrap4风格的卡片。当在浏览器中显示页面时，包含文本和图像的三张Bootstrap4风格的卡片如图075-1所示。

图　075-1

主要代码如下：

```
<body>
<div class="container mt-3">
```

```
<div class = "row">
  <div class = "col">
   <div class = "card bg - success" style = "width:200px">
    <div class = "card - header"><h5 > HTML5 + CSS3 炫酷应用实例集锦</h5 ></div >
    <img class = "card - img" src = "images/img013.jpg">
    <div class = "card - body">
     <p class = "card - text">全书内容包括过渡动画、关键帧动画、滤镜、选择器、计数器、伪元素、盒子、沙箱、
画布等主题的具体实例。</p>
    </div >
    <div class = "card - footer"><a class = "btn btn - primary w - 100"
          href = "http://product.dangdang.com/25340077.html">购买此书</a ></div >
   </div >
  </div >
  <div class = "col">
   <div class = "card bg - success" style = "width:200px">
    <div class = "card - header"><h5 > HTML5 + CSS3 炫酷应用实例集锦</h5 ></div >
    <img class = "card - img" src = "images/img013.jpg">
    <div class = "card - body">
     <p class = "card - text">全书内容包括过渡动画、关键帧动画、滤镜、选择器、计数器、伪元素、盒子、沙箱、
画布等主题的具体实例。</p>
    </div >
    <div class = "card - footer"><a class = "btn btn - primary w - 100"
          href = "http://product.dangdang.com/25340077.html">购买此书</a ></div >
   </div >
  </div >
  <div class = "col">
   <div class = "card bg - success" style = "width:200px">
    <div class = "card - header"><h5 > HTML5 + CSS3 炫酷应用实例集锦</h5 ></div >
    <img class = "card - img" src = "images/img013.jpg">
    <div class = "card - body">
     <p class = "card - text">全书内容包括过渡动画、关键帧动画、滤镜、选择器、计数器、伪元素、盒子、沙箱、
画布等主题的具体实例。</p>
    </div >
    <div class = "card - footer"><a class = "btn btn - primary w - 100"
          href = "http://product.dangdang.com/25340077.html">购买此书</a ></div >
   </div ></div ></div ></div ></body >
```

在上面这段代码中，card 类用于设置卡片整体样式。card-header 类用于设置卡片顶部样式。card-body 类用于设置卡片主体样式。card-footer 类用于设置卡片底部样式。card-img 类用于设置在卡片上添加的图像样式。card-text 类用于设置在卡片上添加的文本样式。bg-success 类表示卡片的背景颜色是绿色。其他几种背景颜色分别是：bg-primary 类表示蓝色、bg-info 类表示青色、bg-warning 类表示黄色、bg-danger 类表示红色、bg-secondary 类表示灰色、bg-dark 类表示黑色、bg-light 类表示浅色。

此实例的源文件是 MyCode\ChapB\ChapB073.html。

076　在卡片顶部或底部添加图像

此实例主要通过使用 card-img-top、card-img-bottom 等类，为(在卡片上的)文字上方(顶部)或下方(底部)的图像设置不同的样式。当在浏览器中显示页面时，单击“图像在卡片顶部”按钮，则图像显示在文字的上方，此时图像的左上角和右上角被圆角，如图 076-1 所示；单击“图像在卡片底部”按钮，

则图像显示在文字的下方，此时图像的左下角和右下角被圆角，如图 076-2 所示。

图 076-1

图 076-2

主要代码如下：

```
<body>
<div class = "container mt - 3">
 <div class = "btn - group w - 100 mb - 2">
  <button type = "button" class = "btn btn - outline - dark"
          id = "myButton1">图像在卡片顶部</button>
  <button type = "button" class = "btn btn - outline - dark"
          id = "myButton2">图像在卡片底部</button></div>
 <div class = "card w - 100">
  <img class = "card - img - top" src = "images/img086.jpg" id = "myTopImg">
  <div class = "card - body bg - info text - center p - 1" style = "height: 40px;">
```

```
      <h4 class="card-title">香港夜景</h4></div>
    <img class="card-img-bottom" src="images/img086.jpg" id="myBottomImg">
   </div>
  </div>
  <script>
   $(function(){
    $("#myBottomImg").hide();
    $("#myButton1").click(function(){          //响应单击"图像在卡片顶部"按钮
     $("#myTopImg").show();
     $("#myBottomImg").hide();
    });
    $("#myButton2").click(function(){          //响应单击"图像在卡片底部"按钮
     $("#myTopImg").hide();
     $("#myBottomImg").show();
    }); });
  </script></body>
```

在上面这段代码中，class="card-img-top"用于在卡片中设置在文字上方的图像样式（图像的左上角和右上角被圆角）。class="card-img-bottom"用于在卡片中设置在文字下方的图像样式（图像的左下角和右下角被圆角）。

此实例的源文件是 MyCode\ChapB\ChapB196.html。

077　设置卡片的背景图像或颜色

此实例主要通过使用 card-img-overlay、bg-info 等类，实现在卡片上设置背景图像或颜色的效果。当在浏览器中显示页面时，单击“在卡片上设置背景颜色”按钮，则将使用青色设置卡片背景，如图 077-1 所示；单击“在卡片上设置背景图像”按钮，则将使用电影海报设置卡片背景，如图 077-2 所示。

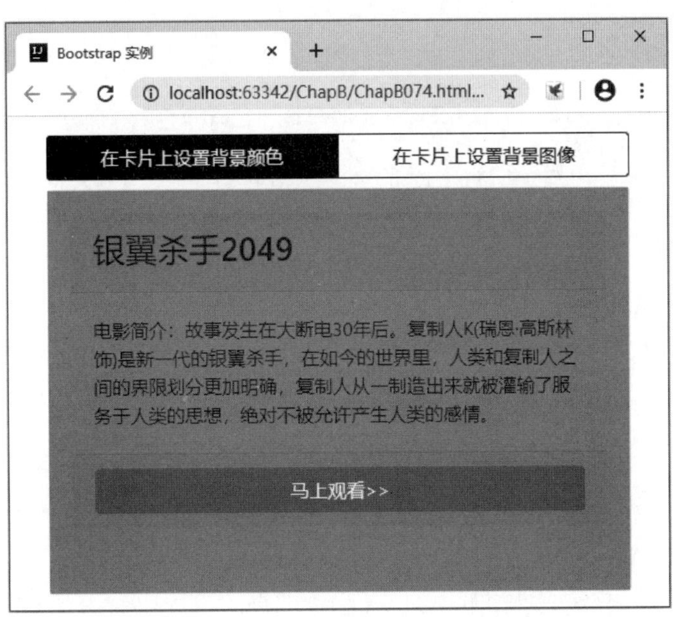

图　077-1

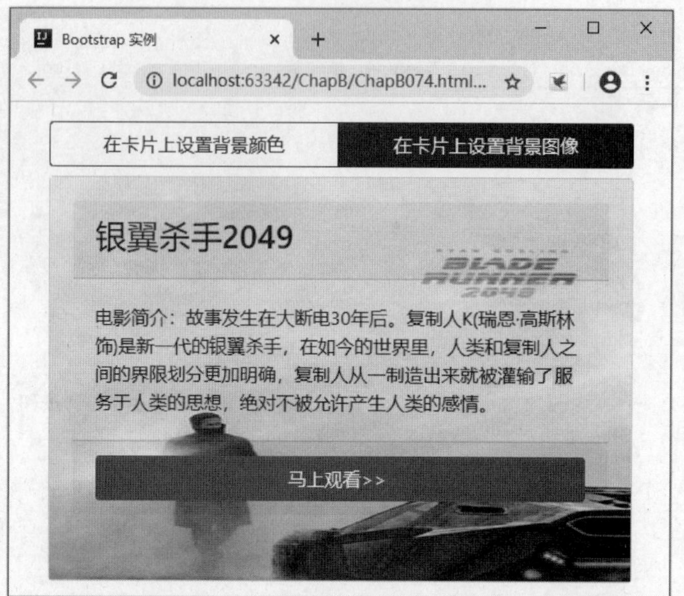

图 077-2

主要代码如下：

```
<body>
<div class="container mt-3">
 <div class="btn-group w-100 mb-2">
  <button type="button" class="btn btn-outline-dark"
          id="myButton1">在卡片上设置背景颜色</button>
  <button type="button" class="btn btn-outline-dark"
          id="myButton2">在卡片上设置背景图像</button></div>
 <div class="row">
  <div class="col">
   <div class="card w-100">
    <img src="images/img014.jpg">
    <div class="card-img-overlay bg-info"  id="myCard">
     <div class="card-header"><h3>银翼杀手 2049</h3></div>
     <div class="card-body">
      <p class="card-text">电影简介:故事发生在大断电 30 年后。复制人 K(瑞恩·高斯林饰)是新一代的
银翼杀手,在如今的世界里,人类和复制人之间的界限划分更加明确,复制人从一制造出来就被灌输了服务于人
类的思想,绝对不被允许产生人类的感情。</p>
     </div>
     <div class="card-footer">
      <a href="https://list.youku.com/category/video"
         class="btn btn-primary w-100">马上观看>></a>
     </div></div></div></div></div></div>
<script>
 $(function(){
  $("#myButton1").click(function(){          //响应单击"在卡片上设置背景颜色"按钮
   $("#myCard")[0].className="card-img-overlay bg-info";
  });
  $("#myButton2").click(function(){          //响应单击"在卡片上设置背景图像"按钮
   $("#myCard")[0].className="card-img-overlay";
  }); });
</script></body>
```

在上面这段代码中，card-img-overlay 类用于将图像放置在卡片的底层，相当于整个卡片的背景。bg-info 用于设置背景颜色为青色。

此实例的源文件是 MyCode\ChapB\ChapB074.html。

078　将多张卡片组合排列在一起

此实例主要通过使用 card-group 等类，实现将多张卡片排列组合在一起的效果。当在浏览器中显示页面时，单击"以默认风格排列多张卡片"按钮，则两张卡片的排列效果如图 078-1 所示；单击"以组合风格排列多张卡片"按钮，则两张卡片的排列效果如图 078-2 所示。注意：以组合风格排列这两张卡片时，这两张卡片的拼接位置没有圆角。

图　078-1

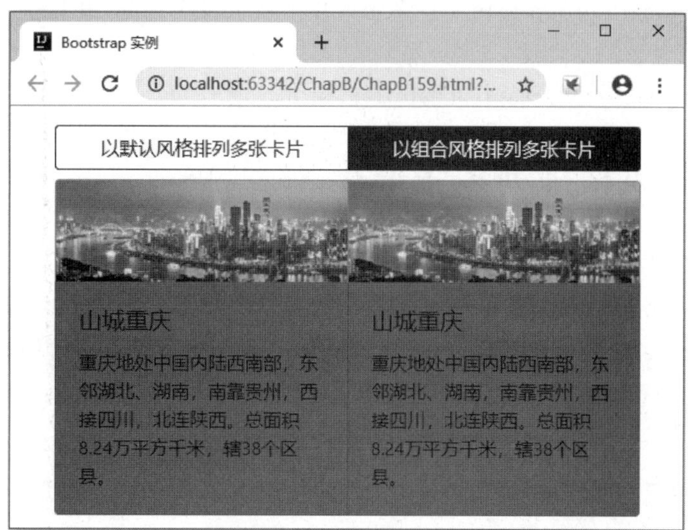

图　078-2

主要代码如下：

```
<body>
 <div class = "container mt - 3">
  <div class = "btn - group w - 100 mb - 2">
   <button type = "button" class = "btn btn - outline - dark"
           id = "myButton1">以默认风格排列多张卡片</button>
   <button type = "button" class = "btn btn - outline - dark"
           id = "myButton2">以组合风格排列多张卡片</button></div>
  <div class = "card - group" id = "myGroup">
   <div class = "card bg - success">
    <img class = "card - img - top" src = "images/img079.jpg">
    <div class = "card - body">
     <h5 class = "card - title">山城重庆</h5>
     <p class = "card - text">重庆地处中国内陆西南部，东邻湖北、湖南，南靠贵州，西接四川，北连陕西。总
面积 8.24 万平方千米，辖 38 个区县。</p>
    </div>
   </div>
<div class = "card bg - success">
 <img class = "card - img - top" src = "images/img079.jpg">
 <div class = "card - body">
  <h5 class = "card - title">山城重庆</h5>
  <p class = "card - text">重庆地处中国内陆西南部，东邻湖北、湖南，南靠贵州，西接四川，北连陕西。总面积
8.24 万平方千米，辖 38 个区县。</p>
</div></div></div></div>
 <script>
  $(function(){
   $("#myButton1").click(function(){         //响应单击"以默认风格排列多张卡片"按钮
    $("#myGroup")[0].className = "";
   });
   $("#myButton2").click(function(){         //响应单击"以组合风格排列多张卡片"按钮
    $("#myGroup")[0].className = "card - group";
   }); });
 </script></body>
```

在上面这段代码中，card-group 类用于将多张卡片排列组合在一起，并且多张卡片的拼接位置没有圆角。

此实例的源文件是 MyCode\ChapB\ChapB159.html。

079　以分隔风格排列多张卡片

此实例主要通过使用 card-deck 等类，实现以分隔风格排列多张卡片的效果。当在浏览器中显示页面时，单击“以默认风格排列多张卡片”按钮，则多张卡片的排列效果如图 079-1 所示；单击“以分隔风格排列多张卡片”按钮，则多张卡片的排列效果如图 079-2 所示，此时无论是横向排列，还是纵向排列，每张卡片之间均互不相连。

主要代码如下：

```
<body>
<div class = "container mt - 3">
 <div class = "btn - group w - 100 mb - 4">
```

图　079-1

图　079-2

```
  <button type = "button" class = "btn btn - outline - dark"
           id = "myButton1">以默认风格排列多张卡片</button>
  <button type = "button" class = "btn btn - outline - dark"
           id = "myButton2">以分隔风格排列多张卡片</button></div>
 <div class = "card - deck" id = "myGroup">
  <div class = "card bg - success">
   <img class = "card - img - top" src = "images/img080.jpg">
   <div class = "card - body">
    <h5 class = "card - title">重庆园博园</h5>
      <p class = "card - text">重庆园博园是第八届中国(重庆)国际园林博览会的会址,是一个集自然景观和
人文景观为一体的超大型城市公园。</p>
```

```
    </div></div>
  <div class = "card bg - success">
   < img class = "card - img - top" src = "images/img080. jpg">
   <div class = "card - body">
    <h5 class = "card - title">重庆园博园</h5>
    <p class = "card - text">重庆园博园是第八届中国(重庆)国际园林博览会的会址,是一个集自然景观和人文
景观为一体的超大型城市公园。</p>
   </div></div>
  <div class = "card bg - success">
   < img class = "card - img - top" src = "images/img080. jpg">
   <div class = "card - body">
    <h5 class = "card - title">重庆园博园</h5>
    <p class = "card - text"> 重庆园博园是第八届中国(重庆)国际园林博览会的会址,是一个集自然景观和人文
景观为一体的超大型城市公园。</p>
   </div></div></div></div>
  <script>
   $ (function(){
    $ ("#myButton1").click(function(){           //响应单击"以默认风格排列多张卡片"按钮
     $ ("#myGroup")[0].className = "";
    });
    $ ("#myButton2").click(function(){           //响应单击"以分隔风格排列多张卡片"按钮
     $ ("#myGroup")[0].className = "card - deck";
    }); });
  </script></body>
```

在上面这段代码中,class="card-deck"用于禁止在页面中的多张卡片连在一起。

此实例的源文件是 MyCode\ChapB\ChapB160. html。

080 以瀑布流风格排列多张卡片

此实例主要通过使用 card-columns 等类,实现以瀑布流风格排列多张卡片的效果。当在浏览器中显示页面时,单击“以普通风格排列卡片”按钮,则多张卡片以单列纵向排列的效果如图 080-1 所示;单击“以瀑布流风格排列卡片”按钮,则多张卡片以瀑布流风格排列的效果如图 080-2 所示。

主要代码如下:

```
<body>
<div class = "container mt - 3">
 <div class = "btn - group w - 100 mb - 2">
  <button type = "button" class = "btn btn - outline - dark"
          id = "myButton1">以普通风格排列卡片</button>
  <button type = "button" class = "btn btn - outline - dark"
          id = "myButton2">以瀑布流风格排列卡片</button></div>
  <div class = "card - columns" id = "myGroup">
   <div class = "card p - 1">
    < img class = "card - img - top" src = "images/img084. jpg">
    <div class = "card - body p - 1">
     <p class = "card - text" style = "font - size: small"><strong>《空中塞车》</strong>是迈克·内威尔执
导影片,该片于 1999 年在美国公映,约翰·库萨克、安吉丽娜·朱莉主演。影片讲述了两个航空职员之间发生的
故事。</p>
    </div></div>
```

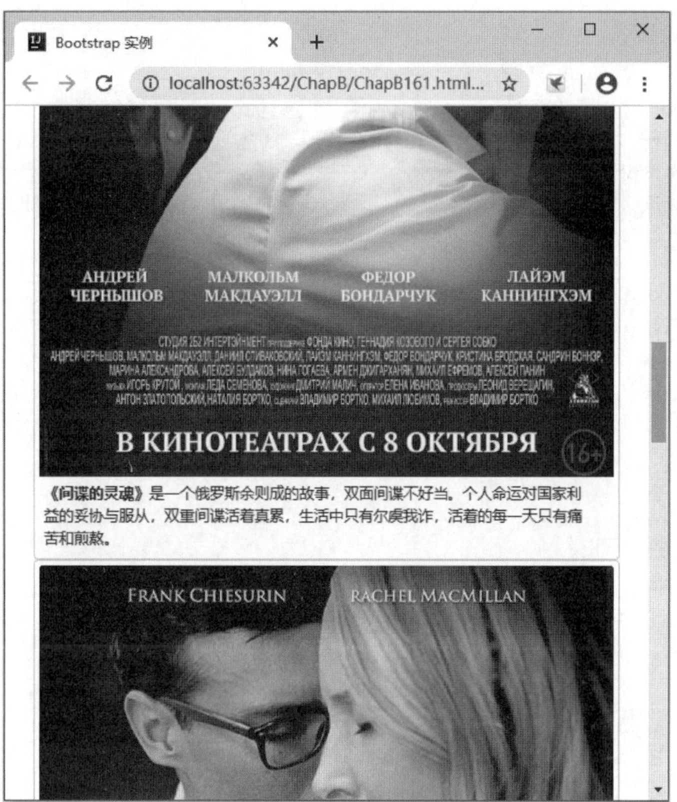
Bootstrap 实例
localhost:63342/ChapB/ChapB161.html...
АНДРЕЙ ЧЕРНЫШОВ
МАЛКОЛЬМ МАКДАУЭЛЛ
ФЕДОР БОНДАРЧУК
ЛАЙЭМ КАННИНГХЭМ
В КИНОТЕАТРАХ С 8 ОКТЯБРЯ
《间谍的灵魂》是一个俄罗斯余则成的故事，双面间谍不好当。个人命运对国家利益的妥协与服从，双重间谍活着真累，生活中只有尔虞我诈，活着的每一天只有痛苦和煎熬。
FRANK CHIESURIN
RACHEL MACMILLAN

图 080-1

Bootstrap 实例
localhost:63342/ChapB/ChapB161.html...
以普通风格排列卡片
以瀑布流风格排列卡片
PUSHING TIN
《空中塞车》是迈克·内威尔执导影片，该片于1999年在美国公映，约翰·库萨克、安吉丽娜·朱莉主演。影片讲述了两个航空职员之间发生的故事。
《无罪之凶》根据一个真实的故事改编：一个社区被一对著名夫妇的双重杀人案所震撼，当地警察努力寻找凶手。当黑暗逐渐笼罩着阿尔伯特镇时，新任牧师必须通过提供稳定、康复和希望来帮助他的教会和家人克服余震……
Labor Day
《情动假日》是由贾森·雷特曼执导，凯特·温丝莱特、乔什·布洛林、盖特林·格里菲斯、克拉克·格雷格等主演的电影。
ДУША ШПИОНА

图 080-2

```
    <div class = "card p - 1">
     <img class = "card - img - top" src = "images/img083.jpg">
     <div class = "card - body p - 1">
      <p class = "card - text" style = "font - size: small"><strong>《间谍的灵魂》</strong>是一个俄罗斯余则成的故事,双面间谍不好当。个人命运对国家利益的妥协与服从,双重间谍活着真累,生活中只有尔虞我诈,活着的每一天只有痛苦和煎熬。</p>
     </div></div>
    <div class = "card p - 1">
     <img class = "card - img - top" src = "images/img082.jpg">
     <div class = "card - body p - 1">
      <p class = "card - text" style = "font - size: small"><strong>《无罪之凶》</strong>根据一个真实的故事改编:一个社区被一对著名夫妇的双重杀人案所震撼,当地警察努力寻找凶手。当黑暗逐渐笼罩着阿尔伯特镇时,新任牧师必须通过提供稳定、康复和希望来帮助他的教会和家人克服余震……</p>
     </div></div>
    <div class = "card p - 1">
     <img class = "card - img - top" src = "images/img097.jpg">
     <div class = "card - body p - 1">
      <p class = "card - text" style = "font - size: small"><strong>《阿拉丁》</strong>是迪士尼出品的爱情奇幻冒险片,于 2019 年 5 月 24 日在北美地区、中国内地同步上映。</p>
     </div></div>
    <div class = "card p - 1">
     <img class = "card - img - top" src = "images/img098.jpg">
     <div class = "card - body p - 1">
      <p class = "card - text" style = "font - size: small"><strong>《情动假日》</strong>是由贾森·雷特曼执导。凯特·温丝莱特、乔什·布洛林、盖特林·格里菲斯、克拉克·格雷格等主演的电影。</p>
     </div></div></div></div>
<script>
  $(function(){
   $("#myButton1").click(function(){         //响应单击"以普通风格排列卡片"按钮
    $("#myGroup")[0].className = "";
   });
   $("#myButton2").click(function(){         //响应单击"以瀑布流风格排列卡片"按钮
    $("#myGroup")[0].className = "card - columns";
   }); });
</script></body>
```

在上面这段代码中,class="card-columns"表示以瀑布流风格排列多张卡片。

此实例的源文件是 MyCode\ChapB\ChapB161.html。

081 使用媒体对象布局图像和文本

此实例主要通过使用 media、media-body 等类,创建类似于图书列表和博客评论风格的图文布局。当在浏览器中显示页面时,使用媒体对象 media 创建的图像和文本混合布局的列表效果如图 081-1 所示。

主要代码如下:

```
<body>
 <div class = "container mt - 3">
  <div class = "media border mb - 1">
   <img src = "images/img071.jpg" alt = "Android 炫酷应用 300 例"
        style = "width:120px;" class = "rounded align - self - center m - 1">
```

图 081-1

```
    <div class = "media - body">
     <h4 > Android 炫酷应用 300 例</h4 >
     <p>该书列举了 300 个实用性极强的 Android 移动端开发案例,重现目前许多主流应用的特效。所有实例均配有效果图并提供完整源码下载,可操作性强。</p>
    </div></div>
<div class = "media border mb - 1">
  <img src = "images/img072.jpg" alt = "HTML5 + CSS3 炫酷应用实例集锦"
       style = "width:120px;" class = "rounded align - self - center  m - 1">
  <div class = "media - body">
   <h4 > HTML5 + CSS3 炫酷应用实例集锦</h4 >
   <p>该书展示了过渡动画、关键帧动画、滤镜、选择器、计数器、伪元素、盒子、沙箱、百度地图定位、响应式页面布局、散列图片布局、瀑布流图片布局、旋转圆弧滑出菜单、批量插入与自动编号、盒子模型、图像与文字特效、多饼图绘制等诸多炫酷创意实例的实现过程。</p>
  </div></div>
<div class = "media border mb - 1">
  <img src = "images/img073.jpg" alt = "jQuery 炫酷应用实例集锦"
       style = "width:120px;" class = "rounded align - self - center  m - 1">
  <div class = "media - body">
   <h4 > jQuery 炫酷应用实例集锦</h4 >
   <p>该书列举了折叠面板、悬浮窗口、侧滑窗口、转盘抽奖、轮播广告、对联广告、地图热点、在线影院订票、瀑布流显示图片、购物车以及插件扩展应用等前端技术。</p>
  </div></div></div>
</body>
```

在上面这段代码中，<div class="media border mb-1">用于创建媒体对象容器，该容器中的元素按照从左到右的顺序排列。<div class="media-body">用于创建媒体对象容器的主体子容器，该子容器中的元素按照从上到下的顺序排列。

此实例的源文件是 MyCode\ChapB\ChapB140.html。

082 使用嵌套的媒体对象布局元素

此实例主要通过在媒体对象 media 的 media-body 中嵌套 media，实现通过嵌套的媒体对象布局元素的效果。当在浏览器中显示页面时，通过嵌套的媒体对象布局的图像和文本效果如图 082-1 所示。

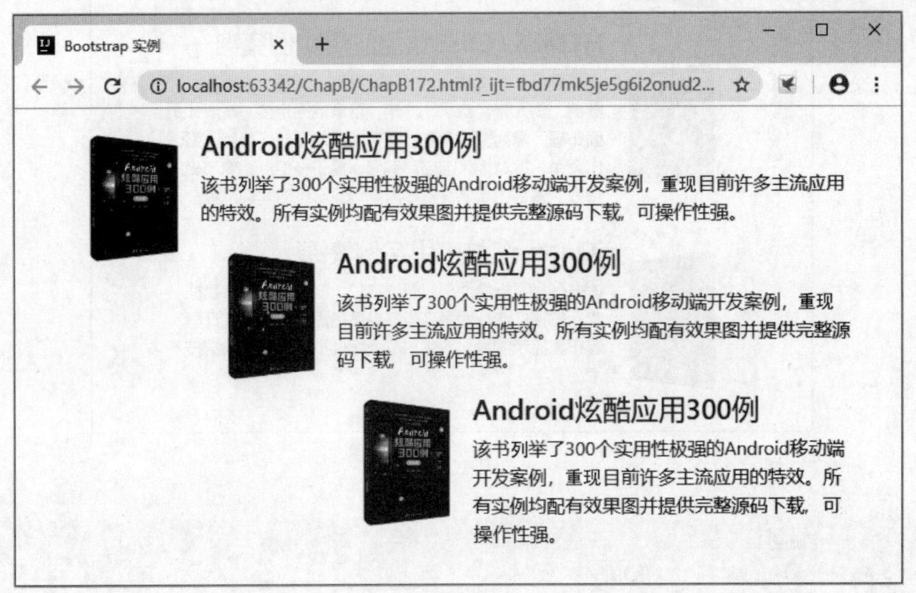

图 082-1

主要代码如下：

```
<body>
<div class="container mt-3">
 <div class="media mb-1">
  <img src="images/img071.jpg" alt="Android炫酷应用300例"
       style="width:120px;" class="rounded">
  <div class="media-body">
   <h4>Android炫酷应用300例</h4>
   <p>该书列举了300个实用性极强的Android移动端开发案例,重现目前许多主流应用的特效。所有实例均配有效果图并提供完整源码下载,可操作性强。</p>
   <div class="media mb-1">
    <img src="images/img071.jpg" alt="Android炫酷应用300例"
         style="width:120px;" class="rounded">
    <div class="media-body">
     <h4>Android炫酷应用300例</h4>
     <p>该书列举了300个实用性极强的Android移动端开发案例,重现目前许多主流应用的特效。所有实例均配有效果图并提供完整源码下载,可操作性强。</p>
     <div class="media mb-1">
      <img src="images/img071.jpg" alt="Android炫酷应用300例"
           style="width:120px;" class="rounded">
      <div class="media-body">
       <h4>Android炫酷应用300例</h4>
       <p>该书列举了300个实用性极强的Android移动端开发案例,重现目前许多主流应用的特效。所有实例均配有效果图并提供完整源码下载,可操作性强。</p>
      </div></div></div></div></div></div></div></body>
```

在上面这段代码中，media 类用于创建媒体对象容器。media-body 类用于创建媒体对象容器的主体子容器，当在 media-body 中添加 media 以后，就形成了一种嵌套媒体结构，通过这种嵌套媒体结构，可以使媒体对象形成更加清晰的层次关系，这种层次关系一般用在多人回复的博客评论设计上。

此实例的源文件是 MyCode\ChapB\ChapB172. html。

083 在水平方向上排列多个媒体对象

此实例主要通过使用 media、media-body、list-group、list-group-horizontal 等类，实现在水平方向排列多个媒体对象的效果。当在浏览器中显示页面时，单击“以默认风格排列多个媒体对象”按钮，则多个媒体对象(两个列表项)在垂直方向的排列效果如图 083-1 所示；单击“在水平方向上排列多个媒体对象”按钮，则多个媒体对象(两个列表项)在水平方向上的排列效果如图 083-2 所示。

图 083-1

图 083-2

主要代码如下：

```
<body>
<div class = "container mt - 3">
 <div class = "btn - group w - 100 mb - 3">
  <button type = "button" class = "btn btn - outline - dark"
```

```
            id = "myButton1">以默认风格排列多个媒体对象</button>
    < button type = "button" class = "btn btn - outline - dark"
            id = "myButton2">在水平方向上排列多个媒体对象</button></div>
    < ul class = "list - group list - group - horizontal">
     < li class = "media border">
       < img src = "images/img071. jpg" style = "width:120px;"
              class = "rounded align - self - center">
      < div class = "media - body">
       < h4 > Android 炫酷应用 300 例</h4 >
       < p>该书列举了 300 个实用性极强的 Android 移动端开发案例,重现目前许多主流应用的特效。所有实例均配有效果图并提供完整源码下载,可操作性强。</p>
      </div>
     </li>
     < li class = "media border">
       < img src = "images/img013. jpg" style = "width:120px;"
              class = "rounded align - self - center">
      < div class = "media - body">
       < h4 > HTML5 + CSS3 炫酷应用实例集锦</h4 >
       < p>以问题描述 + 解决方案 + 真实源码 + 效果截图的模式,列举 612 个 Web 前端开发实战案例,内容全面,实用性强。</p>
      </div></li></ul></div>
< script >
  $ (function () {
   $ ("#myButton1").click(function(){         //响应单击"以默认风格排列多个媒体对象"按钮
    $ ("ul")[0].className = "list - group";
   });
   $ ("#myButton2").click(function(){         //响应单击"在水平方向上排列多个媒体对象"按钮
    $ ("ul")[0].className = "list - group list - group - horizontal";
   }); });
</script></body>
```

在上面这段代码中,list-group 类用于创建一个列表组,默认的列表组通常有边框线。list-group-horizontal 类用于在水平方向上排列列表项。media 类用于创建媒体对象容器。media-body 类用于创建媒体对象容器的文本子容器。在此实例中,一个列表项就是一个媒体对象。

此实例的源文件是 MyCode\ChapB\ChapB173. html。

084 在媒体对象的右侧放置图像

此实例主要通过使用 media、media-body 等类,实现在媒体对象的左侧或右侧放置图像的效果。当在浏览器中显示页面时,单击"将图像放置在媒体对象左侧"按钮,效果如图 084-1 所示;单击"将图像放置在媒体对象右侧"按钮,效果如图 084-2 所示。

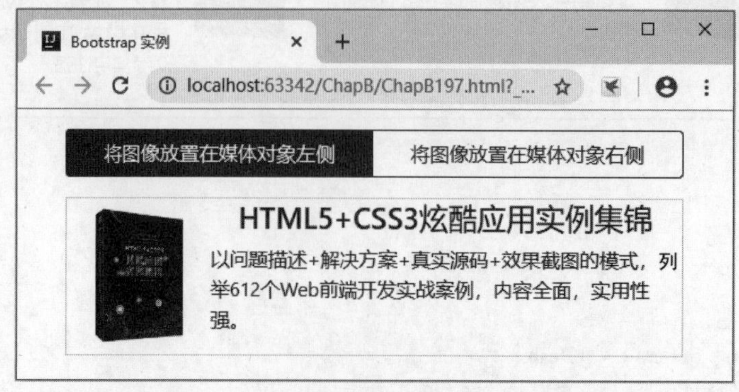

图 084-1

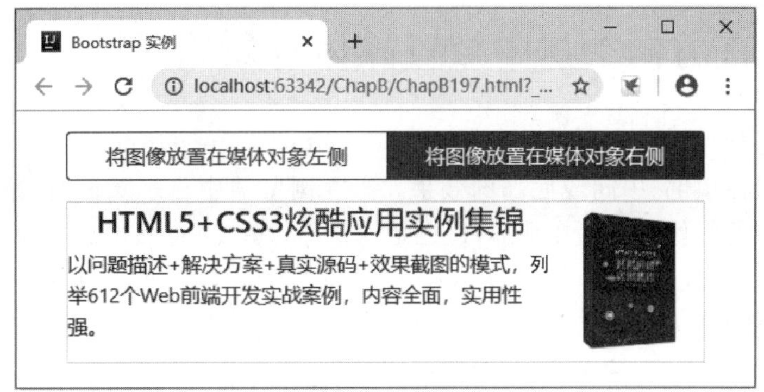

图 084-2

主要代码如下：

```
<body>
<div class="container mt-3">
 <div class="btn-group w-100 mb-3">
  <button type="button" class="btn btn-outline-dark"
          id="myButton1">将图像放置在媒体对象左侧</button>
  <button type="button" class="btn btn-outline-dark"
          id="myButton2">将图像放置在媒体对象右侧</button></div>
 <div class="media border">
  <img id="myImageLeft" src="images/img013.jpg" style="width:120px;"
       class="rounded align-self-center">
  <div class="media-body">
   <h4 class="text-center">HTML5 + CSS3 炫酷应用实例集锦</h4>
   <p>以问题描述 + 解决方案 + 真实源码 + 效果截图的模式,列举 612 个 Web 前端开发实战案例,内容全面,实
用性强。</p>
  </div>
  <img id="myImageRight" src="images/img013.jpg" style="width:120px;"
       class="rounded align-self-center">
 </div></div>
<script>
 $(function () {
  $("#myImageRight").hide();
  $("#myButton1").click(function(){          //响应单击"将图像放置在媒体对象左侧"按钮
   $("#myImageLeft").show();
   $("#myImageRight").hide();
  });
  $("#myButton2").click(function(){          //响应单击"将图像放置在媒体对象右侧"按钮
   $("#myImageLeft").hide();
   $("#myImageRight").show();
  }); });
</script></body>
```

在上面这段代码中，<div class="media border">用于创建媒体对象容器。<div class="media-body">用于创建媒体对象容器的文本子容器。在媒体对象容器中的子元素将按照从左到右的顺序排列，因此如果将图像（代码）放在文本子容器（代码）的前面，则图像将放置在媒体对象的左侧；如果将图像（代码）放在文本子容器（代码）的后面，则图像将放置在媒体对象的右侧。

此实例的源文件是 MyCode\ChapB\ChapB197.html。

085 在垂直方向上居中放置媒体对象的图像

此实例主要通过使用 align-self-start、align-self-center、align-self-end 等类，实现在垂直方向上将媒体对象的图像放置在顶部、中间或底部的效果。当在浏览器中显示页面时，单击“将图像放置在顶部”按钮，则媒体对象的图像将放置在顶部，这也是默认值；单击“将图像放置在中间”按钮，则媒体对象的图像将放置在中间，效果如图 085-1 所示；单击“将图像放置在底部”按钮，则媒体对象的图像将放置在底部，效果如图 085-2 所示。

图 085-1

图 085-2

主要代码如下：

```
<body>
<div class="container mt-3">
 <div class="btn-group w-100 mb-3">
  <button type="button" class="btn btn-outline-dark"
          id="myButton1">将图像放置在顶部</button>
  <button type="button" class="btn btn-outline-dark"
          id="myButton2">将图像放置在中间</button>
  <button type="button" class="btn btn-outline-dark"
          id="myButton3">将图像放置在底部</button></div>
 <ul class="list-group list-group-horizontal">
  <li class="media border">
   <img src="images/img071.jpg" style="width:120px;"
        id="myImage1" class="rounded align-self-center">
   <div class="media-body">
    <h4>Android 炫酷应用 300 例</h4>
    <p>该书列举了 300 个实用性极强的 Android 移动端开发案例,重现目前许多主流应用的特效。所有实例均配有效果图并提供完整源码下载,可操作性强。</p>
   </div></li>
  <li class="media border">
   <img src="images/img013.jpg" style="width:120px;"
        id="myImage2" class="rounded align-self-center">
   <div class="media-body">
    <h4>HTML5 + CSS3 炫酷应用实例集锦</h4>
    <p>以问题描述 + 解决方案 + 真实源码 + 效果截图的模式,列举 612 个 Web 前端开发实战案例,内容全面,实用性强。</p>
   </div></li></ul></div>
<script>
 $(function () {
  $("#myButton1").click(function () {          //响应单击"将图像放置在顶部"按钮
   $("#myImage1")[0].className = "rounded align-self-start";
   $("#myImage2")[0].className = "rounded align-self-start";
  });
  $("#myButton2").click(function () {          //响应单击"将图像放置在中间"按钮
   $("#myImage1")[0].className = "rounded align-self-center";
   $("#myImage2")[0].className = "rounded align-self-center";
  });
  $("#myButton3").click(function () {          //响应单击"将图像放置在底部"按钮
   $("#myImage1")[0].className = "rounded align-self-end";
   $("#myImage2")[0].className = "rounded align-self-end";
  }); });
</script></body>
```

在上面这段代码中，align-self-start 类用于指定图像与媒体对象的顶部靠齐；align-self-center 类用于指定图像纵向居中对齐媒体对象；align-self-end 类用于指定图像与媒体对象的底部靠齐。

此实例的源文件是 MyCode\ChapB\ChapB198.html。

086 通过左右滑动轮播多幅图像

此实例主要通过使用 carousel、slide 等类，实现以左右滑动方式轮播多幅图像及文本的效果。当在浏览器中显示页面时，将自动轮播三幅图像和文本，图像将从右侧滑入、左侧滑出，也可以单击左侧的左箭头按钮浏览上一幅图像，单击右侧的右箭头按钮浏览下一幅图像，还可以单击下面的白色矩形框直接跳转到对应的图像，效果分别如图 086-1 和图 086-2 所示。

图 086-1

图 086-2

主要代码如下：

```
<body>
<div class="container mt-3">
 <div id="myCarousel" class="carousel slide" data-ride="carousel">
  <!-- 指示符 -->
  <ul class="carousel-indicators">
   <li data-target="#myCarousel" data-slide-to="0"
        class="active" style="height: 20px;"></li>
   <li data-target="#myCarousel" data-slide-to="1" style="height: 20px;"></li>
   <li data-target="#myCarousel" data-slide-to="2" style="height: 20px;"></li>
  </ul>
  <!-- 轮播图像 -->
  <div class="carousel-inner">
  <div class="carousel-item active">
    <img src="images//img057.jpg" class="rounded">
```

```
    <div class = "carousel - caption">
     < h4 >武汉大学</h4 >
      <p>武汉大学,简称"武大",是中华人民共和国教育部直属的全国重点大学,国家首批"双一流"建设高校,
985 工程、211 工程重点建设高校。</p>
      </div></div>
  <div class = "carousel - item">
   < img src = "images//img058.jpg"  class = "rounded">
    <div class = "carousel - caption">
      < h4 >北京大学</h4 >
       <p>北京大学创立于 1898 年维新变法之际,初名京师大学堂,是中国近现代第一所国立综合性大学,创
办之初也是国家最高教育行政机关。1912 年改名为国立北京大学。</p>
       </div></div>
  <div class = "carousel - item">
   < img src = "images//img059.jpg"  class = "rounded">
    <div class = "carousel - caption">
      < h4 >西南大学</h4 >
      <p>西南大学简称西大,坐落于重庆市,是中华人民共和国教育部直属高校,由教育部、农业农村部与重
庆市人民政府共建,是世界一流学科建设高校。</p>
       </div></div></div>
  <!-- 左右切换按钮 -->
  <a class = "carousel - control - prev" href = "#myCarousel" data - slide = "prev">
   <span class = "carousel - control - prev - icon"></span></a>
  <a class = "carousel - control - next" href = "#myCarousel" data - slide = "next">
  <span class = "carousel - control - next - icon"></span></a>
  </div></div>
<style> .carousel - inner img { width: 100 % ; height: 100 % ; }</style>
</body>
```

在上面这段代码中,carousel 类用于创建一个轮播。slide 类用于左右滑动图像(carousel-item)。carousel-indicators 类用于为轮播添加指示符,就是图像下面的三个矩形框(表示共有三幅图像),轮播的过程可以显示目前是第几幅图像,也可以单击该指示符切换图像。carousel-inner 类表示轮播的内置对象。carousel-item 类表示轮播的图像和文本。carousel-control-prev 类用于添加左侧的按钮,单击会切换到上一幅图像。carousel-control-next 类用于添加右侧的按钮,单击会切换到下一幅图像。carousel-control-prev-icon 类与 carousel-control-prev 类一起使用,可设置左侧的按钮图标。carousel-control-next-icon 类与 carousel-control-next 类一起使用,可设置右侧的按钮图标。

此实例的源文件是 MyCode\ChapB\ChapB113.html。

087 自定义暂停或继续轮播图像

此实例主要通过使用 carousel()方法,实现自定义暂停或继续轮播图像的效果。当在浏览器中显示页面时,将自动轮播三幅图像和文本,单击"暂停轮播图像"按钮,则轮播行为暂停;单击"继续轮播图像"按钮,则轮播行为继续,效果分别如图 087-1 和图 087-2 所示。

主要代码如下:

```
<body>
<div class = "container mt - 3">
 <div class = "btn - group w - 100 mb - 2">
  <button type = "button" class = "btn btn - outline - dark"
          id = "myButton1">暂停轮播图像</button>
```

图 087-1

图 087-2

```
  <button type="button" class="btn btn-outline-dark"
          id="myButton2">继续轮播图像</button></div>
<div id="myCarousel" class="carousel" data-ride="carousel">
  <!-- 指示符 -->
  <ul class="carousel-indicators">
    <li data-target="#myCarousel" data-slide-to="0"
        class="active" style="height: 20px;"></li>
    <li data-target="#myCarousel" data-slide-to="1" style="height: 20px;"></li>
    <li data-target="#myCarousel" data-slide-to="2" style="height: 20px;"></li>
  </ul>
  <!-- 轮播图像 -->
  <div class="carousel-inner">
    <div class="carousel-item active">
      <img src="images//img085.jpg" class="rounded">
      <div class="carousel-caption">
        <h4>重庆夜景</h4>
```

```
        <p>重庆夜景自古雅号"字水宵灯",为清乾隆年间"巴渝十二景"之一。因长江、嘉陵江蜿蜒交汇于此,形似古篆书"巴"字,故有"字水"之称。"宵灯"更映"字水",风流占尽天下。</p>
      </div></div>
    <div class="carousel-item">
      <img src="images//img086.jpg"  class="rounded">
      <div class="carousel-caption">
        <h4>香港夜景</h4>
        <p>观看香港夜景的最佳地点有三个,尖沙咀可以眺望整个港岛区,各栋商业楼宇的夜间霓虹灯装饰堪称一绝。第二个是太平山顶,第三个是位于九龙站的国际贸易中心,2011 年底开放的 360 度环绕高空观景平台。</p>
      </div></div>
    <div class="carousel-item">
      <img src="images//img087.jpg"  class="rounded">
      <div class="carousel-caption">
        <h4>上海夜景</h4>
        <p>上海市,简称沪,是中国 4 个直辖市之一,是中国经济、金融、贸易、航运、科技创新中心。</p>
      </div></div></div></div></div>
<style>.carousel-inner img { width: 100%; height: 100%; }</style>
<script>
  $(function () {
   $("#myButton1").click(function(){          //响应单击"暂停轮播图像"按钮
    $('#myCarousel').carousel("pause");
   });
   $("#myButton2").click(function(){          //响应单击"继续轮播图像"按钮
    $('#myCarousel').carousel();
   }); });
</script></body>
```

在上面这段代码中,carousel 类用于创建一个轮播器。carousel("pause")方法用于暂停 carousel 类创建的轮播操作。

此实例的源文件是 MyCode\ChapB\ChapB199.html。

088 自定义轮播的左右按钮功能

此实例主要通过使用 carousel('prev')方法和 carousel('next')方法,实现使用自定义按钮代替轮播默认的左箭头按钮和右箭头按钮的功能,浏览上一幅图像或下一幅图像。当在浏览器中显示页面时,单击“上一图像”按钮,则显示上一幅图像,如图 088-1 所示。单击“下一图像”按钮,则显示下一幅图像,如图 088-2 所示。

图 088-1

图 088-2

主要代码如下：

```
<body>
<div class="container mt-3">
 <div class="btn-group w-100 mb-2">
  <button type="button" class="btn btn-outline-dark"
          id="myButton1">上一图像</button>
  <button type="button" class="btn btn-outline-dark"
          id="myButton2">下一图像</button></div>
 <div id="myCarousel" class="carousel"
      data-ride="carousel" data-interval="false">
  <!-- 指示符 -->
  <ul class="carousel-indicators">
   <li data-target="#myCarousel" data-slide-to="0"
       class="active" style="height: 20px;"></li>
   <li data-target="#myCarousel" data-slide-to="1" style="height: 20px;"></li>
   <li data-target="#myCarousel" data-slide-to="2" style="height: 20px;"></li>
  </ul>
  <!-- 轮播图像 -->
  <div class="carousel-inner">
   <div class="carousel-item active">
    <img src="images//img085.jpg" class="rounded">
    <div class="carousel-caption">
     <h4>重庆夜景</h4>
     <p>重庆夜景自古雅号"字水宵灯",为清乾隆年间"巴渝十二景"之一。因长江、嘉陵江蜿蜒交汇于此,形似
古篆书"巴"字,故有"字水"之称。"宵灯"更映"字水",风流占尽天下。</p>
    </div></div>
   <div class="carousel-item">
    <img src="images//img086.jpg"  class="rounded">
    <div class="carousel-caption">
     <h4>香港夜景</h4>
     <p>观看香港夜景的最佳地点有三个,尖沙咀可以眺望整个港岛区,各栋商业楼宇的夜间霓虹灯装饰堪称
一绝。第二个是太平山顶,第三个是位于九龙站的国际贸易中心,2011 年底开放的 360 度环绕高空观景平台。
</p>
    </div></div>   <div class="carousel-item">
    <img src="images//img087.jpg"  class="rounded">
    <div class="carousel-caption">
     <h4>上海夜景</h4>
```

```
        <p>上海市,简称沪,是中国 4 个直辖市之一,是中国经济、金融、贸易、航运、科技创新中心。</p>
      </div></div></div></div></div>
  <style>.carousel-inner img{ width: 100%; height: 100%; }</style>
  <script>
    $(function(){
      $("#myButton1").click(function(){           //响应单击"上一图像"按钮
        $('#myCarousel').carousel('prev');
      });
      $("#myButton2").click(function(){           //响应单击"下一图像"按钮
        $('#myCarousel').carousel('next');
      });});
  </script></body>
```

在上面这段代码中,carousel('prev')用于跳转到轮播的上一个 item。carousel('next')用于跳转到轮播的下一个 item。data-interval="false"表示在显示页面时,自动轮播所有 item,如果为某个数字,则表示两个 item 之间的间隔毫秒数(默认值为 5000),如 data-interval="200"。

此实例的源文件是 MyCode\ChapB\ChapB200.html。

089 使用无序列表进行分页处理

此实例主要通过使用 pagination、page-item 等类,实现对无序列表进行分页处理的效果。当在浏览器中显示页面时,单击页码按钮或"上一页"按钮、"下一页"按钮将实现按钮标题所示的功能,效果分别如图 089-1 和图 089-2 所示。

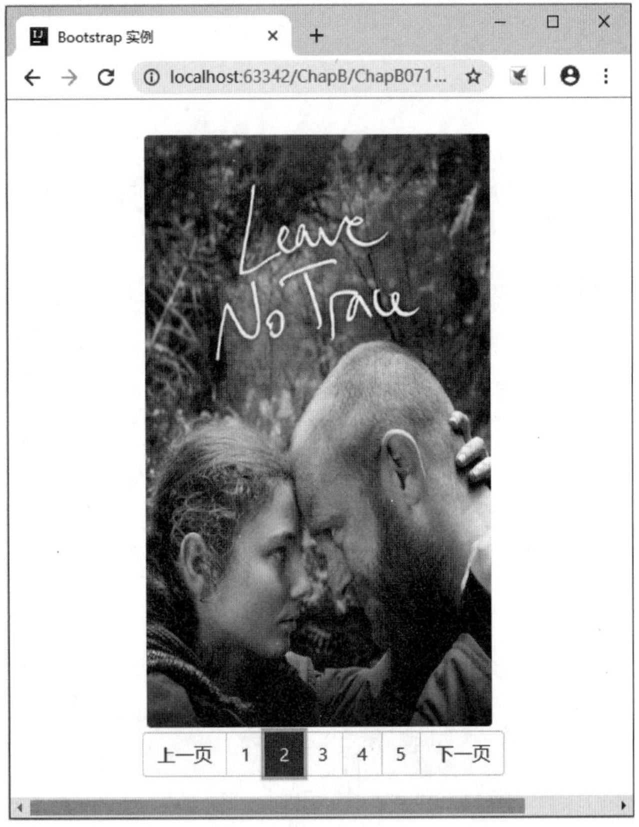

图 089-1

图 089-2

主要代码如下：

```
<body>
<div class="container" style="margin-top:30px;margin-left: 100px;">
 <div  style="margin: 4px;">
  <img src="images/img021.jpg" class="rounded"
       style="width: 300px;height: 500px;">
 </div>
 <ul class="pagination">
  <li class="page-item"><a class="page-link" href="#">上一页</a></li>
  <li class="page-item"><a class="page-link" href="#">1</a></li>
  <li class="page-item"><a class="page-link" href="#">2</a></li>
  <li class="page-item"><a class="page-link" href="#">3</a></li>
  <li class="page-item"><a class="page-link" href="#">4</a></li>
  <li class="page-item"><a class="page-link" href="#">5</a></li>
  <li class="page-item"><a class="page-link" href="#">下一页</a></li>
 </ul>
</div>
<script>
 $(function(){
  var myIndex=1;                //指示当前索引
  var myCount=5;                //表示图像(索引)总数
  $("ul li").eq(myIndex).addClass("active");
  $("li").each(function(index){
   if(index==0){
```

```
      $(this).click(function(){
       if(myIndex > 1){
        myIndex -- ;
       }else{
        myIndex = myCount;
       }
       $("img")[0].src = "images/img02" + myIndex + ".jpg";
       $("ul").children('li').removeClass("active");
       $(this).addClass("active");
       $("ul li").eq(myIndex).addClass("active");
      });
    }else if(index == myCount + 1){
      $(this).click(function(){
       if(myIndex < myCount){
        myIndex++;
       }else{
        myIndex = 1;
       }
       $("img")[0].src = "images/img02" + myIndex + ".jpg";
       $("ul").children('li').removeClass("active");
       $(this).addClass("active");
       $("ul li").eq(myIndex).addClass("active");
      });
    }else{
      $(this).click(function(){
       myIndex = index;
       $("img")[0].src = "images/img02" + myIndex + ".jpg";
       $("ul").children('li').removeClass("active");
       $(this).addClass("active");
      });   }  }); });
</script></body>
```

在上面这段代码中，pagination 类和 page-item 类是进行分页处理的核心类。在 Bootstrap4 中，创建一个基本的分页可以在 ul 元素（无序列表）上添加 pagination 类，然后在 li 元素上添加 page-item 类。如果需要指示当前页，则可以在 li 元素上添加 active 类高亮显示该 li 元素。在默认情况下，Bootstrap4 使用中号字体显示分页条目（li 元素），如果需要显示大号字体，则需要在 ul 元素上添加 pagination-lg 类；如果需要显示小号字体，则需要在 ul 元素上添加 pagination-sm 类，如< ul class="pagination pagination-sm">。

此实例的源文件是 MyCode\ChapB\ChapB071.html。

090 去掉在无序列表上的默认圆点

此实例主要通过使用 list-unstyled 类，去掉无序列表（ul 元素）的默认样式。当在浏览器中显示页面时，单击“以默认样式显示无序列表”按钮，则无序列表（新闻标题）以默认样式（点和空格）显示的效果如图 090-1 所示；单击“去掉无序列表的默认样式”按钮，则无序列表（新闻标题）在去掉默认样式（点和空格）之后显示的效果如图 090-2 所示。

主要代码如下：

```
<body>
<div class = "container mt - 3">
 <div class = "btn - group mb - 2 w - 100">
```

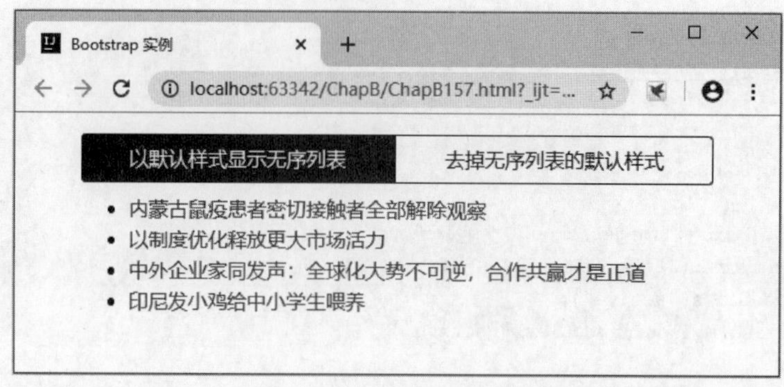

图 090-1

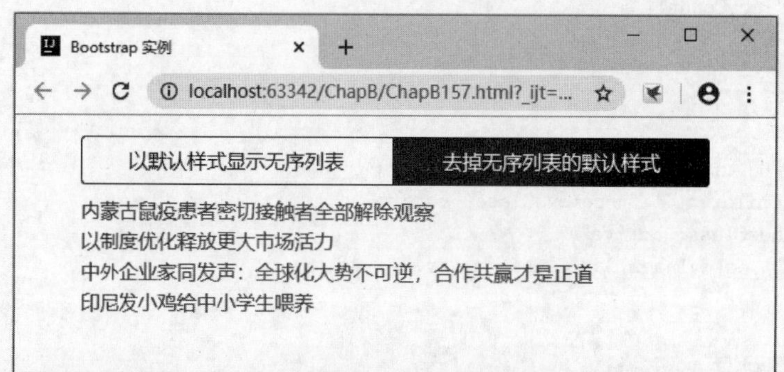

图 090-2

```
   <button type = "button" class = "btn btn - outline - dark"
           id = "myButton1">以默认样式显示无序列表</button>
   <button type = "button" class = "btn btn - outline - dark"
           id = "myButton2">去掉无序列表的默认样式</button></div>
  <ul class = "list - unstyled">
   <li><a href = "#">内蒙古鼠疫患者密切接触者全部解除观察</a></li>
   <li><a href = "#">以制度优化释放更大市场活力</a></li>
   <li><a href = "#">中外企业家同发声：全球化大势不可逆，合作共赢才是正道</a></li>
   <li><a href = "#">印尼发小鸡给中小学生喂养</a></li>
  </ul></div>
<script>
  $(function () {
   $("#myButton1").click(function(){         //响应单击"以默认样式显示无序列表"按钮
    $("ul")[0].className = "";
   });
   $("#myButton2").click(function(){         //响应单击"去掉无序列表的默认样式"按钮
    $("ul")[0].className = "list - unstyled";
   }); });
</script></body>
```

在上面这段代码中，list-unstyled 类用于去掉无序列表的默认样式，即去掉点和空格。

此实例的源文件是 MyCode\ChapB\ChapB157. html。

091　在同一行上排列多个列表项

此实例主要通过在 li 元素上添加 list-inline-item 类，实现在同一行上排列多个列表项的效果。当在浏览器中显示页面时，单击“以默认方式排列多个列表项”按钮，则多个列表项的默认排列效果如

图 091-1 所示；单击“在同一行上排列多个列表项”按钮，则多个列表项在同一行上的排列效果如图 091-2 所示。

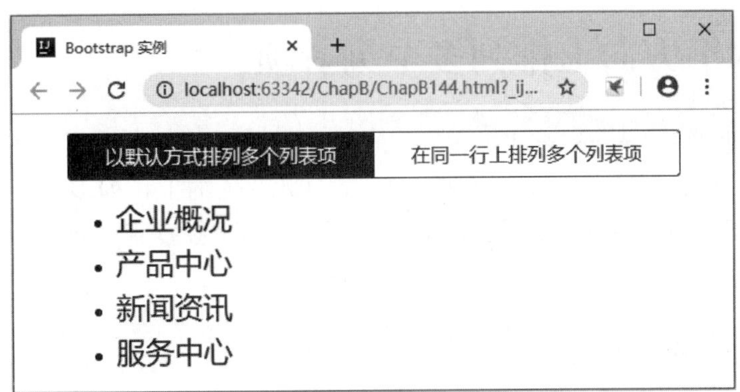

图　091-1

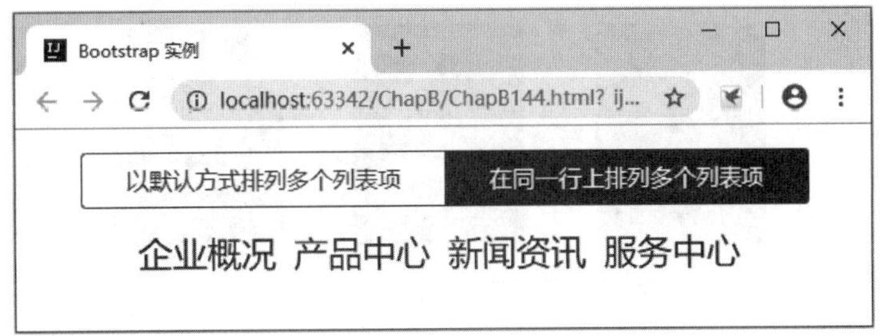

图　091-2

主要代码如下：

```
<body>
<div class="container mt-3">
 <div class="btn-group w-100">
  <button type="button" class="btn btn-outline-dark"
          id="myButton1">以默认方式排列多个列表项</button>
  <button type="button" class="btn btn-outline-dark"
          id="myButton2">在同一行上排列多个列表项</button></div><p>
 <ul>
  <li class="list-inline-item"><h4>企业概况</h4></li>
  <li class="list-inline-item"><h4>产品中心</h4></li>
  <li class="list-inline-item"><h4>新闻资讯</h4></li>
  <li class="list-inline-item"><h4>服务中心</h4></li>
 </ul></div>
<script>
 $(function(){
  $("#myButton1").click(function(){         //响应单击"以默认方式排列多个列表项"按钮
   $("li").each(function(){ $(this)[0].className = "";});
  });
  $("#myButton2").click(function(){         //响应单击"在同一行上排列多个列表项"按钮
   $("li").each(function(){ $(this)[0].className = "list-inline-item";});
  }); });
</script></body>
```

在上面这段代码中，list-inline-item 类用于在同一行上排列多个列表项。

此实例的源文件是 MyCode\ChapB\ChapB144.html。

092　在水平方向上排列多个列表项

此实例主要通过使用 list-group、list-group-item、list-group-horizontal 等类，实现在水平方向上排列列表项的效果。当在浏览器中显示页面时，单击"在水平方向上排列多个列表项"按钮，则列表组的多个列表项在水平方向上的排列效果如图 092-1 所示；单击"在垂直方向上排列多个列表项"按钮，则列表组的多个列表项在垂直方向上的排列效果如图 092-2 所示。

图　092-1

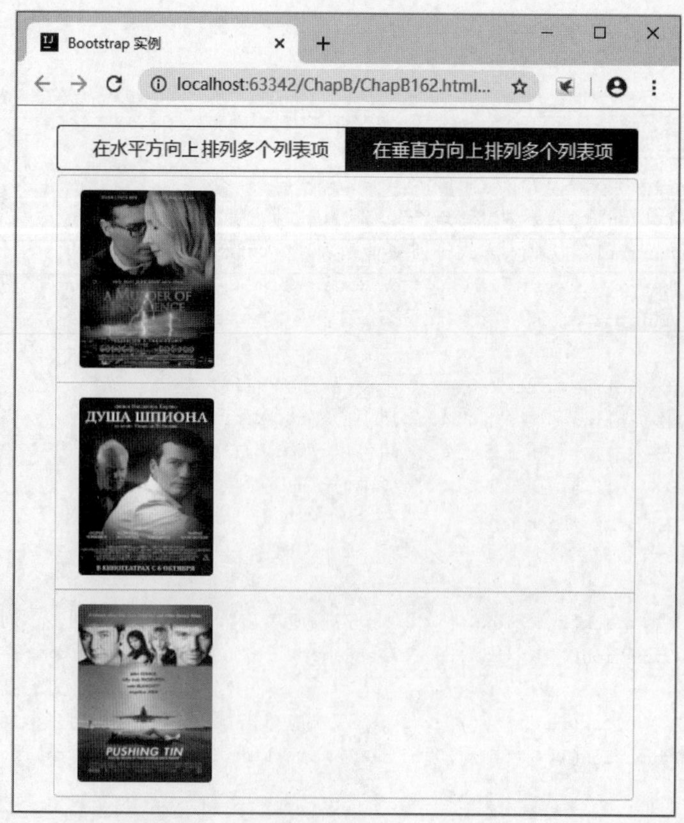

图　092-2

主要代码如下：

```
<body>
<div class = "container mt - 3">
 <div class = "btn - group mb - 1 w - 100">
  <button type = "button" class = "btn btn - outline - dark"
          id = "myButton1">在水平方向上排列多个列表项</button>
  <button type = "button" class = "btn btn - outline - dark"
          id = "myButton2">在垂直方向上排列多个列表项</button></div>
  <ul class = "list - group list - group - horizontal">
   <li class = "list - group - item w - 100">
    <img src = "images/img082.jpg" class = "rounded" width = "120px" height = "150px">
   </li>
   <li class = "list - group - item w - 100">
    <img src = "images/img083.jpg" class = "rounded" width = "120px" height = "150px">
   </li>
   <li class = "list - group - item w - 100">
    <img  src = "images/img084.jpg" class = "rounded" width = "120px" height = "150px">
   </li>
  </ul>
</div>
<script>
 $(function () {
  $("#myButton1").click(function(){          //响应单击"在水平方向上排列多个列表项"按钮
   $("ul")[0].className = "list - group list - group - horizontal";
  });
  $("#myButton2").click(function(){          //响应单击"在垂直方向上排列多个列表项"按钮
   $("ul")[0].className = "list - group";
  });
 });
</script>
</body>
```

在上面这段代码中，list-group 类用于创建一个列表组，默认的列表组通常有边框线。list-group-horizontal 类用于在水平方向上排列列表项。

此实例的源文件是 MyCode\ChapB\ChapB162.html。

093 在列表组中创建多色列表项

此实例主要通过使用 list-group-item-success、list-group-item-secondary 等类，实现在列表组中创建多种颜色列表项的效果。当在浏览器中显示页面时，单击“以默认样式排列多种颜色列表项”按钮，则多种颜色的列表项的排列效果如图 093-1 所示；单击“以紧凑样式排列多种颜色列表项”按钮，则多种颜色的列表项的紧凑样式排列效果如图 093-2 所示。

主要代码如下：

```
<body>
<div class = "container mt - 3">
 <div class = "btn - group w - 100 mb - 2">
  <button type = "button" class = "btn btn - outline - dark"
          id = "myButton1">以默认样式排列多种颜色列表项</button>
```

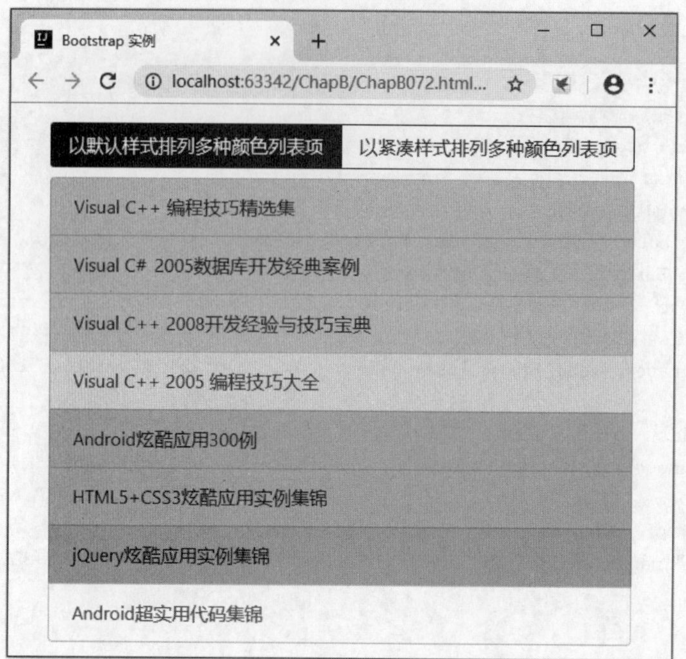

图 093-1

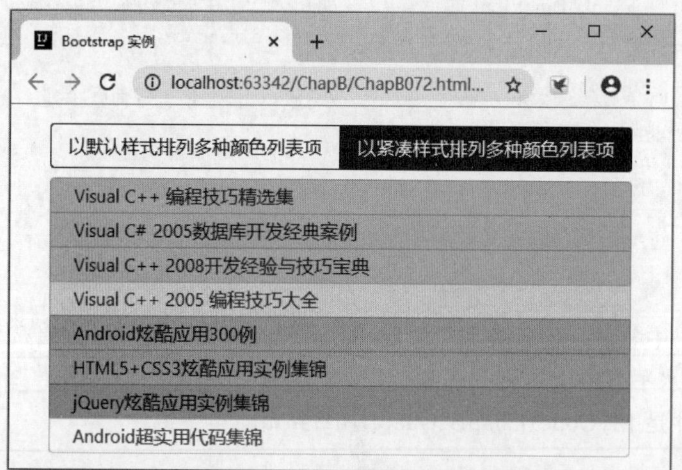

图 093-2

```
 <button type="button" class="btn btn-outline-dark"
         id="myButton2">以紧凑样式排列多种颜色列表项</button></div>
<ul class="list-group w-100">
 <li class="list-group-item list-group-item-success">
  Visual C++编程技巧精选集 </li>
 <li class="list-group-item list-group-item-secondary">
  Visual C# 2005 数据库开发经典案例</li>
 <li class="list-group-item list-group-item-info">
  Visual C++ 2008 开发经验与技巧宝典</li>
 <li class="list-group-item list-group-item-warning">
  Visual C++2005 编程技巧大全 </li>
 <li class="list-group-item list-group-item-danger">
  Android 炫酷应用 300 例</li>
```

```
<li class = "list - group - item list - group - item - primary">
 HTML5 + CSS3 炫酷应用实例集锦</li>
<li class = "list - group - item list - group - item - dark">
 jQuery 炫酷应用实例集锦</li>
<li class = "list - group - item list - group - item - light">
 Android 超实用代码集锦</li>
</ul></div>
<script>
 $ (function () {
 //响应单击"以默认样式排列多种颜色列表项"按钮
 $ ("#myButton1").click(function () {
  $ ("li").each(function(){ $ (this)[0].style = "";});
 });
 //响应单击"以紧凑样式排列多种颜色列表项"按钮
 $ ("#myButton2").click(function () {
  $ ("li").each(function(){ $ (this)[0].style =
      "height:30px;padding - top:2px;padding - bottom:2px;";});
 }); });
</script></body>
```

在上面这段代码中，list-group-item-dark 类用于创建黑色的列表项。list-group- item-light 用于创建浅色的列表项。list-group-item-success 类用于创建绿色的列表项。list-group-item-secondary 类用于创建浅灰色的列表项。list-group-item-info 类用于创建青色的列表项。list-group-item-warning 类用于创建黄色的列表项。list-group-item-danger 类用于创建红色的列表项。list-group-item-primary 类用于创建蓝色的列表项。

此实例的源文件是 MyCode\ChapB\ChapB072. html。

094 在列表组中创建链接列表项

此实例主要通过使用 list-group-item-action 类，实现在列表组中创建链接列表项的效果。当在浏览器中显示页面时，在任意一个列表项悬停鼠标，则该列表项的颜色加深，单击该列表项，则将打开指定的网页。图 094-1 所示的效果是鼠标悬停在第一个列表项上的效果，图 094-2 所示的效果是鼠标悬停在第二个列表项上的效果。

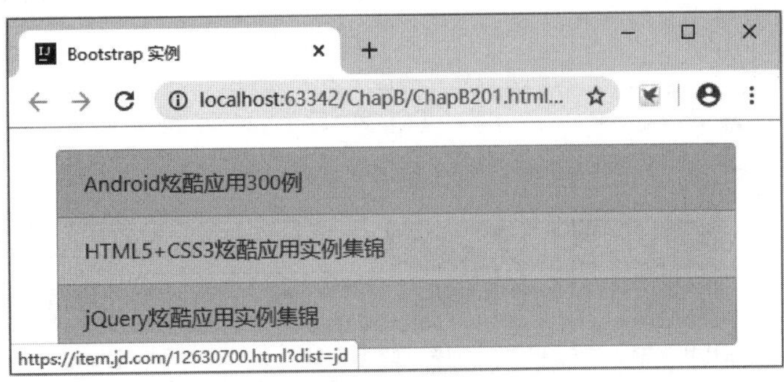

图 094-1

主要代码如下：

```
<body>
<div class = "container mt - 3">
 <div class = "list - group">
```

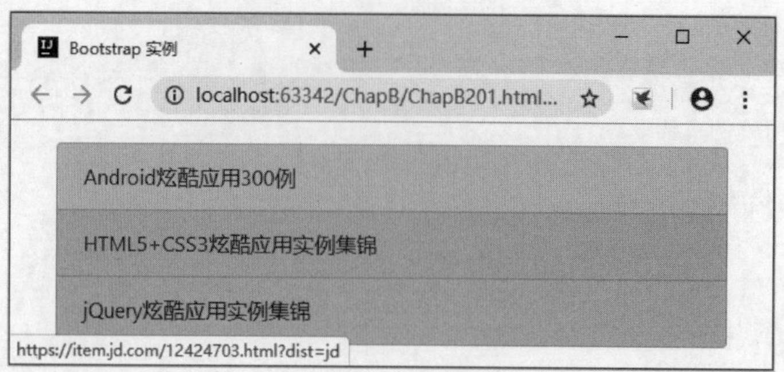

图 094-2

```
  <a class="list-group-item list-group-item-success list-group-item-action"
   href="https://item.jd.com/12630700.html?dist=jd">Android 炫酷应用 300 例</a>
  <a class="list-group-item list-group-item-info list-group-item-action"
     href="https://item.jd.com/12424703.html?dist=jd">
    HTML5 + CSS3 炫酷应用实例集锦</a>
  <a class="list-group-item list-group-item-danger list-group-item-action"
   href="https://item.jd.com/12336397.html?dist=jd">jQuery 炫酷应用实例集锦</a>
 </div>
</div>
</body>
```

在上面这段代码中，list-group-item-action 类用于在鼠标悬停或单击链接列表项时加深列表项颜色。

此实例的源文件是 MyCode\ChapB\ChapB201.html。

095 创建条纹交错的表格数据行

此实例主要通过使用 table、table-striped、table-sm 等类，实现在表格中的数据行背景以条纹交错的风格显示的效果。当在浏览器中显示页面时，单击“创建默认风格的表格”按钮，则创建的默认风格的表格如图 095-1 所示；单击“创建条纹交错的表格”按钮，则创建的条纹交错风格的表格如图 095-2 所示。

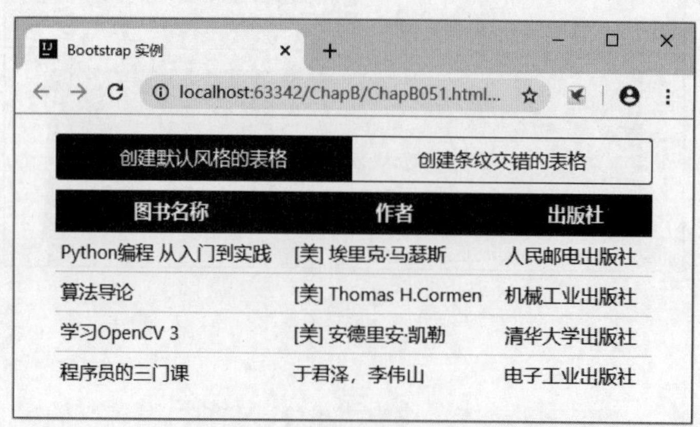

图 095-1

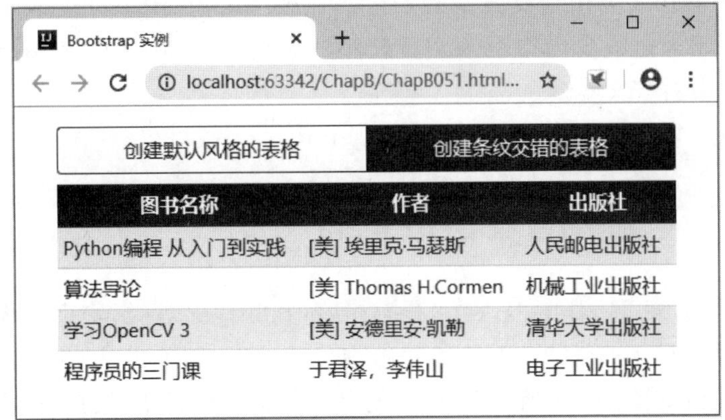

图 095-2

主要代码如下：

```
<body>
<div class="container mt-3">
 <div class="btn-group w-100 mb-2">
  <button type="button" class="btn btn-outline-dark"
          id="myButton1">创建默认风格的表格</button>
  <button type="button" class="btn btn-outline-dark"
          id="myButton2">创建条纹交错的表格</button></div>
 <table class="table table-striped table-sm">
  <thead class="text-center thead-dark">
  <tr><th>图书名称</th>
   <th>作者</th>
   <th>出版社</th></tr></thead>
  <tbody class="text-left">
  <tr><td>Python 编程 从入门到实践</td>
   <td>[美] 埃里克·马瑟斯</td>
   <td>人民邮电出版社</td></tr>
  <tr><td>算法导论</td>
   <td>[美] Thomas H. Cormen</td>
   <td>机械工业出版社</td></tr>
  <tr><td>学习 OpenCV 3</td>
   <td>[美] 安德里安·凯勒</td>
   <td>清华大学出版社</td></tr>
  <tr><td>程序员的三门课</td>
   <td>于君泽,李伟山</td>
   <td>电子工业出版社</td></tr>
  </tbody></table></div>
 <script>
  $(function () {
   $("#myButton1").click(function(){          //响应单击"创建默认风格的表格"按钮
    $("table")[0].className = "table table-sm";
   });
   $("#myButton2").click(function(){          //响应单击"创建条纹交错的表格"按钮
    $("table")[0].className = "table table-striped table-sm";
   }); });
</script></body>
```

在上面这段代码中，table 类用于设置基础表格的样式。table-striped 类表示数据行背景呈现条纹交错；table-sm 类用于通过减少内边距来实现较小的表格；thead-dark 类用于给表头添加黑色背景；text-center 表示居中对齐文本。

此实例的源文件是 MyCode\ChapB\ChapB051.html。

096 创建黑灰交错的表格数据行

此实例主要通过使用 table、table-dark、table-striped、table-sm 等类，实现在表格中的数据行背景以黑色和灰色交错的风格显示的效果。当在浏览器中显示页面时，单击“创建默认风格的表格”按钮，则创建的默认风格的表格如图 096-1 所示；单击“创建黑灰交错的表格”按钮，则创建的黑灰风格的表格如图 096-2 所示。

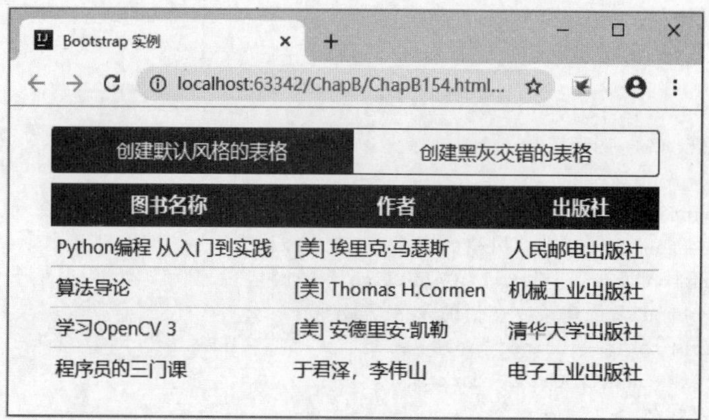

图 096-1

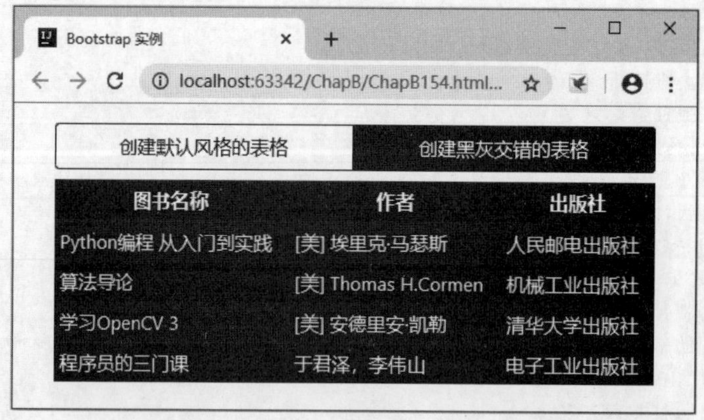

图 096-2

主要代码如下：

```
<body>
<div class="container mt-3">
 <div class="btn-group w-100 mb-2">
  <button type="button" class="btn btn-outline-dark"
          id="myButton1">创建默认风格的表格</button>
  <button type="button" class="btn btn-outline-dark"
          id="myButton2">创建黑灰交错的表格</button></div>
```

```
<table class=" table table-dark table-striped table-sm">
  <thead class="text-center thead-dark">
  <tr><th>图书名称</th>
   <th>作者</th>
   <th>出版社</th></tr></thead>
  <tbody class="text-left">
  <tr><td>Python 编程 从入门到实践</td>
   <td>[美] 埃里克·马瑟斯</td>
   <td>人民邮电出版社</td></tr>
  <tr><td>算法导论</td>
   <td>[美] Thomas H.Cormen</td>
   <td>机械工业出版社</td></tr>
  <tr><td>学习 OpenCV 3</td>
   <td>[美] 安德里安·凯勒</td>
   <td>清华大学出版社</td></tr>
  <tr><td>程序员的三门课</td>
   <td>于君泽,李伟山</td>
   <td>电子工业出版社</td></tr>
  </tbody></table></div>
<script>
 $(function(){
  $("#myButton1").click(function(){          //响应单击"创建默认风格的表格"按钮
   $("table")[0].className = "table table-sm";
  });
  $("#myButton2").click(function(){          //响应单击"创建黑灰交错的表格"按钮
   $("table")[0].className = "table table-dark table-striped table-sm";
  }); });
</script></body>
```

在上面这段代码中,class="table table-dark table-striped table-sm"表示以黑色和灰色交错的风格设置表格的数据行背景。如果 class="table table-primary table-striped table-sm",则表示以浅蓝色和灰色交错的风格设置表格的数据行背景,其他颜色以此类推。

此实例的源文件是 MyCode\ChapB\ChapB154.html。

097 自定义表格数据行的背景颜色

此实例主要通过使用 table-danger、table-secondary 等类,实现在表格上使用不同的颜色设置数据行背景的效果。当在浏览器中显示页面时,单击"设置偶数行背景为红色"按钮,则表格中的偶数(以 0 为基准)行的背景颜色呈现红色,如图 097-1 所示;单击"设置偶数行背景为灰色"按钮,则表格中的偶数行的背景颜色呈现灰色,如图 097-2 所示。

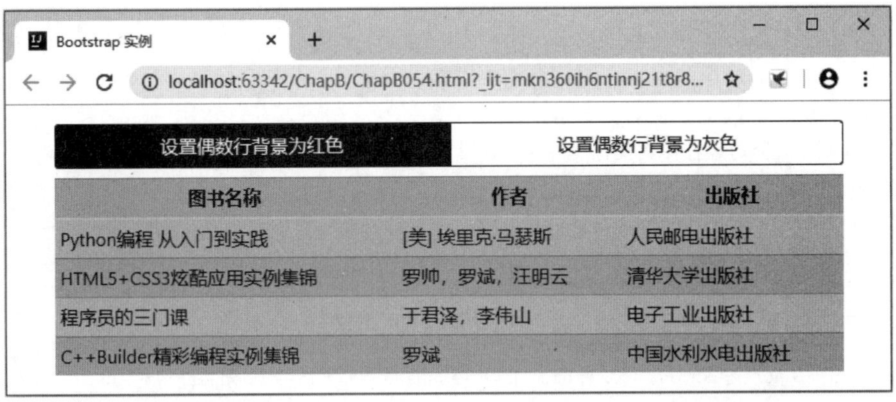

Bootstrap 实例

localhost:63342/ChapB/ChapB054.html?_ijt=mkn360ih6ntinnj21t8r8...

设置偶数行背景为红色 | 设置偶数行背景为灰色

图书名称	作者	出版社
Python编程 从入门到实践	[美] 埃里克·马瑟斯	人民邮电出版社
HTML5+CSS3炫酷应用实例集锦	罗帅,罗斌,汪明云	清华大学出版社
程序员的三门课	于君泽,李伟山	电子工业出版社
C++Builder精彩编程实例集锦	罗斌	中国水利水电出版社

图 097-1

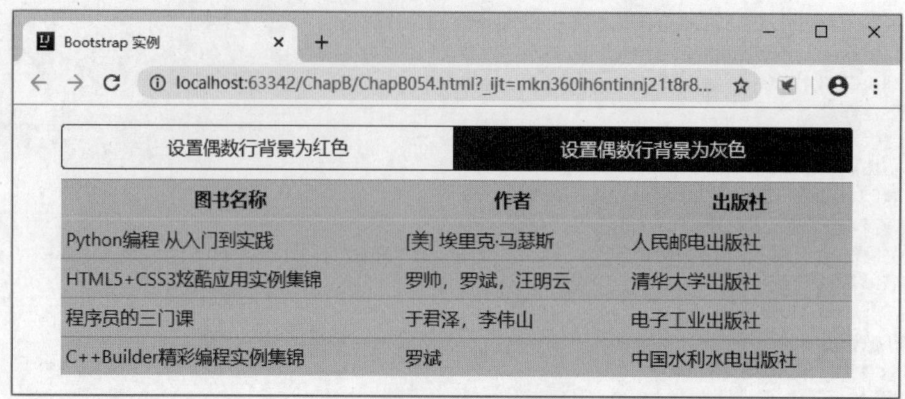

图　097-2

主要代码如下：

```
<body>
<div class="container mt-3">
 <div class="btn-group w-100 mb-2">
  <button type="button" class="btn btn-outline-dark"
          id="myButton1">设置偶数行背景为红色</button>
  <button type="button" class="btn btn-outline-dark"
          id="myButton2">设置偶数行背景为灰色</button></div>
 <table class="table table-sm">
  <thead class="text-center">
  <tr class="table-warning">
   <th>图书名称</th>
   <th>作者</th>
   <th>出版社</th></tr>
  </thead>
  <tbody class="text-left">
  <tr class="table-success">
   <td>Python 编程 从入门到实践</td>
   <td>[美] 埃里克·马瑟斯</td>
   <td>人民邮电出版社</td></tr>
  <tr class="table-primary">
   <td>HTML5 + CSS3 炫酷应用实例集锦</td>
   <td>罗帅,罗斌,汪明云</td>
   <td>清华大学出版社</td></tr>
  <tr class="table-info">
   <td>程序员的三门课</td>
   <td>于君泽,李伟山</td>
   <td>电子工业出版社</td></tr>
  <tr class="table-danger">
   <td>C++Builder 精彩编程实例集锦</td>
   <td>罗斌</td>
   <td>中国水利水电出版社</td></tr>
  </tbody></table></div>
<script>
 $(function () {
  $("#myButton1").click(function(){          //响应单击"设置偶数行背景为红色"按钮
   $("tr:even").each(function(){ $(this)[0].className = "table-danger";});
```

```
    });
    $("#myButton2").click(function(){          //响应单击"设置偶数行背景为灰色"按钮
     $("tr:even").each(function(){ $(this)[0].className = "table-secondary";});
    }); });
</script></body>
```

在上面这段代码中，<tr class="table-warning">表示设置该数据行的背景颜色为橘色。<tr class="table-success">表示设置该数据行的背景颜色为绿色。<tr class=" table-primary">表示设置该数据行的背景颜色为蓝色。<tr class=" table-danger">表示设置该数据行的背景颜色为红色。除此之外，Bootstrap 4 还自定义了下列几种颜色来设置表格数据行背景：table-info(青色)、table-active(灰色)、table-secondary(灰色)、table-light(浅色)、table-dark(黑色)。

此实例的源文件是 MyCode\ChapB\ChapB054.html。

098 在默认表格的周围添加边框线

此实例主要通过使用 table-bordered 类，实现在表格的周围添加边框线的效果。当在浏览器中显示页面时，单击"以默认样式显示表格"按钮，则默认表格如图 098-1 所示；单击"在表格上添加边框线"按钮，则表格在添加边框线之后的效果如图 098-2 所示。

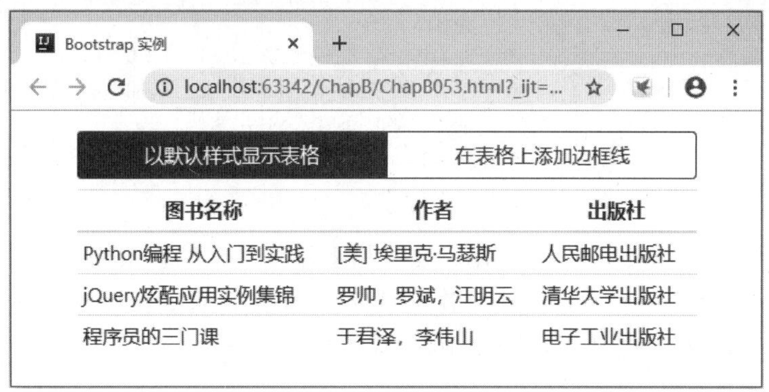

图 098-1

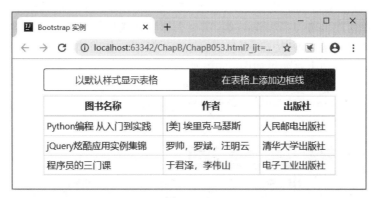

图 098-2

主要代码如下：

```
<body>
<div class="container mt-3">
```

```
<div class="btn-group mb-2 w-100">
  <button type="button" class="btn btn-outline-dark"
          id="myButton1">以默认样式显示表格</button>
  <button type="button" class="btn btn-outline-dark"
          id="myButton2">在表格上添加边框线</button></div>
 <table class="table table-bordered  table-sm">
  <thead class="text-center">
  <tr><th>图书名称</th>
   <th>作者</th>
   <th>出版社</th></tr>
  </thead>
  <tbody class="text-left">
  <tr><td>Python 编程 从入门到实践</td>
   <td>[美] 埃里克·马瑟斯</td>
   <td>人民邮电出版社</td></tr>
  <tr><td>jQuery 炫酷应用实例集锦</td>
   <td>罗帅,罗斌,汪明云</td>
   <td>清华大学出版社</td></tr>
  <tr><td>程序员的三门课</td>
   <td>于君泽,李伟山</td>
   <td>电子工业出版社</td></tr>
  </tbody></table></div>
<script>
 $(function(){
  $("#myButton1").click(function(){         //响应单击"以默认样式显示表格"按钮
   $("table")[0].className = "table  table-sm";
  });
  $("#myButton2").click(function(){         //响应单击"在表格上添加边框线"按钮
   $("table")[0].className = "table  table-bordered table-sm";
  }); });
</script></body>
```

在上面这段代码中,table-bordered 类用于在表格上添加边框线。table-sm 类表示通过减少内边距来实现较小的表格。text-center 表示居中对齐文本。text-left 表示左对齐文本。

此实例的源文件是 MyCode\ChapB\ChapB053.html。

099 去掉表格数据行间的默认线条

此实例主要通过使用 table-borderless 类,实现去掉默认表格线条的效果。当在浏览器中显示页面时,单击“以默认样式显示表格”按钮,则包含线条的默认表格如图 099-1 所示;单击“去掉表格的默认线条”按钮,则去掉线条的表格效果如图 099-2 所示。

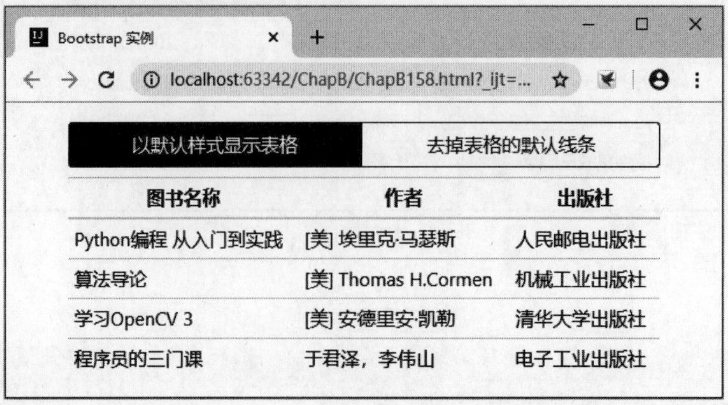

图书名称	作者	出版社
Python编程 从入门到实践	[美] 埃里克·马瑟斯	人民邮电出版社
算法导论	[美] Thomas H.Cormen	机械工业出版社
学习OpenCV 3	[美] 安德里安·凯勒	清华大学出版社
程序员的三门课	于君泽,李伟山	电子工业出版社

图 099-1

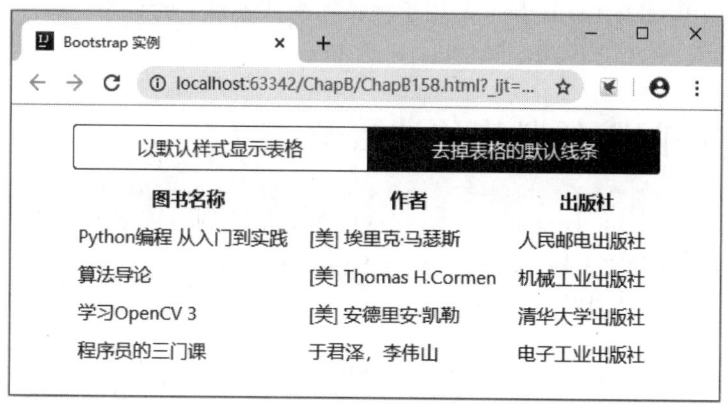

图 099-2

主要代码如下：

```
<body>
<div class="container mt-3">
 <div class="btn-group mb-2 w-100">
  <button type="button" class="btn btn-outline-dark"
          id="myButton1">以默认样式显示表格</button>
  <button type="button" class="btn btn-outline-dark"
          id="myButton2">去掉表格的默认线条</button></div>
 <table class="table  table-sm table-borderless">
  <thead class="text-center">
  <tr><th>图书名称</th>
   <th>作者</th>
   <th>出版社</th></tr>
  </thead>
  <tbody class="text-left">
  <tr><td>Python 编程 从入门到实践</td>
   <td>[美] 埃里克·马瑟斯</td>
   <td>人民邮电出版社</td></tr>
  <tr><td>算法导论</td>
   <td>[美] Thomas H. Cormen</td>
   <td>机械工业出版社</td></tr>
  <tr><td>学习 OpenCV 3</td>
   <td>[美] 安德里安·凯勒</td>
   <td>清华大学出版社</td></tr>
  <tr><td>程序员的三门课</td>
   <td>于君泽,李伟山</td>
   <td>电子工业出版社</td></tr>
  </tbody></table></div>
<script>
 $(function () {
  $("#myButton1").click(function(){        //响应单击"以默认样式显示表格"按钮
   $("table")[0].className = "table  table-sm";
  });
  $("#myButton2").click(function(){        //响应单击"去掉表格的默认线条"按钮
   $("table")[0].className = "table  table-sm table-borderless";
  }); });
</script></body>
```

在上面这段代码中，table-borderless 类用于去掉在默认表格上的线条。

此实例的源文件是 MyCode\ChapB\ChapB158. html。

100 创建小间隙的紧凑格式表格

此实例主要通过使用 table-condensed 类，实现以紧凑格式创建表格的效果。当在浏览器中显示页面时，单击"以普通样式创建表格"按钮，则普通表格如图 100-1 所示；单击"以紧凑格式创建表格"按钮，则紧凑格式的表格效果如图 100-2 所示。

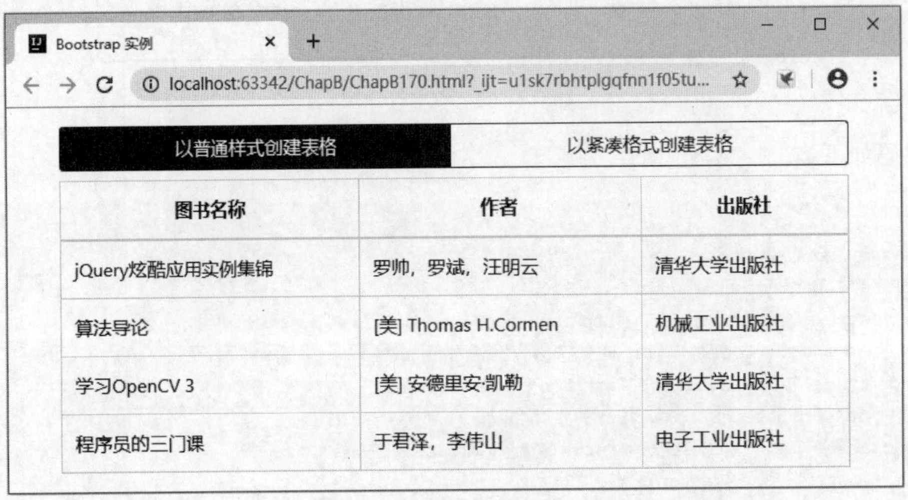

Bootstrap 实例

localhost:63342/ChapB/ChapB170.html?_ijt=u1sk7rbhtplgqfnn1f05tu...

以普通样式创建表格 | 以紧凑格式创建表格

图书名称	作者	出版社
jQuery炫酷应用实例集锦	罗帅，罗斌，汪明云	清华大学出版社
算法导论	[美] Thomas H.Cormen	机械工业出版社
学习OpenCV 3	[美] 安德里安·凯勒	清华大学出版社
程序员的三门课	于君泽，李伟山	电子工业出版社

图 100-1

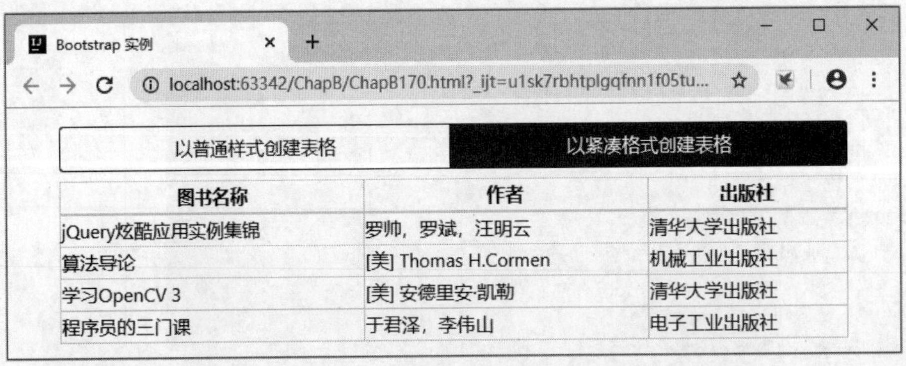

Bootstrap 实例

localhost:63342/ChapB/ChapB170.html?_ijt=u1sk7rbhtplgqfnn1f05tu...

以普通样式创建表格 | 以紧凑格式创建表格

图书名称	作者	出版社
jQuery炫酷应用实例集锦	罗帅，罗斌，汪明云	清华大学出版社
算法导论	[美] Thomas H.Cormen	机械工业出版社
学习OpenCV 3	[美] 安德里安·凯勒	清华大学出版社
程序员的三门课	于君泽，李伟山	电子工业出版社

图 100-2

主要代码如下：

```
<body>
<div class = "container mt - 3">
 <div class = "btn - group mb - 2 w - 100">
  <button type = "button" class = "btn btn - outline - dark"
          id = "myButton1">以普通样式创建表格</button>
  <button type = "button" class = "btn btn - outline - dark"
          id = "myButton2">以紧凑格式创建表格</button></div>
 <table class = "table - condensed table - bordered w - 100" >
  <thead class = "text - center">
```

```
    <tr><th>图书名称</th>
     <th>作者</th>
     <th>出版社</th></tr>
    </thead>
    <tbody class = "text - left">
    <tr><td>jQuery 炫酷应用实例集锦</td>
     <td>罗帅,罗斌,汪明云</td>
     <td>清华大学出版社</td></tr>
    <tr><td>算法导论</td>
     <td>[美] Thomas H.Cormen</td>
     <td>机械工业出版社</td></tr>
    <tr><td>学习 OpenCV 3 </td>
     <td>[美] 安德里安·凯勒</td>
     <td>清华大学出版社</td></tr>
    <tr><td>程序员的三门课</td>
     <td>于君泽,李伟山</td>
     <td>电子工业出版社</td></tr>
    </tbody></table></div>
  <script>
    $(function () {
     $("#myButton1").click(function(){           //响应单击"以普通样式创建表格"按钮
       $("table")[0].className = "table table - bordered w - 100";
     });
     $("#myButton2").click(function(){           //响应单击"以紧凑格式创建表格"按钮
      $("table")[0].className = "table - condensed table - bordered w - 100";
     }); });
  </script></body>
```

在上面这段代码中,table-condensed 类用于创建紧凑格式的表格,通过该样式可以让单元格的 padding(内边距)减半。

此实例的源文件是 MyCode\ChapB\ChapB170.html。

101 创建可滚动数据的响应式表格

此实例主要通过使用 table-responsive 类,创建响应式表格,以实现在页面宽度较小时,通过滚动条滚动表格的所有数据。当在浏览器中显示页面时,如果页面(屏幕)宽度足够大(大于 576px),将在水平方向显示所有内容,如图 101-1 所示;如果页面(屏幕)宽度较小,则将自动在表格中(下方)显示一个水平滚动条,拖动滚动条即可在水平方向查看全部内容,如图 101-2 所示。

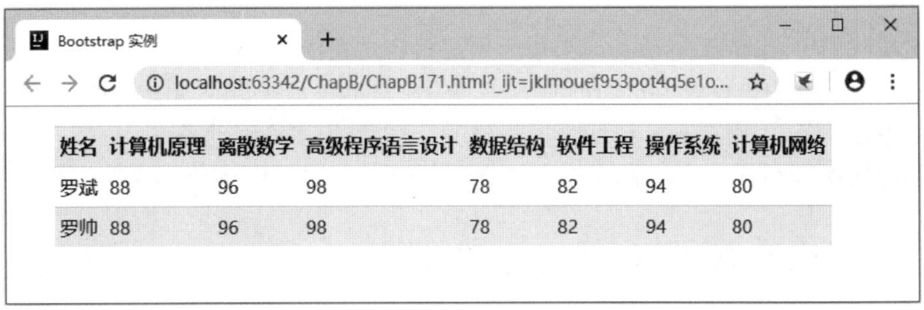

Bootstrap 实例

localhost:63342/ChapB/ChapB171.html?_ijt=jklmouef953pot4q5e1o...

姓名	计算机原理	离散数学	高级程序语言设计	数据结构	软件工程	操作系统	计算机网络
罗斌	88	96	98	78	82	94	80
罗帅	88	96	98	78	82	94	80

图 101-1

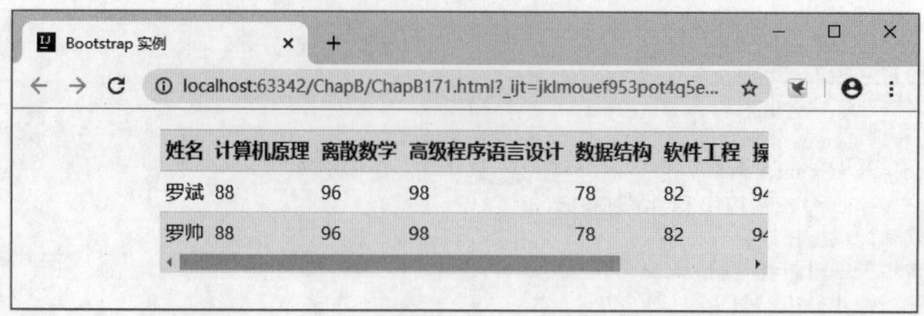

图 101-2

主要代码如下：

```
<body>
<div class="container mt-3">
  <table class="table  table-responsive  table-striped table-sm text-nowrap">
   <tr><th>姓名</th>
    <th>计算机原理</th>
    <th>离散数学</th>
    <th>高级程序语言设计</th>
    <th>数据结构</th>
    <th>软件工程</th>
    <th>操作系统</th>
    <th>计算机网络</th></tr>
   <tr><td>罗斌</td>
    <td>88</td>
    <td>96</td>
    <td>98</td>
    <td>78</td>
    <td>82</td>
    <td>94</td>
    <td>80</td></tr>
   <tr><td>罗帅</td>
    <td>88</td>
    <td>96</td>
    <td>98</td>
    <td>78</td>
    <td>82</td>
    <td>94</td>
    <td>80</td></tr>
  </table></div></body>
```

在上面这段代码中，table-responsive类用于创建响应式表格。text-nowrap类用于强制文本单行显示，如果在table元素中未设置table-responsive类，则文本在水平方向无法全部显示时，将在浏览器下方添加水平滚动条，否则在table元素(即表格下方)中添加水平滚动条。

此实例的源文件是MyCode\ChapB\ChapB171.html。

102 在鼠标悬停时高亮显示数据行

此实例主要通过使用table-hover类，在表格中实现高亮显示鼠标悬停的当前数据行的效果。当在浏览器中显示页面时，如果鼠标悬停在第2行，则高亮显示的效果如图102-1所示；如果鼠标悬停在第 3 行，则高亮显示的效果如图 102-2 所示。

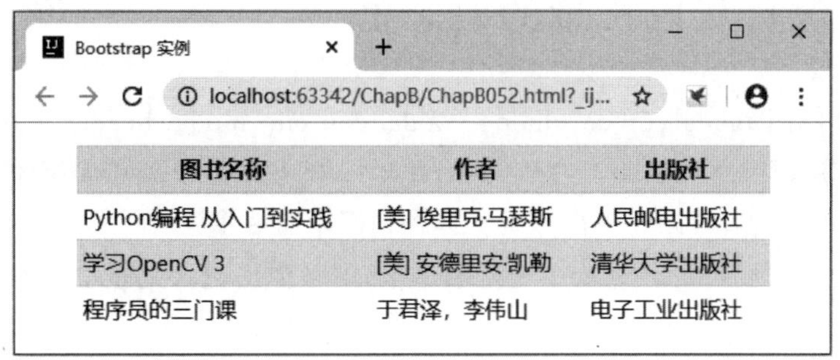

图 102-1

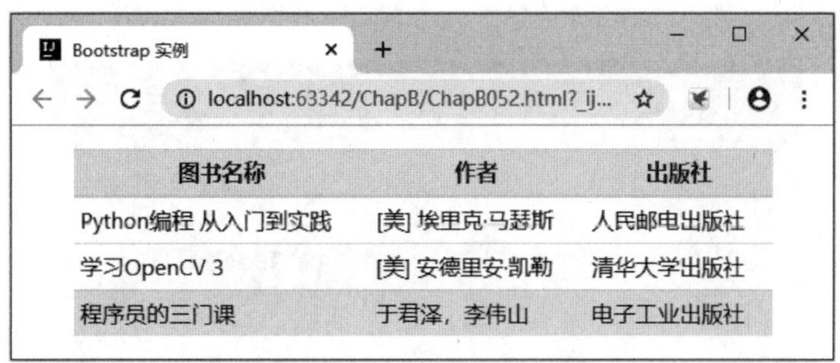

图 102-2

主要代码如下：

```
<body>
<div class="container mt-3">
 <table class="table table-hover table-sm">
  <thead class="text-center thead-light">
  <tr><th>图书名称</th>
   <th>作者</th>
   <th>出版社</th></tr>
  </thead>
  <tbody class="text-left">
  <tr><td>Python 编程 从入门到实践</td>
   <td>[美] 埃里克·马瑟斯</td>
   <td>人民邮电出版社</td></tr>
  <tr><td>学习 OpenCV 3</td>
   <td>[美] 安德里安·凯勒</td>
   <td>清华大学出版社</td></tr>
  <tr><td>程序员的三门课</td>
   <td>于君泽,李伟山</td>
   <td>电子工业出版社</td></tr>
  </tbody></table></div></body>
```

在上面这段代码中，table-hover 类用于在表格的每一行上添加鼠标悬停效果(灰色背景)。table-sm 类用于通过减少内边距来实现较小的表格。thead-light 类用于给表头添加灰色背景。text-center 类表示居中对齐文本。

此实例的源文件是 MyCode\ChapB\ChapB052.html。

103 创建含有灰色背景的模态框

此实例主要通过使用 modal、modal-dialog、modal-content、modal-header、modal-body 等类，实现以默认方式创建和使用模态框的效果。在 Bootstrap4 中，模态框是覆盖在父窗体上的子窗体，目的是显示来自一个单独源的内容，可以在不离开父窗体的情况下有一些互动。当在浏览器中显示页面时，将显示一张电影海报，如图 103-1 所示；单击电影海报，则将弹出包含此张电影海报简介的模态框，如图 103-2 所示。

图 103-1

图 103-2

主要代码如下：

```
<body>
<div class="container mt-3 text-center">
 <a data-toggle="modal" data-target="#myModal" href="#">
  <img src="images//img060.jpg" class="rounded"></a>
</div>
<div class="modal" id="myModal">
 <div class="modal-dialog">
  <div class="modal-content">
   <div class="modal-header  bg-info">
    <h5 class="modal-title">电影简介</h5>
    <button type="button" class="close" data-dismiss="modal">&times;</button>
   </div>
   <div class="modal-body">
    <p>复仇者联盟的成员包括人类、机器人、神、外星人、灵异生物,甚至还有改过自新的反派。虽然作风不同,
甚至因此常造成内部纷争,但他们总能团结成为一个互补的战队,打击特别强大的恶势力。</p>
   </div></div></div></div></body>
```

在上面这段代码中,class="modal-dialog"用于创建普通大小的模态框。如果需要创建小号模态框,则应使用 class="modal-dialog modal-sm"。如果需要创建大号模态框,则应使用 class="modal-dialog modal-lg",当屏幕宽度增大时,该大号模态对话框自动增大。data-toggle="modal"表示在单击电影海报(超链接)时,执行弹出模态框的动作。

此实例的源文件是 MyCode\ChapB\ChapB114.html。

104 强制模态框在垂直方向上居中

此实例主要通过使用 modal-dialog-centered 等类,实现强制模态框在垂直方向上居中显示的效果。当在浏览器中显示页面时,将显示一幅图像,效果如图 104-1 所示;单击该图像,则将弹出一个模态框,并在垂直方向上居中显示,效果如图 104-2 所示。

图 104-1

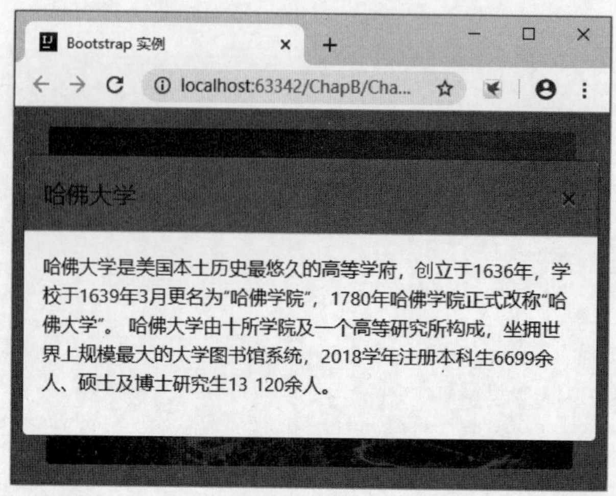

图 104-2

主要代码如下：

```
<body>
<div class="container mt-3 text-center">
 <a data-toggle="modal" data-target="#myModal" href="#">
  <img src="images/img077.jpg" class="rounded"></a>
</div>
<div class="modal" id="myModal">
 <div class="modal-dialog modal-dialog-centered">
  <div class="modal-content">
   <div class="modal-header bg-info">
    <h5 class="modal-title">哈佛大学</h5>
    <button type="button" class="close" data-dismiss="modal">&times;</button>
   </div>
   <div class="modal-body">
    <p>哈佛大学是美国本土历史最悠久的高等学府,创立于 1636 年,学校于 1639 年 3 月更名为"哈佛学院",
1780 年哈佛学院正式改称"哈佛大学"。哈佛大学由十所学院及一个高等研究所构成,坐拥世界上规模最大的大
学图书馆系统,2018 学年注册本科生 6699 余人、硕士及博士研究生 13 120 余人。</p>
   </div></div></div></div></body>
```

在上面这段代码中，modal-dialog-centered 类用于在垂直方向上居中显示模态框。

此实例的源文件是 MyCode\ChapB\ChapB148.html。

105 禁止显示模态框的灰色背景

此实例主要通过设置模态框的 data-backdrop="false"，实现禁止显示模态框的灰色背景的效果。当在浏览器中显示页面时，单击“显示有灰色背景的模态框”按钮，则将弹出一个有灰色背景（默认风格）的模态框，如图 105-1 所示；单击“显示无灰色背景的模态框”按钮，则弹出的模态框没有灰色背景，如图 105-2 所示。

主要代码如下：

```
<body>
<div class="container mt-3">
```

图 105-1

图 105-2

```
<div class="btn-group w-100 mb-2">
  <button type="button" class="btn btn-outline-dark"
          id="myButton1">显示有灰色背景的模态框</button>
  <button type="button" class="btn btn-outline-dark"
          id="myButton2">显示无灰色背景的模态框</button></div>
  <img src="images/img060.jpg" class="rounded w-100">
</div>
<div class="modal mt-5" id="myModal"data-backdrop="false">
 <div class="modal-dialog">
  <div class="modal-content">
   <div class="modal-header  bg-info">
    <h5 class="modal-title">电影简介</h5>
    <button type="button" class="close" data-dismiss="modal">&times;</button>
   </div>
```

```
    <div class = "modal - body">
     <p>复仇者联盟的成员包括人类、机器人、神、外星人、灵异生物,甚至还有改过自新的反派。虽然作风不同,
甚至因此常造成内部纷争,但他们总能团结成为一个互补的战队,打击特别强大的恶势力。</p>
    </div></div></div></div>
<script>
  $(function () {
   $('#myModal').modal({backdrop:false}).modal('hide');
   $("#myButton1").click(function(){        //响应单击"显示有灰色背景的模态框"按钮
    $("#myModal").data('bs.modal')._config.backdrop = true;
    $('#myModal').modal("show");
   });
   $("#myButton2").click(function(){        //响应单击"显示无灰色背景的模态框"按钮
    $("#myModal").data('bs.modal')._config.backdrop = false;
    $('#myModal').modal("show");
   }); });
</script></body>
```

在上面这段代码中,data-backdrop="false"用于禁用模态框的灰色背景,也可以使用JS代码$('#myModal').modal({backdrop:false})实现相同的功能;如果data-backdrop= "true"或未设置此属性,则在显示模态框时将出现灰色背景。

此实例的源文件是MyCode\ChapB\ChapB174.html。

106 在单击徽章时显示弹出框

此实例主要通过在徽章(或者其他元素)上设置data-toggle="popover",实现在单击徽章时显示弹出框的效果。当在浏览器中显示页面时,单击黄色的徽章"岷江",则将显示"岷江简介"的弹出框,如图106-1所示,再次单击黄色的徽章"岷江",则"岷江简介"弹出框消失;如果单击黄色的徽章"成都",则将实现类似的功能,如图106-2所示。

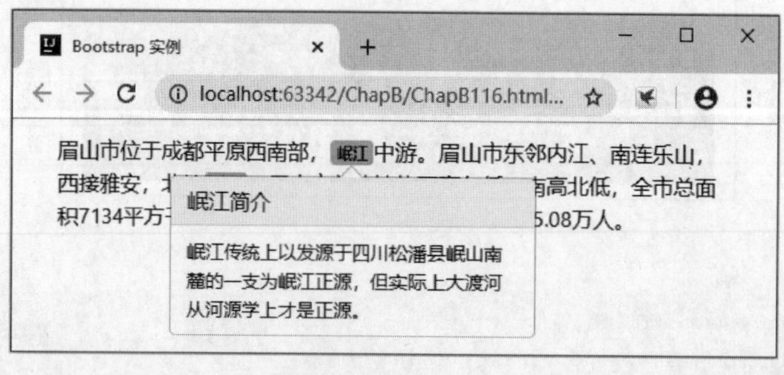

图 106-1

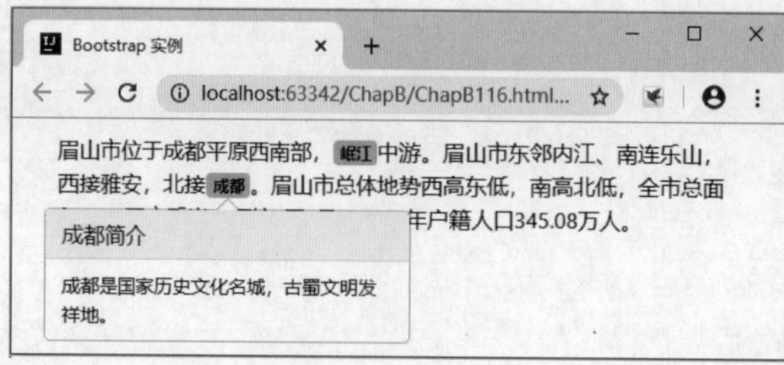

图 106-2

主要代码如下：

```
<body>
<div class = "container mt - 3">
  <p>眉山市位于成都平原西南部,<span class = "badge badge - warning"data - toggle = "popover" data - placement = "bottom" title = "岷江简介" data - content = "岷江传统上以发源于四川松潘县岷山南麓的一支为岷江正源,但实际上大渡河从河源学上才是正源。">岷江</span>中游。眉山市东邻内江、南连乐山,西接雅安,北接<span class = "badge badge - warning"data - toggle = "popover" data - placement = "bottom" title = "成都简介" data - content = "成都是国家历史文化名城,古蜀文明发祥地。">成都</span>。眉山市总体地势西高东低,南高北低,全市总面积 7134 平方千米,下辖 2 区 4 县,2017 年户籍人口 345.08 万人。</p>
</div>
<script>
  $(document).ready(function(){ $('[data - toggle = "popover"]').popover(); });
</script></body>
```

在上面这段代码中,data-toggle="popover"用于创建弹出框。data-placement= "bottom"用于指定在徽章(或者其他元素)的底部显示弹出框,此属性还可设置 top、right、left 等。title 属性用于设置弹出框的标题。data-content 属性用于设置弹出框的文本内容。

此实例的源文件是 MyCode\ChapB\ChapB116.html。

107　在鼠标悬浮时显示弹出框

此实例主要通过在表格的数据行(或者其他元素)上设置 data-toggle="popover"、data-trigger="hover"等,实现鼠标在悬浮数据行时显示弹出框,在离开数据行后自动关闭弹出框的效果。当在浏览器中显示页面时,如果鼠标悬浮在表格的第二行,则弹出框效果如图 107-1 所示;如果鼠标悬浮在表格的第三行,则弹出框效果如图 107-2 所示。

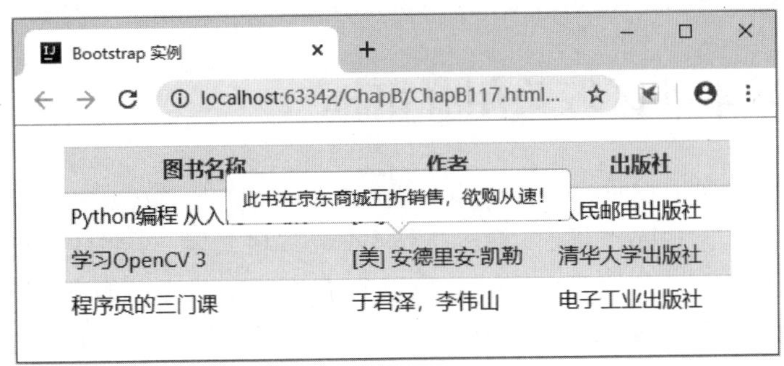

图　107-1

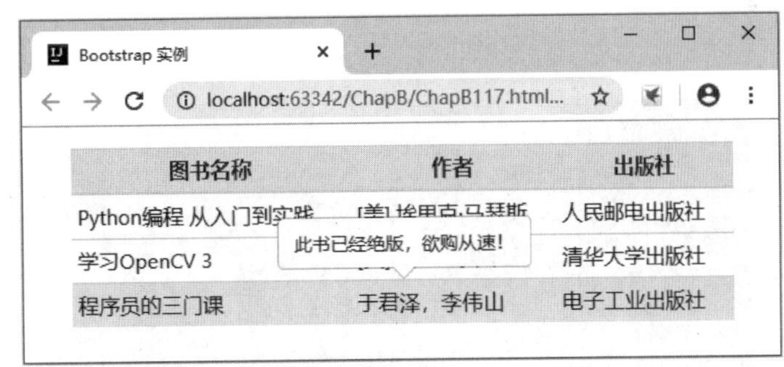

图　107-2

主要代码如下：

```
<body>
<div class="container mt-3">
 <table class="table table-hover table-sm">
  <thead class="text-center thead-light">
  <tr><th>图书名称</th>
   <th>作者</th>
   <th>出版社</th></tr>
  </thead>
  <tbody class="text-left">
  <tr data-toggle="popover" data-trigger="hover" data-placement="top"
      data-content="此书已经绝版,欲购从速!"><td>Python 编程 从入门到实践</td>
   <td>[美] 埃里克·马瑟斯</td>
   <td>人民邮电出版社</td></tr>
  <tr data-toggle="popover" data-trigger="hover" data-placement="top"
      data-content="此书在京东商城五折销售,欲购从速!"><td>学习 OpenCV 3</td>
   <td>[美] 安德里安·凯勒</td>
   <td>清华大学出版社</td></tr>
  <tr data-toggle="popover" data-trigger="hover" data-placement="top"
      data-content="此书已经绝版,欲购从速!"><td>程序员的三门课</td>
   <td>于君泽,李伟山</td>
   <td>电子工业出版社</td></tr>
  </tbody></table></div>
<script>
 $(document).ready(function(){ $('[data-toggle="popover"]').popover(); });
</script></body>
```

在上面这段代码中，data-toggle="popover"用于创建弹出框。data-trigger="hover"表示鼠标悬浮在数据行（或者其他元素）上时显示弹出框，在离开数据行后自动关闭弹出框。

此实例的源文件是 MyCode\ChapB\ChapB117.html。

108 单击元素外区域关闭弹出框

此实例主要通过在按钮上设置 data-toggle="popover"、data-trigger="focus"等属性，实现在单击按钮（或者其他元素）时显示弹出框，在单击按钮（或者其他元素）外部区域时关闭弹出框的效果。当在浏览器中显示页面时，单击“武当山”按钮，则将在右边显示武当山的图像，并在“武当山”按钮的右侧显示“位于湖北”的弹出框，如图 108-1 所示；单击“武当山”按钮之外的其他区域，则将关闭“位于湖北”的弹出框。单击其他按钮将实现类似的功能，图 108-2 所示的效果是单击“九寨沟”按钮。

图 108-1

图 108-2

主要代码如下：

```
<body>
<div class = "container mt - 3">
 <div class = "row">
  <div class = "btn  group  vertical mt  1 w  25">
   <button type = "button" class = "btn btn - primary mb - 1" id = "myButton1"
            data - toggle = "popover" data - trigger = "focus"
             data - content = "位于湖北">武当山</button>
   <button type = "button" class = "btn btn - primary mb - 1" id = "myButton3"
            data - toggle = "popover" data - trigger = "focus"
             data - content = "位于浙江">富春江</button>
   <button type = "button" class = "btn btn - primary mb - 1" id = "myButton4"
            data - toggle = "popover" data - trigger = "focus"
             data - content = "位于四川">九寨沟</button>
   <button type = "button" class = "btn btn - primary mb - 1" id = "myButton5"
            data - toggle = "popover" data - trigger = "focus"
             data - content = "位于上海">上海夜景</button>
   <button type = "button" class = "btn btn - primary mb - 1" id = "myButton6"
            data - toggle = "popover" data - trigger = "focus"
             data - content = "位于香港">香港夜景</button>
  </div>
 <div class = "w - 75">
  <img src = "images/img090.jpg" class = "rounded m - 1 w - 100" id = "myImage">
 </div></div></div>
<script>
  $(document).ready(function(){ $('[data - toggle = "popover"]').popover(); });
  $(function () {
   $("#myButton1").click(function(){          //响应单击"武当山"按钮
    $('#myImage').attr("src","images/img090.jpg");
   });
   $("#myButton3").click(function(){          //响应单击"富春江"按钮
    $('#myImage').attr("src","images/img092.jpg");
   });
   $("#myButton4").click(function(){          //响应单击"九寨沟"按钮
    $('#myImage').attr("src","images/img093.jpg");
   });
   $("#myButton5").click(function(){          //响应单击"上海夜景"按钮
    $('#myImage').attr("src","images/img087.jpg");
```

```
  });
  $("#myButton6").click(function(){          //响应单击"香港夜景"按钮
   $('#myImage').attr("src","images/img086.jpg");
  }); });
</script></body>
```

在上面这段代码中，data-toggle="popover"用于创建弹出框。data-trigger="focus"表示在鼠标单击按钮(或者其他元素)外部区域时关闭弹出框。

此实例的源文件是 MyCode\ChapB\ChapB202.html。

109 在图像上添加工具提示框

此实例主要通过在图像(或者其他元素)上设置 data-toggle="tooltip"等，实现在图像上添加工具提示框的效果。当在浏览器中显示页面时，如果将鼠标搁置在任一电影海报(img 元素)上，则将弹出该电影片名的工具提示框，当鼠标移出电影海报时该工具提示框自动消失，效果分别如图 109-1 和图 109-2 所示。

图 109-1

图 109-2

主要代码如下：

```
<body>
<div class = "container mt - 3">
 <div class = "row">
  <a href = "#"><img src = "images/img101.jpg" class = "rounded m - 1" width = "100"
```

```
        data - toggle = "tooltip" data - placement = "bottom" title = "逃出绝命镇"></a>
    <a href = "#">< img src = "images/img102.jpg" class = "rounded m - 1" width = "100"
        data - toggle = "tooltip" data - placement = "bottom" title = "天才捧跤手"></a>
    <a href = "#">< img src = "images/img103.jpg" class = "rounded m - 1" width = "100"
        data - toggle = "tooltip" data - placement = "bottom" title = "一个小忙"></a>
    <a href = "#">< img src = "images/img104.jpg" class = "rounded m - 1" width = "100"
        data - toggle = "tooltip" data - placement = "bottom" title = "心跳无限次"></a>
    <a href = "#">< img src = "images/img105.jpg" class = "rounded m - 1" width = "100"
        data - toggle = "tooltip" data - placement = "bottom" title = "阿拉丁"></a>
  </div></div>
<script>
  $(document).ready(function(){
    $('[data - toggle = "tooltip"]').tooltip();
  });
</script></body>
```

在上面这段代码中，data-toggle="tooltip"表示在元素(图像、按钮、超链接等)上添加工具提示框。data-placement="left"用于设置工具提示框的显示位置，包括 left、right、top、bottom 等。title="阿拉丁"表示在工具提示框中显示的文本内容(阿拉丁)。

此实例的源文件是 MyCode\ChapB\ChapB115.html。

110 允许在工具提示框上使用标签

此实例主要通过设置 data-html="true"等，实现允许在工具提示框上使用 HTML 标签的效果。当在浏览器中显示页面时，如果将鼠标搁置在任一电影片名上，则将弹出工具提示框，该工具框显示的内容包括文本、图像等 HTML 元素(标签)，效果分别如图 110-1 和图 110-2 所示。

图 110-1

主要代码如下：

```
<body>
<div class = "container mt - 3">
 <div class = "row">
  <a href = "#" data - toggle = "tooltip" data - placement = "bottom" data - html = "true"
     title = "<p>该电影海报<p>< img src = 'images/img102.jpg' class = 'rounded' width = '100'>">< span
class = "badge badge - primary m - 1" style = "width:120px; height:30px;">< h5 >天才摔跤手</h5 ></span></a>
```

图 110-2

```
  <a href="#" data-toggle="tooltip" data-placement="bottom" data-html="true"
     title="<p>该电影海报<p><img src='images/img103.jpg' class='rounded' width='100'>"><span
class="badge badge-primary m-1" style="width:120px; height:30px;"><h5>一个小忙</h5></span></a>
  <a href="#" data-toggle="tooltip" data-placement="bottom" data-html="true"
     title="<p>该电影海报<p><img src='images/img104.jpg' class='rounded' width='100'>"><span
class="badge badge-primary m-1" style="width: 120px; height:30px;"><h5>心跳无限次</h5></span>
</a>
  <a href="#" data-toggle="tooltip" data-placement="bottom" data-html="true"
     title="<p>该电影海报<p><img src='images/img105.jpg' class='rounded' width='100'>"><span
class="badge badge-primary m-1" style="width:120px; height:30px;"><h5>阿拉丁</h5></span></a>
 </div></div>
<script>
  $(document).ready(function(){
   $('[data-toggle="tooltip"]').tooltip();
 });
</script></body>
```

在上面这段代码中,data-html="true"表示可以在 title 属性的文本中添加 HTML 标签。

此实例的源文件是 MyCode\ChapB\ChapB203.html。

111 创建定时关闭的信息提示框

此实例主要通过使用 alert、alert-secondary 等类,以及 fadeIn()、delay()、fadeOut()等方法,创建自动定时关闭的信息提示框。当在浏览器中显示页面时,单击图像,则将在下面显示 Bootstrap4 风格的信息提示框,该信息提示框将在显示 5 秒之后自动关闭,效果分别如图 111-1 和图 111-2 所示。

主要代码如下:

```
<body>
<div class="container mt-3">
 <img src="images/img086.jpg" class="rounded w-100" id="myImage">
 <div class="alert alert-secondary w-100" id="myAlert">
  <p>香港自古以来就是中国的领土,1842-1997 年间曾被英国强占。"二战"以后,香港经济和社会迅速发展,
不仅跻身"亚洲四小龙"行列,更成为全球最富裕、经济最发达和生活水准最高的地区之一。</p>
 </div></div>
```

图 111-1

图 111-2

```
<script>
 $(function () {
  $('#myAlert').hide();
  $("#myImage").click(function () {          //响应单击图像显示信息提示框
   $('#myAlert').fadeIn().delay(5000).fadeOut();
  });});
</script></body>
```

在上面这段代码中，fadeIn()表示以淡入的风格显示信息提示框。delay(5000)表示延时5秒。fadeOut()表示以淡出的风格关闭信息提示框。class="alert alert-secondary w-100"表示创建灰色背景的信息提示框，除了alert-secondary类之外，还可以使用下列类设置信息提示框的背景：alert-success(绿色)、alert-info(青色)、alert-warning(黄色)、alert-danger(红色)、alert-primary(蓝色)、alert-light(浅色)或alert-dark(深色)。

此实例的源文件是MyCode\ChapB\ChapB058.html。

112　在信息提示框上添加关闭按钮

此实例主要通过使用 alert、close 等类，以及 fadeIn()、fadeOut()等方法，实现在信息提示框上添加关闭按钮的效果。当在浏览器中显示页面时，单击图像，则将在下面显示 Bootstrap4 风格的信息提示框；单击该信息提示框右上角的关闭按钮，则将关闭该信息提示框，效果分别如图 112-1 和图 112-2 所示。

图　112-1

图　112-2

主要代码如下：

```
<body>
<div class="container mt-3">
 <img src="images/img086.jpg" class="rounded w-100"
      id="myImage" onclick="$('#myAlert').fadeIn();">
 <div class="alert alert-info" id="myAlert">
```

```
    <button type="button" class="close"
            onclick="$('#myAlert').fadeOut();">&times;</button>
    <p>香港自古以来就是中国的领土,1842-1997年间曾被英国强占。二战以后,香港经济和社会迅速发展,不
仅跻身"亚洲四小龙"行列,更成为全球最富裕、经济最发达和生活水准最高的地区之一。</p>
  </div>
</div>
<script>$(function () { $('#myAlert').hide(); });</script>
</body>
```

在上面这段代码中,<button type="button" class="close" onclick="$('#myAlert').fadeOut();">×</button>用于在信息提示框的右上角创建关闭按钮,并实现关闭功能。

此实例的源文件是 MyCode\ChapB\ChapB204.html。

113 在信息提示框上添加转圈动画

此实例主要通过使用 spinner-border 类,实现在信息提示框上添加转圈动画的效果。当在浏览器中显示页面时,将同时显示三个信息提示框,且每个信息提示框上均有一个不停旋转的半圆环的转圈动画,单击任意一个信息提示框右上角的关闭按钮,则将关闭该信息提示框,效果分别如图 113-1 和图 113-2 所示。

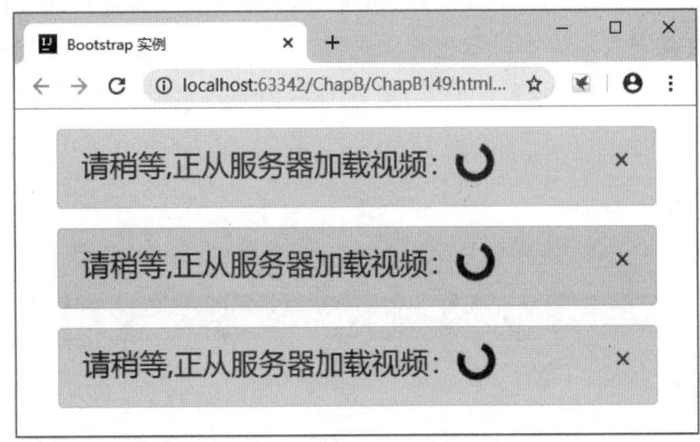

图 113-1

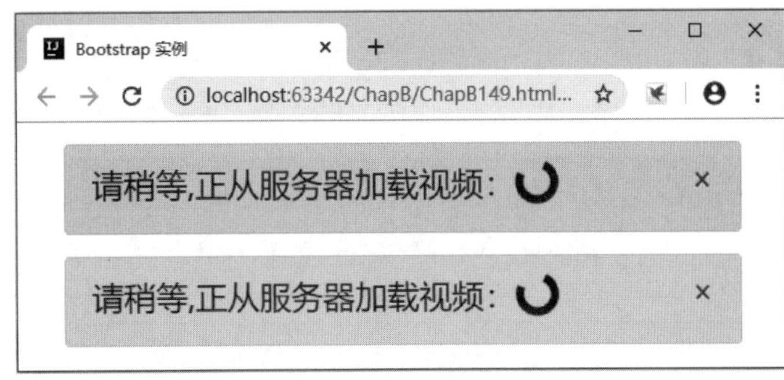

图 113-2

主要代码如下:

```
<body>
<div class="container mt-3">
```

```
<div class = "alert alert - success w - 100">
  <button type = "button" class = "close" data - dismiss = "alert">&times;</button>
  <H4>请稍等,正从服务器加载视频:<span class = "spinner - border"></span></H4>
 </div>
 <div class = "alert alert - danger w - 100">
  <button type = "button" class = "close" data - dismiss = "alert">&times;</button>
  <H4>请稍等,正从服务器加载视频:<span class = "spinner - border"></span></H4>
 </div>
 <div class = "alert alert - secondary w - 100">
  <button type = "button" class = "close" data - dismiss = "alert">&times;</button>
  <H4>请稍等,正从服务器加载视频:<span class = "spinner - border"></span></H4>
 </div></div></body>
```

在上面这段代码中,class="spinner-border"用于创建一个不停旋转的半圆环普通转圈动画。如果 class="spinner-border spinner-border-sm",则显示一个不停旋转的半圆环小号转圈动画。

此实例的源文件是 MyCode\ChapB\ChapB149.html。

114 在信息提示框上添加生长动画

此实例主要通过使用 spinner-grow 类,实现在信息提示框上添加生长动画的效果。当在浏览器中显示页面时,单击"在信息提示框中显示生长动画"按钮,则将在下面的信息提示框中显示一个由小变大、淡入淡出的小圆点变大圆点的生长动画,该信息提示框将在显示 5 秒之后自动关闭,效果分别如图 114-1 和图 114-2 所示。

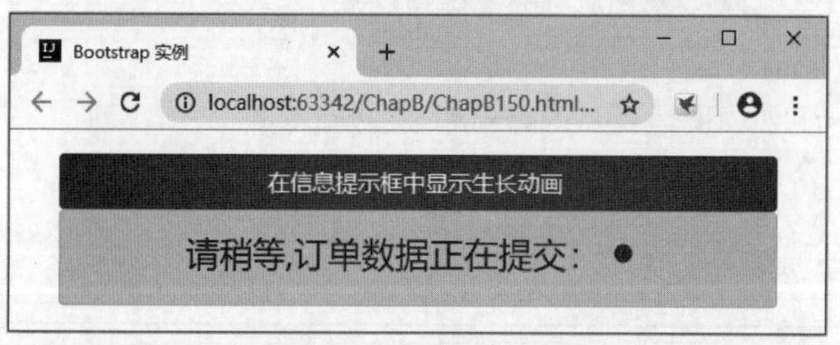

图 114-1

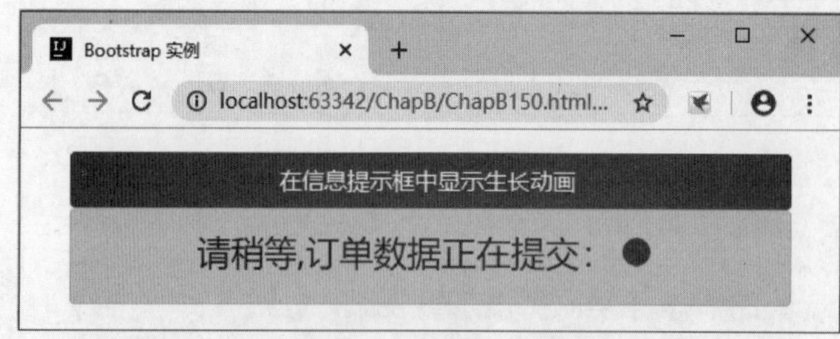

图 114-2

主要代码如下:

```
<body>
<div class = "container mt - 3">
 <button type = "button" class = "btn btn - outline - primary w - 100"
```

```
          id = "myButton1">在信息提示框中显示生长动画</button>
  <div class = "alert alert - danger text - center w - 100" id = "myAlert"></div>
</div>
<script>
  $ (function () {
   $ ('#myAlert').hide();
   $ ("#myButton1").click(function(){         //响应单击"在信息提示框中显示生长动画"按钮
    $ ('#myAlert').html('<H4>请稍等,订单数据正在提交: <span class = ' +
        '"spinner - grow"></span></H4>').fadeIn().delay(5000).fadeOut();
   });
  });
</script>
</body>
```

在上面这段代码中,class="spinner-grow"用于显示一个由小变大、淡入淡出的小圆点变大圆点的大号生长动画。如果 class="spinner-grow spinner-grow-sm",则显示一个由小变大、淡入淡出的小圆点变大圆点的小号生长动画。

此实例的源文件是 MyCode\ChapB\ChapB150.html。

115　在垂直方向上排列导航菜单

此实例主要通过使用 flex-column 类,实现在垂直方向上排列导航菜单的效果。当在浏览器中显示页面时,在垂直方向上排列的导航菜单如图 115-1 所示;单击"干锅牛杂"导航菜单,则将在右边显示干锅牛杂的图像,如图 115-2 所示;单击"爆椒牛肉丝"导航菜单,则将在右边显示爆椒牛肉丝的图像,如图 115-1 所示。

图　115-1

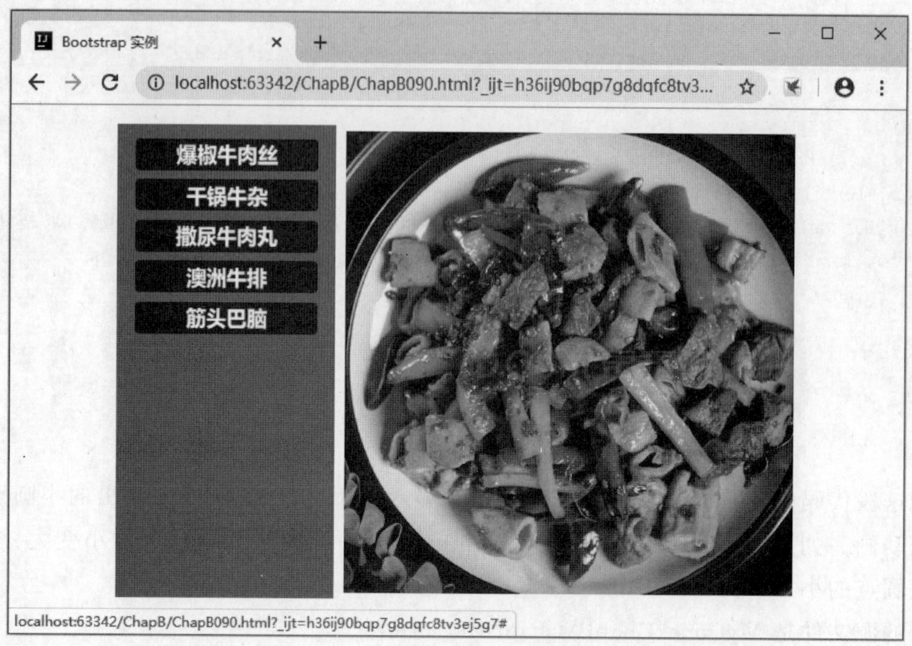

图 115-2

主要代码如下：

```
<body>
<div class="container mt-3">
 <div class="row  ml-5">
   <ul class="nav flex-column bg-success">
    <li class="nav-item"  style="margin-bottom: -20px;"><h4><a class="nav-link " href="#"
  onclick="$('#myImage')[0].src='images/img141.jpg';">
     <span class="badge badge-dark" style="width: 160px;">
            爆椒牛肉丝</span></a></h4></li>
    <li class="nav-item"  style="margin-bottom: -20px;"><h4><a class="nav-link " href="#"
  onclick="$('#myImage')[0].src='images/img142.jpg';">
     <span class="badge badge-dark" style="width: 160px;">
            干锅牛杂</span></a></h4></li>
    <li class="nav-item"  style="margin-bottom: -20px;"><h4><a class="nav-link " href="#"
  onclick="$('#myImage')[0].src='images/img143.jpg';">
     <span class="badge badge-dark"  style="width: 160px;">
            撒尿牛肉丸</span></a></h4></li>
    <li class="nav-item"  style="margin-bottom: -20px;"><h4><a class="nav-link " href="#"
  onclick="$('#myImage')[0].src='images/img144.jpg';">
     <span class="badge badge-dark" style="width: 160px;">
            澳洲牛排</span></a></h4></li>
    <li class="nav-item"  style="margin-bottom: -20px;"><h4><a class="nav-link " href="#"
  onclick="$('#myImage')[0].src='images/img145.jpg';">
     <span class="badge badge-dark" style="width: 160px;">
            筋头巴脑</span></a></h4></li>
  </ul>
  <img src="images/img144.jpg" class="rounded ml-1"
       id="myImage" style="width: 400px;">
  </div></div></body>
```

在上面这段代码中，class="nav flex-column bg-success"表示在垂直方向上排列导航菜单（无序列表的列表项）。如果 class="nav"，即在默认的情况下，导航菜单将沿着水平方向排列；如果一行无法显示所有的导航菜单，将按照顺序另起一行排列，直到完全显示。

此实例的源文件是 MyCode\ChapB\ChapB090.html。

116 设置水平导航菜单靠右对齐

此实例主要通过使用 justify-content-center、justify-content-start、justify- content-end 等类，实现强制水平导航菜单居中、靠左或靠右对齐的效果。当在浏览器中显示页面时，水平导航菜单居中对齐；单击“香港夜景”菜单，则水平导航菜单靠左对齐，并在下面显示香港夜景的图像，如图 116-1 所示；单击“上海夜景”菜单，则水平导航菜单靠右对齐，并在下面显示上海夜景的图像，如图 116-2 所示。

图 116-1

图 116-2

主要代码如下：

```
<body>
<div class="container mt-3">
 <ul class="nav justify-content-center bg-dark" style="height: 44px;">
  <li class="nav-item">
   <a class="nav-link" onclick="$('#myImage')[0].src='images/img086.jpg';
     $('ul')[0].className='nav justify-content-start bg-dark'">
    <span class="badge badge-dark"><h5>香港夜景</h5></span></a></li>
  <li class="nav-item">
   <a class="nav-link"  onclick="$('#myImage')[0].src='images/img087.jpg';
     $('ul')[0].className='nav justify-content-end bg-dark'">
     <span class="badge badge-dark"><h5>上海夜景</h5></span></a></li>
 </ul>
 <img src="images/img086.jpg" id="myImage" class="w-100">
</div></body>
```

在上面这段代码中，<ul class="nav justify-content-center bg-dark">用于使无序列表 ul(水平导航菜单)居中对齐。如果<ul class="nav justify-content-start bg-dark">，则无序列表 ul(水平导航菜单)靠左对齐。如果<ul class="nav justify-content-end bg-dark">，则无序列表 ul(水平导航菜单)靠右对齐。如果<ul class="nav bg-dark">，即在默认情况下，则无序列表 ul(水平导航菜单)也将靠左对齐。

此实例的源文件是 MyCode\ChapB\ChapB089.html。

117 禁用在导航菜单中的部分菜单

此实例主要通过在导航菜单上使用 disabled 类，实现禁用指定的菜单的效果。当在浏览器中显示页面时，如果将鼠标放在"公司架构"和"新闻资讯"导航菜单上，则鼠标呈现小手形状，如果单击"公司架构"或"新闻资讯"导航菜单，则将实现对应的功能，如图 117-1 所示。但是由于禁用了"党建文化"和"产品展示"导航菜单，如果将鼠标放在这两个导航菜单上，鼠标将保持普通的箭头形状，并且单击这两个导航菜单也没有反应，如图 117-2 所示。

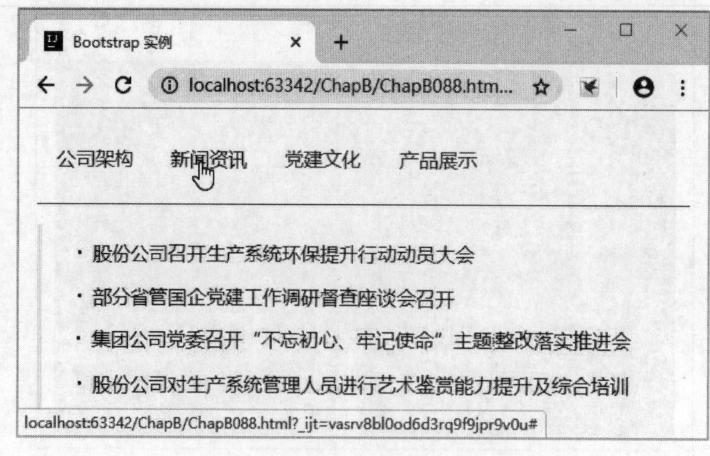

图 117-1

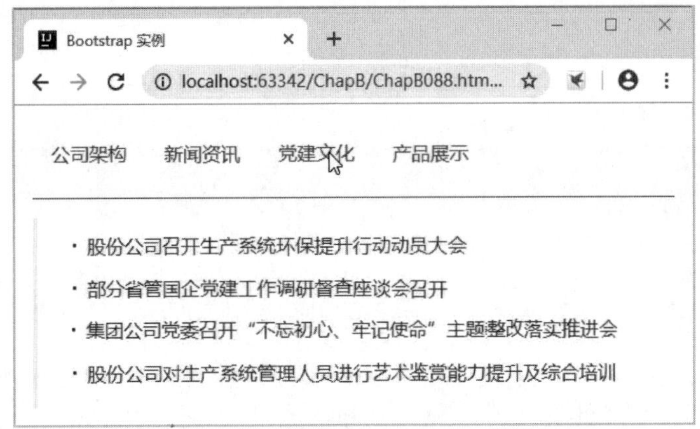

图 117-2

主要代码如下：

```
<body>
<div class="container mt-3">
 <ul class="nav">
  <li class="nav-item">
   <a onclick="$('#myImage')[0].src='images/img019.jpg'"
      href="#" class="nav-link">公司架构</a></li>
  <li class="nav-item">
   <a onclick="$('#myImage')[0].src='images/img020.jpg'"
      href="#" class="nav-link">新闻资讯</a></li>
  <li class="nav-item">
   <a class="nav-link disabled" href="#">党建文化</a></li>
  <li class="nav-item">
   <a class="nav-link disabled" href="#">产品展示</a></li>
 </ul>
 <hr align=center  color=#987cb9 size=1>
 <div><img  src="images/img019.jpg" id="myImage"></div>
</div></body>
```

在上面这段代码中，class="nav-link disabled"表示禁用该超链接(导航菜单)。

此实例的源文件是 MyCode\ChapB\ChapB088.html。

118　使用导航菜单作为选项卡标签

此实例主要通过使用 nav、nav-tabs 等类，实现使用导航菜单作为选项卡的标签的效果。当在浏览器中显示页面时，单击“图书封面”导航菜单(即选项卡标签)，则将显示该标签对应的选项卡，效果如图 118-1 所示；单击“前言摘选”导航菜单(即选项卡标签)，也将显示该标签对应的选项卡，效果如图 118-2 所示。单击“内容简介”导航菜单(即选项卡标签)也将实现类似的功能。

主要代码如下：

```
<body>
<div class="container mt-3">
 <ul class="nav nav-tabs">
  <li class="nav-item">
```

```
    <a class = "nav - link" data - toggle = "tab" href = "#myTab1">内容简介</a></li>
   <li class = "nav - item">
    <a class = "nav - link" data - toggle = "tab" href = "#myTab2">前言摘选</a></li>
   <li class = "nav - item">
    <a class = "nav - link  active" data - toggle = "tab" href = "#myTab3">图书封面</a>
   </li></ul>
  <div class = "tab - content">
   <div id = "myTab1" class = "container tab - pane fade"><br>
    <p>全书内容分为文字、图像、动画、视频、元素、布局、选择器、存储、其他 9 部分,以所见即所得、所学即所用的速成思维展示了过渡动画、关键帧动画、滤镜、选择器、计数器、伪元素、盒子、沙箱、画布等</p></div>
   <div id = "myTab2" class = "container tab - pane fade"><br>
    <p>本书采用问题描述 + 解决方案的模式,以 HTML5、CSS3、jQuery、jQuery UI、SVG 等新技术为核心,列举了600 多个实用性极强的 Web 前端开发技术,旨在帮助广大读者快速解决实际开发过程中面临的诸多问题。</p></div>
   <div id = "myTab3" class = "container tab - pane active text - center">
    <img src = "images/img043.jpg" style = "width: 30%;"></div>
  </div></div></body>
```

图 118-1

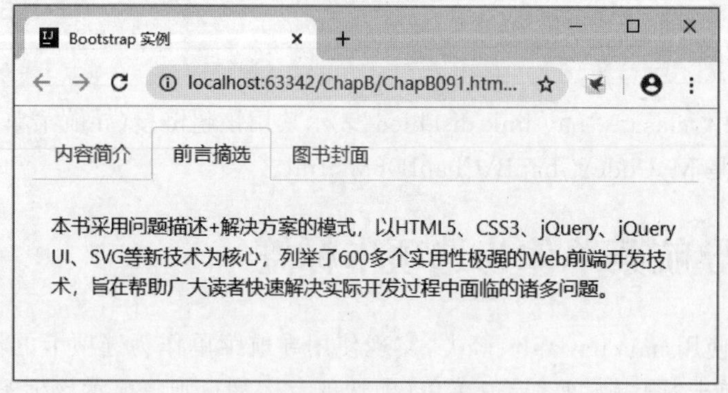

图 118-2

在上面这段代码中,<ul class="nav nav-tabs ">用于创建选项卡标签风格的导航菜单。<a class="nav-link active" data-toggle="tab" href="#myTab3">中的 class="nav-link active"用于指定该标签为当前选项卡的标签,href="#myTab3"表示在单击标签时显示 myTab3 选项卡,data-toggle="tab"表示以 Tab 风格进行切换。<div class="tab-content">用于创建选项卡的容器。<div id="myTab3" class="container tab-pane active">的 active 用于指定该选项卡为当前选项卡。

此实例的源文件是 MyCode\ChapB\ChapB091.html。

119 创建与选项卡等宽的导航菜单

此实例主要通过使用 nav、nav-tabs、nav-justified 等类，创建与选项卡等宽的标签（导航菜单）。当在浏览器中显示页面时，单击“创建默认的选项卡标签”按钮，则创建的默认选项卡标签的效果如图 119-1 所示；单击“创建等宽的选项卡标签”按钮，则创建的等宽选项卡标签的效果如图 119-2 所示；单击“资金流向”“阶段统计”“行业资金”等选项卡标签，将跳转到对应的选项卡。

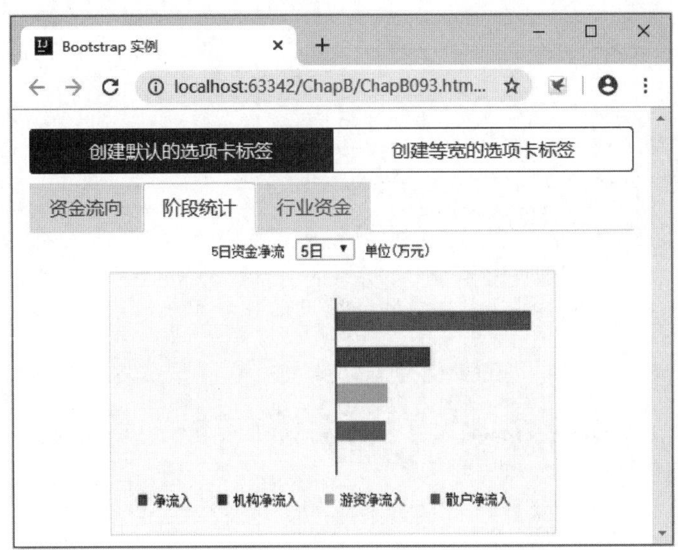

图 119-1

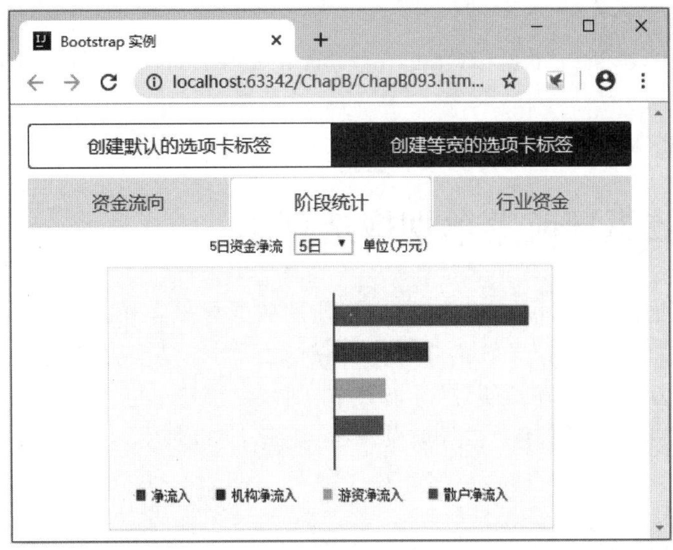

图 119-2

主要代码如下：

```
<body>
<div class = "container mt - 3">
 <div class = "btn - group w - 100 mb - 2">
```

```
  <button type = "button" class = "btn btn - outline - dark"
          id = "myButton1">创建默认的选项卡标签</button>
  <button type = "button" class = "btn btn - outline - dark"
          id = "myButton2">创建等宽的选项卡标签</button></div>
 <ul class = "nav nav - tabs nav - justified">
  <li class = "nav - item" style = "background - color: antiquewhite;margin - right: 1px;">
   <a class = "nav - link" data - toggle = "tab" href = " # myTab1">资金流向</a></li>
  <li class = "nav - item" style = "background - color: antiquewhite;margin - right: 1px;">
   <a class = "nav - link" data - toggle = "tab" href = " # myTab2">阶段统计</a></li>
  <li class = "nav - item" style = "background - color: antiquewhite">
   <a class = "nav - link  active" data - toggle = "tab" href = " # myTab3">行业资金</a>
</li></ul>
 <div class = "tab - content">
  <div id = "myTab1" class = "container tab - pane fade text - center">
   <img src = "images/img044.jpg"   style = "width:80 % ;"></div>
  <div id = "myTab2" class = "container tab - pane fade  text - center">
   <img src = "images/img045.jpg"   style = "width:80 % ;"></div>
  <div id = "myTab3" class = "container tab - pane  text - center active">
   <img src = "images/img046.jpg"   style = "width:80 % ;"></div>
 </div></div>
<script>
 $(function () {
  $(" # myButton1").click(function(){        //响应单击"创建默认的选项卡标签"按钮
   $("ul")[0].className = "nav nav - tabs";
  });
  $(" # myButton2").click(function(){        //响应单击"创建等宽的选项卡标签"按钮
   $("ul")[0].className = "nav nav - tabs nav - justified";
  }); });
</script></body>
```

在上面这段代码中,class="nav nav-tabs nav-justified"的 nav-justified 用于强制导航菜单(选项卡标签)与选项卡等宽。

此实例的源文件是 MyCode\ChapB\ChapB093.html。

120 使用胶囊导航菜单切换选项卡

此实例主要通过使用 nav、nav-pills 等类,实现使用胶囊导航菜单切换选项卡的效果。当在浏览器中显示页面时,单击"资金流向"导航菜单,则该导航菜单立即呈现胶囊风格,并切换到对应的选项卡,效果如图 120-1 所示;单击"阶段统计"导航菜单,则该导航菜单也立即呈现胶囊风格,并切换到对应的选项卡,效果如图 120-2 所示;单击导航菜单"行业资金"也将实现类似的功能。

主要代码如下:

```
<body>
<div class = "container mt - 3">
 <ul class = "nav nav - pills">
  <li class = "nav - item">
   <a class = "nav - link" data - toggle = "tab" href = " # myTab1">资金流向</a></li>
  <li class = "nav - item">
   <a class = "nav - link" data - toggle = "tab" href = " # myTab2">阶段统计</a></li>
  <li class = "nav - item">
```

```
  <a class = "nav - link  active" data - toggle = "tab" href = "#myTab3">行业资金</a>
 </li></ul>
<hr align = center color = #987cb9 size = 1>
<div class = "tab - content">
 <div id = "myTab1" class = "container tab - pane fade text - center">
  <img src = "images/img044.jpg"   style = "width:80%;"></div>
 <div id = "myTab2" class = "container tab - pane fade text - center">
  <img src = "images/img045.jpg"   style = "width:80%;"></div>
 <div id = "myTab3" class = "container tab - pane text - center active">
  <img src = "images/img046.jpg"   style = "width:80%;"></div>
</div></div></body>
```

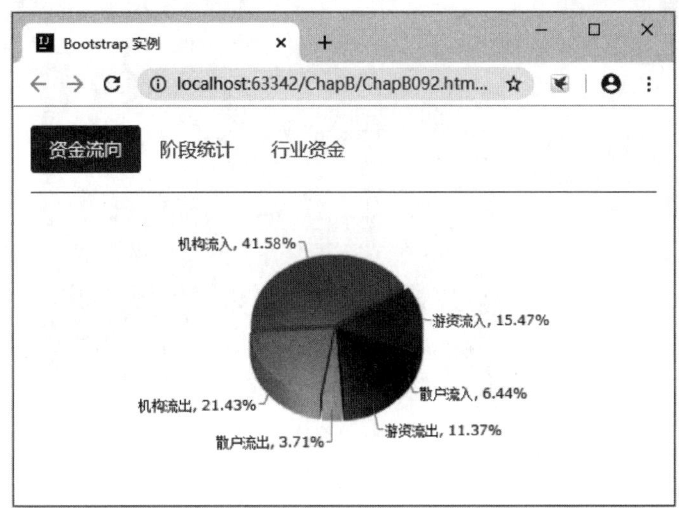

图 120-1

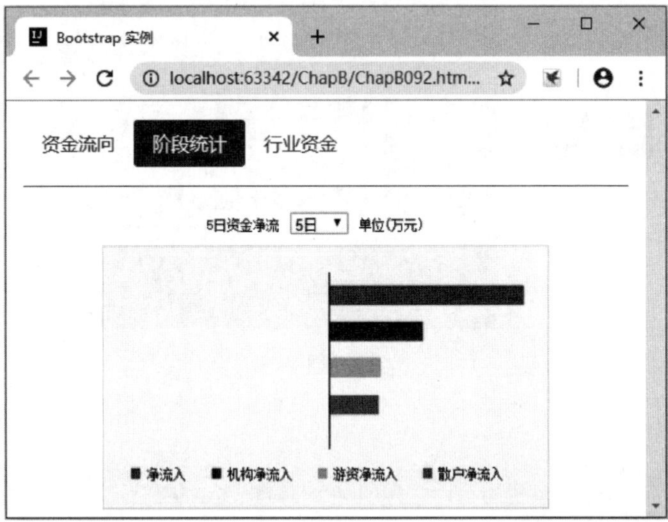

图 120-2

在上面这段代码中,<ul class="nav nav-pills">中的 nav-pills 用于创建胶囊风格的导航菜单。此实例的源文件是 MyCode\ChapB\ChapB092.html。

121 设置垂直导航菜单同步滚动条

此实例主要通过设置 data-spy="scroll"和 class="nav nav-pills flex-column",实现在垂直方向上拖动滚动条改变页面内容位置时,同步更新对应的垂直胶囊导航菜单的效果。当在浏览器中显示页面时,拖动右侧的垂直滚动条即可浏览整个页面的内容,当将垂直滚动条拖到《好莱坞往事》位置时,垂直胶囊导航菜单立即定位到《好莱坞往事》,如图 121-1 所示;当将垂直滚动条拖到《风语者》位置时,垂直胶囊导航菜单也立即定位到《风语者》,如图 121-2 所示;当然也可以单击《复仇者联盟》《好莱坞往事》《风语者》等垂直导航菜单,从页面的任意位置跳转到垂直导航菜单对应的内容位置。

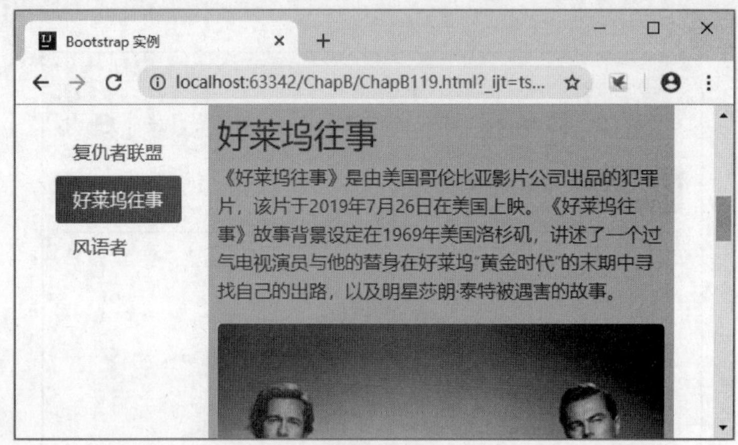

图 121-1

图 121-2

主要代码如下:

```
<body data-spy="scroll" data-target="#myNav" class="p-1">
<div class="container">
 <div class="row">
  <nav id="myNav" class="w-25 mt-3">
   <ul class="nav nav-pills flex-column" style="position: fixed;">
    <li class="nav-item">
     <a class="nav-link active" href="#myDiv1">复仇者联盟</a></li>
```

```
      <li class = "nav - item">
       <a class = "nav - link" href = "#myDiv2">好莱坞往事</a></li>
      <li class = "nav - item">
       <a class = "nav - link" href = "#myDiv3">风语者</a></li>
    </ul>
   </nav>
   <div class = "w - 75 mt - 3">
    <div id = "myDiv1" class = "bg - success p - 2">
      <h3>复仇者联盟</h3>
      <p>复仇者联盟的成员包括人类、机器人、神、外星人、灵异生物,甚至还有改过自新的反派。虽然作风不同,
甚至因此常造成内部纷争,但他们总能团结成为一个互补的战队,打击特别强大的恶势力。</p>
      <img src = "images/img060.jpg" class = "rounded w - 100" ></div>
    <div id = "myDiv2" class = "bg - warning p - 2">
      <h3>好莱坞往事</h3>
      <p>«好莱坞往事»是由美国哥伦比亚影片公司出品的犯罪片,该片于 2019 年 7 月 26 日在美国上映。《好莱
坞往事》故事背景设定在 1969 年美国洛杉矶,讲述了一个过气电视演员与他的替身在好莱坞"黄金时代"的末期
中寻找自己的出路,以及明星莎朗·泰特被遇害的故事。</p>
      <img src = "images/img011.jpg" class = "rounded w - 100"></div>
    <div id = "myDiv3" class = "bg - info p - 2">
      <h3>风语者</h3>
      <p>«风语者»是华裔导演吴宇森于 2000 年执导拍摄的一部战争电影,影片讲述了海军军官乔奉命保护纳瓦
霍族的密码员亚当,为了保护密码情报不被泄露而发生的故事。</p>
      <img src = "images/img002.jpg" class = "rounded w - 100"></div>
  </div></div></div></body>
```

在上面这段代码中,data-spy="scroll"用于设置将要监听的元素,一般是 body,即滚动条的操作对象。data-target="#myNav"通常设置为导航菜单的 id 或 class,这样就可以关联可滚动区域。class="nav nav-pills flex-column"用于在垂直方向创建胶囊导航菜单。

此实例的源文件是 MyCode\ChapB\ChapB119.html。

122 在胶囊菜单上创建下拉菜单

此实例主要通过使用 nav、nav-pills、nav-justified、nav-item、dropdown 等类,实现在胶囊导航菜单上创建下拉菜单的效果。当在浏览器中显示页面时,单击"计算机馆"导航菜单,然后在弹出的下拉菜单中选择"图形和图像",则将在下面显示对应的图像,效果如图 122-1 所示;如果在弹出的下拉菜单中选择"语言与算法",也将在下面显示对应的图像,效果如图 122-2 所示。

图 122-1

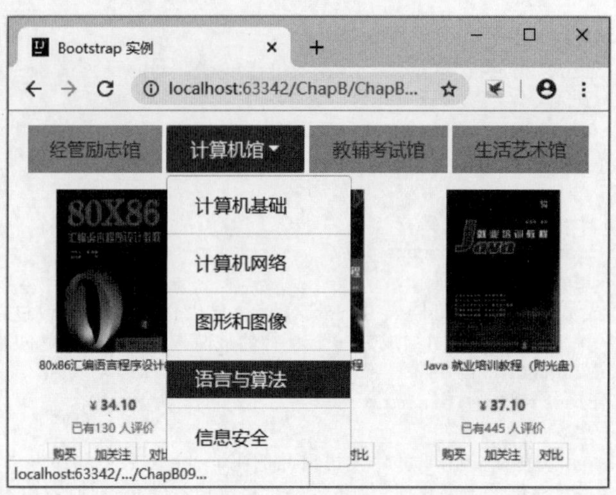

图 122-2

主要代码如下：

```
<body>
<div class="container mt-1">
 <ul class="nav nav-pills nav-justified">
  <li class="nav-item" style="margin: 1px;background-color: burlywood;">
   <a class="nav-link" href="#" data-toggle="pill"
      onclick="$('#myImage1')[0].src='images/img099.jpg'">经管励志馆</a></li>
  <li class="nav-item" style="margin: 1px;background-color: burlywood;">
   <a class="nav-link dropdown-toggle"
      data-toggle="dropdown" href="#">计算机馆</a>
   <div class="dropdown-menu">
    <a class="dropdown-item" href="#">计算机基础</a>
    <div class="dropdown-divider"></div>
    <a class="dropdown-item" href="#">计算机网络</a>
    <div class="dropdown-divider"></div>
    <a class="dropdown-item" href="#"
       onclick="$('#myImage1')[0].src='images/img048.jpg'">图形和图像</a>
    <div class="dropdown-divider"></div>
    <a class="dropdown-item" href="#"
       onclick="$('#myImage1')[0].src='images/img047.jpg'">语言与算法</a>
    <div class="dropdown-divider"></div>
    <a class="dropdown-item" href="#">信息安全</a>
   </div></li>
  <li class="nav-item" style="margin:1px;background-color: burlywood;">
   <a class="nav-link" href="#" data-toggle="pill"
      onclick="$('#myImage1')[0].src='images/img100.jpg'">教辅考试馆</a></li>
  <li class="nav-item" style="margin: 1px;background-color: burlywood;">
   <a class="nav-link disabled" href="#">生活艺术馆</a></li>
 </ul>
 <img id="myImage1" src="images/img099.jpg" class="w-100">
</div></body>
```

在上面这段代码中，<ul class="nav nav-pills nav-justified">用于创建左右两端靠齐的胶囊导航菜单。class="nav-link dropdown-toggle"用于在导航菜单上添加下拉箭头。data-toggle="dropdown"用于在单击导航菜单时弹出下拉菜单。<div class="dropdown-divider">用于创建分隔线。data-toggle="pill"用于以胶囊样式显示当前菜单项。

此实例的源文件是 MyCode\ChapB\ChapB094.html。

123　在水平导航栏上添加 Logo

此实例主要通过使用 navbar-brand、navbar、navbar-expand-sm、navbar-dark、bg-danger 等类，实现在水平导航栏上添加品牌 Logo 的效果。当在浏览器中显示页面时，水平导航栏左端的购物车图标和"京东商城旗舰店"即为品牌 Logo，单击该品牌 Logo，将会跳转到京东商城网站；单击"浓香型白酒"导航栏菜单，则将在下面显示该菜单对应的图像，如图 123-1 所示；单击"酱香型白酒"导航栏菜单，也将在下面显示该菜单对应的图像，如图 123-2 所示。

图　123-1

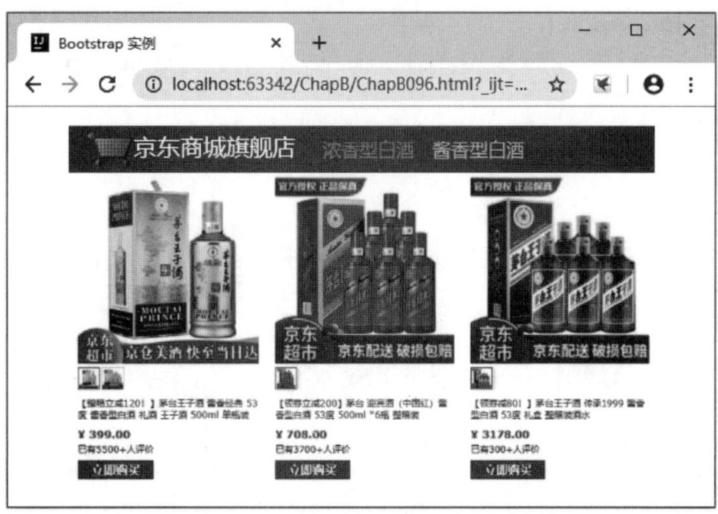

图　123-2

主要代码如下：

```
<body>
<div class = "container mt - 3 w - 100">
```

```
<nav class = "navbar navbar - expand - sm bg - danger navbar - dark"
      style = "height: 40px;">
  <a class = "navbar - brand" href = "https://www.jd.com/">
   <img src = "images/img049.png" style = "width:40px;">京东商城旗舰店</a>
  <ul class = "navbar - nav">
   <li class = "nav - item">
    <a onclick = "$('#myImage')[0].src = 'images/img107.jpg';"
       class = "nav - link"  href = "#">浓香型白酒</a></li>
   <li class = "nav - item">
    <a onclick = "$('#myImage')[0].src = 'images/img106.jpg';"
       class = "nav - link"  href = "#">酱香型白酒</a></li>
  </ul></nav>
 <img src = "images/img107.jpg" id = "myImage"  class = "w - 100">
</div></body>
```

在上面这段代码中，class="navbar-brand"用于在导航栏上设置品牌 Logo。<nav class="navbar navbar-expand-sm bg-danger navbar-dark">用于创建红底白字的水平导航栏，如果没有 navbar-expand-sm，导航菜单将垂直排列。

此实例的源文件是 MyCode\ChapB\ChapB096.html。

124 在导航栏上创建响应式菜单

此实例主要通过使用 navbar、navbar-expand-sm 等类，实现根据不同屏幕（页面）宽度创建响应式的导航菜单的效果。当在浏览器中显示页面时，如果屏幕（页面）宽度大于 576px，则导航菜单自动水平排列的效果如图 124-1 所示；如果屏幕（页面）宽度小于 576px，则导航菜单自动垂直排列的效果如图 124-2 所示。

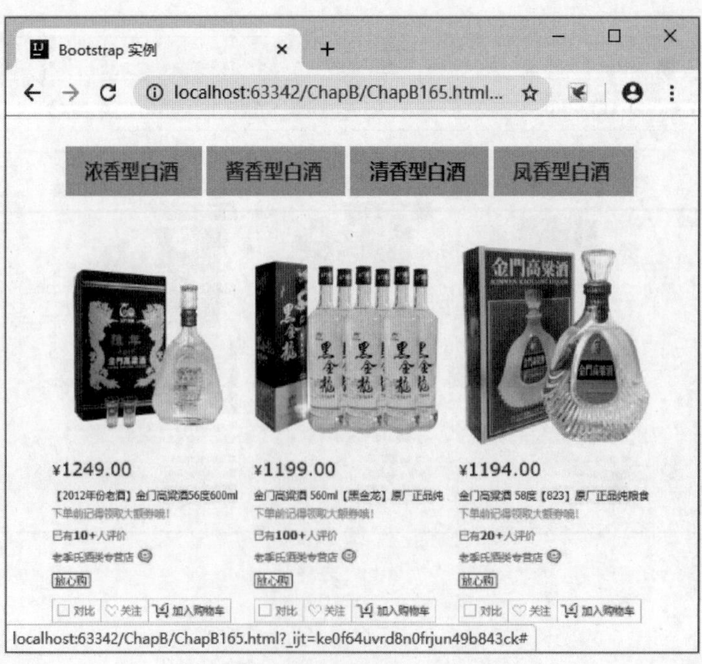

图 124-1

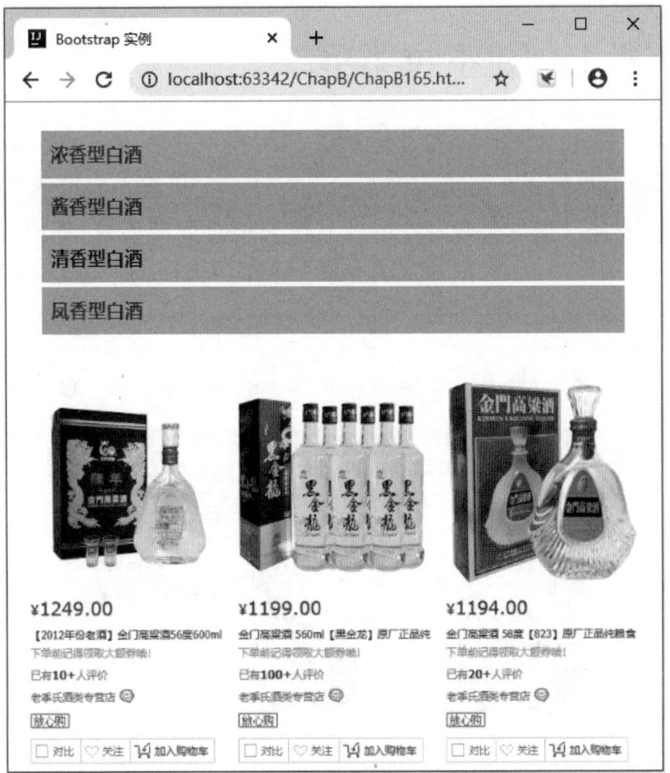

图 124-2

主要代码如下：

```
<body>
<div class="container mt-3">
 <nav class="navbar navbar-expand-sm navbar-light">
  <ul class="navbar-nav w-100">
   <li class="nav-item bg-warning w-100 mr-1 mb-1 pl-2">
    <a onclick="$('#myImage')[0].src='images/img107.jpg';"
       class="nav-link"  href="#"><strong>浓香型白酒</strong></a></li>
   <li class="nav-item bg-warning w-100 mr-1 mb-1 pl-2">
    <a onclick="$('#myImage')[0].src='images/img106.jpg';"
       class="nav-link"  href="#"><strong>酱香型白酒</strong></a></li>
   <li class="nav-item bg-warning w-100 mr-1 mb-1 pl-2">
    <a onclick="$('#myImage')[0].src='images/img108.jpg';"
       class="nav-link"  href="#"><strong>清香型白酒</strong></a></li>
   <li class="nav-item bg-warning w-100 mr-1 mb-1 pl-2">
    <a onclick="$('#myImage')[0].src='images/img109.jpg';"
       class="nav-link"  href="#"><strong>凤香型白酒</strong></a></li>
  </ul></nav>
 <img src="images/img107.jpg" id="myImage"  class="w-100">
</div></body>
```

在上面这段代码中，navbar-expand-sm 类表示在屏幕（页面）宽度小于 576px 时，在垂直方向上排列导航菜单，否则在水平方向上排列导航菜单；如果是 navbar-expand-md 类、navbar-expand-lg 类、navbar-expand-ex 类，则表示在屏幕（页面）宽度小于 768px、992px、1200px 时，在垂直方向上排列导航菜单，否则在水平方向上排列导航菜单。

此实例的源文件是 MyCode\ChapB\ChapB165.html。

125　在导航栏上创建下拉菜单

此实例主要通过使用 navbar、nav-item、dropdown、dropdown-menu、dropdown-item 等类，实现在导航栏上创建下拉菜单的效果。当在浏览器中显示页面时，单击“酱香型白酒”导航菜单，然后在弹出的下拉菜单中选择“贵州茅台”，则将在下面显示该下拉菜单对应的图像，如图 125-1 所示；如果在弹出的下拉菜单中选择“贵州习酒”，也将在下面显示该下拉菜单对应的图像，如图 125-2 所示。

图　125-1

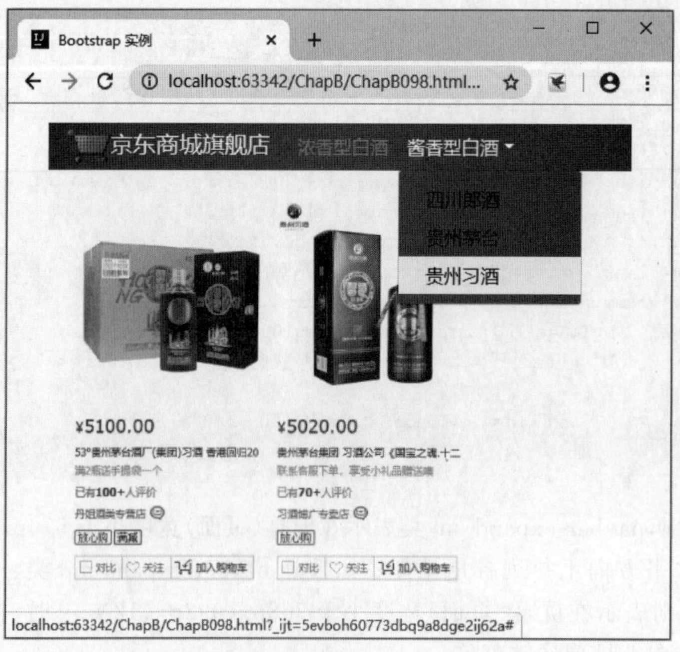

图　125-2

主要代码如下：

```
<body>
<div class="container mt-3">
 <nav class="navbar navbar-expand bg-danger navbar-dark w-100"
      style="height: 40px;">
  <a class="navbar-brand" href="https://www.jd.com/">
   <img src="images/img049.png" style="width:40px;">京东商城旗舰店</a>
  <ul class="navbar-nav">
   <li class="nav-item">
    <a class="nav-link " onclick="$('#myImage')[0].src='images/img113.jpg';"
       href="#">浓香型白酒</a></li>
   <li class="nav-item dropdown">
    <a class="nav-link dropdown-toggle" href="#" id="navbardrop"
       data-toggle="dropdown">酱香型白酒</a>
    <div class="dropdown-menu bg-danger" style="margin-top: -1px;">
     <a class="dropdown-item"  href="#"
        onclick="$('#myImage')[0].src='images/img110.jpg';">四川郎酒</a>
     <a class="dropdown-item"  href="#"
        onclick="$('#myImage')[0].src='images/img111.jpg';">贵州茅台</a>
     <a class="dropdown-item"  href="#"
        onclick="$('#myImage')[0].src='images/img112.jpg';">贵州习酒</a>
    </div></li>
  </ul></nav>
 <img src="images/img110.jpg" id="myImage" class="w-75 p-3">
</div></body>
```

在上面这段代码中，class="navbar navbar-expand bg-danger navbar-dark w-100"用于创建红底白字的水平导航栏。<ul class="navbar-nav">用于创建导航菜单的容器。<li class="nav-item dropdown">用于创建一个支持下拉功能的导航菜单。class="nav-link dropdown-toggle"用于在导航菜单上添加下拉箭头。data-toggle="dropdown"用于响应在单击导航菜单时弹出下拉菜单。class="dropdown-menu bg-danger"用于创建下拉菜单的容器。class="dropdown-item"用于创建下拉菜单项。

此实例的源文件是 MyCode\ChapB\ChapB098.html。

126 设置导航栏的下拉菜单右对齐

此实例主要通过使用 dropdown-menu-right 等类，实现导航栏的下拉菜单右对齐的效果。当在浏览器中显示页面时，单击导航栏上的“搜索”按钮，则弹出的下拉菜单将右对齐“搜索”按钮，如图 126-1 所示；默认情况下，弹出的下拉菜单将左对齐“搜索”按钮，如图 126-2 所示。

图 126-1

图 126-2

主要代码如下：

```
<body>
<div class="container mt-3 w-100">
 <nav class="navbar navbar-expand bg-light">
  <label style="margin-top: 10px;width: 80px;">关键词：</label>
  <input type="text" placeholder="大学" style="width:300px;margin-right: 10px;"/>
  <div class="dropdown">
   <button type="button" class="btn btn-primary dropdown-toggle"
    data-toggle="dropdown" style="width: 80px; height: 36px;">搜索</button>
   <div class="dropdown-menu dropdown-menu-right">
    <a class="dropdown-item" href="https://www.baidu.com">在百度中搜索</a>
    <div class="dropdown-divider"></div>
    <a class="dropdown-item" href="https://www.sogou.com">在搜狗中搜索</a>
    <div class="dropdown-divider"></div>
    <a class="dropdown-item" href="https://hao.360.com">在 360 中搜索</a>
   </div></div></nav></div></body>
```

在上面这段代码中，<div class="dropdown-menu dropdown-menu-right">用于创建右对齐的下拉菜单容器，这样在容器(div元素)中的所有子菜单项将靠右对齐。<div class="dropdown-divider">用于创建下拉菜单的分隔线。

此实例的源文件是MyCode\ChapB\ChapB082.html。

127 在垂直导航栏上内嵌子菜单

此实例主要通过使用navbar、navbar-nav、nav-item、dropdown-item、dropdown-menu等类，实现在垂直导航栏上创建互斥型的可折叠子菜单的效果。当在浏览器中显示页面时，单击"浓香型白酒"导航菜单，则将展开该导航菜单的子菜单(其他导航菜单的子菜单自动折叠)，单击"剑南春"子菜单，则将显示该子菜单对应的图像，效果如图127-1所示；单击"酱香型白酒"导航菜单，则将展开该导航菜单的子菜单(其他菜单项的子菜单自动折叠)，单击"贵州茅台酒"子菜单，则将显示该子菜单对应的图像，效果如图127-2所示。

主要代码如下：

```
<body>
<div class="container mt-1">
```

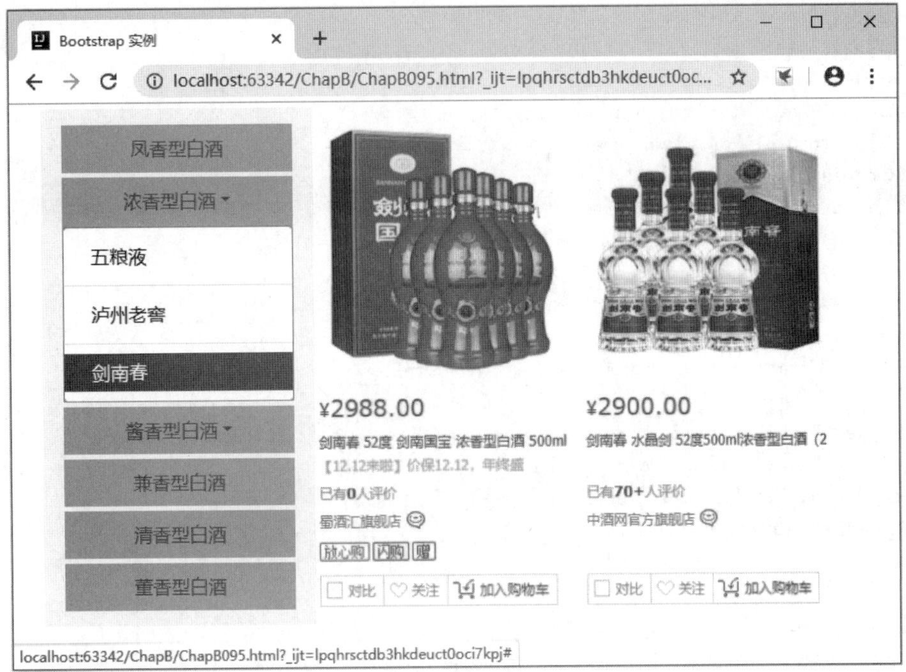

图 127-1

图 127-2

```
<div class = "row">
  <nav class = "navbar bg - light">
   <ul class = "navbar - nav text - center">
    <li class = "nav - item"
        style = "margin: 2px;background - color: burlywood;width: 200px;">
     <a onclick = " $ ('#myImage1')[0].src = 'images/img115.jpg'"
```

```
        class = "nav - link" href = "#">凤香型白酒</a></li>
    <li class = "nav - item"
        style = "margin: 2px;background - color: burlywood;width: 200px;">
     <a class = "nav - link dropdown - toggle"
        data - toggle = "dropdown" href = "#">浓香型白酒</a>
     <div class = "dropdown - menu">
      <a class = "dropdown - item" href = "#">五粮液</a>
      <div class = "dropdown - divider"></div>
      <a class = "dropdown - item" href = "#">泸州老窖</a>
      <div class = "dropdown - divider"></div>
      <a onclick = "$('#myImage1')[0].src = 'images/img117.jpg'" href = "#"
        class = "dropdown - item" >剑南春</a></div></li>
    <li class = "nav - item"
        style = "margin: 2px;background - color: burlywood;width: 200px;">
     <a class = "nav - link dropdown - toggle"
        data - toggle = "dropdown" href = "#">酱香型白酒</a>
     <div class = "dropdown - menu">
      <a class = "dropdown - item" href = "#">天朝上品酒</a>
      <div class = "dropdown - divider"></div>
      <a class = "dropdown - item" href = "#"
         onclick = "$('#myImage1')[0].src = 'images/img114.jpg'">贵州茅台酒</a>
      <div class = "dropdown - divider"></div>
      <a class = "dropdown - item" href = "#">盛世郎酒</a>
     </div></li>
    <li class = "nav - item" style = "margin:2px;background - color: burlywood;">
     <a onclick = "$('#myImage1')[0].src = 'images/img116.jpg'"
        class = "nav - link" href = "#">兼香型白酒</a></li>
    <li class = "nav - item" style = "margin:2px;background - color: burlywood;">
     <a class = "nav - link" href = "#" onclick = "">清香型白酒</a></li>
    <li class = "nav - item" style = "margin:2px;background - color: burlywood;">
     <a class = "nav - link" href = "#" onclick = "">董香型白酒</a></li>
   </ul></nav>
  <img src = "images/img114.jpg" class = "rounded"
       id = "myImage1" style = "width: 450px;">
</div></div></body>
```

在上面这段代码中,<nav class="navbar bg-light">用于创建默认(垂直)的导航栏。<ul class="navbar-nav text-center">用于创建导航菜单容器,所有的导航菜单将被装入其中。class="nav-item"用于创建导航菜单。class="nav-link dropdown-toggle"用于在导航菜单上添加下箭头图标。data-toggle="dropdown"用于在单击导航菜单时弹出子菜单。class="dropdown-menu"用于创建子菜单容器。class="dropdown-item"用于创建子菜单项。

此实例的源文件是 MyCode\ChapB\ChapB095.html。

128 在导航栏上创建上弹子菜单

此实例主要通过使用 dropup、dropdown-toggle 等类,实现在导航菜单(按钮)上添加上箭头图标的效果,并通过单击导航菜单向上弹出子菜单。当在浏览器中显示页面时,"形状"导航菜单和"特效"导航菜单均有一个上箭头图标,单击"形状"导航菜单,则向上弹出的子菜单效果如图 128-1 所示;单击"特效"导航菜单,则向上弹出的子菜单效果如图 128-2 所示。

图 128-1

图 128-2

主要代码如下：

```
<body>
<div class="container mt-3">
 <img src="images/img086.jpg" class="w-100 pl-3 pr-3" id="myImage1">
 <nav class="navbar navbar-expand">
  <div class="dropup  w-100" style="margin-right:2px;">
   <div data-toggle="dropdown">
    <button class="btn btn-info dropdown-toggle  w-100"
            type="button">形状</button></div>
   <div class="dropdown-menu" style="margin-top:-8px;">
    <a class="dropdown-item" href="#">拉伸图像</a>
    <div class="dropdown-divider"></div>
    <a class="dropdown-item" href="#">旋转图像</a>
    <div class="dropdown-divider"></div>
    <a class="dropdown-item" href="#">翻转图像</a>
   </div></div>
  <div class="dropup  w-100" style="margin-right:2px;">
   <div data-toggle="dropdown">
```

```
    <button class = "btn btn - info dropdown - toggle w - 100"
            type = "button" >特效</button></div>
   <div class = "dropdown - menu " style = "margin - top: - 8px;">
    <a class = "dropdown - item" href = "#">美颜特效</a>
    <div class = "dropdown - divider"></div>
    <a class = "dropdown - item" href = "#">锐化特效</a>
    <div class = "dropdown - divider"></div>
    <a class = "dropdown - item" href = "#">深色特效</a>
    <div class = "dropdown - divider"></div>
    <a class = "dropdown - item" href = "#">浅色特效</a>
  </div></div>
 <button type = "button" class = "btn btn - info  w - 100"
         style = "margin - right:2px;">文字</button>
 <button type = "button" class = "btn btn - info  w - 100">绘图</button>
</nav></div></body>
```

在上面这段代码中，class＝"dropup"用于实现向上弹出子菜单功能。class＝"btn btn-info dropdown-toggle"用于在按钮上添加上箭头图标，如果对超链接或按钮的父容器(div 元素)设置了 dropup，并且超链接或按钮同时设置了 dropdown-toggle，则将在超链接或按钮上显示上箭头图标，而不是下箭头图标。

此实例的源文件是 MyCode\ChapB\ChapB083. html。

129 在垂直导航栏上添加折叠按钮

此实例主要通过使用 navbar-toggler、navbar-toggler-icon、navbar-collapse 等类，实现在垂直导航栏上添加折叠按钮的效果，并使用该折叠按钮折叠或展开垂直导航菜单。当在浏览器中显示页面时，如果屏幕宽度小于 576px，则将在导航栏的右上角显示折叠按钮，如图 129-1 所示；单击右上角的折叠按钮，将在垂直方向展开导航菜单，如图 129-2 所示；再次单击该折叠按钮，则折叠导航菜单，如图 129-1 所示；如果屏幕宽度大于 576px，垂直导航栏将改变为水平导航栏，折叠按钮自动消失。

图 129-1

图　129-2

主要代码如下：

```
<body>
<div class="container mt-3 w-100">
 <nav class="navbar navbar-expand-sm bg-danger navbar-dark">
  <a class="navbar-brand" href="https://www.jd.com/">
   <img src="images/img049.png" style="width:40px;">京东商城旗舰店</a>
  <button class="navbar-toggler" type="button"
          data-toggle="collapse" data-target="#myNavbar">
   <span class="navbar-toggler-icon"></span></button>
  <div class="collapse navbar-collapse" id="myNavbar">
   <ul class="navbar-nav">
    <li class="nav-item">
     <a onclick="$('#myImage')[0].src='images/img114.jpg';"
        class="nav-link" href="#"> 贵州茅台酒</a></li>
    <li class="nav-item bg-danger">
     <a onclick="$('#myImage')[0].src='images/img117.jpg';"
        class="nav-link " href="#">剑南春酒</a></li>
   </ul></div></nav>
 <img src="images/img114.jpg" id="myImage" class="w-75 ml-5">
</div></body>
```

在上面这段代码中，class="navbar-toggler"用于创建折叠风格的按钮（默认情况下，如果在导航栏上没有品牌 Logo，该折叠按钮将显示在导航栏的左端，否则显示在右端）。data-toggle ="collapse"用于实现折叠或展开功能。data-target="#myNavbar"用于指定将要折叠或展开的导航菜单的容器（div 元素）。class="navbar-toggler-icon"用于设置折叠按钮图标。class="collapse navbar-collapse"

用于创建可被折叠或展开的容器(即导航菜单的容器)。

此实例的源文件是 MyCode\ChapB\ChapB097.html。

130 在页面底部固定水平导航栏

此实例主要通过使用 fixed-top 类或 fixed-bottom 类,实现将水平导航栏固定在页面的顶部或底部的效果。当在浏览器中显示页面时,水平导航栏默认固定在页面的顶部,如图 130-1 所示;如果单击"在页面底部固定导航栏"导航菜单,则水平导航栏将固定在页面的底部,如图 130-2 所示;如果单击"在页面顶部固定导航栏"导航菜单,则水平导航栏将再次固定在页面的顶部,如图 130-1 所示。

图 130-1

主要代码如下:

```
<body>
<div class="container mt-5">
 <nav class="navbar navbar-expand bg-info navbar-dark fixed-top"
      id="myNav1" style="height: 40px;">
  <a class="navbar-brand" href="https://www.jd.com/">
   <img src="images/img049.png"
        style="width:40px; margin-left: 20px;">京东商城旗舰店</a>
  <ul class="navbar-nav">
   <li class="nav-item">
    <a class="nav-link " onclick="$('nav')[0].className =
      'navbar navbar-expand bg-info navbar-dark fixed-top';"
      href="#">在页面顶部固定导航栏</a></li>
```

图 130-2

```
      <li class="nav-item">
       <a class="nav-link " onclick="$('nav')[0].className=
          'navbar navbar-expand bg-info navbar-dark fixed-bottom';"
          href="#">在页面底部固定导航栏</a></li>
    </ul></nav>
   <img src="images/img118.jpg" id="myImage" class="w-75 ml-5">
  </div></body>
```

在上面这段代码中，class="navbar navbar-expand bg-info navbar-dark fixed-top"的 fixed-top 类用于将水平导航栏固定(实际上是悬浮)在页面顶部。如果将 fixed-top 类替换为 fixed-bottom 类，则水平导航栏将固定(实际上是悬浮)在页面底部。

此实例的源文件是 MyCode\ChapB\ChapB099.html。

131 设置水平导航菜单同步滚动条

此实例主要通过在页面中设置 data-spy="scroll"和在导航栏中设置 class="navbar nav-pills navbar-expand-sm bg-dark navbar-dark fixed-top"，实现在垂直方向上拖动滚动条改变页面内容位置时，同步更新对应的水平胶囊导航菜单的效果。当在浏览器中显示页面时，拖动右侧的垂直滚动条即可浏览整个页面的内容，当将垂直滚动条拖到《复仇者联盟》位置时，水平胶囊导航菜单立即定位到《复仇者联盟》，如图 131-1 所示；当将垂直滚动条拖到《好莱坞往事》位置时，水平胶囊导航菜单也立即定位到《好莱坞往事》，如图 131-2 所示。当然也可以单击《复仇者联盟》《好莱坞往事》《风语者》等水平导航菜单跳转到菜单对应的内容位置。

图 131-1

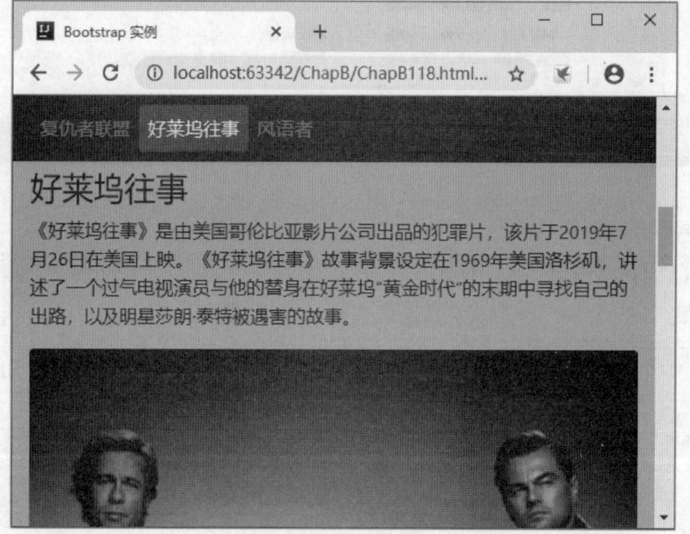

图 131-2

主要代码如下：

```
<body data-spy="scroll" data-target=".navbar" data-offset="10">
<nav class="navbar  nav-pills  navbar-expand-sm bg-dark navbar-dark fixed-top">
 <ul class="navbar-nav">
  <li class="nav-item"><a class="nav-link" href="#myDiv1">复仇者联盟</a></li>
  <li class="nav-item"><a class="nav-link" href="#myDiv2">好莱坞往事</a></li>
  <li class="nav-item"><a class="nav-link" href="#myDiv3">风语者</a></li>
 </ul></nav>
<div id="myDiv1" class="container-fluid bg-success" style="padding-top:60px;">
 <h3>复仇者联盟</h3>
 <p>复仇者联盟的成员包括人类、机器人、神、外星人、灵异生物，甚至还有改过自新的反派。虽然作风不同，甚至因此常造成内部纷争，但他们总能团结成为一个互补的战队，打击特别强大的恶势力。</p>
 <img src="images/img060.jpg" class="rounded w-100 mb-3"></div>
```

```
<div id = "myDiv2" class = "container - fluid bg - warning" style = "padding - top:60px;">
 <h3 >好莱坞往事</h3 >
 <p>《好莱坞往事》是由美国哥伦比亚影片公司出品的犯罪片,该片于 2019 年 7 月 26 日在美国上映。《好莱坞往事》故事背景设定在 1969 年美国洛杉矶,讲述了一个过气电视演员与他的替身在好莱坞"黄金时代"的末期中寻找自己的出路,以及明星莎朗·泰特被遇害的故事。</p>
 <img src = "images/img011.jpg" class = "rounded w - 100 mb - 3"></div>
<div id = "myDiv3" class = "container - fluid bg - info" style = "padding - top:60px;">
 <h3 >风语者</h3 >
 <p>《风语者》是华裔导演吴宇森于 2000 年执导拍摄的一部战争电影,影片讲述了海军军官乔奉命保护纳瓦霍族的密码员亚当,为了保护密码情报不被泄露而发生的故事。</p>
 <img src = "images/img002.jpg" class = "rounded w - 100 mb - 3">
</div></body>
```

在上面这段代码中,data-spy="scroll"用于设置将要监听的元素,一般是 body,即滚动条的操作对象。data-target=".navbar"通常设置为导航栏的 id 或 class(.navbar),这样就可以关联可滚动区域。可滚动元素的 id(如< div id=" myDiv1">)必须匹配导航栏的链接选项(如< a href="#myDiv1">)。data-offset="10"是可选项,用于计算滚动位置时,距离顶部的偏移像素,默认为 10px。fixed-top 类用于将水平导航栏悬浮在页面的顶部,如果不设置此类,可能无法看到水平导航栏。

此实例的源文件是 MyCode\ChapB\ChapB118.html。

132 在下拉菜单中设置分组标题

此实例主要通过使用 dropdown-header 类,实现在下拉菜单中设置不可选择的菜单分组标题的效果。当在浏览器中显示页面时,单击"柠檬影视"菜单(按钮),则将弹出下拉菜单,在该下拉菜单中的分组标题"电视剧频道""电影频道""综艺频道"等是不可选择的,在各个分组中的菜单(如"热门古装""爆笑喜剧"等)则是可以选择的,单击"青春偶像"菜单,则效果如图 132-1 所示,单击"火爆动作"菜单,则效果如图 132-2 所示。

图 132-1

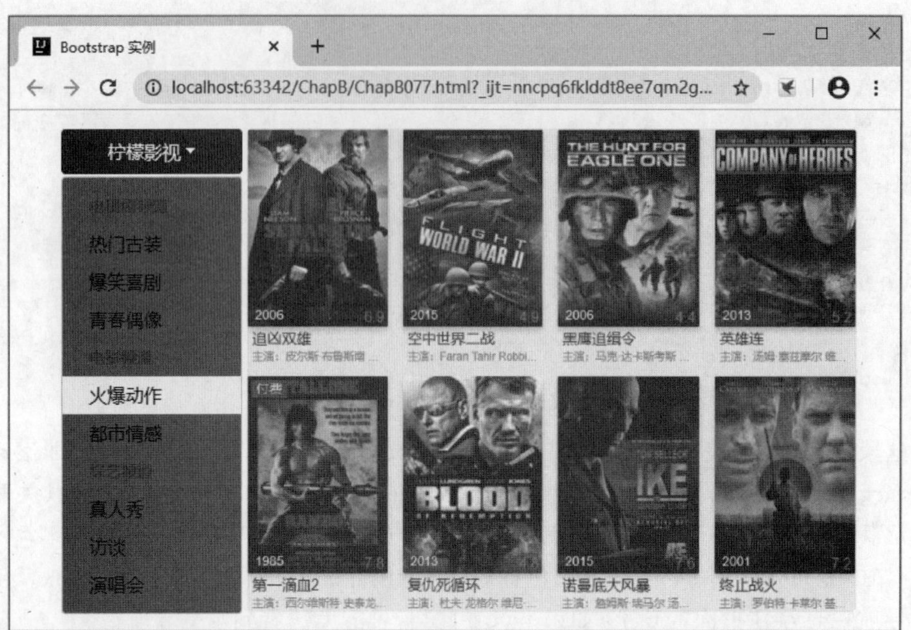

图 132-2

主要代码如下：

```
<body>
<div class="container mt-3">
 <div class="row">
   <div class="dropdown ml-3">
    <a class="btn btn-secondary dropdown-toggle"
       data-toggle="dropdown"  style="width: 160px;">柠檬影视</a>
    <div class="dropdown-menu bg-info">
     <h6 class="dropdown-header font-weight-bold">电视剧频道</h6>
     <a class="dropdown-item">热门古装</a>
     <a onclick="$('#myImage1')[0].src='images/img130.jpg'"
        class="dropdown-item">爆笑喜剧</a>
     <a onclick="$('#myImage1')[0].src='images/img131.jpg'"
        class="dropdown-item">青春偶像</a>
     <h6 class="dropdown-header font-weight-bold">电影频道</h6>
     <a onclick="$('#myImage1')[0].src='images/img132.jpg'"
        class="dropdown-item">火爆动作</a>
     <a class="dropdown-item">都市情感</a>
     <h6 class="dropdown-header font-weight-bold">综艺频道</h6>
     <a class="dropdown-item">真人秀</a>
     <a class="dropdown-item">访谈</a>
     <a class="dropdown-item">演唱会</a>
    </div></div>
   <div><img src="images/img130.jpg" class="rounded ml-1"
        id="myImage1" style="width: 530px;"></div>
</div></div></body>
```

在上面这段代码中，class="dropdown-header font-weight-bold"用于在下拉菜单中创建分组标题，该分组标题是不可使用鼠标选择的，并且呈现为灰色。

此实例的源文件是 MyCode\ChapB\ChapB077.html。

133 创建从按钮右侧弹出的子菜单

此实例主要通过使用 dropright 类，创建从按钮右侧弹出的子菜单。当在浏览器中显示页面时，“凭证管理”“报表管理”“友情链接”三个按钮的右侧均有一个右箭头图标，单击这些带有右箭头的按钮，则将从按钮右侧滑出对应的子菜单，效果分别如图 133-1 和图 133-2 所示。

图 133-1

图 133-2

主要代码如下：

```
<body>
<div class = "container mt - 3">
 <div class = "row">
  <div class = "col - 4">
   <div><a class = "btn btn - info"
       data - toggle = "dropdown" style = "width:160px;">系统设置</a></div>
   <div class = "dropright mt - 1">
    <a class = "btn btn - info dropdown - toggle"
       data - toggle = "dropdown" style = "width:160px;">凭证管理</a>
```

```
      <div class = "dropdown - menu">
        <a class = "dropdown - item">输入凭证</a>
        <div class = "dropdown - divider"></div>
        <a class = "dropdown - item">审核凭证</a>
        <div class = "dropdown - divider"></div>
        <a class = "dropdown - item">汇总凭证</a>
        <div class = "dropdown - divider"></div>
        <a class = "dropdown - item">查询凭证</a>
        <div class = "dropdown - divider"></div>
        <a class = "dropdown - item">修改凭证</a></div></div>
    <div class = "dropright mt - 1">
      <a class = "btn btn - info dropdown - toggle"
         data - toggle = "dropdown" style = "width:160px;">报表管理</a>
      <div class = "dropdown - menu">
        <a class = "dropdown - item">生成报表</a>
        <div class = "dropdown - divider"></div>
        <a class = "dropdown - item">查询报表</a>
        <div class = "dropdown - divider"></div>
        <a class = "dropdown - item">上传报表</a></div></div>
    <div class = "dropright mt - 1">
      <a class = "btn btn - info dropdown - toggle"
         data - toggle = "dropdown" style = "width:160px;">友情链接</a>
      <div class = "dropdown - menu">
        <a class = "dropdown - item" href = "http://czj.cq.gov.cn">财政局</a>
        <div class = "dropdown - divider"></div>
        <a class = "dropdown - item"
           href = "https://etax.chongqing.chinatax.gov.cn/">税务局</a>
        <div class = "dropdown - divider"></div>
        <a class = "dropdown - item" href = "http://rlsbj.cq.gov.cn/">社保局</a>
      </div></div></div>
   <div class = "col - 8"></div>
  </div></div></body>
```

在上面这段代码中，class="dropright mt-1"用于创建从(按钮)右侧弹出的子菜单，在 Bootstrap4 中，如果对超链接或按钮的父容器(div 元素)设置了 dropright，并且超链接或按钮同时设置了 dropdown-toggle，则超链接或按钮的右侧将显示右箭头图标，而不是下箭头图标。

此实例的源文件是 MyCode\ChapB\ChapB079.html。

134　创建从按钮左侧弹出的子菜单

此实例主要通过使用 dropleft 等类，创建从按钮左侧弹出的子菜单。当在浏览器中显示页面时，"新闻中心""党的建设"两个按钮的左侧均有一个左箭头，单击这些带有左箭头的按钮，则将从按钮左侧滑出对应的子菜单，效果分别如图 134-1 和图 134-2 所示。

主要代码如下：

```
<body>
<div class = "container mt - 3">
 <div class = "row">
  <img src = "images/img119.jpg" class = "rounded m - 1 ml - 3" width = "510">
  <div>
```

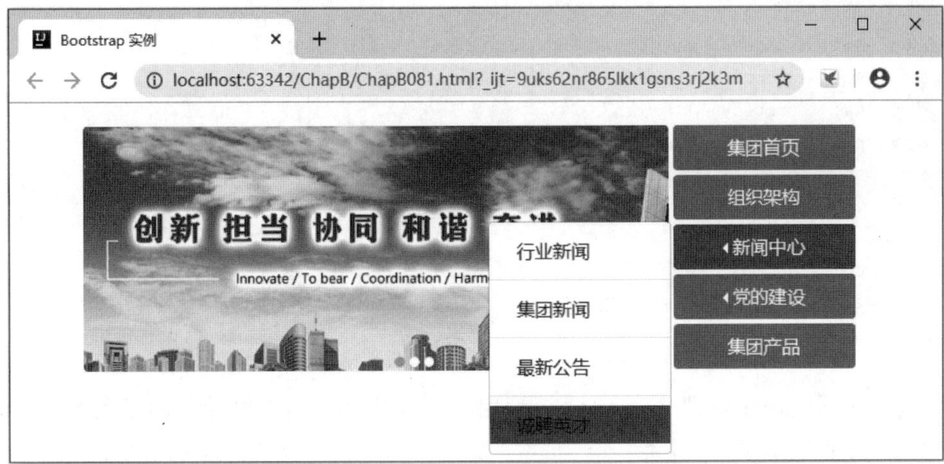

图 134-1

图 134-2

```
<div class = "mt - 1">
 <button type = "button" class = "btn btn - info"
         style = "width:160px;">集团首页</button></div>
<div class = "mt - 1">
 <button type = "button" class = "btn btn - info"
         style = "width:160px;">组织架构</button></div>
<div class = " dropleft mt - 1">
 <button type = "button" class = "btn btn - info dropdown - toggle"
         data - toggle = "dropdown" style = "width:160px;">新闻中心</button>
 <div class = "dropdown - menu">
  <a class = "dropdown - item">行业新闻</a>
  <div class = "dropdown - divider"></div>
  <a class = "dropdown - item">集团新闻</a>
  <div class = "dropdown - divider"></div>
  <a class = "dropdown - item">最新公告</a>
  <div class = "dropdown - divider"></div>
  <a class = "dropdown - item">诚聘英才</a></div></div>
<div class = " dropleft mt - 1">
 <button type = "button" class = "btn btn - info dropdown - toggle"
```

```
            data-toggle="dropdown" style="width:160px;">党的建设</button>
    <div class="dropdown-menu">
     <a class="dropdown-item">领导班子</a>
     <div class="dropdown-divider"></div>
     <a class="dropdown-item">党建制度</a>
     <div class="dropdown-divider"></div>
     <a class="dropdown-item">党建成就</a></div></div>
   <div class="mt-1">
    <button type="button" class="btn btn-info"
            style="width:160px;">集团产品</button></div>
  </div></div></div></body>
```

在上面这段代码中,class=" dropleft mt-1"用于创建从(按钮)左侧弹出的子菜单,在 Bootstrap4 中,如果对超链接或按钮的父容器(div 元素)设置了 dropleft,并且超链接或按钮同时设置了 dropdown-toggle,则超链接或按钮的左侧将显示左箭头图标,而不是下箭头图标。

此实例的源文件是 MyCode\ChapB\ChapB081.html。

135 创建从分隔按钮弹出的子菜单

此实例主要通过使用 dropright、dropdown-toggle、dropdown-toggle-split 等类,在按钮组上将普通按钮和分隔按钮组合在一起,并实现各自独立的功能,即在此实例中单击普通按钮切换图像,单击分隔按钮弹出子菜单。当在浏览器中显示页面时,在"营销中心"按钮(菜单)的右侧有一个右箭头分隔按钮,单击该分隔按钮将从右端弹出对应的子菜单,效果如图 135-1 所示;单击"营销中心"按钮(菜单)并不弹出子菜单,而是切换图像,效果如图 135-2 所示。

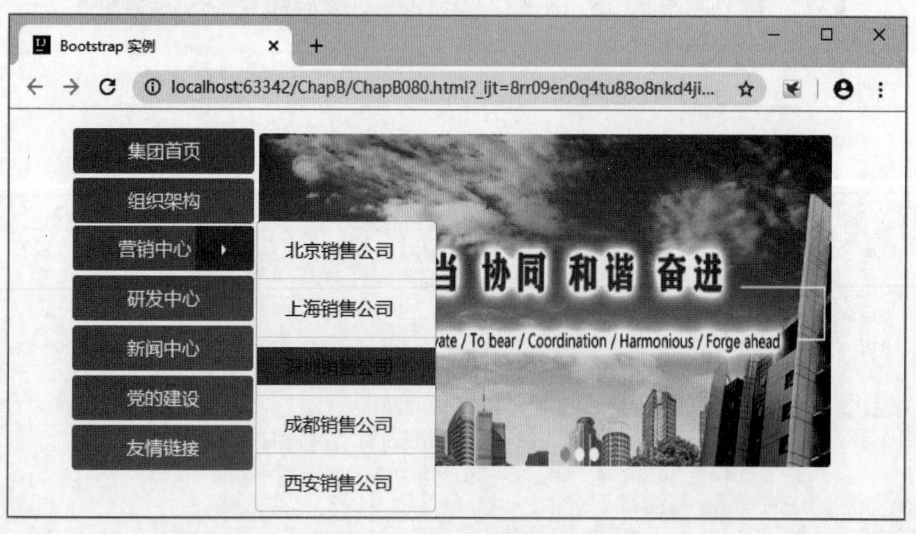

图 135-1

主要代码如下:

```
<body>
<div class="container mt-3">
 <div class="row">
  <div class="ml-4">
```

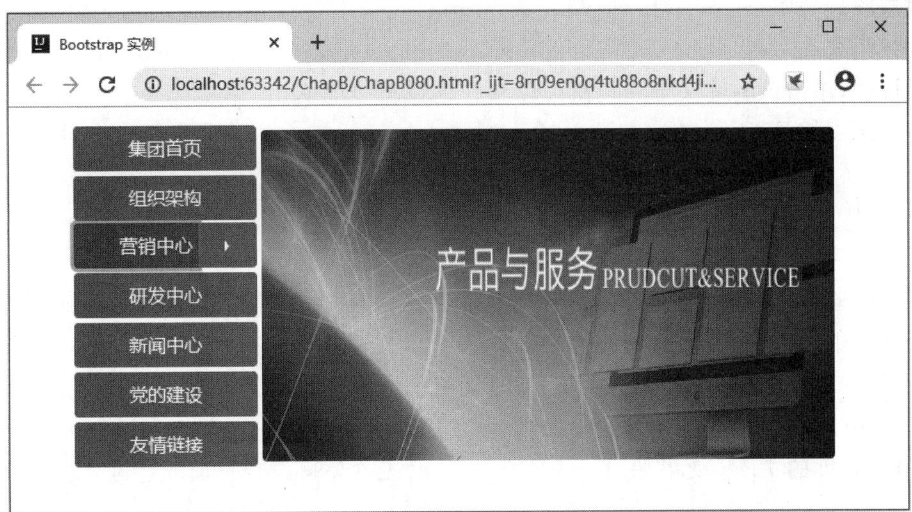

图 135-2

```
<div><button type="button" class="btn btn-info" style="width:160px;"
   onclick="$('#myImage').attr('src','images/img119.jpg')">
   集团首页</button></div>
<div class="mt-1">
 <button type="button" class="btn btn-info"
         style="width:160px;">组织架构</button></div>
<div class="btn-group dropright" style="margin-top: 2px;width: 160px;">
 <button type="button" class="btn btn-info pr-1" style="text-align:right;"
         onclick="$('#myImage').attr('src','images/img120.jpg')">
         营销中心</button>
 <button type="button"   data-toggle="dropdown"
         class="btn btn-info dropdown-toggle dropdown-toggle-split"></button>
 <div class="dropdown-menu">
  <a class="dropdown-item">北京销售公司</a>
  <div class="dropdown-divider"></div>
  <a class="dropdown-item">上海销售公司</a>
  <div class="dropdown-divider"></div>
  <a class="dropdown-item">深圳销售公司</a>
  <div class="dropdown-divider"></div>
  <a class="dropdown-item">成都销售公司</a>
  <div class="dropdown-divider"></div>
  <a class="dropdown-item">西安销售公司</a></div></div>
<div class="mt-1"><button type="button"
     class="btn btn-info" style="width:160px;">研发中心</button></div>
<div class="mt-1"><button type="button"
     class="btn btn-info" style="width:160px;">新闻中心</button></div>
<div class="mt-1"><button type="button"
     class="btn btn-info" style="width:160px;">党的建设</button></div>
<div class="mt-1"><button type="button"
     class="btn btn-info" style="width:160px;">友情链接</button></div>
</div>
<img src="images/img119.jpg" class="rounded m-1"
    style="width: 500px;" id="myImage">
</div></div></body>
```

在上面这段代码中，class＝"btn-group dropright"用于创建按钮组，此例用于将“营销中心”和右箭头两个按钮组合在一起。class＝"btn btn-info dropdown-toggle dropdown-toggle-split"用于添加右箭头分隔按钮，单击该右箭头分隔按钮可以从右端弹出子菜单。

此实例的源文件是 MyCode\ChapB\ChapB080.html。

136 使用 w 类设置元素的宽度百分比

此实例主要通过使用 w-50、w-75 等类，实现以百分比形式设置文本块（或其他元素）的宽度的效果。当在浏览器中显示页面时，单击“以 w-50 样式显示文本块”按钮，则将设置文本块的宽度为容器（div 块）宽度的 50％，效果如图 136-1 所示，此时无论怎样改变页面的宽度，文本块的宽度始终随着页面宽度的改变而改变，即始终是 50％；单击“以 w-75 样式显示文本块”按钮，则将设置文本块的宽度为容器（div 块）宽度的 75％，效果如图 136-2 所示，此时无论怎样改变页面的宽度，文本块的宽度始终随着页面宽度的改变而改变，即始终是 75％。

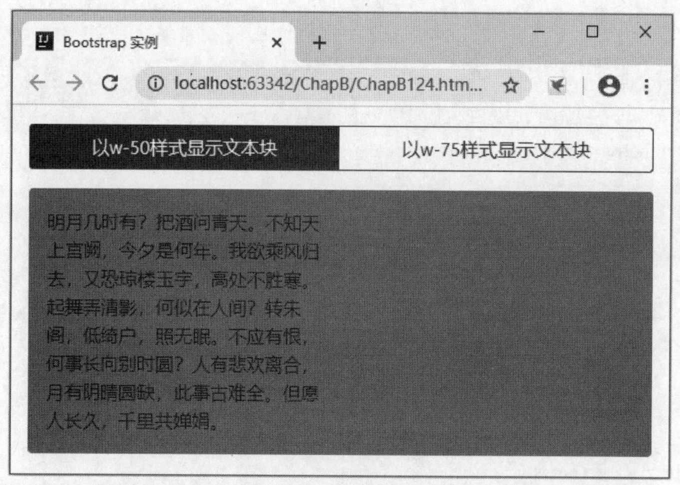

图 136-1

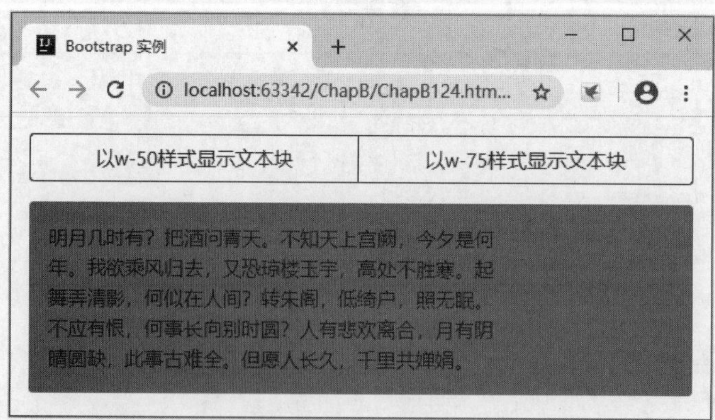

图 136-2

主要代码如下：

```
<body>
<div class = "container mt - 3">
 <div class = "btn - group w - 100 mb - 3">
```

```
<button type="button" class="btn btn-outline-dark"
        id="myButton1">以 w-50 样式显示文本块</button>
<button type="button" class="btn btn-outline-dark"
        id="myButton2">以 w-75 样式显示文本块</button></div>
<div class="bg-info rounded">
<p id="myText1" class="w-50 p-3">明月几时有?把酒问青天。不知天上宫阙,今夕是何年。我欲乘风归去,又恐琼楼玉宇,高处不胜寒。起舞弄清影,何似在人间?转朱阁,低绮户,照无眠。不应有恨,何事长向别时圆?人有悲欢离合,月有阴晴圆缺,此事古难全。但愿人长久,千里共婵娟。</p>
</div></div>
<script>
 $(function () {
  $("#myButton1").click(function(){          //响应单击"以 w-50 样式显示文本块"按钮
   $("#myText1")[0].className = "w-50 p-3";
  });
  $("#myButton2").click(function(){          //响应单击"以 w-75 样式显示文本块"按钮
   $("#myText1")[0].className = "w-75 p-3";
  }); });
</script></body>
```

在上面这段代码中,w-50 表示文本块(或其他元素)的宽度等于容器(div 块)宽度的 50%。w-75 表示文本块(或其他元素)的宽度等于容器(div 块)宽度的 75%。注意:w-后面的数字不能任意设定,目前支持的其他两种宽度分别是:w-25(表示该元素的宽度等于容器宽度的 25%)和 w-100(表示该元素的宽度与容器宽度相等)。

此实例的源文件是 MyCode\ChapB\ChapB124.html。

137 使用 h 类设置元素的高度百分比

此实例主要通过使用 h-50、h-75 等类设置图像(或其他元素)的高度,实现以百分比形式设置图像(或其他元素)高度的效果。当在浏览器中显示页面时,单击"设置图像高度为 h-50"按钮,则图像的高度立即被设置为容器(div 块)的 50%,效果如图 137-1 所示;单击"设置图像高度为 h-75"按钮,则图像的高度立即被设置为容器(div 块)的 75%,效果如图 137-2 所示。

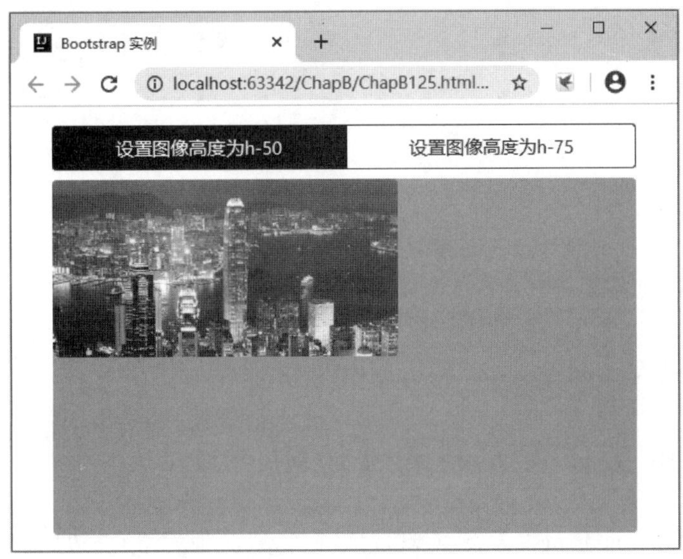

图 137-1

图 137-2

主要代码如下：

```
<body>
<div class = "container mt - 3">
 <div class = "btn - group w - 100 mb - 2">
  <button type = "button" class = "btn btn - outline - dark"
          id = "myButton1">设置图像高度为 h - 50 </button>
  <button type = "button" class = "btn btn - outline - dark"
          id = "myButton2">设置图像高度为 h - 75 </button></div>
 <div class = "bg - info rounded" style = "height: 300px;">
  <img src = "images/img086.jpg" class = "h - 50 rounded">
 </div></div>
<script>
  $ (function () {
   $ ("#myButton1").click(function(){        //响应单击"设置图像高度为 h - 50"按钮
    $ ("img")[0].className = "h - 50 rounded";
   });
   $ ("#myButton2").click(function(){        //响应单击"设置图像高度为 h - 75"按钮
    $ ("img")[0].className = "h - 75 rounded";
   }); });
</script></body>
```

在上面这段代码中，h-50 表示图像（或其他元素）的高度是容器（div 块）高度（此例是 300px）的 50%。h-75 表示图像（或其他元素）的高度是容器（div 块）高度（此例是 300px）的 75%。如果是 h-100，则表示该元素的高度是容器高度的 100%，即等高。如果是 h-25，则表示该元素的高度是容器高度的 25%。

此实例的源文件是 MyCode\ChapB\ChapB125.html。

138 使用 m 类设置元素的外边距

此实例主要通过使用 m-1、m-4 等类，实现设置图像（或其他元素）外边距的效果。当在浏览器中显示页面时，单击“减小图像之间的外边距”按钮，则三幅电影海报在外边距减小之后的排列效果如

图 138-1 所示；单击“增大图像之间的外边距”按钮，则三幅电影海报在外边距增大之后的排列效果如图 138-2 所示。

图 138-1

图 138-2

主要代码如下：

```
<body>
<div class = "container mt - 3">
 <div class = "btn - group mb - 3 w - 100">
  <button type = "button" class = "btn btn - outline - dark"
          id = "myButton1">减小图像之间的外边距</button>
  <button type = "button" class = "btn btn - outline - dark"
          id = "myButton2">增大图像之间的外边距</button></div>
 <div class = "row">
  <img src = "images/img082.jpg" class = "rounded m - 1" width = "120px" height = "180px">
  <img src = "images/img083.jpg" class = "rounded m - 1" width = "120px" height = "180px">
  <img src = "images/img084.jpg" class = "rounded m - 1" width = "120px" height = "180px">
 </div></div>
<script>
```

```
 $(function () {
   $("#myButton1").click(function(){          //响应单击"减小图像之间的外边距"按钮
    $("img").each(function(){ $(this)[0].className = "rounded m-1"; });
   });
   $("#myButton2").click(function(){          //响应单击"增大图像之间的外边距"按钮
    $("img").each(function(){ $(this)[0].className = "rounded m-4"; });
   }); });
</script></body>
```

关于元素的外边距(margin)、内边距(padding)与容器之间的关系如图 138-3 所示。

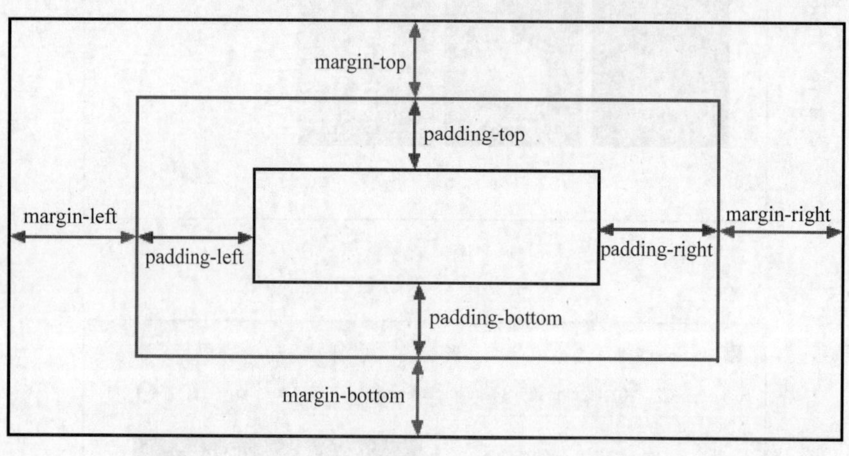

图 138-3

在上面这段代码中,m-1 和 m-4 用于调整元素的外边距,其意义如表 138-1 所示。

表 138-1

类 名	等价的 style
m-0	等价于{margin:0 !important}
m-1	等价于{margin:0.25rem !important}
m-2	等价于{margin:0.5rem !important}
m-3	等价于{margin:1rem !important}
m-4	等价于{margin:1.5rem !important}
m-5	等价于{margin:3rem !important}
m-auto	等价于{margin:auto !important}

此外,mt-2 表示仅调整元素顶部的外边距为 0.5rem,其他几个方向的外边距不变,相关说明如表 138-2 所示。

表 138-2

类 名	等价的 style
mt-2	{margin-top: 0.5rem !important}
mb-2	{margin-bottom: 0.5rem !important}
ml-2	{margin-left: 0.5rem !important}
mr-2	{margin-right: 0.5rem !important}
mx-2	{margin-right: 0.5rem !important;margin-left: 0.5rem !important}
my-2	{margin-top: 0.5rem !important;margin-bottom: 0.5rem !important}

此实例的源文件是 MyCode\ChapB\ChapB163.html。

139 使用 p 类设置元素的内边距

此实例主要通过使用 p-1、p-4 等类，实现设置图像（或其他元素）内边距的效果。当在浏览器中显示页面时，单击“减小图像的内边距”按钮，则图像在内边距减小之后的显示效果如图 139-1 所示；单击“增大图像的内边距”按钮，则图像在内边距增大之后的显示效果如图 139-2 所示。

图 139-1

图 139-2

主要代码如下：

```
<body>
<div class="container mt-3">
```

```
<div class="btn-group mb-3 w-100">
  <button type="button" class="btn btn-outline-dark"
          id="myButton1">减小图像的内边距</button>
  <button type="button" class="btn btn-outline-dark"
          id="myButton2">增大图像的内边距</button></div>
 <div class="bg-info rounded p-1"  style="height: 300px;" id="myDiv">
  <img src="images/img086.jpg" class="rounded p-1">
 </div></div>
<script>
 $(function () {
  $("#myButton1").click(function(){          //响应单击"减小图像的内边距"按钮
   //$("#myDiv")[0].className = "bg-info rounded p-1";
   $("img")[0].className = "rounded p-1";
  });
  $("#myButton2").click(function(){          //响应单击"增大图像的内边距"按钮
   //$("#myDiv")[0].className = "bg-info rounded p-4";
   $("img")[0].className = "rounded p-4";
  }); });
</script></body>
```

在上面这段代码中，p-1 和 p-4 用于调整元素的内边距，其意义如表 139-1 所示。

表 139-1

类名	等价的 style
p-0	等价于{padding:0 !important}
p-1	等价于{padding:0.25rem !important}
p-2	等价于{padding:0.5rem !important}
p-3	等价于{padding:1rem !important}
p-4	等价于{padding:1.5rem !important}
p-5	等价于{padding:3rem !important}
p-auto	等价于{padding:auto !important}

此外，pt-2 表示仅调整元素顶部的内边距为 0.5rem，其他几个方向的内边距不变，相关说明如表 139-2 所示。

表 139-2

类名	等价的 style
pt-2	{padding-top: 0.5rem !important}
pb-2	{padding-bottom: 0.5rem !important}
pl-2	{padding-left: 0.5rem !important}
pr-2	{padding-right: 0.5rem !important}
px-2	{padding-right: 0.5rem !important;margin-left: 0.5rem !important}
py-2	{padding-top: 0.5rem !important;margin-bottom: 0.5rem !important}

此实例的源文件是 MyCode\ChapB\ChapB206.html。

140 使用 mx 类调整元素左右外边距

此实例主要通过使用 mx-0、mx-5 等类，实现同时调整图像（或其他元素）左右两端的外边距的效果。当在浏览器中显示页面时，单击“减小第二幅图像左右两端外边距”按钮，则第二幅图像左右两端的外边距在减小之后的效果如图 140-1 所示；单击“增大第二幅图像左右两端外边距”按钮，则第二幅图像左右两端的外边距在增大之后的效果如图 140-2 所示。

图 140-1

图 140-2

主要代码如下：

```
<body>
<div class="container mt-3">
 <div class="btn-group w-100 mb-3">
  <button type="button" class="btn btn-outline-dark"
          id="myButton1">减小第二幅图像左右两端外边距</button>
  <button type="button" class="btn btn-outline-dark"
          id="myButton2">增大第二幅图像左右两端外边距</button></div>
 <img src="images/img082.jpg" class="rounded mx-0" width="120px" height="180px">
 <img src="images/img083.jpg" class="rounded mx-0"
      id="myImage" width="120px" height="180px">
 <img src="images/img084.jpg" class="rounded mx-0" width="120px" height="180px">
</div>
<script>
 $(function () {
 $("#myButton1").click(function(){          //响应单击"减小第二幅图像左右两端外边距"按钮
   $("#myImage")[0].className = "rounded mx-0";
  });
```

```
  $("#myButton2").click(function(){          //响应单击"增大第二幅图像左右两端外边距"按钮
    $("#myImage")[0].className = "rounded mx-5";
  });});
</script></body>
```

在上面这段代码中，mx-后面跟一个数字用于调整元素左右两端的外边距(margin)，可用数字包括0、1、2、3、4、5，数字越大，外边距值越大。同理，my-后面跟一个数字用于调整元素上下两端的外边距，可用数字包括0、1、2、3、4、5，数字越大，外边距值越大。

此实例的源文件是MyCode\ChapB\ChapB208.html。

141 使用px类调整元素左右内边距

此实例主要通过使用px-0、px-5等类，实现同时调整文本块(或其他元素)左右两端的内边距的效果。当在浏览器中显示页面时，单击"减小文本块左右两端的内边距"按钮，则文本块左右两端的内边距在减小之后的效果如图141-1所示；单击"增大文本块左右两端的内边距"按钮，则文本块左右两端的内边距在增大之后的效果如图141-2所示。

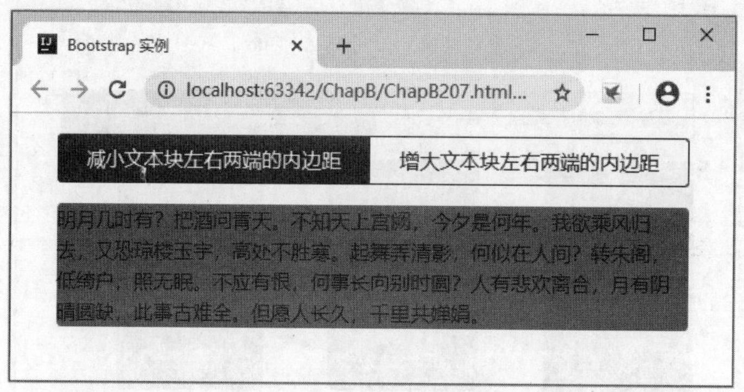

图 141-1

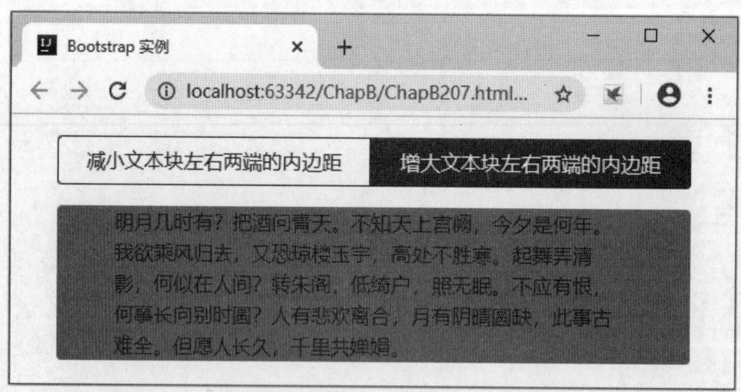

图 141-2

主要代码如下：

```
<body>
<div class="container mt-3">
 <div class="btn-group w-100 mb-3">
  <button type="button" class="btn btn-outline-dark"
```

```
            id = "myButton1">减小文本块左右两端的内边距</button>
   <button type = "button" class = "btn btn - outline - dark"
            id = "myButton2">增大文本块左右两端的内边距</button></div>
  <div class = "bg - info rounded">
   <p id = "myText1" class = "px - 0">明月几时有?把酒问青天。不知天上宫阙,今夕是何年。我欲乘风归去,又恐琼楼玉宇,高处不胜寒。起舞弄清影,何似在人间?转朱阁,低绮户,照无眠。不应有恨,何事长向别时圆?人有悲欢离合,月有阴晴圆缺,此事古难全。但愿人长久,千里共婵娟。</p>
  </div></div>
 <script>
  $ (function () {
   $ ("#myButton1").click(function(){          //响应单击"减小文本块左右两端的内边距"按钮
    $ ("#myText1")[0].className = "px - 0";
   });
   $ ("#myButton2").click(function(){          //响应单击"增大文本块左右两端的内边距"按钮
    $ ("#myText1")[0].className = "px - 5";
   }); });
 </script></body>
```

在上面这段代码中,px-后面跟一个数字用于调整元素左右两端的内边距(padding),可用数字包括 0、1、2、3、4、5,数字越大,内边距值越大。同理,py-后面跟一个数字用于调整元素上下两端的内边距,可用数字包括 0、1、2、3、4、5,数字越大,内边距值越大。

此实例的源文件是 MyCode\ChapB\ChapB207.html。

142 在水平方向上倒序排列子元素

此实例主要通过使用 d-flex、flex-row、flex-row-reverse 等类,实现在水平方向上倒序排列在弹性容器(div 块)中的多个子元素(img 图像)的效果。当在浏览器中显示页面时,单击“正序横向排列多幅图像”按钮,则在水平方向上的多个子元素(三幅电影海报)正序排列的效果如图 142-1 所示;单击“倒序横向排列多幅图像”按钮,则在水平方向上的多个子元素(三幅电影海报)倒序排列的效果如图 142-2 所示。

图 142-1

主要代码如下:

```
<body>
<div class = "container mt - 3">
```

图 142-2

```
<div class = "btn - group w - 100 mb - 2">
  <button type = "button" class = "btn btn - outline - dark"
          id = "myButton1">正序横向排列多幅图像</button>
  <button type = "button" class = "btn btn - outline - dark"
          id = "myButton2">倒序横向排列多幅图像</button></div>
 <div class = "d - flex flex - row bg - info rounded" id = "myDiv">
  <img src = "images/img063.jpg" class = " rounded"
        style = "width:120px;height: 180px;margin: 2px;">
  <img src = "images/img064.jpg" class = " rounded"
        style = "width:120px;height: 180px;margin: 2px;">
  <img src = "images/img065.jpg" class = " rounded"
        style = "width:120px;height: 180px;margin: 2px;">
 </div></div>
<script>
 $(function(){
  $("#myButton1").click(function(){         //响应单击"正序横向排列多幅图像"按钮
   $("#myDiv")[0].className = "d - flex flex - row bg - info rounded";
  });
  $("#myButton2").click(function(){         //响应单击"倒序横向排列多幅图像"按钮
   $("#myDiv")[0].className = "d - flex flex - row - reverse bg - info rounded";
  }); });
</script></body>
```

在上面这段代码中，d-flex 类用于创建弹性容器。flex-row 类用于设置在弹性容器中的多个子元素沿水平方向排列，这是默认值。flex-row-reverse 类用于设置在弹性容器中的多个子元素沿水平方向右对齐排列，即与 flex-row 方向相反(反转)。

此实例的源文件是 MyCode\ChapB\ChapB126.html。

143 在垂直方向上倒序排列子元素

此实例主要通过使用 d-flex、flex-column、flex-column-reverse 等类，实现在垂直方向上正序或倒序排列多个子元素(图像)。当在浏览器中显示页面时，单击“正序纵向排列多幅图像”按钮，则四幅图像在垂直方向上正序排列的效果如图 143-1 所示；单击“倒序纵向排列多幅图像”按钮，则四幅图像在垂直方向上倒序排列的效果如图 143-2 所示。

Bootstrap 实例
localhost:63342/ChapB/ChapB127.ht...
正序纵向排列多幅图像
倒序纵向排列多幅图像

图 143-1

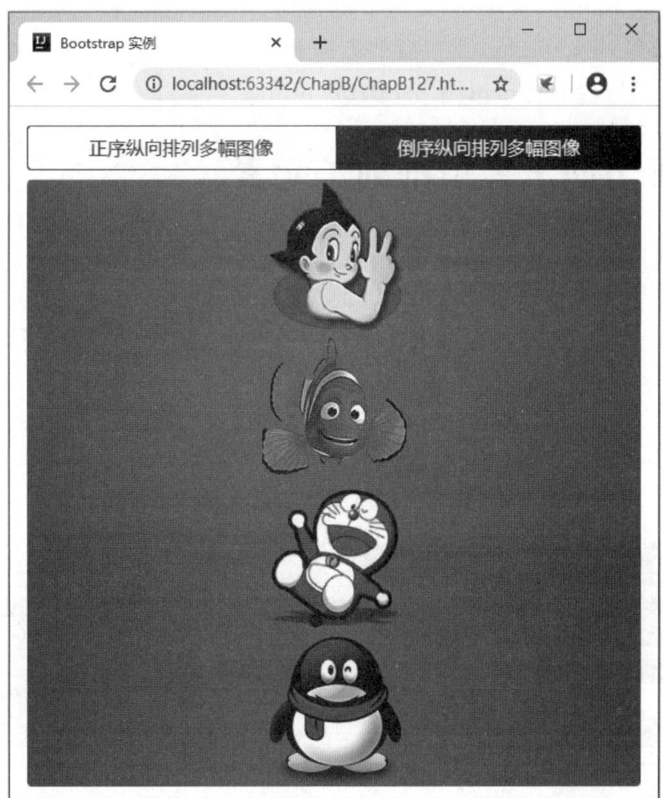
Bootstrap 实例
localhost:63342/ChapB/ChapB127.ht...
正序纵向排列多幅图像
倒序纵向排列多幅图像

图 143-2

主要代码如下：

```
<body>
<div class="container mt-3">
 <div class="btn-group w-100 mb-2">
  <button type="button" class="btn btn-outline-dark"
          id="myButton1">正序纵向排列多幅图像</button>
  <button type="button" class="btn btn-outline-dark"
          id="myButton2">倒序纵向排列多幅图像</button></div>
 <div class="d-flex flex-column bg-info rounded" id="myDiv">
  <img src="images/img121.png"  class="m-auto">
  <img src="images/img122.png"  class="m-auto">
  <img src="images/img123.png"  class="m-auto">
  <img src="images/img124.png"  class="m-auto">
 </div></div>
<script>
 $(function(){
  $("#myButton1").click(function(){         //响应单击"正序纵向排列多幅图像"按钮
   $("#myDiv")[0].className="d-flex flex-column bg-info rounded";
  });
  $("#myButton2").click(function(){         //响应单击"倒序纵向排列多幅图像"按钮
   $("#myDiv")[0].className="d-flex flex-column-reverse bg-info rounded";
  });});
</script></body>
```

在上面这段代码中，d-flex 类用于创建弹性容器。flex-column 类用于设置弹性容器的多个子元素沿垂直方向排列。flex-column-reverse 类用于设置弹性容器的多个子元素沿垂直方向（在列方向上）反转（倒序）排列，即与 flex-column 类设置的方向相反。

此实例的源文件是 MyCode\ChapB\ChapB127. html。

144　在水平方向上等距排列子元素

此实例主要通过使用 d-flex、justify-content-between 等类，实现在水平方向上等间距排列多个弹性子元素（图像）的效果。当在浏览器中显示页面时，单击"以默认方式排列多幅图像"按钮，则四幅图像在水平方向上以默认方式的排列效果如图 144-1 所示；单击"在水平方向上等间距排列多幅图像"按钮，则四幅图像在水平方向上以等间距方式的排列效果如图 144-2 所示。

图　144-1

图 144-2

主要代码如下：

```
<body>
<div class="container mt-3">
 <div class="btn-group w-100 mb-2">
  <button type="button" class="btn btn-outline-dark"
          id="myButton1">以默认方式排列多幅图像</button>
  <button type="button" class="btn btn-outline-dark"
          id="myButton2">在水平方向上等间距排列多幅图像</button></div>
 <div class="d-flex justify-content-between bg-info rounded" id="myDiv">
  <img src="images/img121.png">
  <img src="images/img122.png">
  <img src="images/img123.png">
  <img src="images/img124.png">
 </div></div>
<script>
  $(function(){
   $("#myButton1").click(function(){          //响应单击"以默认方式排列多幅图像"按钮
    $("#myDiv")[0].className="d-flex  bg-info rounded";
   });
  $("#myButton2").click(function(){           //响应单击"在水平方向上等间距排列多幅图像"按钮
    $("#myDiv")[0].className="d-flex justify-content-between  bg-info rounded";
   }); });
</script></body>
```

在上面这段代码中，d-flex 类用于创建弹性容器。justify-content-between 类用于在水平方向上等间距排列在弹性容器中的多个子元素。其他几种在弹性容器中排列子元素的类分别是：justify-content-center 类用于居中排列子元素。justify-content-start 类用于从开始位置（靠左）排列子元素，justify-content-end 类用于从结束位置（靠右）排列子元素，justify-content-around 与 justify-content-between 类似，但它是在圆周上实现的等间距排列子元素，在水平方向上则表现为在开始和结束位置分别占用平均间距的一半。

此实例的源文件是 MyCode\ChapB\ChapB128.html。

145 按照权重数字排列多个子元素

此实例主要通过使用 d-flex、order-1、order-2、order-3、order-4 等类，实现在弹性容器中按照权重数字排列多个子元素（图像）的效果。当在浏览器中显示页面时，单击“按照默认顺序排列多幅图像”

按钮，则四个子元素（四幅电影海报）在弹性容器中的排列效果如图 145-1 所示。单击"按照权重数字排列多幅图像"按钮，则四个子元素（四幅电影海报）按照自身的权重数字在弹性容器中的排列效果如图 145-2 所示。

图 145-1

图 145-2

主要代码如下：

```
<body>
<div class="container mt-3">
 <div class="btn-group w-100 mb-2">
  <button type="button" class="btn btn-outline-dark"
          id="myButton1">按照默认顺序排列多幅图像</button>
  <button type="button" class="btn btn-outline-dark"
          id="myButton2">按照权重数字排列多幅图像</button></div>
 <div class="d-flex bg-info rounded">
  <img src="images/img063.jpg" id="myImage1"
       class="rounded" style="width:120px;height:180px;margin: 2px;">
  <img src="images/img064.jpg" id="myImage2"
       class="rounded" style="width:120px;height:180px;margin: 2px;">
  <img src="images/img065.jpg" id="myImage3"
       class="rounded" style="width:120px;height:180px;margin: 2px;">
  <img src="images/img002.jpg" id="myImage4"
       class="rounded" style="width:120px;height:180px;margin: 2px;">
```

```
</div></div>
<script>
 $(function(){
  $("#myButton1").click(function(){          //响应单击"按照默认顺序排列多幅图像"按钮
   $("#myImage1")[0].className = "rounded";
   $("#myImage2")[0].className = "rounded";
   $("#myImage3")[0].className = "rounded";
   $("#myImage4")[0].className = "rounded";
  });
  $("#myButton2").click(function(){          //响应单击"按照权重数字排列多幅图像"按钮
   $("#myImage1")[0].className = "rounded order-4";
   $("#myImage2")[0].className = "rounded order-3";
   $("#myImage3")[0].className = "rounded order-2";
   $("#myImage4")[0].className = "rounded order-1";
  }); });
</script></body>
```

在上面这段代码中，d-flex 用于创建弹性容器。order-1、order-2、order-3、order-4 用于设置子元素(图像以及 div 容器)在弹性容器中排列的权重数字，权重数字越小权重越高(即 order-1 排在 order-2 之前)，可用权重数字从 order-1 至 order-12。

此实例的源文件是 MyCode\ChapB\ChapB131. html。

146 指定子元素分配容器剩余宽度

此实例主要通过使用 d-flex、flex-grow-1 等类，实现指定子元素分配弹性容器的剩余宽度的效果。当在浏览器中显示页面时，在三幅电影海报的右边有一片空白，即容器的剩余宽度，如图 146-1 所示；单击“指定第一幅图像分配剩余宽度”按钮，则第一幅电影海报将拉伸宽度，直到容器没有剩余宽度，如图 146-2 所示；单击“指定第二幅图像分配剩余宽度”按钮，则第二幅电影海报将拉伸宽度，直到容器没有剩余宽度，第一幅电影海报则恢复原始状态。

图 146-1

图 146-2

主要代码如下：

```
<body>
<div class="container mt-3">
 <div class="btn-group w-100 mb-2">
  <button type="button" class="btn btn-outline-dark"
          id="myButton1">指定第一幅图像分配剩余宽度</button>
  <button type="button" class="btn btn-outline-dark"
          id="myButton2">指定第二幅图像分配剩余宽度</button></div>
  <div class="d-flex border rounded">
   <img src="images/img125.jpg" id="myImage1" class="rounded">
   <img src="images/img126.jpg" id="myImage2" class="rounded">
   <img src="images/img127.jpg" id="myImage3" class="rounded">
  </div></div>
<script>
 $(function(){
  $("#myButton1").click(function(){        //响应单击"指定第一幅图像分配剩余宽度"按钮
   $("#myImage1")[0].className="flex-grow-1 rounded";
   $("#myImage2")[0].className="rounded";
   $("#myImage3")[0].className="rounded";
  });
  $("#myButton2").click(function(){        //响应单击"指定第二幅图像分配剩余宽度"按钮
   $("#myImage1")[0].className="rounded";
   $("#myImage2")[0].className="flex-grow-1 rounded";
   $("#myImage3")[0].className="rounded";
  });});
</script></body>
```

在上面这段代码中，d-flex 类用于创建弹性容器。flex-grow-1 类用于指定子元素分配弹性容器的剩余空间，如果所有子元素均设置了此类，则将平均分配剩余空间。

此实例的源文件是 MyCode\ChapB\ChapB129.html。

147 设置子元素均分容器剩余宽度

此实例主要通过使用 d-flex、flex-fill 等类，实现设置所有子元素均分弹性容器的剩余宽度的效果。当在浏览器中显示页面时，单击"以默认方式排列所有图像"按钮，则弹性容器在排列所有图像之后，在右边将有部分剩余空间（宽度），如图 147-1 所示；单击"设置所有图像均分剩余宽度" 按钮，则所有图像将拉伸宽度，直到弹性容器没有剩余空间（宽度），如图 147-2 所示。

图 147-1

图 147-2

主要代码如下：

```
<body>
<div class = "container mt - 3">
 <div class = "btn - group w - 100 mb - 2">
  <button type = "button" class = "btn btn - outline - dark"
           id = "myButton1">以默认方式排列所有图像</button>
  <button type = "button" class = "btn btn - outline - dark"
           id = "myButton2">设置所有图像均分剩余宽度</button></div>
```

```
<div class = "d - flex border rounded">
  < img src = "images/img125.jpg" id = "myImage1" class = "rounded">
  < img src = "images/img126.jpg" id = "myImage2" class = "rounded">
  < img src = "images/img127.jpg" id = "myImage3" class = "rounded">
 </div></div>
<script>
 $ (function(){
  $ ("#myButton1").click(function(){          //响应单击"以默认方式排列所有图像"按钮
   $ ("#myImage1")[0].className = "rounded";
   $ ("#myImage2")[0].className = "rounded";
   $ ("#myImage3")[0].className = "rounded";
  });
  $ ("#myButton2").click(function(){          //响应单击"设置所有图像均分剩余宽度"按钮
   $ ("#myImage1")[0].className = "flex - fill rounded";
   $ ("#myImage2")[0].className = "flex - fill rounded";
   $ ("#myImage3")[0].className = "flex - fill rounded";
  }); });
</script></body>
```

在上面这段代码中，flex-fill 类用于指定子元素参与分配弹性容器的剩余空间，如果有两个子元素都设置了 flex-fill 类，则该弹性容器的剩余宽度由这两个子元素均分；如果有三个子元素都设置了 flex-fill 类，则该弹性容器的剩余宽度由这三个子元素均分，以此类推。flex-fill 类与 flex-grow-1 类实现的功能特别类似。

此实例的源文件是 MyCode\ChapB\ChapB130.html。

148 将剩余宽度设置为元素右边距

此实例主要通过使用 d-flex、mr-auto 等类，实现将弹性容器的剩余宽度分配给指定的子元素作为右外边距的效果。当在浏览器中显示页面时，在三幅电影海报的右边有一片空白，即容器的剩余宽度，如图 148-1 所示；单击“将剩余宽度设置为第一幅图像的右外边距”按钮，则在第一幅电影海报与第二幅电影海报之间将会出现空白，宽度等于容器的剩余宽度，如图 148-2 所示；单击“将剩余宽度设置为第二幅图像的右外边距”按钮，则在第二幅电影海报与第三幅电影海报之间将会出现空白，宽度等于容器的剩余宽度。

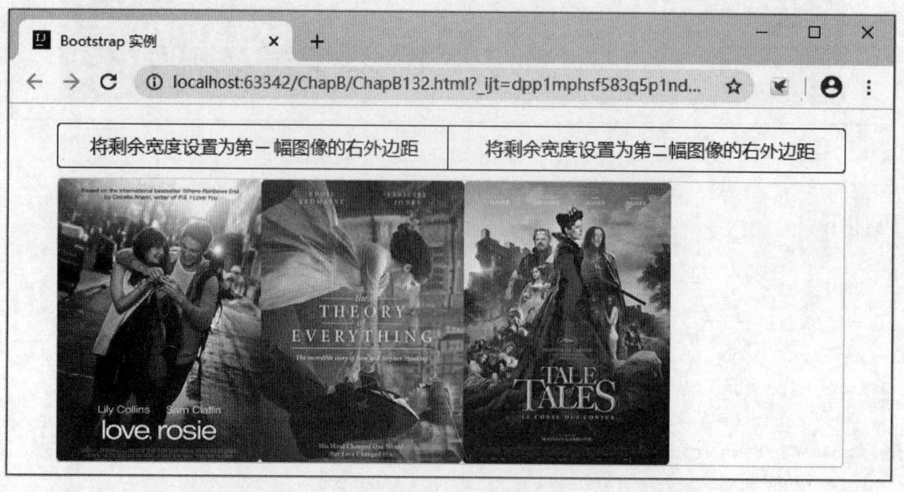

图 148-1

图 148-2

主要代码如下：

```
<body>
<div class="container mt-3">
 <div class="btn-group w-100 mb-2">
  <button type="button" class="btn btn-outline-dark"
          id="myButton1">将剩余宽度设置为第一幅图像的右外边距</button>
  <button type="button" class="btn btn-outline-dark"
          id="myButton2">将剩余宽度设置为第二幅图像的右外边距</button></div>
 <div class="d-flex border rounded">
  <img src="images/img125.jpg" id="myImage1" class="rounded">
  <img src="images/img126.jpg" id="myImage2" class="rounded">
  <img src="images/img127.jpg" id="myImage3" class="rounded">
 </div></div>
<script>
 $(function(){
  //响应单击"将剩余宽度设置为第一幅图像的右外边距"按钮
  $("#myButton1").click(function(){
   $("#myImage1")[0].className="rounded mr-auto";
   $("#myImage2")[0].className="rounded";
   $("#myImage3")[0].className="rounded";
  });
  //响应单击"将剩余宽度设置为第二幅图像的右外边距"按钮
  $("#myButton2").click(function(){
   $("#myImage1")[0].className="rounded";
   $("#myImage2")[0].className="rounded mr-auto";
   $("#myImage3")[0].className="rounded";
  });});
</script></body>
```

在上面这段代码中，mr-auto 类与 margin-right：auto！important 的作用完全相同，即设置弹性容器的子元素的右外边距为 auto，分配该行的剩余宽度。如果在一行中有两个子元素均设置了 mr-auto，则该行的剩余宽度由这两个子元素的右外边距平均分配；如果在一行中有三个子元素均设置了 mr-auto，则该行的剩余宽度由这三个子元素的右外边距平均分配，以此类推。

此实例的源文件是 MyCode\ChapB\ChapB132.html。

149 将剩余宽度设置为元素左边距

此实例主要通过使用 d-flex、ml-auto 等类，实现将弹性容器的剩余宽度分配给指定的子元素作为左外边距的效果。当在浏览器中显示页面时，在三幅电影海报的右边有一片空白，即容器的剩余宽度。单击“将剩余宽度设置为第一幅图像的左外边距”按钮，则在第一幅电影海报的左边将会出现空白，宽度等于容器的剩余宽度，如图 149-1 所示；单击“将剩余宽度设置为第二幅图像的左外边距”按钮，则在第一幅电影海报与第二幅电影海报之间将会出现空白，宽度等于容器的剩余宽度，如图 149-2 所示。

图 149-1

图 149-2

主要代码如下：

```
<body>
<div class = "container mt - 3">
 <div class = "btn - group w - 100 mb - 2">
  <button type = "button" class = "btn btn - outline - dark"
          id = "myButton1">将剩余宽度设置为第一幅图像的左外边距</button>
```

```
    <button type="button" class="btn btn-outline-dark"
          id="myButton2">将剩余宽度设置为第二幅图像的左外边距</button></div>
  <div class="d-flex border rounded">
    <img src="images/img125.jpg" id="myImage1" class="rounded">
    <img src="images/img126.jpg" id="myImage2" class="rounded">
    <img src="images/img127.jpg" id="myImage3" class="rounded">
  </div></div>
<script>
  $(function(){
   //响应单击"将剩余宽度设置为第一幅图像的左外边距"按钮
   $("#myButton1").click(function(){
    $("#myImage1")[0].className="rounded ml-auto";
    $("#myImage2")[0].className="rounded";
    $("#myImage3")[0].className="rounded";
   });
   //响应单击"将剩余宽度设置为第二幅图像的左外边距"按钮
   $("#myButton2").click(function(){
    $("#myImage1")[0].className="rounded";
    $("#myImage2")[0].className="rounded ml-auto";
    $("#myImage3")[0].className="rounded";
   });});
</script></body>
```

在上面这段代码中，ml-auto 类与 margin-left：auto！important 的作用完全相同，即设置弹性容器的子元素的左外边距为 auto，分配该行的剩余宽度。如果在一行中有两个子元素均设置了 ml-auto，则该行的剩余宽度由这两个子元素的左外边距平均分配；如果在一行中有三个子元素均设置了 ml-auto，则该行的剩余宽度由这三个子元素的左外边距平均分配，以此类推。

此实例的源文件是 MyCode\ChapB\ChapB133.html。

150　以包裹方式排列多个子元素

此实例主要通过使用 d-flex、flex-wrap 等类，实现在弹性容器中以包裹方式排列多个子元素的效果。当在浏览器中显示页面时，单击"在默认容器中排列子元素"按钮，则多个子元素（以省、市、区代表的 div 块）的排列效果如图 150-1 所示，即每个子元素的宽度等于容器的宽度；单击"在弹性容器中排列包裹子元素"按钮，则多个包裹子元素（以省、市、区代表的 div 块）的排列效果如图 150-2 所示，即每个子元素的宽度等于子元素内容的宽度。

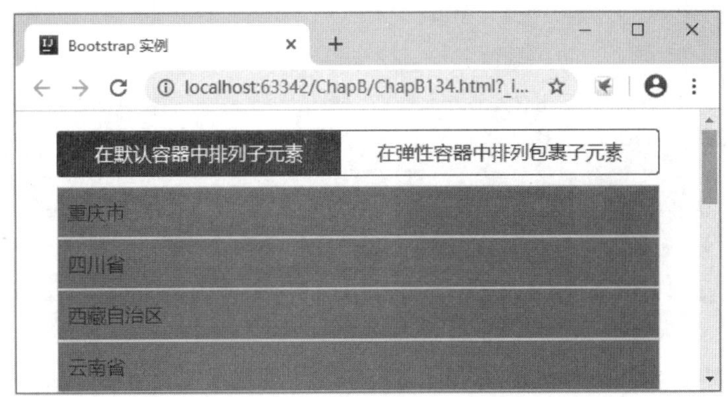

图　150-1

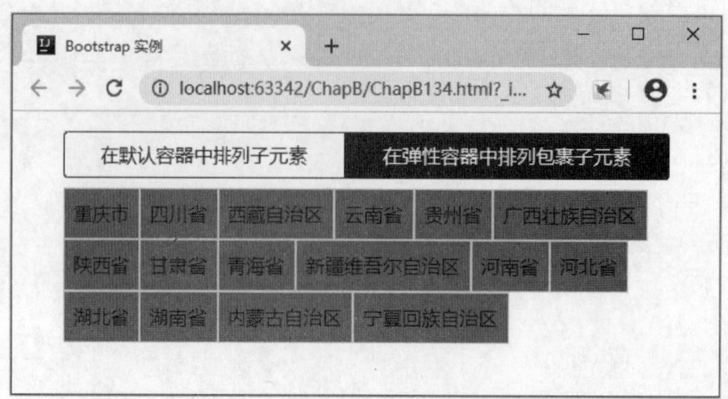

图 150-2

主要代码如下：

```
<body>
<div class = "container mt - 3">
 <div class = "btn - group w - 100 mb - 2">
  <button type = "button" class = "btn btn - outline - dark"
          id = "myButton1">在默认容器中排列子元素</button>
  <button type = "button" class = "btn btn - outline - dark"
          id = "myButton2">在弹性容器中排列包裹子元素</button></div>
 <div id = "myDiv">
  <div class = "p - 2 border bg - info">重庆市</div>
  <div class = "p - 2 border bg - info">四川省</div>
  <div class = "p - 2 border bg - info">西藏自治区</div>
  <div class = "p - 2 border bg - info">云南省</div>
  <div class = "p - 2 border bg - info">贵州省</div>
  <div class = "p - 2 border bg - info">广西壮族自治区</div>
  <div class = "p - 2 border bg - info">陕西省</div>
  <div class = "p - 2 border bg - info">甘肃省</div>
  <div class = "p - 2 border bg - info">青海省</div>
  <div class = "p - 2 border bg - info">新疆维吾尔自治区</div>
  <div class = "p - 2 border bg - info">河南省</div>
  <div class = "p - 2 border bg - info">河北省</div>
  <div class = "p - 2 border bg - info">湖北省</div>
  <div class = "p - 2 border bg - info">湖南省</div>
  <div class = "p - 2 border bg - info">内蒙古自治区</div>
  <div class = "p - 2 border bg - info">宁夏回族自治区</div>
 </div></div>
<script>
 $(function(){
  $("#myButton1").click(function(){          //响应单击"在默认容器中排列子元素"按钮
   $("#myDiv")[0].className = "";
  });
  $("#myButton2").click(function(){          //响应单击"在弹性容器中排列包裹子元素"按钮
   $("#myDiv")[0].className = "d - flex flex - wrap";
  }); });
</script></body>
```

在上面这段代码中，d-flex 类和 flex-wrap 类用于实现在弹性容器中以包裹方式排列多个子元素。此实例的源文件是 MyCode\ChapB\ChapB134. html。

151 以非包裹方式排列多个子元素

此实例主要通过使用 d-flex、flex-nowrap 等类，实现在弹性容器中以非包裹方式排列多个子元素的效果。当在浏览器中显示页面时，单击“在默认容器中排列子元素”按钮，则多个子元素（以省、市、区代表的 div 块）的排列效果如图 151-1 所示，即每个子元素的宽度等于容器的宽度；单击“在弹性容器中排列非包裹子元素”按钮，则多个子元素（以省、市、区代表的 div 块）的排列效果如图 151-2 所示，即排列效果受限于所有子元素的最小宽度和弹性容器的宽度，如果弹性容器的宽度小于所有子元素的最小宽度之和，则将出现水平滚动条，即在一行中显示所有子元素；如果弹性容器的宽度大于所有子元素的宽度之和，则 flex-nowrap 类和 flex-wrap 类实现的效果完全相同。

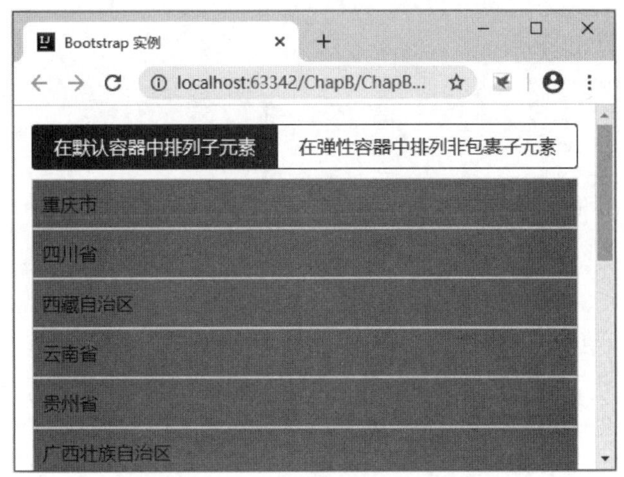

图 151-1

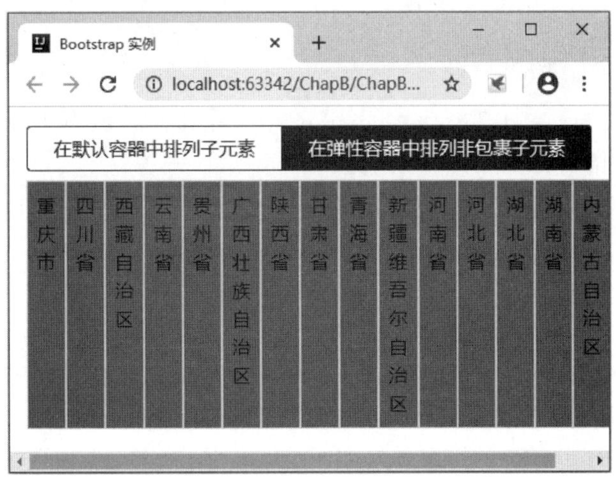

图 151-2

主要代码如下：

```
<body>
<div class="container mt-3">
 <div class="btn-group w-100 mb-2">
  <button type="button" class="btn btn-outline-dark"
```

```
            id = "myButton1">在默认容器中排列子元素</button>
    <button type = "button" class = "btn btn - outline - dark"
            id = "myButton2">在弹性容器中排列非包裹子元素</button></div>
  <div class = "d - flex flex - nowrap" id = "myDiv">
    <div class = "p - 2 border bg - info">重庆市</div>
    <div class = "p - 2 border bg - info">四川省</div>
    <div class = "p - 2 border bg - info">西藏自治区</div>
    <div class = "p - 2 border bg - info">云南省</div>
    <div class = "p - 2 border bg - info">贵州省</div>
    <div class = "p - 2 border bg - info">广西壮族自治区</div>
    <div class = "p - 2 border bg - info">陕西省</div>
    <div class = "p - 2 border bg - info">甘肃省</div>
    <div class = "p - 2 border bg - info">青海省</div>
    <div class = "p - 2 border bg - info">新疆维吾尔自治区</div>
    <div class = "p - 2 border bg - info">河南省</div>
    <div class = "p - 2 border bg - info">河北省</div>
    <div class = "p - 2 border bg - info">湖北省</div>
    <div class = "p - 2 border bg - info">湖南省</div>
    <div class = "p - 2 border bg - info">内蒙古自治区</div>
    <div class = "p - 2 border bg - info">宁夏回族自治区</div>
  </div></div>
<script>
  $(function(){
   //响应单击"在默认容器中排列子元素"按钮
   $("#myButton1").click(function(){
    $("#myDiv")[0].className = "";
   });
   //响应单击"在弹性容器中排列非包裹子元素"按钮
   $("#myButton2").click(function(){
    $("#myDiv")[0].className = "d - flex flex - nowrap";
   }); });
</script></body>
```

在上面这段代码中，class="d-flex flex-nowrap"用于在弹性容器中实现单行滚动排列所有子元素的效果，即非包裹模式排列。

此实例的源文件是 MyCode\ChapB\ChapB135.html。

152 以反转包裹方式排列多个子元素

此实例主要通过使用 d-flex、flex-wrap-reverse 等类，实现在弹性容器中以反转包裹方式排列多个子元素的效果。当在浏览器中显示页面时，单击"在弹性容器中排列包裹子元素"按钮，则多个包裹子元素(以省、市、区代表的 div 块)的排列效果如图 152-1 所示；单击"在弹性容器中排列反转包裹子元素"按钮，则多个包裹子元素(以省、市、区代表的 div 块)以反转风格排列的效果如图 152-2 所示。

主要代码如下：

```
<body>
<div class = "container mt - 3">
 <div class = "btn - group w - 100 mb - 2">
  <button type = "button" class = "btn btn - outline - dark"
          id = "myButton1">在弹性容器中排列包裹子元素</button>
```

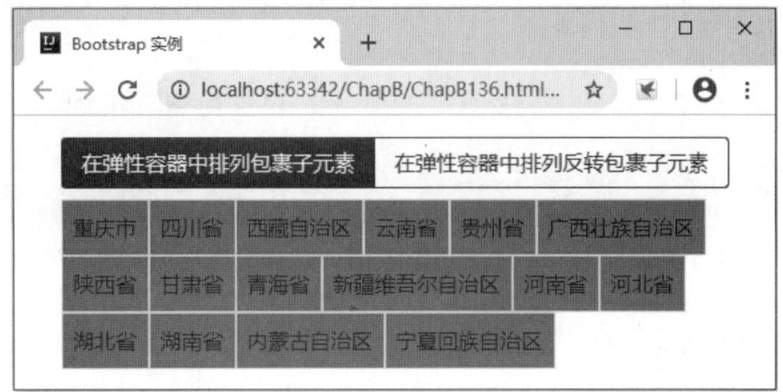

图 152-1

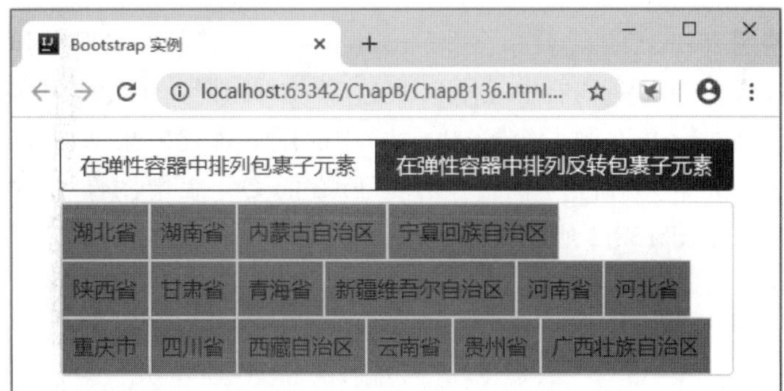

图 152-2

```
   <button type = "button" class = "btn btn - outline - dark"
          id = "myButton2">在弹性容器中排列反转包裹子元素</button></div>
  <div class = "d - flex flex - wrap - reverse border rounded" id = "myDiv">
   <div class = "p - 2 border bg - info">重庆市</div>
   <div class = "p - 2 border bg - info">四川省</div>
   <div class = "p - 2 border bg - info">西藏自治区</div>
   <div class = "p - 2 border bg - info">云南省</div>
   <div class = "p - 2 border bg - info">贵州省</div>
   <div class = "p - 2 border bg - info">广西壮族自治区</div>
   <div class = "p - 2 border bg - info">陕西省</div>
   <div class = "p - 2 border bg - info">甘肃省</div>
   <div class = "p - 2 border bg - info">青海省</div>
   <div class = "p - 2 border bg - info">新疆维吾尔自治区</div>
   <div class = "p - 2 border bg - info">河南省</div>
   <div class = "p - 2 border bg - info">河北省</div>
   <div class = "p - 2 border bg - info">湖北省</div>
   <div class = "p - 2 border bg - info">湖南省</div>
   <div class = "p - 2 border bg - info">内蒙古自治区</div>
   <div class = "p - 2 border bg - info">宁夏回族自治区</div>
  </div></div>
 <script>
  $ (function(){
   //响应单击"在弹性容器中排列包裹子元素"按钮
   $ ("#myButton1").click(function(){
    $ ("#myDiv")[0].className = "d - flex flex - wrap";
   });
```

```
    //响应单击"在弹性容器中排列反转包裹子元素"按钮
    $("#myButton2").click(function(){
     $("#myDiv")[0].className = "d-flex flex-wrap-reverse border rounded";
    });});
</script></body>
```

在上面这段代码中，class="d-flex flex-wrap-reverse border rounded"用于实现在弹性容器中反转排列多个包裹的子元素的效果。

此实例的源文件是 MyCode\ChapB\ChapB136.html。

153 设置多个子元素在垂直方向上居中排列

此实例主要通过使用 d-flex、flex-wrap、align-content-center 等类，实现在弹性容器垂直方向上居中排列多个子元素的效果。当在浏览器中显示页面时，单击“以默认方式排列多个子元素”按钮，则多个子元素（所有的 QQ 表情图像）在弹性容器（div 块）中的默认排列效果如图 153-1 所示。单击“在垂直方向上居中排列多个子元素”按钮，则多个子元素（所有的 QQ 表情图像）在弹性容器（div 块）中的垂直方向上居中排列效果如图 153-2 所示。

图 153-1

图 153-2

主要代码如下：

```
<body>
<div class="container mt-3">
 <div class="btn-group w-100 mb-2">
  <button type="button" class="btn btn-outline-dark"
          id="myButton1">以默认方式排列多个子元素</button>
  <button type="button" class="btn btn-outline-dark"
          id="myButton2">在垂直方向上居中排列多个子元素</button></div>
 <div class="d-flex flex-wrap align-content-center bg-info rounded"
      id="myDiv" style="height:200px">
  <img src="images/img066.png"  style="width:30px;height:30px;margin: 2px;">
  <img src="images/img067.png"  style="width:30px;height:30px;margin: 2px;">
  <img src="images/img068.png"  style="width:30px;height:30px;margin: 2px;">
  <img src="images/img069.png"  style="width:30px;height:30px;margin: 2px;">
  <img src="images/img066.png"  style="width:30px;height:30px;margin: 2px;">
  <img src="images/img067.png"  style="width:30px;height:30px;margin: 2px;">
  <img src="images/img068.png"  style="width:30px;height:30px;margin: 2px;">
  <img src="images/img069.png"  style="width:30px;height:30px;margin: 2px;">
  <img src="images/img066.png"  style="width:30px;height:30px;margin: 2px;">
  <img src="images/img067.png"  style="width:30px;height:30px;margin: 2px;">
  <img src="images/img068.png"  style="width:30px;height:30px;margin: 2px;">
  <img src="images/img069.png"  style="width:30px;height:30px;margin: 2px;">
  <img src="images/img066.png"  style="width:30px;height:30px;margin: 2px;">
 </div></div>
<script>
 $(function(){
  $("#myButton1").click(function(){        //响应单击"以默认方式排列多个子元素"按钮
   $("#myDiv")[0].className="d-flex flex-wrap  bg-info rounded";
  });
  $("#myButton2").click(function(){        //响应单击"在垂直方向上居中排列多个子元素"按钮
   $("#myDiv")[0].className=
                      "d-flex flex-wrap  align-content-center bg-info rounded";
  }); });
</script></body>
```

在上面这段代码中，d-flex 类用于创建弹性容器。align-content-center 类用于在垂直方向上居中排列多个子元素。

此实例的源文件是 MyCode\ChapB\ChapB137.html。

154 设置多个子元素靠齐容器底部

此实例主要通过使用 d-flex、flex-wrap、align-content-start、align-content-end 等类，实现多个子元素(QQ 表情图像)与弹性容器的顶部或底部靠齐的效果。当在浏览器中显示页面时，单击“设置多个子元素靠齐容器顶部”按钮，则多个子元素(所有的 QQ 表情图像)与弹性容器(背景 div 块)顶部靠齐的效果如图 154-1 所示；单击“设置多个子元素靠齐容器底部”按钮，则多个子元素(所有的 QQ 表情图像)与弹性容器(背景 div 块)底部靠齐的效果如图 154-2 所示。

图 154-1

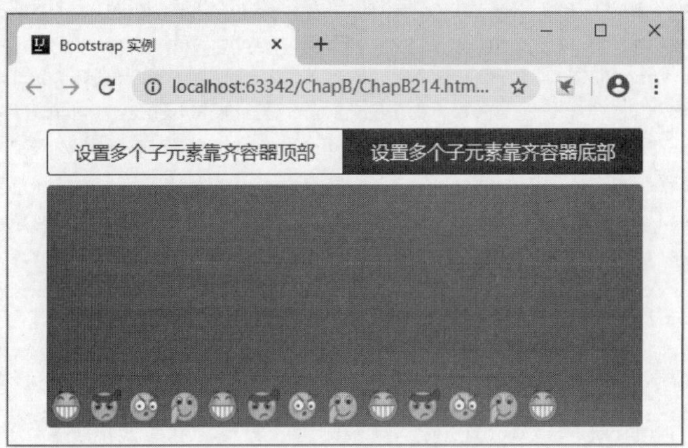

图 154-2

主要代码如下：

```
<body>
<div class="container mt-3">
 <div class="btn-group w-100 mb-2">
  <button type="button" class="btn btn-outline-dark"
         id="myButton1">设置多个子元素靠齐容器顶部</button>
  <button type="button" class="btn btn-outline-dark"
         id="myButton2">设置多个子元素靠齐容器底部</button></div>
 <div class="d-flex flex-wrap align-content-start bg-info rounded"
     id="myDiv" style="height:200px">
  <img src="images/img066.png"  style="width:30px;height:30px;margin: 2px;">
  <img src="images/img067.png"  style="width:30px;height:30px;margin: 2px;">
  <img src="images/img068.png"  style="width:30px;height:30px;margin: 2px;">
  <img src="images/img069.png"  style="width:30px;height:30px;margin: 2px;">
  <img src="images/img066.png"  style="width:30px;height:30px;margin: 2px;">
  <img src="images/img067.png"  style="width:30px;height:30px;margin: 2px;">
  <img src="images/img068.png"  style="width:30px;height:30px;margin: 2px;">
  <img src="images/img069.png"  style="width:30px;height:30px;margin: 2px;">
  <img src="images/img066.png"  style="width:30px;height:30px;margin: 2px;">
  <img src="images/img067.png"  style="width:30px;height:30px;margin: 2px;">
```

```
    < img src = "images/img068.png"   style = "width:30px;height:30px;margin: 2px;">
    < img src = "images/img069.png"   style = "width:30px;height:30px;margin: 2px;">
    < img src = "images/img066.png"   style = "width:30px;height:30px;margin: 2px;">
   </div ></div >
  < script >
   $ (function(){
    $ ("#myButton1").click(function(){          //响应单击"设置多个子元素靠容器顶部"按钮
     $ ("#myDiv")[0].className =
         "d - flex flex - wrap align - content - start bg - info rounded";
    });
    $ ("#myButton2").click(function(){          //响应单击"设置多个子元素靠容器底部"按钮
     $ ("#myDiv")[0].className =
         "d - flex flex - wrap   align - content - end bg - info rounded";
    }); });
  </script ></body >
```

在上面这段代码中，d-flex 类用于创建弹性容器。align-content-start 类表示从弹性容器的开始位置排列所有子元素。align-content-end 类表示从弹性容器的结束位置排列所有子元素。

此实例的源文件是 MyCode\ChapB\ChapB214.html。

155　设置单个子元素在垂直方向上居中排列

此实例主要通过使用 d-flex、align-self-center 等类，实现在弹性容器垂直方向上居中排列单个子元素（图像）的效果。当在浏览器中显示页面时，单击"以默认方式显示图像"按钮，则图像在弹性容器（div 块）中的默认显示效果如图 155-1 所示。单击"在垂直方向上居中显示图像"按钮，则图像在弹性容器（div 块）垂直方向上居中显示的效果如图 155-2 所示。

图　155-1

主要代码如下：

```
< body >
< div class = "container mt - 3">
 < div class = "btn - group w - 100 mb - 2">
  < button type = "button" class = "btn btn - outline - dark"
          id = "myButton1">以默认方式显示图像</button >
```

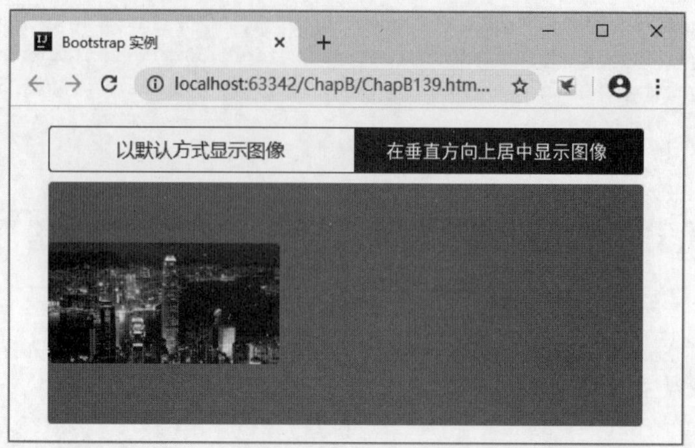

图 155-2

```
  <button type="button" class="btn btn-outline-dark"
          id="myButton2">在垂直方向上居中显示图像</button></div>
<div class="d-flex bg-info rounded" style="height:200px;" id="myDiv">
 <img src="images/img086.jpg"  class="rounded align-self-center"
      id="myImage" style="width: 200px;height: 100px;">
</div>
</div>
<script>
 $(function(){
  $("#myButton1").click(function(){          //响应单击"以默认方式显示图像"按钮
   $("#myImage")[0].className="rounded";
  });
  $("#myButton2").click(function(){          //响应单击"在垂直方向上居中显示图像"按钮
   $("#myImage")[0].className="rounded align-self-center";
  }); });
</script></body>
```

在上面这段代码中，d-flex类用于创建弹性容器。align-self-center类用于指定子元素在垂直方向上居中对齐弹性容器。

此实例的源文件是MyCode\ChapB\ChapB139.html。

156 设置单个子元素靠齐容器底部

此实例主要通过使用d-flex、align-self-start、align-self-end等类，实现单个子元素(图像)与弹性容器的底部或顶部靠齐。当在浏览器中显示页面时，单击“设置图像与容器顶部靠齐”按钮，则图像与弹性容器(背景div块)顶部靠齐的效果如图156-1所示；单击“设置图像与容器底部靠齐”按钮，则图像与弹性容器(背景div块)底部靠齐的效果如图156-2所示。

主要代码如下：

```
<body>
<div class="container mt-3">
 <div class="btn-group w-100 mb-2">
  <button type="button" class="btn btn-outline-dark"
          id="myButton1">设置图像与容器顶部靠齐</button>
```

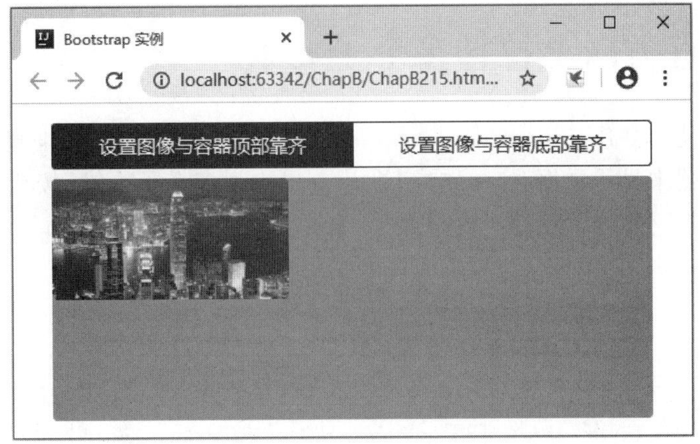

图 156-1

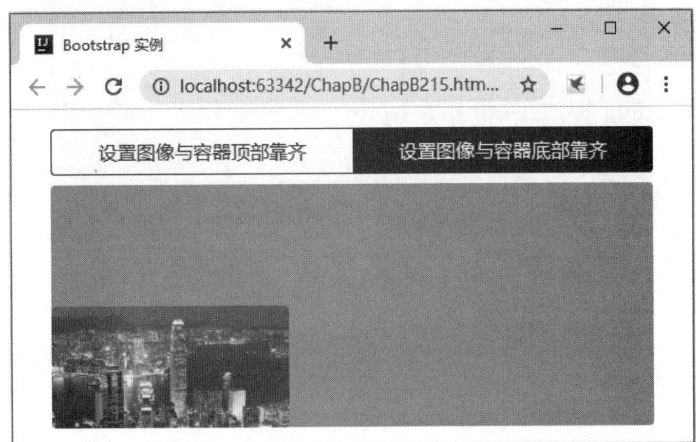

图 156-2

```
  <button type="button" class="btn btn-outline-dark"
          id="myButton2">设置图像与容器底部靠齐</button></div>
<div class="d-flex bg-info rounded" style="height:200px;" id="myDiv">
 <img src="images/img086.jpg"  class="rounded align-self-end"
      id="myImage" style="width: 200px;height: 100px;">
</div></div>
<script>
 $(function(){
  $("#myButton1").click(function(){        //响应单击"设置图像与容器顶部靠齐"按钮
   $("#myImage")[0].className="rounded align-self-start";
  });
  $("#myButton2").click(function(){        //响应单击"设置图像与容器底部靠齐"按钮
   $("#myImage")[0].className="rounded align-self-end";
  });});
</script></body>
```

在上面这段代码中，d-flex 类用于创建弹性容器。align-self-start 类用于指定子元素与弹性容器顶部对齐。align-self-end 类用于指定子元素与弹性容器底部对齐。

此实例的源文件是 MyCode\ChapB\ChapB215.html。

157 在垂直方向上拉伸多个子元素

此实例主要通过使用 d-flex、align-items-stretch 等类，实现在弹性容器垂直方向上拉伸多个子元素的效果。当在浏览器中显示页面时，单击“以默认方式排列多个子元素”按钮，则多个子元素（所有的 QQ 表情图像）在弹性容器（背景 div 块）中的默认排列效果如图 157-1 所示；单击“在垂直方向上拉伸多个子元素”按钮，则多个子元素（所有的 QQ 表情图像）在弹性容器（背景 div 块）中纵向拉伸的效果如图 157-2 所示。

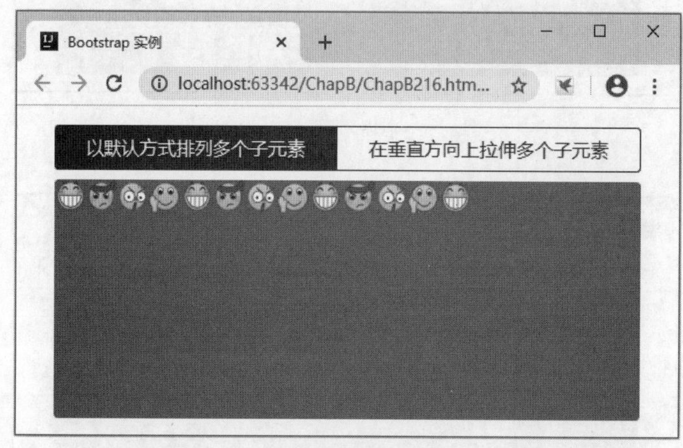

图 157-1

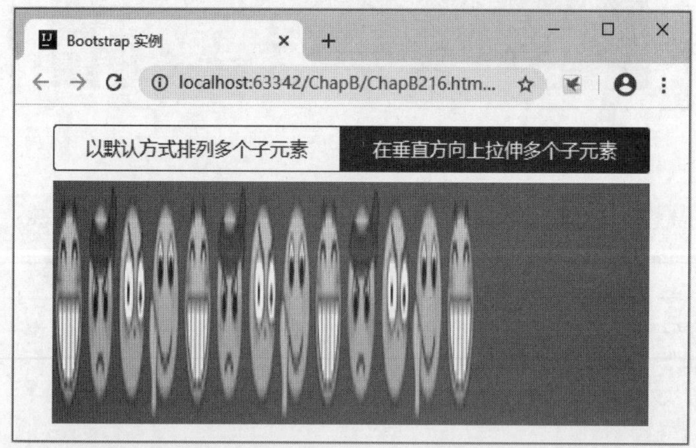

图 157-2

主要代码如下：

```
<body>
<div class="container mt-3">
 <div class="btn-group w-100 mb-2">
  <button type="button" class="btn btn-outline-dark"
          id="myButton1">以默认方式排列多个子元素</button>
  <button type="button" class="btn btn-outline-dark"
          id="myButton2">在垂直方向上拉伸多个子元素</button></div>
 <div class="d-flex align-items-stretch bg-info rounded"
      id="myDiv" style="height:200px">
```

```
    <img src="images/img066.png">
    <img src="images/img067.png">
    <img src="images/img068.png">
    <img src="images/img069.png">
    <img src="images/img066.png">
    <img src="images/img067.png">
    <img src="images/img068.png">
    <img src="images/img069.png">
    <img src="images/img066.png">
    <img src="images/img067.png">
    <img src="images/img068.png">
    <img src="images/img069.png">
    <img src="images/img066.png">
  </div></div>
<script>
  $(function(){
   $("#myButton1").click(function(){          //响应单击"以默认方式排列多个子元素"按钮
    $("#myDiv")[0].className = "d-flex align-items-baseline bg-info rounded";
   });
   $("#myButton2").click(function(){          //响应单击"在垂直方向上拉伸多个子元素"按钮
    $("#myDiv")[0].className = "d-flex align-items-stretch bg-info";
    //$("#myDiv")[0].className = "d-flex bg-info";
   }); });
</script></body>
```

在上面这段代码中，d-flex 类用于创建弹性容器。align-items-stretch 类用于根据弹性容器的高度拉伸子元素，但是子元素的宽度不做改变。

此实例的源文件是 MyCode\ChapB\ChapB138.html。

158 在垂直方向上拉伸单个子元素

此实例主要通过使用 d-flex、align-self-stretch 等类，实现在弹性容器垂直方向上拉伸单个子元素（图像）的效果。当在浏览器中显示页面时，单击“以默认方式显示图像”按钮，则图像在弹性容器（背景 div 块）中默认显示的效果如图 158-1 所示；单击“在垂直方向上拉伸图像”按钮，则图像在弹性容器（背景 div 块）中纵向拉伸的效果如图 158-2 所示。

图 158-1

图 158-2

主要代码如下：

```
<body>
<div class="container mt-3">
 <div class="btn-group w-100 mb-2">
  <button type="button" class="btn btn-outline-dark"
          id="myButton1">以默认方式显示图像</button>
  <button type="button" class="btn btn-outline-dark"
          id="myButton2">在垂直方向上拉伸图像</button></div>
<div class="d-flex align-items-baseline bg-info rounded"
     style="height:200px;" id="myDiv">
 <img src="images/img128.jpg"  id="myImage"
      class="align-self-stretch rounded">
</div></div>
<script>
 $(function(){
  $("#myButton1").click(function(){        //响应单击"以默认方式显示图像"按钮
   $("#myImage")[0].className=" rounded";
  });
  $("#myButton2").click(function(){        //响应单击"在垂直方向上拉伸图像"按钮
   $("#myImage")[0].className="align-self-stretch rounded";
  });});
</script></body>
```

在上面这段代码中，d-flex 类用于创建弹性容器。align-self-stretch 类用于纵向拉伸子元素与弹性容器等高，此为默认值。

此实例的源文件是 MyCode\ChapB\ChapB216.html。

159 在同一行上创建相等宽度的列

此实例主要通过使用 col 类，实现按照相等比例（宽度）在同一行上创建多个列的效果。当在浏览器中显示页面时，单击“以默认样式布局 div 块”按钮，则三个 div 块的默认布局效果如图 159-1 所示；单击“创建等宽列布局 div 块”按钮，则将创建三个等宽的列布局 div 块，效果如图 159-2 所示。

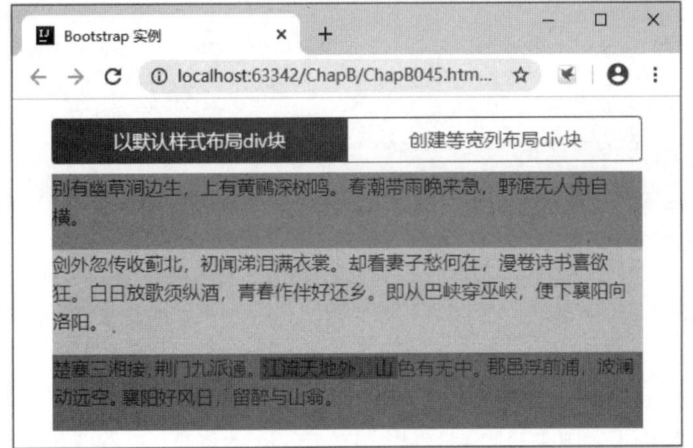

图 159-1

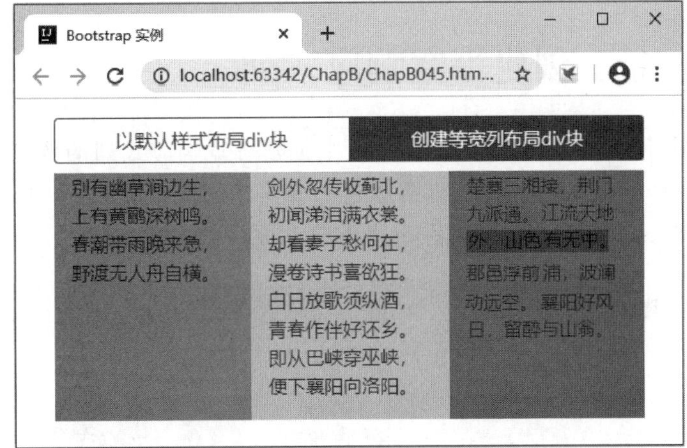

图 159-2

主要代码如下：

```
<body>
<div class = "container mt - 3">
 <div class = "btn - group w - 100 mb - 2">
  <button type = "button" class = "btn btn - outline - dark"
          id = "myButton1">以默认样式布局 div 块</button>
  <button type = "button" class = "btn btn - outline - dark"
          id = "myButton2">创建等宽列布局 div 块</button></div>
<div class = "row mx - 0">
 <div class = "col bg - info"  id = "myDiv1">
  <p>别有幽草涧边生,上有黄鹂深树鸣。春潮带雨晚来急,野渡无人舟自横。</p></div>
 <div class = "col bg - warning"  id = "myDiv2">
  <p>剑外忽传收蓟北,初闻涕泪满衣裳。却看妻子愁何在,漫卷诗书喜欲狂。白日放歌须纵酒,青春作伴好还乡。即从巴峡穿巫峡,便下襄阳向洛阳。</p></div>
 <div class = "col bg - secondary"  id = "myDiv3">
  <p>楚塞三湘接,荆门九派通。江流天地外,山色有无中。郡邑浮前浦,波澜动远空。襄阳好风日,留醉与山翁。</p></div>
</div></div>
<script>
```

```
$(function () {
  $("#myButton1").click(function(){          //响应单击"以默认样式布局 div 块"按钮
   $("#myDiv1")[0].className = "bg-info";
   $("#myDiv2")[0].className = "bg-warning";
   $("#myDiv3")[0].className = "bg-secondary";
  });
  $("#myButton2").click(function(){          //响应单击"创建等宽列布局 div 块"按钮
   $("#myDiv1")[0].className = "col bg-info";
   $("#myDiv2")[0].className = "col bg-warning";
   $("#myDiv3")[0].className = "col bg-secondary";
  }); });
</script></body>
```

在上面这段代码中，col 类用于设置列样式，当使用 col 类以后，不论设备屏幕宽度如何，只要在同一行中的列均采用相同的列样式，则各列均按照相同的比例改变。

此实例的源文件是 MyCode\ChapB\ChapB045.html。

160 在同一行上创建等宽响应式列

此实例主要通过使用 col-sm 类，实现在同一行上创建等宽响应式列的效果。当在浏览器中显示页面时，如果屏幕宽度大于或等于 576px，则将创建三个等宽的列布局、三个 div 块，如图 160-1 所示；如果屏幕宽度小于 576px，则三个 div 块将在垂直方向上堆叠，如图 160-2 所示。

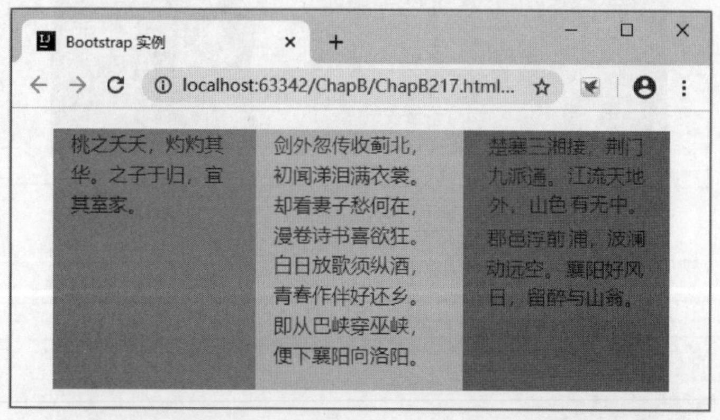

图 160-1

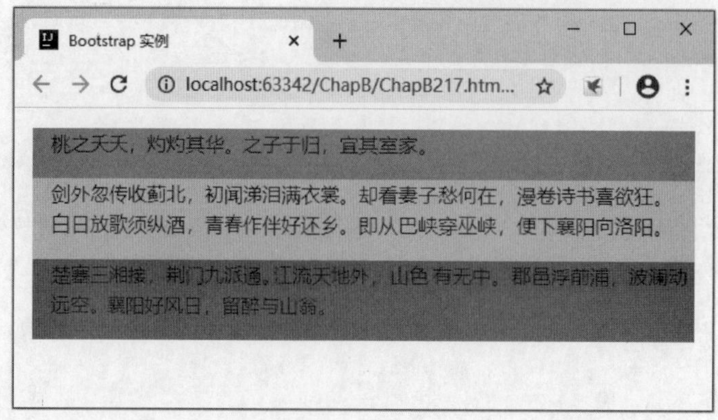

图 160-2

主要代码如下：

```
<body>
<div class="container mt-3">
<div class="row mx-0">
 <div class="col-sm bg-info"  id="myDiv1">
  <p>桃之夭夭,灼灼其华。之子于归,宜其室家。</p></div>
 <div class="col-sm bg-warning"  id="myDiv2">
  <p>剑外忽传收蓟北,初闻涕泪满衣裳。却看妻子愁何在,漫卷诗书喜欲狂。白日放歌须纵酒,青春作伴好还乡。即从巴峡穿巫峡,便下襄阳向洛阳。</p></div>
 <div class="col-sm bg-secondary"  id="myDiv3">
  <p>楚塞三湘接,荆门九派通。江流天地外,山色有无中。郡邑浮前浦,波澜动远空。襄阳好风日,留醉与山翁。</p></div>
</div></div></body>
```

在上面这段代码中，col-sm 类用于创建等宽响应式列，适用于屏幕宽度等于或大于 576px。如果屏幕宽度等于或大于 768px，则使用 col-md 类创建等宽响应式列。如果屏幕宽度等于或大于 992px，则使用 col-lg 类创建等宽响应式列。如果屏幕宽度等于或大于 1200px，则使用 col-xl 类创建等宽响应式列。在屏幕宽度发生改变时，如果在同一行中的列均采用相同的列样式，则各列均按照相同的比例改变；在屏幕宽度小于响应式列的最小宽度时，响应式列将自动在垂直方向上堆叠呈现内容。

此实例的源文件是 MyCode\ChapB\ChapB217. html。

161　在同一行上创建不同宽度的列

此实例主要通过在同一行上为各个 div 元素设置 col-* 类，创建不同宽度（比例）的列自动布局在同一行上的多个 div 块。当在浏览器中显示页面时，单击“以默认样式布局 div 块”按钮，则两个 div 块的默认布局效果如图 161-1 所示；单击“创建不等宽列布局 div 块”按钮，则将按照指定比例（7∶5）创建两个不等宽的列布局两个 div 块，效果如图 161-2 所示。

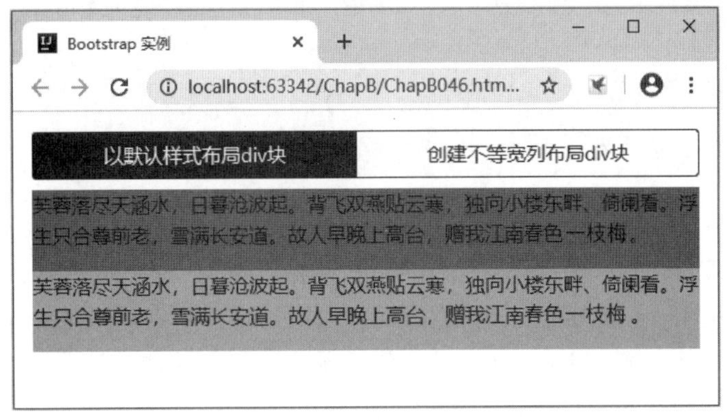

图　161-1

主要代码如下：

```
<body>
<div class="container mt-3">
 <div class="btn-group w-100 mb-2">
  <button type="button" class="btn btn-outline-dark"
```

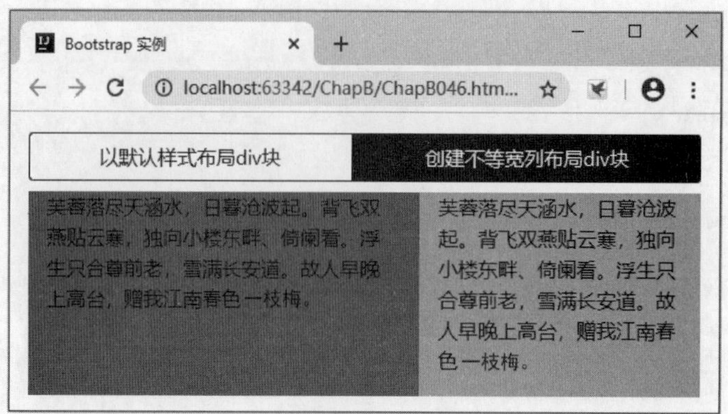

图 161-2

```
          id = "myButton1">以默认样式布局 div 块</button>
  <button type = "button" class = "btn btn - outline - dark"
          id = "myButton2">创建不等宽列布局 div 块</button></div>
 <div class = "row mx - 0">
  <div class = "col - 7 bg - info" id = "myDiv1">
   <p>芙蓉落尽天涵水,日暮沧波起。背飞双燕贴云寒,独向小楼东畔、倚阑看。浮生只合尊前老,雪满长安道。
故人早晚上高台,赠我江南春色一枝梅。</p></div>
  <div class = "col - 5 bg - warning" id = "myDiv2">
   <p>芙蓉落尽天涵水,日暮沧波起。背飞双燕贴云寒,独向小楼东畔、倚阑看。浮生只合尊前老,雪满长安道。
故人早晚上高台,赠我江南春色一枝梅。</p></div>
 </div></div>
<script>
 $(function () {
  $("#myButton1").click(function(){        //响应单击"以默认样式布局 div 块"按钮
   $("#myDiv1")[0].className = "bg - info";
   $("#myDiv2")[0].className = "bg - warning";
  });
  $("#myButton2").click(function(){        //响应单击"创建不等宽列布局 div 块"按钮
   $("#myDiv1")[0].className = "col - 7 bg - info";
   $("#myDiv2")[0].className = "col - 5 bg - warning";
  }); });
</script></body>
```

在上面这段代码中，class="col-7"表示该自定义列（适用所有设备）占用该行总列宽的 7/12，该行的其他列则占用剩余部分。默认情况下，Bootstrap4 网格系统将一行等分为 12 列，然后在此基础上指定自定义列占用的列数。在此实例中，左边的文本占用该行总列宽的 7/12，右边的文本占用该行总列宽的 5/12；在改变（页面）宽度之后，自定义列将按照该比例自动调整。

此实例的源文件是 MyCode\ChapB\ChapB046.html。

162 在同一行上创建不等宽响应式列

此实例主要通过使用 col-sm-8、col-sm-4 等类，实现在同一行上创建不同宽度（比例）的响应式列的效果。当在浏览器中显示页面时，如果页面（屏幕）宽度大于或等于 576px，则这两个不同宽度的响应式列（div 块）的显示效果如图 162-1 所示；如果页面（屏幕）宽度小于 576px，则这两个不同宽度的响应式列（div 块）的内容将在垂直方向上堆叠显示，效果如图 162-2 所示。

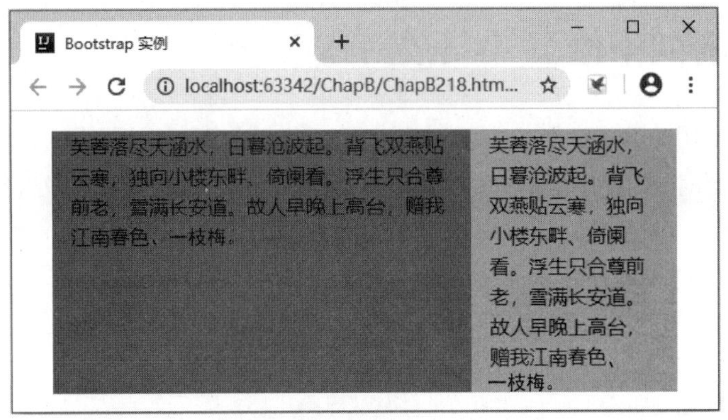

图 162-1

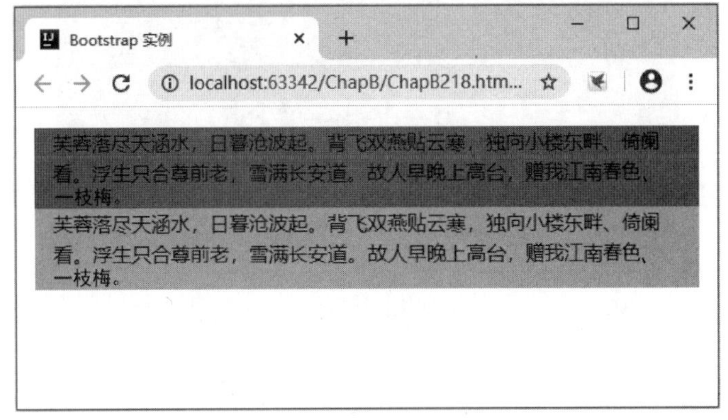

图 162-2

主要代码如下：

```
<body>
<div class="container mt-3">
 <div class="row mx-0">
  <div class="col-sm-8 bg-info" id="myDiv1">
   <p>芙蓉落尽天涵水,日暮沧波起。背飞双燕贴云寒,独向小楼东畔、倚阑看。浮生只合尊前老,雪满长安道。
故人早晚上高台,赠我江南春色、一枝梅。</p></div>
  <div class="col-sm-4 bg-warning" id="myDiv2">
   <p>芙蓉落尽天涵水,日暮沧波起。背飞双燕贴云寒,独向小楼东畔、倚阑看。浮生只合尊前老,雪满长安道。
故人早晚上高台,赠我江南春色、一枝梅。</p></div>
 </div></div></body>
```

在上面这段代码中，col-sm-8 类表示自定义(响应式)列占用该行总列宽的 8/12，col-sm-4 类表示自定义列占用该行总列宽的 4/12。在默认情况下，Bootstrap4 网格系统将一行等分为 12 列，然后在此基础上指定自定义列占用的列数，即在 col-*-* 类中设置自定义的列数，第一个星号(*)表示响应的设备，这些设备包括 sm(平板，屏幕宽度 576px)、md(桌面显示器，屏幕宽度 768px)、lg(大桌面显示器，屏幕宽度 992px)和 xl(超大桌面显示器，屏幕宽度 1200px)；第二个星号(*)表示列数，同一行自定义列的列数相加必须等于 12。在此实例中，左边的文本占用该行总列宽的 8/12，右边的文本占用该行总列宽的 4/12；在改变浏览器宽度时，自定义列将按照该比例自动调整宽度。

此实例的源文件是 MyCode\ChapB\ChapB164.html。

163　在等宽列中嵌套不等宽响应式列

此实例主要通过使用 col、col-sm-4、col-sm-8 等类，实现在等宽列中嵌套不等宽响应式列的效果。当在浏览器中显示页面时，页面在水平方向上首先被均分为 A 块和 B 块两列，然后在 A 块中按照指定宽度(比例)划分为 A1 块和 A2 块，如果页面总宽度大于或等于 576px，则所有块的显示效果如图 163-1 所示；否则，所有块的显示效果如图 163-2 所示，即 A 块嵌套的不等宽响应式列 A1 块和 A2 块将在垂直方向上堆叠。

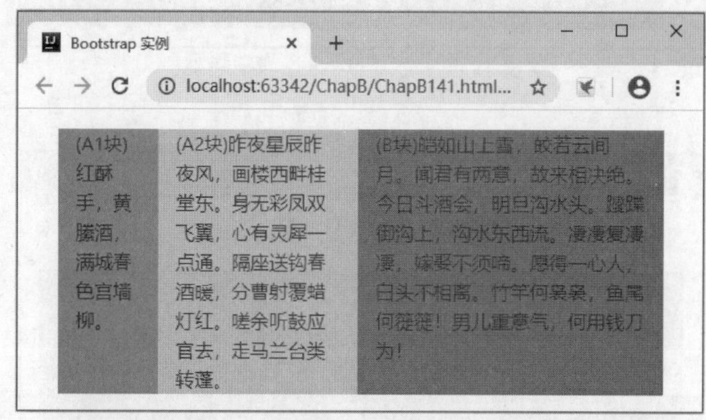

图　163-1

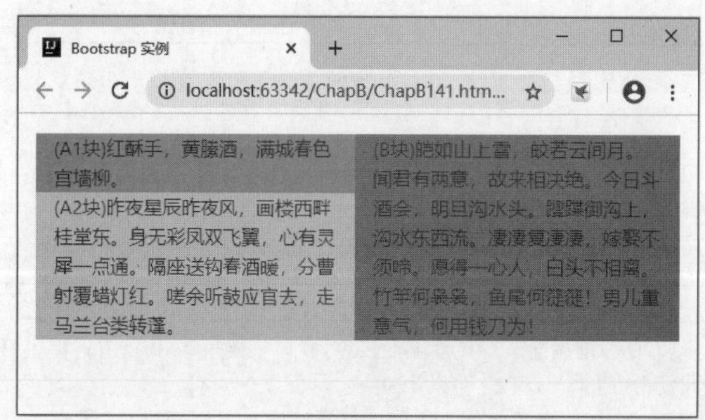

图　163-2

主要代码如下：

```
<body>
<div class = "container mt - 3">
 <div class = "row mx - 0">
  <div class = "col">
   <div class = "row">
    <div class = "col - sm - 4 bg - info">(A1 块)红酥手,黄縢酒,满城春色宫墙柳。</div>
    <div class = "col - sm - 8 bg - warning">(A2 块)昨夜星辰昨夜风,画楼西畔桂堂东。身无彩凤双飞翼,心有灵犀一点通。隔座送钩春酒暖,分曹射覆蜡灯红。嗟余听鼓应官去,走马兰台类转蓬。</div>
   </div></div>
```

```
  <div class = "col bg - secondary">(B块)皑如山上雪,皎若云间月。闻君有两意,故来相决绝。今日斗酒会,明旦沟水头。躞蹀御沟上,沟水东西流。凄凄复凄凄,嫁娶不须啼。愿得一心人,白头不相离。竹竿何袅袅,鱼尾何簁簁!男儿重意气,何用钱刀为!</div>
 </div></div></body>
```

在上面这段代码中,col类用于创建等宽列,即此实例的A块和B块。col-sm-4和col-sm-8类用于在等宽列中嵌套不等宽的响应式列,即此实例的A1块和A2块。以此类推,可以在等宽响应式列中嵌套等宽响应式列,可以在不等宽响应式列中嵌套不等宽响应式列,可以在等宽响应式列中嵌套不等宽响应式列等。

此实例的源文件是MyCode\ChapB\ChapB141.html。

164 使用偏移量重置响应式列的位置

此实例主要通过使用offset-sm-1类,实现使用偏移量重置响应式列的位置的效果。当在浏览器中显示页面时,页面在水平方向上首先被划分为A块和B块,然后在A块中按照指定宽度(比例)划分为A1块和A2块,由于A2块设置了一个单位的偏移量,因此A1块和A2块之间有一个单位的空白,如果页面总宽度大于或等于576px,则所有块的显示效果如图164-1所示;否则所有块的显示效果如图164-2所示,即A块嵌套的不等宽响应式列A1块和A2块将在垂直方向上堆叠。

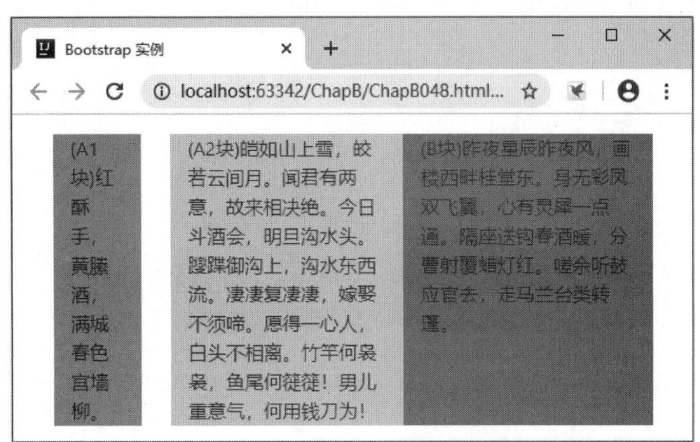

图 164-1

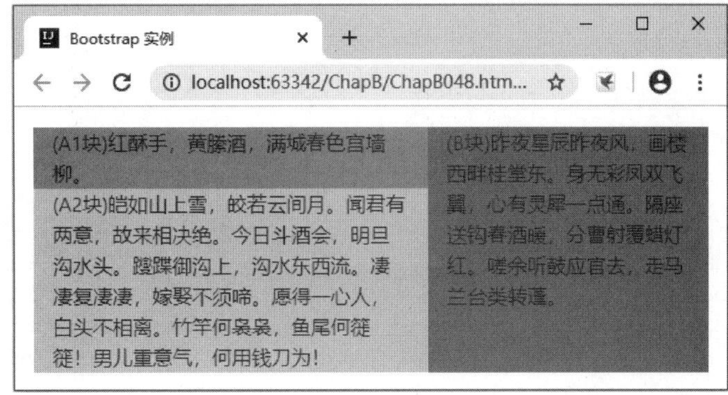

图 164-2

主要代码如下：

```
<body>
<div class="container mt-3">
 <div class="row mx-0">
  <div class="col-7">
   <div class="row">
    <div class="col-sm-3 bg-info">(A1 块)红酥手,黄縢酒,满城春色宫墙柳。</div>
    <div class="col-sm-8 offset-sm-1 bg-warning">(A2 块)皑如山上雪,皎若云间月。闻君有两意,故来相决绝。今日斗酒会,明旦沟水头。躞蹀御沟上,沟水东西流。凄凄复凄凄,嫁娶不须啼。愿得一心人,白头不相离。竹竿何袅袅,鱼尾何簁簁!男儿重意气,何用钱刀为!</div>
   </div></div>
  <div class="col-5 bg-secondary">(B 块)昨夜星辰昨夜风,画楼西畔桂堂东。身无彩凤双飞翼,心有灵犀一点通。隔座送钩春酒暖,分曹射覆蜡灯红。嗟余听鼓应官去,走马兰台类转蓬。</div>
 </div></div></body>
```

在上面这段代码中，offset-sm-1 类表示在该列左边有 1/12 的偏移量。在默认情况下，Bootstrap4 网格系统将一行等分为 12 列，然后在此基础上指定自定义列（或偏移量）占用的列数，偏移量（列）通过 offset-*-* 类来设置，第一个星号（ * ）表示设备类型：sm（平板）、md（桌面显示器）、lg（大桌面显示器）或 xl（超大桌面显示器）；第二个星号（ * ）可以是 1 到 11 的数字，如 class＝"col-md-3 offset-md-5"。在同一行上，自定义列的列数与偏移量相加必须等于 12。

此实例的源文件是 MyCode\ChapB\ChapB048.html。

第 2 部分

Vue.js代码

Vue.js 是一套构建用户界面的渐进式框架，采用自底向上增量开发的设计，非常容易与其他库或已有项目整合，在与相关工具和支持库一起使用时，能完美地驱动复杂的单页应用。本书所有 Vue.js 代码基于 Vue.js 2.6.11，在 IntelliJ IDEA 2019.2.3 环境编写完成，在最新版的“搜狗高速浏览器”和“Google Chrome 浏览器”测试成功。所有源代码不需要下载 Vue.js 的其他文件，在测试或使用时保持网络畅通即可。

165 使用双大括号实现文本插值

此实例主要通过使用双大括号{{Vue 实例的成员或表达式}}，实现以文本插值方式输出 Vue 实例的成员属性值或方法返回值的效果。当在浏览器中显示页面时，由于已经对 Vue 实例的成员进行了单向绑定，因此，在每次刷新页面时总是显示不同的日期，效果分别如图 165-1 和图 165-2 所示。

图 165-1

图 165-2

主要代码如下：

```
<!DOCTYPE html>
<html>
<head>
 <meta charset = "utf - 8">
 <script src = "https://cdn.staticfile.org/vue/2.6.11/vue.min.js"></script>
</head>
```

```
<body>
 <div id="myVue">
  <h4>{{myData}}:{{myMethods()}}</h4>
 </div>
<script>
 //实例化 Vue
 var vm = new Vue({
  //el 通常是 DOM 元素的 ID 值
  el: '#myVue',
  //定义数据属性 myData,多个属性之间用逗号分隔
  data: {
   myData: "当前页面刷新日期是",
  },
  //定义方法属性 myMethods(),多个方法之间用逗号分隔
  methods: {
   myMethods: function() {
    return  new Date().toLocaleString();
   },  }, })
</script>
</body>
</html>
```

在上面这段代码中,var vm=new Vue ({...})用于实例化自定义 Vue,每个自定义 Vue 必须实例化,然后才能在 HTML 代码中以<div id="myVue">的形式使用,也可以这样理解:<div id="myVue"></div>标签里面包含的所有 DOM 元素都被实例化成了一个 JavaScript 对象,因此<h4>{{myData}}:{{myMethods()}}</h4>必须在<div id="myVue"></div>标签中,双大括号才能发挥单向数据绑定的作用,否则它就是普通的字符串。由于 Vue.js 框架的数据流向默认是单向的,因此,在数据绑定后的数据流向是从 Vue 实例到 DOM 文档。双大括号的语法也叫作 mustache 语法,在大括号中的文本(myData 和 myMethods())都是作为可变数据形式出现的; AngularJS 和微信小程序都是如此,但是需要注意的是,在 Vue.js 中大括号不能随便使用,否则可能导致语法错误。

双大括号除了输出单向绑定的数据之外,还有一个重要的功能就是计算表达式的值,如<span>3+5={{3 + 5}}</span>,结果为 3+5=8。

Vue.js(库)文件有多种安装方式,最简单的方式就是从 Vue.js 官网直接下载 vue.min.js 并用<script>标签导入,可以直接使用下列网站的文件:

```
<script src="https://cdn.staticfile.org/vue/2.6.11/vue.min.js"></script>
```

或

```
<script src="https://cdn.bootcss.com/vue/2.6.11/vue.min.js"></script>
```

或(自动识别最新稳定版本的 Vue.js)

```
<script src="https://unpkg.com/vue/dist/vue.min.js"></script>
```

本书所有 Vue.js 源代码如无特别说明,均使用上述文件之一,因此其他实例的纸质文字说明不再录入这些内容,只提供在 body 中的源代码。

此实例的源文件是 MyCode\ChapD\ChapD001.html。

166　使用 v-text 单向绑定文本

此实例主要通过在 HTML 元素中使用 v-text，实现对 Vue 实例的数据属性和方法属性进行单向绑定的效果。当在浏览器中显示页面时，由于已经对 Vue 实例的数据属性和方法属性进行了单向绑定，因此，在每次刷新页面时总是显示不同的日期，效果分别如图 166-1 和图 166-2 所示。

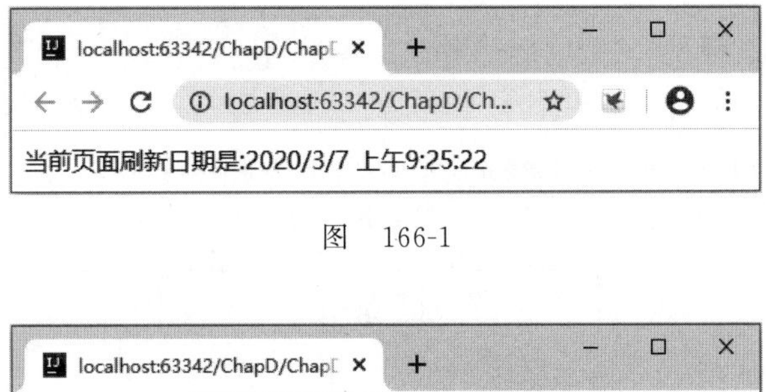

图　166-1

localhost:63342/ChapD/Chap[

localhost:63342/ChapD/Ch...

当前页面刷新日期是:2020/3/7 上午9:26:11

图　166-2

主要代码如下：

```
<body>
<div id="myVue">
<!--    <h4>{{myData}}:{{myMethods()}}</h4>-->
 <span v-text="myData"></span>:<span v-text="myMethods()"></span>
<!-- <p>2+3=<span v-text="2+3"></span></p>-->
</div>
<script>
 var vm = new Vue({
  el: '#myVue',
  data: { myData: "当前页面刷新日期是", },
  methods: { myMethods: function() { return  new Date().toLocaleString(); }, },
 })
</script></body>
```

在上面这段代码中，<span v-text="myData"></span>表示在 span 元素中输出 Vue 实例的数据属性 myData 的值，即单向绑定 span 元素和 myData。在 Vue.js 中，v-text 是用于以纯文本格式输出数据的指令，指令(directive)是带有“v-”前缀的特殊属性，Vue.js 使用基于 HTML 的模板语法，允许开发者声明式地通过指令将 DOM(的元素)和底层 Vue 实例的数据绑定。指令属性的值预期是单个 JavaScript 表达式(v-for 是例外情况)，指令的职责是：当表达式的值发生改变时，将其产生的连带影响响应式地作用于 DOM(的元素)。Vue.js 常用的(内置)指令包括：v-text、v-html、v-show、v-if、v-else、v-else-if、v-for、v-on、v-bind、v-model、v-pre、v-cloak、v-once。

此外，v-text 还可以计算表达式的值，如<p>2+3=<span v-text="2+3"></span></p>，结果为 2+3=5。

此实例的源文件是 MyCode\ChapD\ChapD009.html。

167 使用 v-html 绑定 HTML 代码

此实例主要通过使用 v-html 绑定在自定义 Vue 中包含 HTML 标签的数据属性，实现以 HTML 格式输出内容的效果。当在浏览器中显示页面时，【诺贝尔物理学奖】将加粗显示，如图 167-1 所示；如果将鼠标悬浮在【诺贝尔物理学奖】上面，将会出现一个悬浮框，如图 167-2 所示。

图 167-1

图 167-2

主要代码如下：

```
<body><div id="myVue">
  <p v-html="myText"></p>
 </div>
<script>
 new Vue({
  el: '#myVue',
  data: { myText: '1921 年度的<span title="世界物理学最高奖项">' +
        '<b>【诺贝尔物理学奖】</b></span>获得者是阿尔伯特·爱因斯坦。'
  } })
</script></body>
```

在上面这段代码中，v-html="myText"表示将 Vue 实例的数据属性 myText 以 HTML 格式进行解析，即将 myText 包含的 HTML 标签解析为元素。如果将<p v-html="myText"></p>写成<p>{{ myText}}</p>，则将只呈现纯文本，不会有加粗和悬浮框效果。

此实例的源文件是 MyCode\ChapD\ChapD003.html。

168 使用 v-pre 使元素跳过编译

此实例主要通过在<p>标签中添加 v-pre，实现所在元素跳过编译的效果，即把这个节点及其子节点当作一个静态节点来处理。当在浏览器中显示页面时，四个<p>标签的显示效果如图 168-1 所示(每行对应一个<p>标签)。

图 168-1

主要代码如下：

```
<body><center><div id="myVue">
 <p>myLink</p>
 <!-- 使用 v-pre 即可跳过元素及其子元素的编译过程 -->
 <p v-pre>{{myLink}}</p>
 <p>{{myLink}}</p>
 <p v-html="myLink"></p>
</div></center>
<script>
 new Vue({ el: '#myVue',
  data:{myLink:'<a href="https://www.baidu.com">这是百度超链接</a>',}, })
</script></body>
```

在上面这段代码中，myLink 是一个变量（数据属性），内容即是一个超链接的 HTML 代码；在<p>{{myLink}}</p>中，myLink 变量的内容（HTML 源代码）被直接输出（第三行效果）；在<p v-pre>{{myLink}}</p>中，myLink 由于未编译处理，因此，它与{{}}一起被直接输出（第二行效果）；在<p v-html="myLink"></p>中，myLink 被正确地编译成一个超链接（第四行效果），单击即可跳转百度页面。

此实例的源文件是 MyCode\ChapD\ChapD168.html。

169 使用 v-bind 绑定数据属性

此实例主要通过使用 v-bind 将 img 元素的 src 属性和 a 元素的 href 属性与 Vue 实例的数据属性 mySrc 和 myUrl 进行单向绑定，实现在 Vue 实例中设置 img 元素的图像文件和 a 元素（超链接）的地址的效果。当在浏览器中显示页面时，单击图像，则将跳转对应的网页，效果分别如图 169-1 和图 169-2 所示。

主要代码如下：

```
<body><center>
 <div id="myVue">
  <a v-bind:href="myUrl"><img v-bind:src="mySrc"/></a>
 </div></center>
<script>
 new Vue({
  el: '#myVue',
```

图 169-1

图 169-2

```
    data: { mySrc:'images/img207.jpg',
            myUrl:'http://product.dangdang.com/27882030.html', }, })
</script></body>
```

在上面这段代码中，<img v-bind:src="mySrc"/>表示将 Vue 实例的数据属性 mySrc 设置为 img 元素的 src 属性。<img v-bind:src="mySrc"/>也可以写成<img :src="mySrc"/>，即去掉 v-bind；但是写成<img src="{{mySrc}}"/>或<img src={{mySrc}}/>无效。同理，a 元素（超链接）的 href 属性与此类似。

此实例的源文件是 MyCode\ChapD\ChapD002.html。

170 使用 v-bind 绑定方法属性

此实例主要通过使用 v-bind 绑定 Vue 实例的 myGetQuantity 方法，实现即时获取输入框的剩余可输入字符数量的效果。当在浏览器中显示页面时，如果在输入框中输入不同数量的字符，则当鼠标悬浮在输入框上时，悬浮框将即时显示当前还可输入多少个字符，效果分别如图 170-1 和图 170-2 所示。

主要代码如下：

```
<body><center><div id="myVue">
  <span v-bind:title="myGetQuantity()">
   <textarea v-model="myTextarea" autofocus maxlength="myMaxLength"
            style="width: 400px;height: 100px;"></textarea></span>
```

```
    </div></center>
    <script>
     new Vue({
      el: '#myVue',
      data:{ myMaxlength: 100,
            myTextarea:"量子通信是指利用量子纠缠效应进行信息传递", },
      methods: { myGetQuantity: function() {
        return "还可输入" + (this.myMaxlength - this.myTextarea.length) + "个字符"
       },  },  })
    </script></body>
```

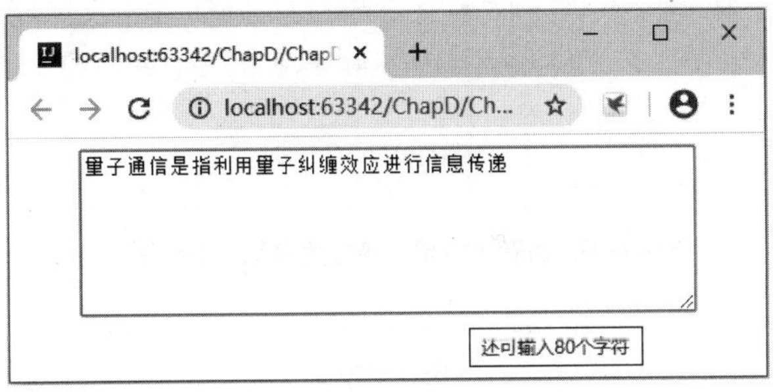

图 170-1

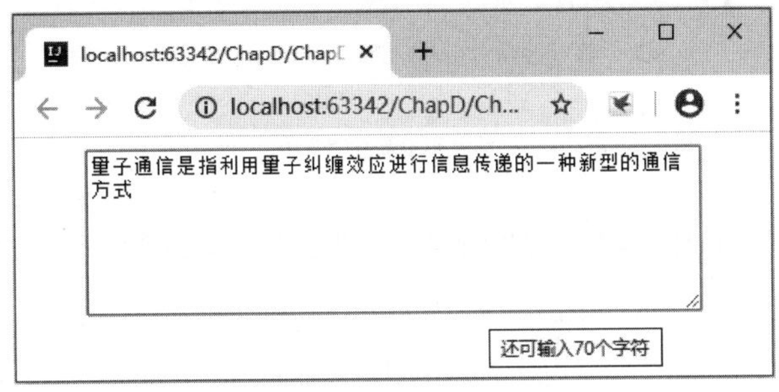

图 170-2

在上面这段代码中，<span v-bind:title="myGetQuantity()">表示将 Vue 实例的方法属性 myGetQuantity 与 span 元素的 title 属性绑定。当使用 v-bind 绑定 Vue 实例的方法属性时，方法名称必须添加括号()，即<span v-bind:title="myGetQuantity">是错误的。

此实例的源文件是 MyCode\ChapD\ChapD006.html。

171 使用 v-bind 为元素绑定单个 class

此实例主要通过使用 v-bind:class 在元素上绑定单个样式类 class，实现为元素设置不同的样式的效果。当在浏览器中显示页面时，如果不勾选复选框，则显示黑色文本，如图 171-1 所示；如果勾选复选框，则根据样式类 myClass 设置文本的颜色(红色)，如图 171-2 所示。

主要代码如下：

```
<body><center><div id="myVue"><br>
  <label><input type="checkbox" v-model="myChecked">是否设置红色文本</label>
  <br><br>
```

```
<!--   <div v-bind:class="{'myClass': myChecked}">-->
    <div v-bind:class="myChecked?'myClass':''">
      <h3>君自故乡来,应知故乡事。来日绮窗前,寒梅著花未?</h3>
   </div></div></center>
  <style>.myClass{ color: red; }</style>
<script>
 new Vue({ el: '#myVue',
           data:{ myChecked: false, }, })
</script></body>
```

图 171-1

图 171-2

在上面这段代码中,<div v-bind:class="myChecked?'myClass':''">表示如果 myChecked 的值为 true,则在 div 元素上设置 CSS 样式类 myClass,即<div v-bind:class ="'myClass'">。需要特别注意的是:样式类名 myClass 必须加单引号,即<div v-bind:class="myClass">是错误的。当然,把 CSS 样式类 myClass 定义为 Vue 实例的数据属性,也能够得到正确的结果,代码如下:

```
<body><center><div id="myVue"><br>
  <label><input type="checkbox" v-model="myChecked">是否设置红色文本</label><br>
  <div v-bind:class="myChecked?myClassA:''">
    <h3>君自故乡来,应知故乡事。来日绮窗前,寒梅著花未?</h3>
  </div></div></center>
<style>.myClass{ color: red; }</style>
<script>
 new Vue({   el: '#myVue',
           data:{ myChecked: false,
                  myClassA:'myClass',}, })
</script></body>
```

此实例的源文件是 MyCode\ChapD\ChapD010.html。

172 使用 v-bind 通过数组绑定多个 class

此实例主要通过使用数组设置 v-bind:class 的属性值，实现为元素设置多种样式的效果。当在浏览器中显示页面时，如果勾选复选框“斜体”（即设置一种样式），则文本显示效果如图 172-1 所示；如果同时勾选复选框“斜体”“下画线”“隶书”（即同时设置三种样式），则文本显示效果如图 172-2 所示。

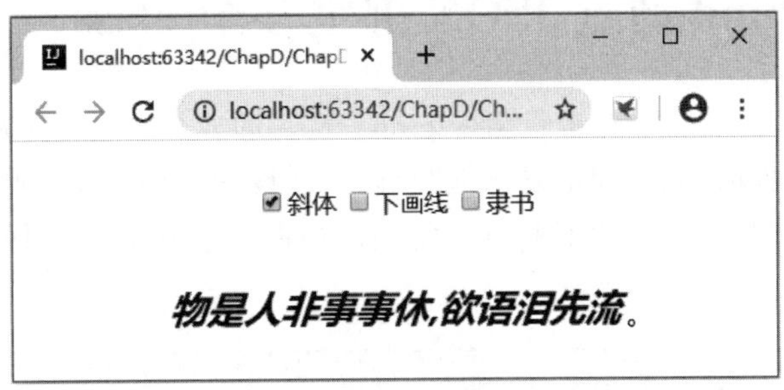

图 172-1

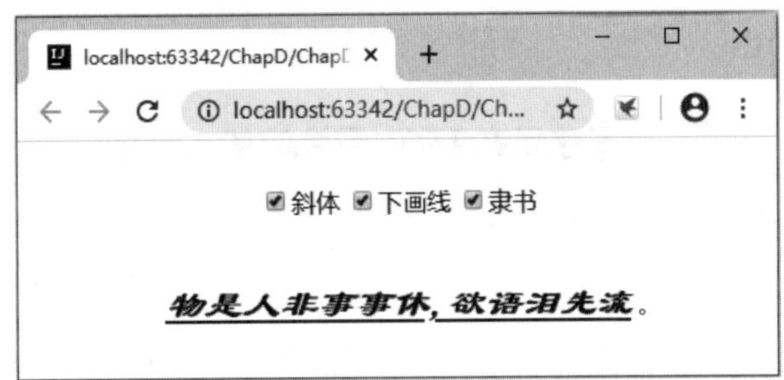

图 172-2

主要代码如下：

```
<body><center><div id="myVue"><br>
  <label><input type="checkbox" v-model="myChecked1">斜体</label>
  <label><input type="checkbox" v-model="myChecked2">下画线</label>
  <label><input type="checkbox" v-model="myChecked3">隶书</label>
  <br><br>
  <div v-bind:class="[myChecked1?'myClass1':'',
                      myChecked2?'myClass2':'',
                      myChecked3?'myClass3':'']">
   <h2>物是人非事事休,欲语泪先流。</h2>
  </div></div></center>
<style>
 .myClass1{ font-style:italic; }
 .myClass2{ text-decoration:underline; }
 .myClass3{ font-family:"隶书"; }
</style>
<script>
 new Vue({ el: '#myVue',
          data:{ myChecked1: false,myChecked2: false,myChecked3: false,},})
</script></body>
```

在上面这段代码中，< div v-bind:class="[myChecked1?'myClass1':'',myChecked2? 'myClass2':'', myChecked3?'myClass3':'']">表示如果 myChecked1、myChecked2、myChecked3 三者的值都为 true,则在 div 元素上同时设置三种样式类 myClass1、myClass2 和 myClass3,即< div v-bind:class="['myClass1','myClass2','myClass3']">。如果 myChecked1 的值为 false,则该 div 元素取消 myClass1 样式,以此类推。

此实例的源文件是 MyCode\ChapD\ChapD011.html。

173 使用 v-bind 通过 JSON 绑定多个 class

此实例主要通过使用 JSON 字符串设置 v-bind:class 的属性值,实现为元素设置多种样式的效果。当在浏览器中显示页面时,如果勾选复选框"斜体"(即设置一种样式),则文本显示效果如图 173-1 所示;如果同时勾选复选框"斜体""下画线""隶书"(即同时设置三种样式),则文本显示效果如图 173-2 所示。

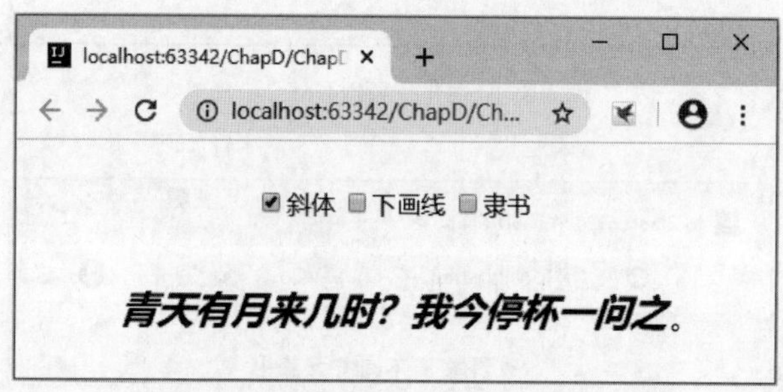

图 173-1

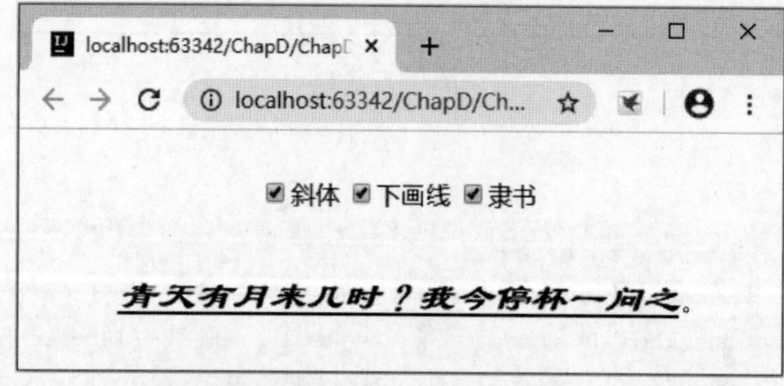

图 173-2

主要代码如下:

```
<body><center><div id="myVue"><br>
  <label><input type="checkbox" v-model="myChecked1">斜体</label>
  <label><input type="checkbox" v-model="myChecked2">下画线</label>
  <label><input type="checkbox" v-model="myChecked3">隶书</label>
  <br><br>
   <div v-bind:class="{'myClass1':myChecked1,
                         'myClass2':myChecked2,
                         'myClass3':myChecked3}">
   <h2>青天有月来几时?我今停杯一问之。</h2>
  </div></div></center>
<style>
 .myClass1{ font-style:italic; }
```

```
.myClass2{ text-decoration:underline; }
 .myClass3{ font-family:"隶书"; }
</style>
<script>
 new Vue({el: '#myVue',
         data:{ myChecked1: false,myChecked2: false, myChecked3: false,},})
</script></body>
```

在上面这段代码中,<div v-bind:class="{'myClass1':myChecked1, 'myClass2': myChecked2, 'myClass3':myChecked3}">表示如果 myChecked1、myChecked2、myChecked3 三者的值都为 true,则在该 div 元素上同时设置 myClass1、myClass2 和 myClass3 三种样式类。如果 myChecked1 的值为 false,则该 div 元素取消 myClass1 样式,即<div v-bind:class="{ 'myClass2': myChecked2, 'myClass3':myChecked3}">,以此类推。实际测试表明:在 JSON 字符串中去掉类名的单引号,也能得到正确的结果,即<div v-bind:class="{myClass1: myChecked1, myClass2: myChecked2, myClass3:myChecked3}">也是正确的。除此之外,也可以在自定义 Vue 的 computed 计算属性中实现 JSON 对象的功能,代码如下:

```
<body><center><div id="myVue"><br>
  <label><input type="checkbox" v-model="myChecked1">斜体</label>
  <label><input type="checkbox" v-model="myChecked2">下画线</label>
  <label><input type="checkbox" v-model="myChecked3">隶书</label>
  <br><br>
   <div v-bind:class="myJSON">
   <h2>青天有月来几时?我今停杯一问之。</h2>
  </div></div></center>
<style>
 .myClass1{ font-style:italic; }
 .myClass2{ text-decoration:underline; }
 .myClass3{ font-family:"隶书"; }
</style>
<script>
 new Vue({el: '#myVue',
         data:{ myChecked1: false,myChecked2: false,myChecked3: false,},
         computed: {myJSON: function () {
                        return { myClass1: this.myChecked1,
                                 myClass2: this.myChecked2,
                                 myClass3: this.myChecked3 }; }, }, })
</script></body>
```

此实例的源文件是 MyCode\ChapD\ChapD012.html。

174 使用 v-bind 通过对象数组绑定 class

此实例主要通过使用对象数组设置 v-bind:class 的属性值,实现为元素设置多种样式的效果。当在浏览器中显示页面时,如果勾选复选框"斜体"(即设置一种样式),则文本显示效果如图 174-1 所示;如果同时勾选复选框"斜体""下画线""隶书"(即同时设置三种样式),则文本显示效果如图 174-2 所示。

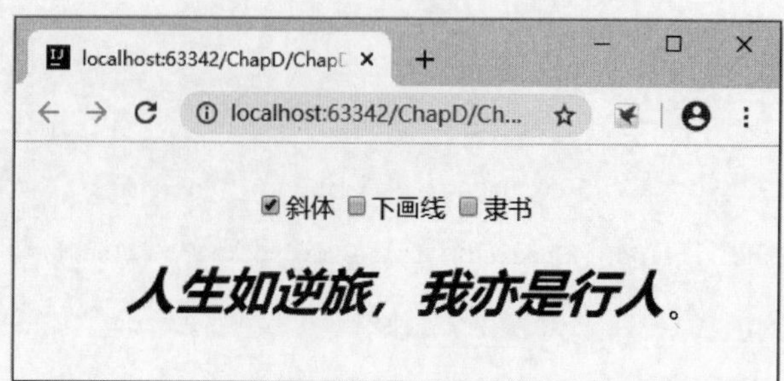

图 174-1

图 174-2

主要代码如下：

```
<body><center><div id="myVue"><br>
  <label><input type="checkbox" v-model="myChecked1">斜体</label>
  <label><input type="checkbox" v-model="myChecked2">下画线</label>
  <label><input type="checkbox" v-model="myChecked3">隶书</label><br>
  <div v-bind:class="[{myClass1:myChecked1},
                      {myClass2:myChecked2},
                      {myClass3:myChecked3}]">
   <h1>人生如逆旅,我亦是行人。</h1>
  </div></div></center>
<style>
 .myClass1{ font-style:italic; }
 .myClass2{ text-decoration:underline; }
 .myClass3{ font-family:"隶书"; }
</style>
<script>
 new Vue({el: '#myVue',
         data:{ myChecked1: false,myChecked2: false,myChecked3: false,},})
</script></body>
```

在上面这段代码中，<div v-bind: class = "[{ myClass1: myChecked1 }, { myClass2: myChecked2},{myClass3:myChecked3}]">表示如果 myChecked1、myChecked2、myChecked3 三者的值都为 true，则在该 div 元素上同时设置 myClass1、myClass2 和 myClass3 三种样式类。实际测试表明：<div v-bind: class = "[{ myClass1: myChecked1 }, { myClass2: myChecked2 }, { myClass3: myChecked3}]">写成<div v-bind: class = "[{ 'myClass1' : myChecked1 }, { 'myClass2' : myChecked2},{'myClass3':myChecked3}]">，运行结果也是正确的。

此实例的源文件是 MyCode\ChapD\ChapD018.html。

175 使用 v-bind 为元素绑定单个 style

此实例主要通过使用 v-bind:style 在元素上绑定单个 style，实现为元素设置不同样式的效果。当在浏览器中显示页面时，如果不勾选复选框，则文本显示效果如图 175-1 所示；如果勾选复选框，则文本在添加阴影之后的效果如图 175-2 所示。

图 175-1

图 175-2

主要代码如下：

```
<body><center><div id="myVue"><br>
  <label><input type="checkbox" v-model="myChecked">是否显示阴影</label>
  <div v-bind:style="myChecked?{textShadow:myShadow}:''">
   <h2>花自飘零水自流,一种相思,两处闲愁。</h2>
  </div></div></center>
<script>
 new Vue({ el: '#myVue',
          data:{ myChecked: false,
                 myShadow: '3px 5px 5px #656B79', }, })
</script></body>
```

在上面这段代码中，<div v-bind:style="myChecked? {textShadow:myShadow}:''">表示如果 myChecked 的值为 true，则在 div 元素上设置文本以阴影样式显示，即<div v-bind:style="{textShadow:myShadow}">或<div v-bind:style="{textShadow:'3px 5px 5px #656B79'}">。需要特别注意的是：在 Vue.js 中，标准 CSS 的 text-shadow 属性必须写成 textShadow，即去掉“-”，并且下一个字母大写；其他有“-”的 CSS 属性也按照此方式解决。

此实例的源文件是 MyCode\ChapD\ChapD014.html。

176 使用 v-bind 为元素绑定内联 style

此实例主要通过将多个样式以内联风格设置 v-bind:style 属性值,实现为元素同时设置多种样式的效果。当在浏览器中显示页面时,如果不勾选复选框,则文本显示效果如图 176-1 所示;如果勾选复选框,则文本在添加阴影和斜体样式之后的效果如图 176-2 所示。

图 176-1

图 176-2

主要代码如下:

```
<body><center><div id="myVue"><br>
  <label><input type="checkbox" v-model="myChecked">启用内联样式</label>
  <div v-bind:style="myChecked?{textShadow:myShadow,fontStyle:myItalic}:''">
   <h1>这次第,怎一个愁字了得!</h1>
  </div></div></center>
<script>
 new Vue({el: '#myVue',
          data:{ myChecked: false,
                 myShadow:'5px 2px 6px #000',
                 myItalic:'italic', }, })
</script></body>
```

在上面这段代码中,<div v-bind:style="myChecked? {textShadow:myShadow, fontStyle:myItalic}:''">是以内联风格设置的多种样式,表示如果 myChecked 的值为 true,则在 div 元素上同时为文本设置阴影和斜体样式,即<div v-bind:style="{textShadow:myShadow,fontStyle:myItalic}">。当然,也可以将这种内联样式直接使用对象代替,代码如下:

```
<body><center><div id="myVue"><br>
  <label><input type="checkbox" v-model="myChecked">启用对象样式</label>
```

```
  <div v-bind:style="myChecked?myObject:''">
   <h1>这次第,怎一个愁字了得!</h1>
  </div></div></center>
<script>
 new Vue({ el: '#myVue',
          data:{ myChecked: false,
                myObject:{textShadow:'5px 2px 6px #000',
                         fontStyle:'italic', }, }, })
</script></body>
```

此实例的源文件是 MyCode\ChapD\ChapD017.html。

177 使用 v-bind 通过数组绑定多个 style

此实例主要通过使用数组设置 v-bind:style 属性值,实现为元素同时设置多种样式的效果。当在浏览器中显示页面时,如果勾选复选框“阴影”(即设置一种样式),则图像显示效果如图 177-1 所示;如果同时勾选复选框“阴影”和“水平镜像”(即同时设置两种样式),则图像显示效果如图 177-2 所示。

图 177-1

图 177-2

主要代码如下：

```
<body><center><div id="myVue">
  <p><label><input type="checkbox" v-model="myChecked1">阴影</label>
   <label><input type="checkbox" v-model="myChecked2">水平镜像</label></p>
 <img src="images/img205.jpg" v-bind:style="[myChecked1?{boxShadow:myShadow}:'',
                                              myChecked2?{transform:myTransform}:'']"/>
 </div></center>
<script>
 new Vue({ el: '#myVue',
          data:{ myChecked1: false,
                 myChecked2: false,
                 myShadow: '10px 10px 10px rgba(0,0,0,.5)',
                 myTransform: 'rotateY(180deg)', }, })
</script></body>
```

在上面这段代码中，<img src="images/img205.jpg" v-bind:style="[myChecked1?{boxShadow:myShadow}:'',myChecked2?{transform:myTransform}:'']"/>表示如果myChecked1和myChecked2的值都为true，则在img元素上同时设置阴影和水平镜像样式，即<img src="images/img205.jpg" v-bind:style="[{boxShadow:myShadow},{transform:myTransform}]"/>。如果myChecked1的值为false，则该img元素取消阴影样式，以此类推。

此实例的源文件是MyCode\ChapD\ChapD015.html。

178 使用v-bind通过对象绑定多个style

此实例主要通过使用对象设置v-bind:style属性值，实现为元素同时设置多种样式的效果。当在浏览器中显示页面时，如果勾选复选框"阴影"（即设置一种样式），则图像显示效果如图178-1所示；如果同时勾选复选框"阴影"和"错切"（即同时设置两种样式），则图像显示效果如图178-2所示。

图 178-1

图 178-2

主要代码如下：

```
<body><center><div id="myVue">
  <p><label><input type="checkbox" v-model="myChecked1">阴影</label>
     <label><input type="checkbox" v-model="myChecked2">错切</label></p>
  <img src="images/img206.jpg" v-bind:style="myObject"/>
 </div></center>
<script>
 new Vue({ el: "#myVue",
          data: { myChecked1: false,
                  myChecked2: false, },
          computed: { myObject: function () {
                      return {boxShadow: this.myChecked1 ?
            '10px 10px 10px rgba(0,0,0,.5)' : '',
            transform: this.myChecked2 ? 'skewX(30deg)' : '',}, }, },})
</script></body>
```

在上面这段代码中，<img src="images/img206.jpg" v-bind:style="myObject"/>表示以对象的形式设置 img 元素的样式。一般情况下，如果样式对象在设置以后就不再改变，可以直接在自定义 Vue 的 data 中设置，如下面的代码所示：

```
<script>
 new Vue({ el: "#myVue",
          data: { myObject:{boxShadow: '10px 10px 10px rgba(0,0,0,.5)',
                      transform: 'skewX(30deg)',}, }, })
</script>
```

但是，如果需要经常在网页中动态修改，则应该像实例这样在 computed 计算属性中，以返回值的形式返回样式对象。

此实例的源文件是 MyCode\ChapD\ChapD016.html。

179 使用 v-bind 绑定元素的只读属性

此实例主要通过在 textarea 元素中使用 v-bind:readonly，实现动态控制 textarea 元素是否只读的效果。当在浏览器中显示页面时，如果不勾选复选框，则 textarea 元素处于只读状态，因此不可编辑格式合同的内容，如图 179-1 所示；如果勾选复选框，则 textarea 元素处于编辑状态（有编辑光标闪烁），因此可编辑格式合同的内容，如图 179-2 所示。

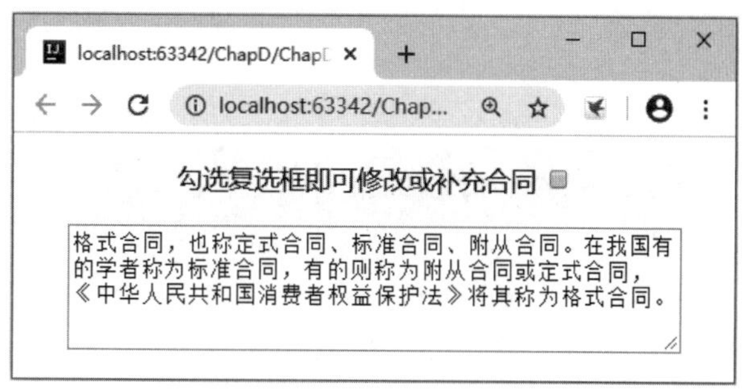

图 179-1

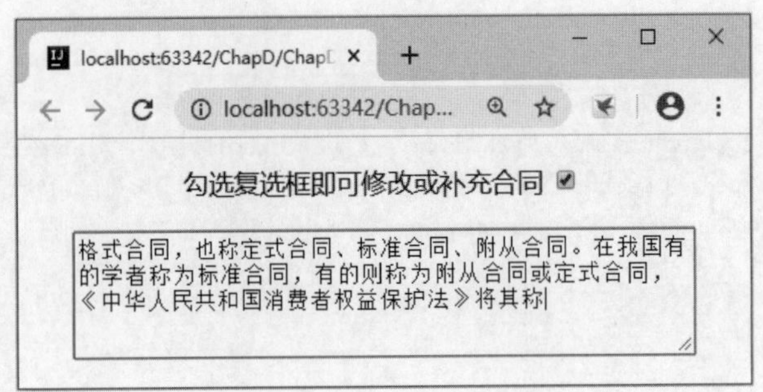

图 179-2

主要代码如下：

```
<body><center><div id="myVue">
 <p>勾选复选框即可修改或补充合同<input type="checkbox" v-model="myChecked"></p>
  <textarea style="width:380px;height:70px;margin-top:2px;"
            v-bind:readonly="!myChecked">格式合同,也称定式合同、标准合同、附从合同。在我国有的学
者称为标准合同,有的则称为附从合同或定式合同,«中华人民共和国消费者权益保护法»将其称为格式合同。
</textarea>
</div></center>
<script>
 new Vue({el: '#myVue',
          data:{ myChecked:false,}, })
</script></body>
```

在上面这段代码中，v-bind:readonly="! myChecked"用于根据 myChecked 的值确定(textarea)元素是否只读，如果 v-bind:readonly="true"，则(textarea)元素处于只读状态；如果 v-bind:readonly="false"，则(textarea)元素处于编辑状态。

此实例的源文件是 MyCode\ChapD\ChapD179.html。

180 使用 v-bind 绑定 details 元素的属性

此实例主要通过使用 v-bind:open，实现动态展开或折叠 details 元素的效果。当在浏览器中显示页面时，如果不勾选复选框，则折叠 details 元素，如图 180-1 所示；如果勾选复选框，则展开 details 元素，如图 180-2 所示。

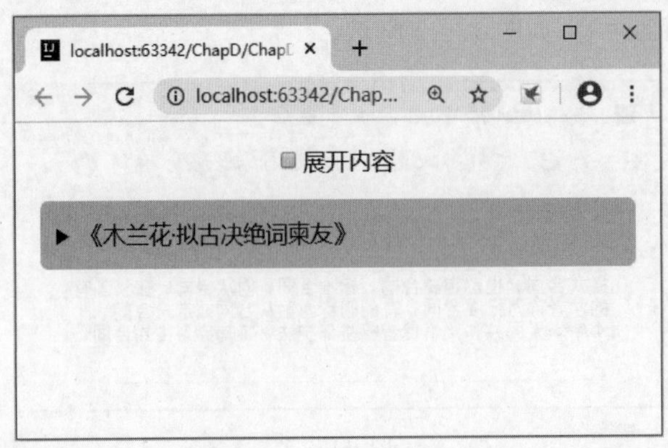

图 180-1

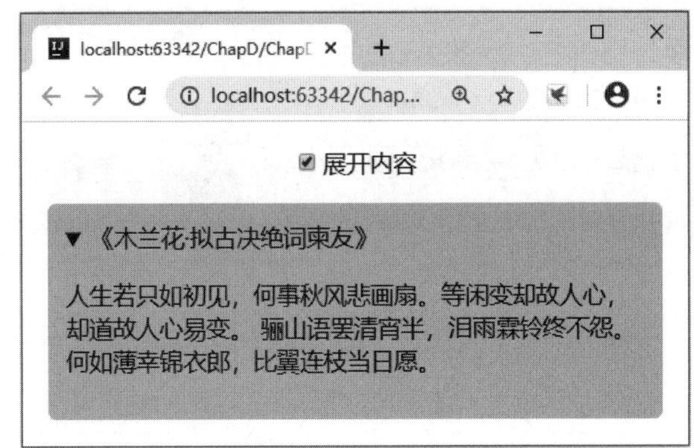

图 180-2

主要代码如下：

```
<body><center><div id="myVue" style="width: 420px;">
 <p><label><input type="checkbox" v-model="myChecked">展开内容</label></p>
 <details v-bind:open="myChecked"  style="padding: 12px;
      background-color: lightblue;border-radius: 6px;text-align: left;">
  <summary>«木兰花·拟古决绝词柬友»</summary>
  <p>人生若只如初见,何事秋风悲画扇。等闲变却故人心,却道故人心易变。
   骊山语罢清宵半,泪雨霖铃终不怨。何如薄幸锦衣郎,比翼连枝当日愿。</p>
 </details></div></center>
<script>
 new Vue({ el: '#myVue',
          data:{ myChecked:false, }, });
</script></body>
```

在上面这段代码中，v-bind:open="myChecked"用于根据 myChecked 的值来确定是否展开或折叠 details 元素，如果 v-bind:open="true"，则展开 details 元素；如果 v-bind:open= "false"，则折叠 details 元素。

此实例的源文件是 MyCode\ChapD\ChapD181.html。

181 使用 v-bind 在列表选项上绑定索引

此实例主要通过在 option 元素中使用 v-for 语句设置对象数组为选项列表，并使用 v-bind:value 绑定自动生成的索引，实现任意操作选择的对象的效果。当在浏览器中显示页面时，在输入框(input 元素)中输入查询条件，如"HTML5+CSS3 炫酷应用实例集锦"，在下拉列表(select 元素)中任意选择不同的选项，如"百度"，然后单击"搜索"按钮，则将打开百度搜索引擎执行搜索，效果分别如图 181-1 和图 181-2 所示。

主要代码如下：

```
<body><center><div id="myVue">
  关键词: <input type="text" v-model="myKeyword" style="width: 200px;">
  <select v-model='mySelected'>
   <option v-for="(myItem, index) in myItems"  v-bind:value="index">
    {{ myItem.myName }}
   </option> </select>
```

图 181-1

图 181-2

```
  <button v-on:click="onClickButton" style="width: 80px;">搜索</button>
 </div></center>
<script>
 new Vue({ el: '#myVue',
          data:{myKeyword:'HTML5 + CSS3 炫酷应用实例集锦',
                mySelected: 0,
                myItems:[{myName:"百度",myUrl:"https://www.baidu.com/s?wd="},
                         {myName:"360",myUrl:"https://www.so.com/s?q="},
                {myName:"搜狗",myUrl:"https://www.sogou.com/web?query="}], },
          methods: { onClickButton: function () {  //响应单击"搜索"按钮
    //根据所选搜索引擎对应的 URL 地址和搜索关键词跳转至对应的搜索页面
    window.location=this.myItems[this.mySelected].myUrl + this.myKeyword;
   }, }, })
</script></body>
```

在上面这段代码中,<option v-for="(myItem,index) in myItems" v-bind:value= "index">表示使用 myItems 数组成员作为 option,并将自动生成的 index 作为绑定值,即 v-bind:value= "index"。<select v-model='mySelected'>表示将 select 的选择结果保存在 mySelected 中,此实例即是将 index 保存在 mySelected 中。因此根据 mySelected 值,即可知当前选择了对象数组 myItems 的哪一个对象(Item)。

此实例的源文件是 MyCode\ChapD\ChapD139.html。

182 使用 v-bind 在列表选项上绑定对象

此实例主要通过使用 v-bind:value 将下拉列表的选项(option 元素)绑定到对象类型,同时将下拉列表(select 元素)的 v-model 也绑定到对象类型,实现在选项上操作对象的多个属性的效果。当在浏览器中显示页面时,在下拉列表中任意选择一本图书,则将在下面显示该图书的书名和售价,效果分别如图 182-1 和图 182-2 所示。

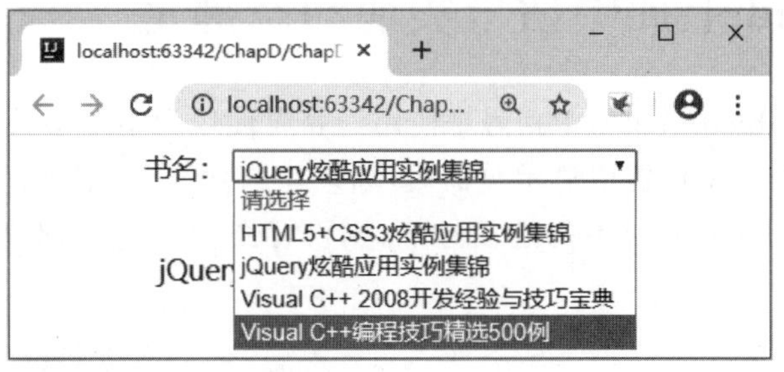

图 182-1

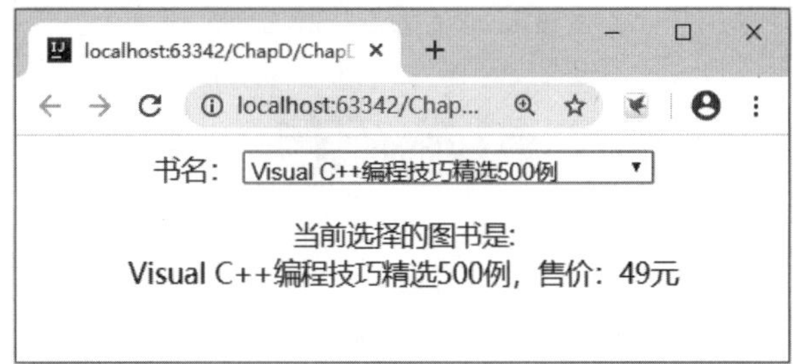

图 182-2

主要代码如下:

```
<body><center><div id="myVue">
 <span>书名:</span>
 <select v-model="mySelected">
  <option disabled value="">请选择</option>
  <option v-bind:value="{name: 'HTML5 + CSS3 炫酷应用实例集锦',price:149 }">
   HTML5 + CSS3 炫酷应用实例集锦</option>
  <option v-bind:value="{name: 'jQuery 炫酷应用实例集锦',price:99 }">
   jQuery 炫酷应用实例集锦</option>
  <option v-bind:value="{name: 'Visual C++2008 开发经验与技巧宝典',price:92 }">
   Visual C++2008 开发经验与技巧宝典</option>
  <option v-bind:value="{name: 'Visual C++编程技巧精选 500 例',price:49 }">
   Visual C++编程技巧精选 500 例</option>
 </select>
 <p>当前选择的图书是:<br>{{mySelected.name}},售价:{{mySelected.price}}元</p>
</div></center>
<script>
 new Vue({ el: '#myVue',
          data:{mySelected:{name: 'jQuery 炫酷应用实例集锦',price:99 },}, })
</script></body>
```

在上面这段代码中，mySelected:{name: 'jQuery 炫酷应用实例集锦',price:99 }表示 mySelected 变量(数据属性)是一个对象类型(用于保存选择结果)。<option v-bind:value= "{name: 'jQuery 炫酷应用实例集锦',price:99 }">jQuery 炫酷应用实例集锦</option>表示将{name: 'jQuery 炫酷应用实例集锦',price:99 }对象绑定到下拉列表的选项上，虽然在下拉列表中显示为"jQuery 炫酷应用实例集锦"，但是在本质上该选项就是该对象，而不是书名。

此实例的源文件是 MyCode\ChapD\ChapD167.html。

183 在 v-bind 上加中括号实现动态绑定

此实例主要通过在 v-bind 指令的中括号中使用计算属性作为指令参数，实现 v-bind 动态绑定可变的多个属性的效果。当在浏览器中显示页面时，如果勾选复选框，则设置图像(img 元素)的 width 属性为 160，如图 183-1 所示；如果不勾选复选框，则设置图像(img 元素)的 height 属性为 160，如图 183-2 所示。

图 183-1

图 183-2

主要代码如下：

```
<body><center><div id = "myVue">
  <label><input type = "checkbox"
                v-model = "myChecked">设置图像的宽度或高度为 160 </label><p>
  <img v-bind:[myattribute] = "160"
```

```
        src = "images/img275.jpg" style = "border - radius: 8px;"/>
  </div></center>
 < script >
  new Vue({ el: '#myVue',
          data: {myChecked: true,  },
          computed:{ myattribute:function(){
                       return  this.myChecked?'width':'height';  }, }, })
 </script></body>
```

在上面这段代码中，v-bind:[myattribute]="160"的 myattribute 是一个动态参数，根据 this.myChecked?'width':'height'表达式的结果而定。如果 this.myChecked 表达式的值为 true，则 v-bind:[myattribute]="160"等价于 v-bind:width="160"；如果 this.myChecked 表达式的值为 false，则 v-bind:[myattribute]="160"等价于 v-bind:height="160"。需要特别注意的是：myattribute 参数的(大写)命名。例如，在此实例中，myattribute 是正确的，myAttribute 则是错误的。另外，在中括号中是可以使用表达式的，如 v-bind:[this.mychecked? 'width':'height']="160"，但是不建议在此使用表达式，因为一些特殊的字符会导致应用失败。

此实例的源文件是 MyCode\ChapD\ChapD131.html。

184 使用 v-model 双向绑定数据

此实例主要通过使用 v-model，实现输入框(input 元素)与 Vue 实例的数据属性双向绑定的效果。当在浏览器中显示页面时，在两个输入框中任意输入不同的数值，则将在下面显示两者的乘积，效果分别如图 184-1 和图 184-2 所示。

图 184-1

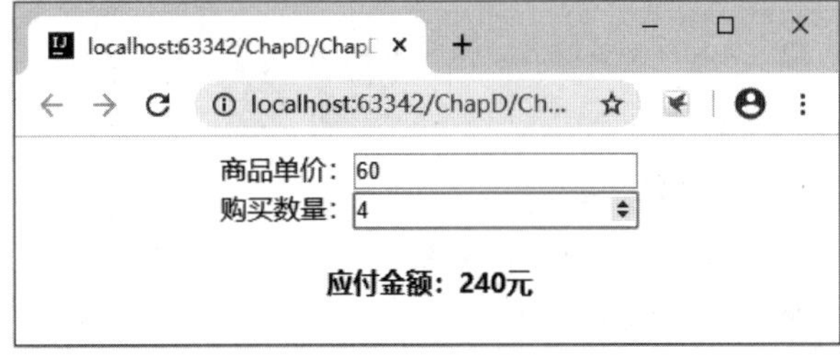

图 184-2

主要代码如下：

```
<body><center><div id = "myVue">
  商品单价: < input type = "number"  v - model = "myPrice"/>< br >
  购买数量: < input autofocus type = "number"  v - model = "myQuantity"/>< br >
```

```
    <h4>应付金额：{{myPrice * myQuantity}}元</h4>
   </div></center>
 <script>
  new Vue({ el: '#myVue',
           data:{ myPrice: 58.00,
                  myQuantity:1, }, })
 </script></body>
```

在上面这段代码中，<input type="number" v-model="myPrice"/>表示该输入框(input 元素)与 Vue 实例的数据属性 myPrice 双向绑定，也就是说，既可以从 Vue 实例的 myPrice 向输入框传值，也可以从输入框向 Vue 实例的 myPrice 传值。<input autofocus type="number" v-model="myQuantity"/>的作用与前者类似。

此实例的源文件是 MyCode\ChapD\ChapD005.html。

185 使用 v-model 创建一组单选按钮

此实例主要通过使用 v-model 将 input 元素与 Vue 实例的数据属性绑定，以确定用户究竟单击了哪一个单选按钮。当在浏览器中显示页面时，任意单击不同的单选按钮，则选择(单选)结果分别如图 185-1 和图 185-2 所示。

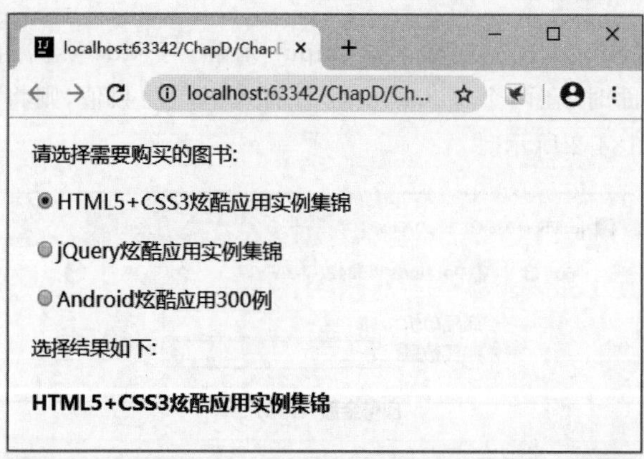

图 185-1

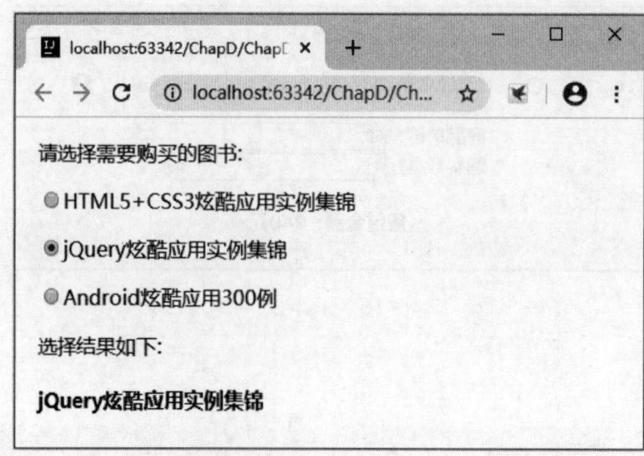

图 185-2

主要代码如下：

```
<body><div id="myVue" style="margin: 10px;">
 <p>请选择需要购买的图书:</p>
 <p><label><input type="radio" v-bind:value="myBooks[0]"
            v-model="myName">{{myBooks[0]}}</label></p>
 <p><label><input type="radio" v-bind:value="myBooks[1]"
            v-model="myName">{{myBooks[1]}}</label></p>
 <p><label><input type="radio" v-bind:value="myBooks[2]"
            v-model="myName">{{myBooks[2]}}</label></p>
 <p>选择结果如下:</p>
 <h4>{{ myName }}</h4></div>
<script>
 new Vue({ el: '#myVue',
          data:{myName:'',
                myBooks:["HTML5 + CSS3 炫酷应用实例集锦",
               "jQuery 炫酷应用实例集锦","Android 炫酷应用 300 例",], }, })
</script></body>
```

在上面这段代码中，v-model="myName"表示 input 元素与 Vue 实例的数据属性 myName 进行双向绑定，即当 input 元素发生变化时，对应的 Vue 实例的数据属性 myName 也同步发生变化；反之亦然。

此实例的源文件是 MyCode\ChapD\ChapD019.html。

186 使用 v-model 创建一组复选框

此实例主要通过使用 v-model 将 input 元素与 Vue 实例的数据属性绑定，实现获取选择的多个复选框的效果。当在浏览器中显示页面时，勾选不同数量的复选框，则选择结果分别如图 186-1 和图 186-2 所示。

图 186-1

主要代码如下：

```
<body><div id="myVue">
 <p>请选择需要购买的图书:</p>
 <p><input type="checkbox" v-bind:value="myBooks[0]"
```

```
              v-model="myNames">{{myBooks[0]}}</p>
  <p><input type="checkbox" v-bind:value="myBooks[1]"
              v-model="myNames">{{myBooks[1]}}</p>
  <p><input type="checkbox" v-bind:value="myBooks[2]"
              v-model="myNames">{{myBooks[2]}}</p>
  <p>选择结果如下:</p>
  <ol>
    <li v-for="myName in myNames">{{ myName }}</li>
  </ol></div>
 <script>
  new Vue({ el: '#myVue',
          data:{myNames:[],
          myBooks:["HTML5+CSS3炫酷应用实例集锦","jQuery炫酷应用实例集锦",
                   "Android炫酷应用300例",], }, })
 </script></body>
```

在上面这段代码中,v-model="myNames"表示 input 元素与 Vue 实例的数据属性 myNames 数组进行双向绑定,如果 myNames 数组已经带数据初始化,如 myNames:["编程圣经","实例宝典"],则复选框的选择结果将以追加的形式出现在 myNames 中。此外,如果将源代码的 el: '#myVue'修改为 el: '.myVue'、<div id="myVue">修改为<div class="myVue">,则也能得到正确的结果。

此实例的源文件是 MyCode\ChapD\ChapD013.html。

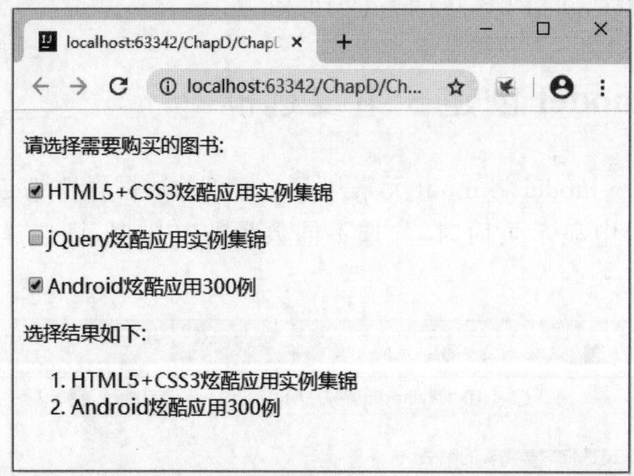

图 186-2

187 使用 v-model 创建单选下拉列表

此实例主要通过使用 v-model 将 select 元素与 Vue 实例的数据属性绑定,创建可单选的下拉列表。当在浏览器中显示页面时,在下拉列表(select 元素)中任意选择不同的选项,则将在下面显示选择结果,效果分别如图 187-1 和图 187-2 所示。

主要代码如下:

```
<body><center><br><div id="myVue">
 <span>目的地:</span>
 <select v-model="mySelected">
  <option disabled value="">请选择</option>
```

```
    <option>桂林</option>
    <option>张家界</option>
    <option>西安</option>
  </select>
  <p>选择的目的地是: {{ mySelected }}</p>
</div></center>
<script>
 new Vue({ el: '#myVue',
          data:{mySelected:'桂林',}, })
</script></body>
```

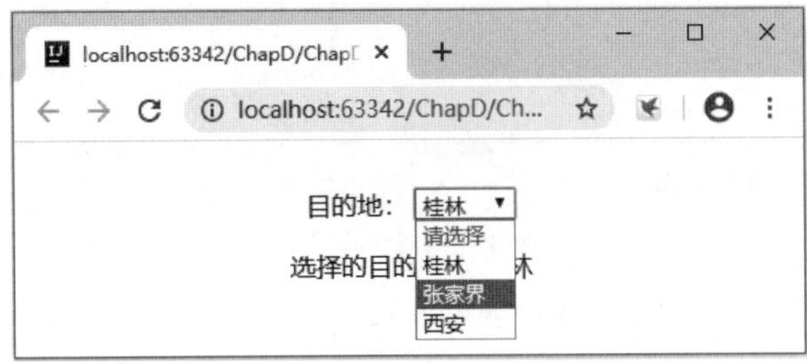

图 187-1

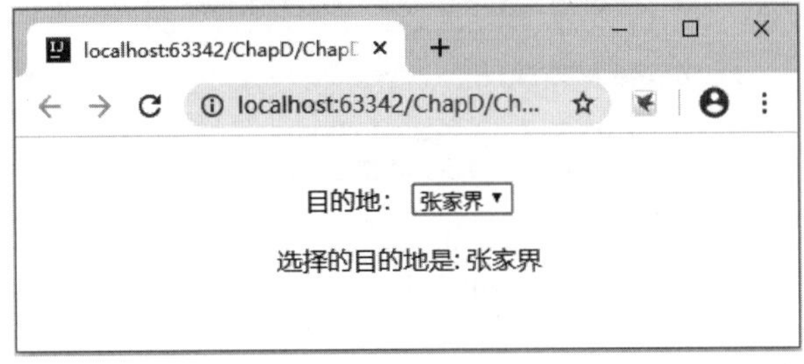

图 187-2

在上面这段代码中，v-model="mySelected"表示 select 元素与 Vue 实例的数据属性 mySelected 进行双向绑定，即当 select 元素发生变化(选择不同的选项)时，对应的 Vue 实例的数据属性 mySelected 也同步发生变化；反之亦然。

此实例的源文件是 MyCode\ChapD\ChapD020.html。

188 使用 v-model 创建多选下拉列表

此实例主要通过使用 v-model 将 select 元素与 Vue 实例的数组类型的数据属性绑定，创建可多选的下拉列表。当在浏览器中显示页面时，在下拉列表(select 元素)中任意选择多个选项(Ctrl+选项)，则将在下面显示选择的多个选项，效果分别如图 188-1 和图 188-2 所示。

主要代码如下：

```
<body><center><div id="myVue"  style="width: 370px;text-align: left;">
 <p>请选择需要购买的图书(Ctrl+支持多选): </p>
 <select v-model="mySelected" multiple style="width: 350px;height: 100px;">
  <option>Android 炫酷应用 300 例</option>
  <option>HTML5 + CSS3 炫酷应用实例集锦</option>
```

```
      <option>jQuery 炫酷应用实例集锦</option>
      <option>Visual C++2008 开发经验与技巧宝典</option>
      <option>Visual C++2005 编程技巧大全</option></select>
    <p>选择购买的图书如下:</p>
    <ol>
      <li v-for="myBook in mySelected">{{ myBook }}</li>
     </ol>
  </div></center>
  <script>
    new Vue({ el: '#myVue',
            data:{mySelected:[],}, })
  </script></body>
```

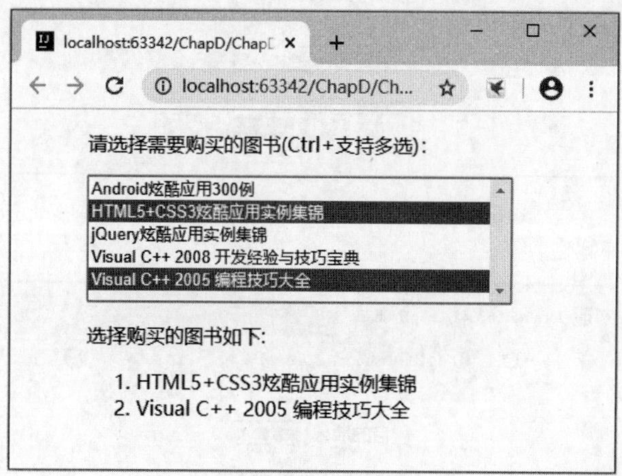

图 188-1

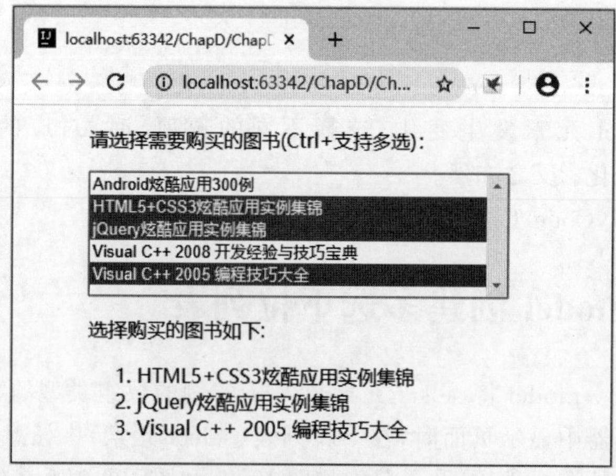

图 188-2

在上面这段代码中，v-model="mySelected"表示 select 元素与 Vue 实例的数组类型的数据属性 mySelected 进行双向绑定，即当 select 元素发生变化（选择不同数量的选项）时，对应 Vue 实例的数据属性 mySelected 也同步发生变化；反之亦然。

此实例的源文件是 MyCode\ChapD\ChapD021.html。

189 使用 v-model 获取 range 滑块值

此实例主要通过使用 v-model 将 input 元素(range 滑块)与 Vue 实例的数据属性 myOpacity 绑定,实现创建滑块并通过获取的滑块值改变图像(不)透明度的效果。当在浏览器中显示页面时,如果向左移动滑块,则图像的不透明度减小(透明度增大),如图 189-1 所示;如果向右移动滑块,则图像的不透明度增大(透明度减小),如图 189-2 所示。

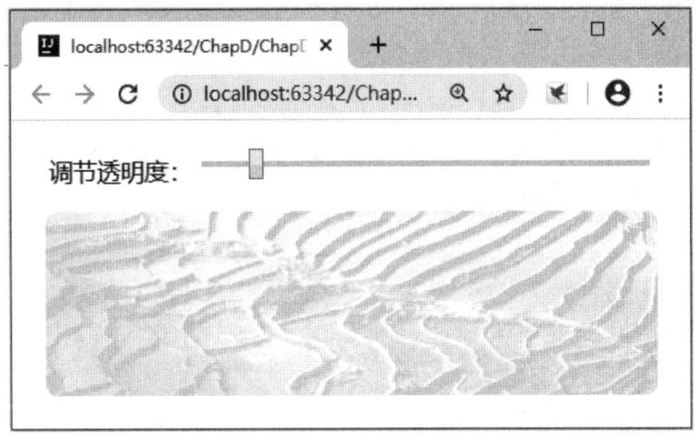

图 189-1

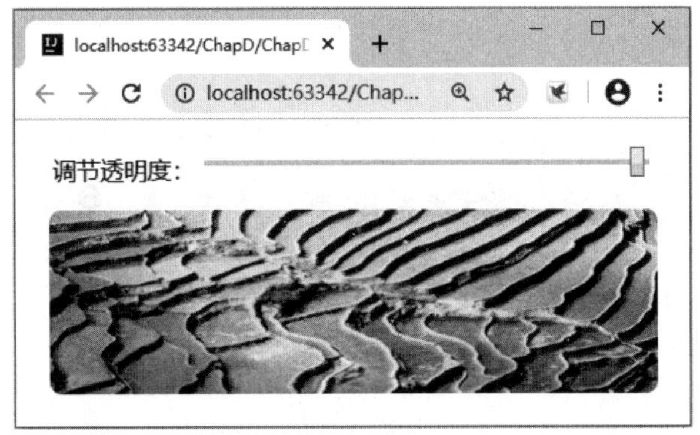

图 189-2

主要代码如下:

```
<body><center><div id="myVue">
 <p>调节透明度:<input type="range" v-model=myOpacity
                min="0" max="100" style="width:300px;"></p>
 <img  src="images/img270.jpg"  v-bind:style="{opacity: myOpacity/100}"
 style="width: 410px; height: 120px;border-radius: 8px;"/>
</div></center>
<script>
 new Vue({ el: '#myVue',
          data:{ myOpacity:50, }, })
</script></body>
```

在上面这段代码中,v-model=myOpacity 表示 input 元素(range 滑块)与 Vue 实例的数据属性 myOpacity 进行双向绑定,即当 input 元素(range 滑块)发生变化时,对应 Vue 实例的数据属性 myOpacity 也同步发生变化;反之亦然。v-bind:style="{opacity: myOpacity/100}"用于根据

myOpacity的值动态调节图像(img元素)的不透明度。需要注意的是：在默认情况下，opacity的取值范围是0～1，input元素(range滑块)的默认调节范围是0～100，步长是1，因此，当使用input元素(range滑块)的值动态调节不透明度时需要进行数值的转换。

此实例的源文件是MyCode\ChapD\ChapD114.html。

190 使用v-model获取时间选择器值

此实例主要通过使用v-model将input元素(time时间选择器)与Vue实例的数据属性(myTimeFrom和myTimeTo)绑定，实现获取时间选择器值的效果。当在浏览器中显示页面时，在"开考时间："和"闭考时间："两个时间选择器中设置新的时间，如果两者时间差值为2小时，则显示确认信息，如图190-1所示；如果两者时间差值小于2小时，则显示错误提示信息，如图190-2所示；如果两者时间差值大于2小时，也将显示错误提示信息。

图 190-1

图 190-2

主要代码如下：

```
<body><center><div id="myVue">
 <p>开考时间:<input type="time"  v-model="myTimeFrom"/>
     闭考时间:<input type="time"  v-model="myTimeTo"/></p>
 <h3>{{getResult}}</h3>
</div></center>
<script>
 new Vue({ el: '#myVue',
        data:{ myTimeFrom:'09:00:00',
               myTimeTo:'11:00:00',},
        computed:{ getResult:function(){
    var myTo = new Date("2020-05-01 " + this.myTimeTo);
    var myFrom = new Date("2020-05-01 " + this.myTimeFrom);
    var myDifference = (myTo - myFrom)/1000;        //计算时间差,并把毫秒转换成秒
    var myText = "请确认考试时间: " + this.myTimeFrom + "-" + this.myTimeTo;
    if(myDifference > 7200)
```

```
        myText = "考试时间不能超过 2 小时";
      if(myDifference < 7200)
        myText = "考试时间不能少于 2 小时";
      return myText;
    }, }, })
</script></body>
```

在上面这段代码中，<input type="time" v-model="myTimeFrom"/>表示 input 元素（time 时间选择器）与 Vue 实例的数据属性 myTimeFrom 进行双向绑定，即当 input 元素（time 时间选择器）发生变化时，对应 Vue 的数据属性 myTimeFrom 也同步发生变化；反之亦然。getResult 是计算属性（computed），用于计算 myTimeFrom 和 myTimeTo 之间的差值，每当 myTimeFrom 或 myTimeTo 发生变化时，它均会自动计算两者的差值，并通过{{getResult}}渲染出来。

此实例的源文件是 MyCode\ChapD\ChapD190.html。

191 使用 v-model 获取日期选择器值

此实例主要通过使用 v model 将 input 元素（date 日期选择器）与 Vue 实例的数据属性（myDateFrom 和 myDateTo）绑定，实现获取日期选择器值的效果。当在浏览器中显示页面时，在“期待发货日期：”和“期待收货日期：”两个日期选择器中设置新的日期，如果设置正确，则提示“日期设置完毕，请注意物流状态！”，效果如图 191-1 所示；如果设置的“期待发货日期：”晚于“期待收货日期：”，则提示“发货日期不可晚于收货日期！”，效果如图 191-2 所示。

图 191-1

图 191-2

主要代码如下：

```
<body><center><div id="myVue">
 <p>期待发货日期：<input type="date" v-model="myDateFrom"
                          v-on:change="onDateChange()"/></p>
 <p>期待收货日期：<input type="date" v-model="myDateTo"
                          v-on:change="onDateChange()"/></p>
 <h3>{{myText}}</h3>
</div></center>
<script>
 new Vue({ el: '#myVue',
         data:{ myDateFrom: '2020-05-19',myDateTo: '2020-05-20',myText:'',},
         methods:{ onDateChange:function(){
                     this.myText="日期设置完毕,请注意物流状态!";
                     var myFrom = new Date(this.myDateFrom);
                     var myTo = new Date(this.myDateTo);
                     if(myTo<myFrom)
                        this.myText="发货日期不可晚于收货日期!"; }, }, })
</script></body>
```

在上面这段代码中，<input type="date" v-model="myDateFrom" v-on:change= "onDateChange()"/>的 v-model="myDateFrom"表示 input 元素(date 日期选择器)与 Vue 实例的数据属性 myDateFrom 进行双向绑定，即当 input 元素(date 日期选择器)发生变化时，对应 Vue 实例的数据属性 myDateFrom 也同步发生变化；反之亦然。v-on:change= "onDateChange()"表示在日期选择器的日期发生改变时，执行 onDateChange()方法，以检查日期设置是否符合要求；myFrom = new Date(this.myDateFrom)表示将字符串类型的日期转换为 Date 类型，以进行日期大小比较。

此实例的源文件是 MyCode\ChapD\ChapD191.html。

192 使用 v-model 获取月份选择器值

此实例主要通过使用 v-model 将 input 元素(month 月份选择器)与 Vue 实例的数据属性 myMonthFrom 绑定，实现获取月份选择器值的效果。当在浏览器中显示页面时，在"生产日期:"月份选择器中选择新的月份，在"保质期:"输入框中输入月数，则在下面显示该商品的到期(过期)日期，效果分别如图 192-1 和图 192-2 所示。

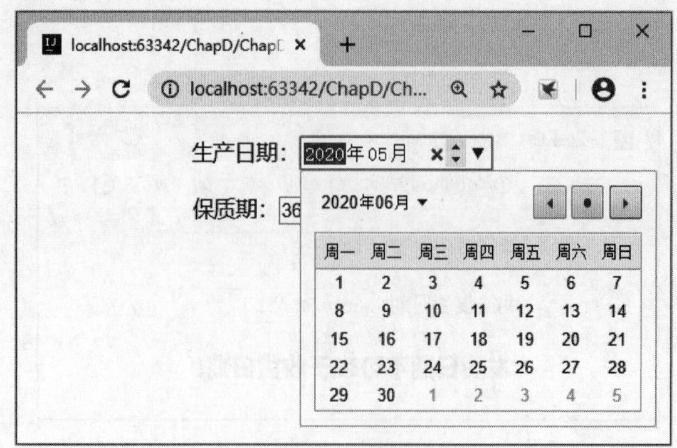

图 192-1

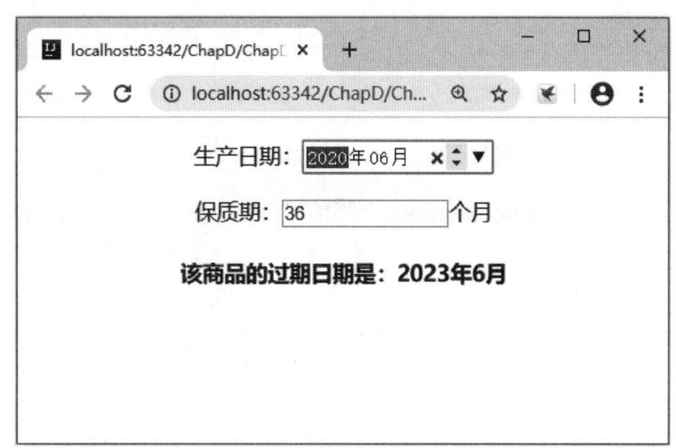

图 192-2

主要代码如下：

```
<body><center><div id="myVue">
 <p>生产日期: <input type="month" v-model="myMonthFrom"
                      v-on:change="onMonthChange()"/></p>
 <p>保质期: <input type="number" v-model="myDuration"
                  v-on:change="onMonthChange()" style="width: 120px;"/>个月</p>
 <h4>{{myText}}</h4>
</div></center>
<script>
 new Vue({ el: '#myVue',
          data:{ myMonthFrom: '2020-05', myDuration: 36,myText:'', },
  methods:{ onMonthChange:function(){
    var myFrom = new Date(this.myMonthFrom);
    var myYear = myFrom.getFullYear();
    var myMonth = myFrom.getMonth() + 1;
    var myTotal = parseInt(this.myDuration) + myMonth;
    var myToYear = myYear + parseInt(myTotal/12);
    var myToMonth = parseInt(myTotal % 12);
    this.myText = "该商品的过期日期是: " + myToYear + "年" + myToMonth + "月"; }, }, })
</script></body>
```

在上面这段代码中，<input type="month" v-model="myMonthFrom" v-on:change="onMonthChange()"/>的 v-model="myMonthFrom"表示 input 元素(month 月份选择器)与 Vue 实例的数据属性 myMonthFrom 进行双向绑定，即当 input 元素(month 月份选择器)发生变化时，对应 Vue 实例的数据属性 myMonthFrom 也同步发生变化；反之亦然。v-on:change= "onMonthChange()" 表示在月份选择器的日期发生改变时，执行 onMonthChange()方法，以计算商品的到期(过期)日期。

此实例的源文件是 MyCode\ChapD\ChapD192.html。

193 使用 v-model 获取周数选择器值

此实例主要通过使用 v-model 将 input 元素(week 周数选择器)与 Vue 实例的数据属性 myWeek 绑定，实现获取周数选择器值的效果。当在浏览器中显示页面时，在"选择周数:"的周数选择器中选择新的周数(即一年中的第几周)，即可在下面显示该周的星期一是哪天，效果分别如图 193-1 和图 193-2 所示。

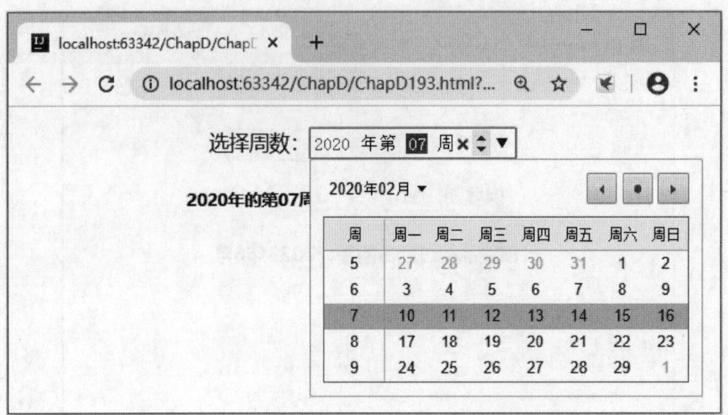

图 193-1

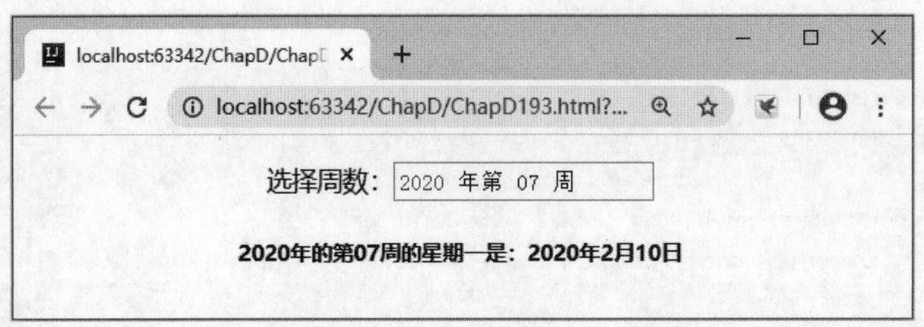

图 193-2

主要代码如下：

```
<body><center><div id="myVue">
 <p>选择周数: <input type="week" v-model="myWeek" id="myPicker"
         min="2020-W01" max="2020-W45" v-on:change="onWeekChange()"/></p>
 <h5>{{myText}}</h5>
</div></center>
<script>
 new Vue({el: '#myVue',
          data:{ myWeek:'2020-W03',myText:'', },
  methods:{ onWeekChange:function(){
    var myPicker = document.getElementById("myPicker");
    var myDate = myPicker.valueAsDate;
    this.myText = this.myWeek.substring(0,4) + "年的第" +
       this.myWeek.substring(6,8) + "周的星期一是: " + myDate.getFullYear()
        + "年" + (myDate.getMonth() + 1) + "月" + myDate.getDate() + "日"; }, }, })
</script></body>
```

在上面这段代码中，<input type="week" v-model="myWeek" id="myPicker" min="2020-W01" max="2020-W45" v-on:change="onWeekChange()"/>的 v-model="myWeek"表示 input 元素（week 周数选择器）与 Vue 实例的数据属性 myWeek 进行双向绑定，即当 input 元素（week 周数选择器）发生变化时，对应 Vue 实例的数据属性 myWeek 也同步发生变化；反之亦然。myWeek:'2020-W03'表示设置 2020 年的第 3 周为周数选择器的初始值；min="2020-W01" 表示在周数选择器中的可选周数的最小值；max="2020-W45"表示在周数选择器中的可选周数的最大值。v-on:change="onWeekChange()"表示在周数选择器的周数发生改变时，执行 onWeekChange()方法，即根据选择的周数计算该周星期一是哪天。

此实例的源文件是 MyCode\ChapD\ChapD193. html。

194　使用 v-model. lazy 控制同步时机

此实例主要通过在 v-model 中使用 lazy 修饰符，实现控制输入框数据与 Vue 实例的数据属性的同步时机的效果。当在浏览器中显示页面时，由于“商品单价：”输入框仅使用了 v-model，因此一旦该输入框的数字发生改变，则“应付金额：”结果将会立即发生改变，如图 194-1 所示。由于“购买数量：”输入框使用了 lazy 修饰符，即 v-model. lazy，因此当该输入框的数字发生改变，且没有失去焦点或按下回车键时，“应付金额：”结果不会发生改变，如图 194-2 所示；只有在失去焦点或按下 Enter 键之后，“应付金额：”结果才发生改变。

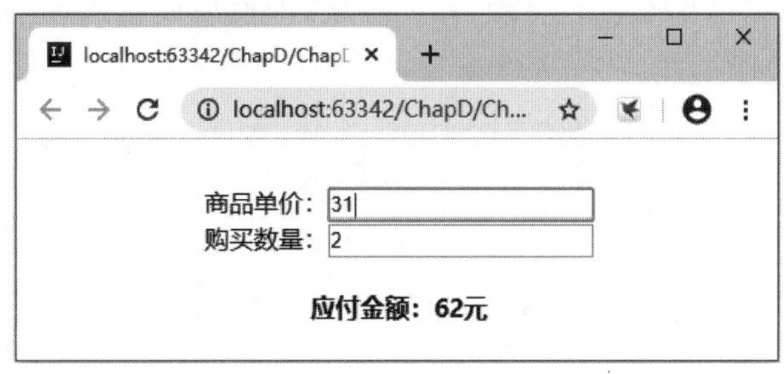

图　194-1

图　194-2

主要代码如下：

```
<body><center><br><div id="myVue">
  商品单价：<input type="text" v-model="myPrice"/><br>
  购买数量：<input autofocus type="text" v-model.lazy="myQuantity"/>
  <h4>应付金额：{{myPrice * myQuantity}}元</h4>
 </div></center>
<script>
 new Vue({el: '#myVue',
          data:{ myPrice: 3,myQuantity:2, }, })
</script></body>
```

在上面这段代码中，v-model. lazy 的 lazy 修饰符主要用于延迟同步更新属性数据的时机，即将原本绑定在 input 事件的同步逻辑转变为绑定在 change 事件上。

此实例的源文件是 MyCode\ChapD\ChapD037. html。

195 使用 v-model.number 转换数值

此实例主要通过在 v-model 中使用 number 修饰符，实现控制输入框字符类型数据转换成数值类型的效果。当在浏览器中显示页面时，由于“商品单价：”输入框仅使用了 v-model，因此，一旦在该输入框中输入了非数值类型的数据(如 3K)，则“应付金额：”结果将出现 NaN(Not a Number，非数字)错误，如图 195-1 所示。由于“购买数量：”输入框使用了 number 修饰符，即 v-model.number，因此，如果在该输入框首次输入数字(如 20)时，将实时更新成 Number 类型的数值；如果继续在数字后输入其他非数字的字符(如 20K)，则该数值(也可认为“应付金额：”结果)将不再变化(保持非数字字符前的数值)，如图 195-2 所示，并且在该输入框失去焦点时，自动删除非数字字符(即 20K 变成 20)；如果在“购买数量：”输入框中首次输入非数字的字符串(如 K)，因为 Vue.js 无法将该字符串(如 K)转换成数值，所以“应付金额：”结果也将会出现 NaN 错误，即使后面输入数字(如 K20)，也将被视作字符串。

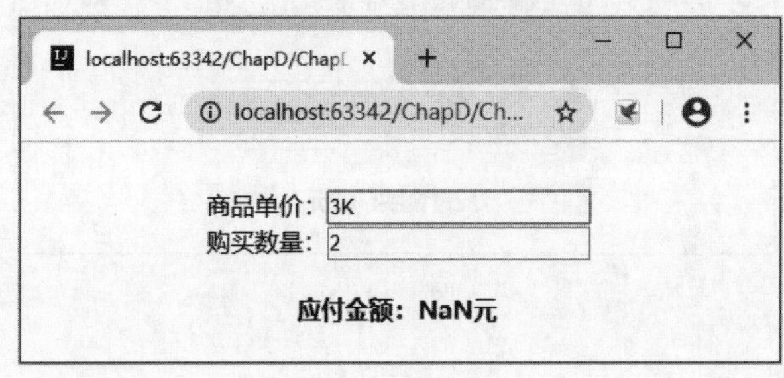

图 195-1

图 195-2

主要代码如下：

```
<body><center><br><div id="myVue">
  商品单价：<input type="text" v-model="myPrice"/><br>
  购买数量：<input autofocus type="text" v-model.number="myQuantity"/>
  <h4>应付金额：{{myPrice * myQuantity}}元</h4>
 </div></center>
<script>
 new Vue({el: '#myVue',
          data:{ myPrice: 3,myQuantity:2, }, })
</script></body>
```

在上面这段代码中，v-model.number 的 number 修饰符主要用于控制(输入框的)非数字字符与(Vue.js 的)数字字符的转换，即将输入框的字符类型数据转换成数值。

此实例的源文件是 MyCode\ChapD\ChapD038. html。

196　使用 v-if 移除或添加元素

此实例主要通过使用 v-if，实现在 DOM 中根据条件移除或添加元素（图像元素 img）。当在浏览器中显示页面时，如果勾选复选框（即 v-if="true"），则将显示商品图像，如图 196-1 所示；如果不勾选复选框（即 v-if="false"），则不显示商品图像，如图 196-2 所示。

图　196-1

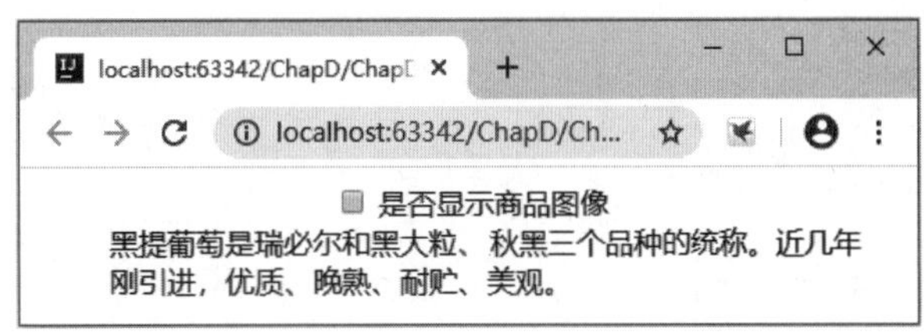

图　196-2

主要代码如下：

```
<body><center><div id="myVue">
  <input type="checkbox" v-model="myChecked">是否显示商品图像<br>
  <img src="images/img203.jpg" v-if="myChecked"/>
  <div  style="width:400px;text-align: left;">黑提葡萄是瑞必尔和黑大粒、秋黑三个品种的统称。近几
年刚引进，优质、晚熟、耐贮、美观。</div>
 </div></center>
 <script>
  new Vue({ el: '#myVue',
          data:{ myChecked: true,}, })
 </script></body>
```

在上面这段代码中，<img src="images/img203.jpg" v-if="myChecked"/>表示 Vue.js 将根据 myChecked 的值（true 或 false），决定是否从 DOM 中添加或移除 img 元素；如果 v-if="true"，则向 DOM 添加 img 元素；如果 v-if="false"，则从 DOM 中移除 img 元素。

此实例的源文件是 MyCode\ChapD\ChapD007. html。

197 使用 v-else 根据条件增删元素

此实例主要通过使用 v-if 和 v-else，实现在 DOM 中根据条件增删元素（span 元素）的效果。当在浏览器中显示页面时，如果不勾选复选框（即 v-if＝"false"），则显示邮箱名登录模块，如图 197-1 所示；如果勾选复选框（即 v-if＝"true"），则显示用户名登录模块，如图 197-2 所示。

图 197-1

图 197-2

主要代码如下：

```
<body><center><div id="myVue" style="margin: 10px;">
  <p><span v-if='myChecked'>
      用户名：<input type="text" key='userName'
                  placeholder="binluobin"/></span>
    <span v-else>
      邮箱名：<input type="text" key='password'
                  placeholder="binluobin@163.com"/></span>
    <label><input type="checkbox" v-model="myChecked">登录方式切换</label></p>
 </div></center>
<script>
 new Vue({ el: '#myVue',
          data:{myChecked:false, }, })
</script></body>
```

在上面这段代码中，<span v-if＝'myChecked'>表示 Vue.js 将根据 myChecked 的值（true 或 false），决定在 DOM 中添加哪一个 span 元素；如果 v-if＝"true"，则向 DOM 添加 span 元素（用户名模块）；如果 v-if＝"false"，则向 DOM 添加 span 元素（邮箱名模块）。需要注意的是：v-if 可以配合 v-else 使用，也可以单独使用；当配合 v-else 使用时，v-else 所在的标签应该紧跟在 v-if 所在的标签之后，如果中间穿插其他标签，v-else 所在的标签将永远不会显示出来。此外，Vue.js 有一种尝试复用 DOM 的机制，如果 DOM 元素已经存在，将复用 DOM 的机制，此时可以添加一个 key 值，即这是唯一的、不能复用的 DOM 元素。

此实例的源文件是 MyCode\ChapD\ChapD024.html。

198 使用 v-else-if 根据多条件增删元素

此实例主要通过使用 v-else-if,实现在 DOM 中根据不同条件添加或移除元素(img)的效果。当在浏览器中显示页面时,如果单击"科技新书"单选按钮,则将在下面显示(添加)科技图书的海报,如图 198-1 所示;如果单击"社科新书"单选按钮,则将在下面显示(添加)社科图书的海报,如图 198-2 所示。单击其他单选按钮将实现类似的功能。

图 198-1

图 198-2

主要代码如下:

```
<body><center><div id="myVue" style="margin: 10px;">
 <p>请选择需要查询的图书类别:</p>
 <label><input type="radio" v-bind:value="myBooks[0]"
```

```
            v-model="myBook">{{myBooks[0]}}</label>
  <label><input type="radio" v-bind:value="myBooks[1]"
            v-model="myBook">{{myBooks[1]}}</label>
  <label><input type="radio" v-bind:value="myBooks[2]"
            v-model="myBook">{{myBooks[2]}}</label>
  <label><input type="radio" v-bind:value="myBooks[3]"
              v-model="myBook">{{myBooks[3]}}</label>
  <p><div v-if="myBook === myBooks[0]">
   <img src="images/img209.jpg"/></div>
  <div v-else-if="myBook === myBooks[1]">
   <img src="images/img208.jpg"/></div>
  <div v-else-if="myBook === myBooks[2]">
   <img src="images/img210.jpg"/></div>
  <div v-else>
   <img src="images/img211.jpg"/></div></p>
 </div></center>
 <script>
  new Vue({ el: '#myVue',
          data:{myBook:'科技新书',
                myBooks:["艺术新书","科技新书","社科新书","经管新书",],},})
 </script></body>
```

在上面这段代码中，<div v-if="myBook === myBooks[0]">表示如果 v-if="true"，则向 DOM 添加该 div 元素；如果 v-if="false"，则判断<div v-else-if="myBook === myBooks[1]">的 v-else-if 是否为 true，如果该 v-else-if 为 true，则向 DOM 添加该 div 元素，否则判断<div v-else-if="myBook === myBooks[2]">的 v-else-if 是否为 true，以此类推；如果所有的 v-if 和 v-else-if 均为 false，则向 DOM 添加<div v-else>所在的 div 元素。原则上，可以链式地多次使用 v-else-if。

此实例的源文件是 MyCode\ChapD\ChapD023.html。

199 在 template 上使用 v-if 渲染分组

此实例主要通过在 template 上使用 v-if 指令，实现对成组的多个元素进行（添加或移除）渲染切换的效果。当在浏览器中显示页面时，如果单击“张家界”按钮，则将显示张家界的简介和图像，如图 199-1 所示；如果单击“武当山”按钮，则将显示武当山的简介和图像，如图 199-2 所示。

图 199-1

图 199-2

主要代码如下：

```
<body><div id="myVue" style="margin-left:20px;">
 <P><input  type="button" value="张家界" v-on:click="onClickButton1"
              style="width:220px;height:26px;"/>
    <input  type="button" value="武当山" v-on:click="onClickButton2"
              style="width:220px;height:26px;"/></P>
 <template v-if="myShow">
  <p style="width:440px;">张家界因旅游建市,是中国重要的旅游城市,是湘鄂渝黔革命根据地的发源地和
中心区域。</p>
  <img src="images/img283.jpg" style="border-radius:8px;"/>
 </template>
 <template v-else>
  <p style="width:440px;">武当山是道教名山和武当武术的发源地,被称为"亘古无双胜境,天下第一仙山"。
</p>
  <img src="images/img284.jpg"  style="border-radius:8px;"/>
 </template>
</div>
<script>
 new Vue({el: '#myVue',
          data:{myShow:false,},
          methods: { onClickButton1: function(){this.myShow=true; },
                     onClickButton2: function(){this.myShow=false;},},})
</script></body>
```

在上面这段代码中，<template v-if="myShow">表示 Vue.js 将根据 myShow 的值（true 或 false），决定在 DOM 中是否添加该模板中的所有元素。如果 v-if="true"，则向 DOM 添加在<template v-if="myShow">中的所有元素（不包括 template）；如果 v-if="false"，则向 DOM 添加在<template v-else>中的所有元素（不包括 template）。

此实例的源文件是 MyCode\ChapD\ChapD133.html。

200 使用 v-show 隐藏或显示元素

此实例主要通过使用 v-show，实现隐藏或显示元素（img）的效果。当在浏览器中显示页面时，如果勾选复选框（即 v-show="true"），则显示草莓图像，如图 200-1 所示；如果不勾选复选框（即

v-show="false"),则不显示草莓图像,如图 200-2 所示。

图 200-1

图 200-2

主要代码如下:

```
<body><center><div id="myVue">
  <input type="checkbox" v-model="myChecked">是否显示商品图像<br>
  <img src="images/img204.jpg" v-show="myChecked"/>
 </div></center>
<script>
 new Vue({ el: '#myVue',
          data:{ myChecked: true,}, })
</script></body>
```

在上面这段代码中,<img src="images/img204.jpg" v-show="myChecked"/>表示系统将根据 myChecked 的值(true 或 false),决定是否隐藏或显示 img 元素。如果 v-show="true",则显示元素(img);如果 v-show="false",则隐藏元素(img)。v-show 和 v-if 实现的功能十分相似,但两者有本质的不同:v-if 是动态向 DOM 树添加或者删除元素,v-show 则是通过设置元素的 display 样式属性控制元素隐藏或显示;v-if 有更高的切换消耗,v-show 有更高的初始渲染消耗;v-if 不适合频繁切换(隐藏或显示),v-show 适合频繁切换(隐藏或显示)。

此实例的源文件是 MyCode\ChapD\ChapD008.html。

201 使用 v-once 限定元素仅渲染一次

此实例主要通过在元素中使用 v-once 指令,使元素关联的变量仅响应一次,即仅渲染元素一次。当在浏览器中显示页面时,三行文本均关联变量 myText,因此它们均显示"这是首次显示的内容",如

图 201-1 所示；但如果在输入框中输入新的内容，如“这是输入的测试文本”，则第二行的 h3 元素由于设置了 v-once 指令，因此不再响应变量 myText 的变化(以后也不会响应)，如图 201-2 所示。

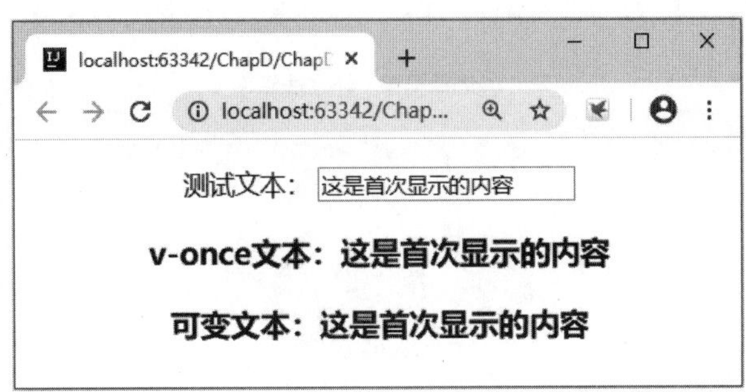

图　201-1

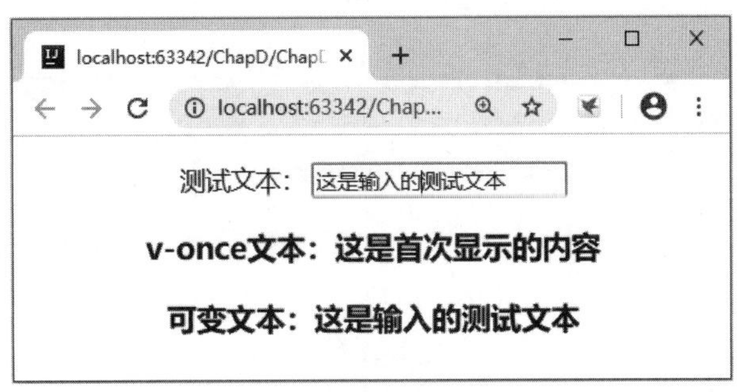

图　201-2

主要代码如下：

```
<body><center><div id="myVue">
  <p>测试文本：<input type="text" v-model = "myText" ></p>
  <h3 v-once>v-once 文本：{{myText}}</h3>
  <h3>可变文本：{{myText}}</h3>
 </div></center>
<script>
 new Vue({el: '#myVue',
          data:{myText : "这是首次显示的内容"},})
</script></body>
```

在上面这段代码中，<h3 v-once>v-once 文本：{{myText}}</h3>的 v-once 指令表示该 h3 元素仅渲染一次，即如果 myText 变量(数据属性)以后有变化，h3 元素将不再渲染。实际上，只要添加了 v-once 指令的元素，元素/组件及其所有的子节点，在第一次渲染之后都会被当作静态内容并跳过，这可以用于优化更新性能。

此实例的源文件是 MyCode\ChapD\ChapD169.html。

202　在复选框中设置 true-value 属性

此实例主要通过在复选框中设置 v-bind:true-value 属性和 v-bind:false-value 属性，实现根据设置的内容代替复选框的 true 或 false 的效果。当在浏览器中显示页面时，如果不勾选复选框，则显示香蕉图像，如图 202-1 所示；如果勾选复选框，则显示苹果图像，如图 202-2 所示。

图 202-1

图 202-2

主要代码如下：

```
<body><center><div id="myVue">
<p><label><input type="checkbox" v-model="mySrc" v-bind:true-value="myTrueSrc"
                  v-bind:false-value="myFalseSrc">选择苹果,还是香蕉</label></p>
 <img v-bind:src="mySrc"/>
</div></center>
<script>
 new Vue({ el: '#myVue',
          data:{ myTrueSrc:'images/img215.jpg',
                 myFalseSrc: 'images/img216.jpg',
                 mySrc: 'images/img216.jpg', }, })
</script></body>
```

在上面这段代码中，v-bind:true-value="myTrueSrc"表示在勾选复选框的时候，复选框的值是 myTrueSrc，而不是默认的 true；v-bind:false-value="myFalseSrc"表示在不勾选复选框的时候，复选框的值是 myFalseSrc，而不是默认的 false。

此实例的源文件是 MyCode\ChapD\ChapD036.html。

203 使用 v-for 输出包含索引的列表项

此实例主要通过在 v-for 循环语句中添加 index，实现在输出的列表项中自动添加索引。当在浏览器中显示页面时，如果不勾选复选框，则输出的列表项没有索引，如图 203-1 所示；如果勾选复选框，则输出的列表项包含索引，如图 203-2 所示。

图 203-1

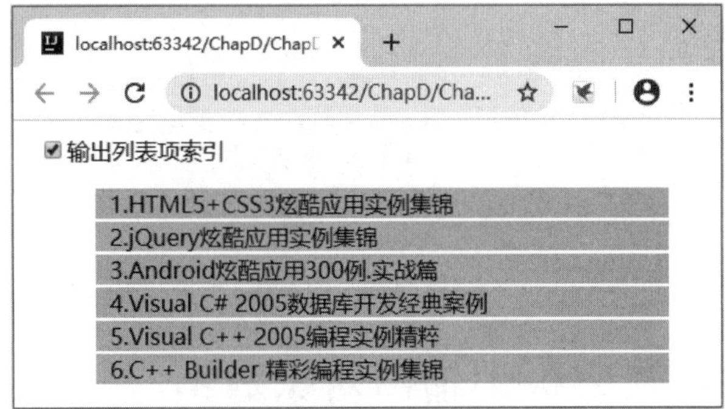

图 203-2

主要代码如下：

```
<body><div id="myVue" style="margin: 10px;">
  <label><input type="checkbox" v-model="myChecked">输出列表项索引</label>
  <ul style="list-style: none" v-if='myChecked'>
   <li v-for='(myItem,index) of myItems'
       style="background-color: lightblue;width: 400px;margin-bottom: 2px;
              text-align: left;padding-left: 10px;">
    {{index+1}}.{{myItem}}</li></ul>
  <ul style="list-style: none" v-else>
   <li v-for='myItem of myItems'
        style="background-color: lightblue;width: 400px;margin-bottom: 2px;
              text-align: left;padding-left: 10px;">
    {{myItem}}</li></ul>
 </div>
<script>
 new Vue({ el: '#myVue',
           data:{myChecked:false,
        myItems:['HTML5 + CSS3 炫酷应用实例集锦','jQuery 炫酷应用实例集锦',
```

```
        'Android炫酷应用300例.实战篇','Visual C# 2005数据库开发经典案例',
        'Visual C++2005编程实例精粹','C++Builder精彩编程实例集锦'], }, })
</script></body>
```

在上面这段代码中，v-for='myItem of myItems'用于输出数组的成员，myItems代表数组，myItem是数组成员迭代的别名。v-for='(myItem，index) of myItems'表示在输出数组成员时添加索引。v-for='myItem of myItems'也可以写成v-for='myItem in myItems'，效果相同，代码如下：

```
<body><div id="myVue" style="margin: 10px;">
 <label><input type="checkbox" v-model="myChecked">输出列表项索引</label>
 <ul style="list-style: none" v-if='myChecked'>
  <li  v-for='(myItem,index) in myItems'
       style="background-color: lightblue;width: 400px;margin-bottom: 2px;
              text-align: left;padding-left: 10px;">
   {{index+1}}.{{myItem}}</li></ul>
 <ul style="list-style: none" v-else>
  <li  v-for='myItem in myItems'
       style="background-color: lightblue;width: 400px;margin-bottom: 2px;
              text-align: left;padding-left: 10px;">
   {{myItem}}</li></ul>
</div>
<script>
 new Vue({ el: '#myVue',
          data:{myChecked:false,
          myItems:['HTML5+CSS3炫酷应用实例集锦','jQuery炫酷应用实例集锦',
        'Android炫酷应用300例.实战篇','Visual C# 2005数据库开发经典案例',
        'Visual C++2005编程实例精粹','C++Builder精彩编程实例集锦'], }, })
</script></body>
```

此实例的源文件是MyCode\ChapD\ChapD025.html。

204 使用v-for在模板中输出对象数组

此实例主要通过在模板中使用v-for循环语句，实现在模板上输出对象数组的多个成员的效果。当在浏览器中显示页面时，使用模板输出两个对象数组成员的效果如图204-1所示。

图 204-1

主要代码如下：

```
<body><center><div id="myVue" style="margin: 20px;">
 <template v-for="myItem in myItems">
  <div style="border: 1px solid lightgrey; padding: 10px;
              width: 200px; float: left;">
   <img :src="myItem.myImage" />
   <h4>{{myItem.myName}}</h4>
   <p>{{myItem.myPress}}</p>
  </div></template></div></center>
<script>
 new Vue({ el: '#myVue',
          data:{myItems: [{ myName:'Android 炫酷应用 300 例.实战篇',
                  myImage:'images/img212.jpg',myPress:'清华大学出版社'},
                        { myName:'HTML5 + CSS3 炫酷应用实例集锦',
              myImage:'images/img213.jpg',myPress:'清华大学出版社'},], }, })
</script></body>
```

在上面这段代码中，<template v-for="myItem in myItems">的 template 是自定义模板，可以根据需要进行定制；在此实例中，如果将<template v-for="myItem in myItems">写成<div v-for="myItem in myItems">，则也能实现相同的功能。

此实例的源文件是 MyCode\ChapD\ChapD026.html。

205 使用 v-for 输出对象的各个属性值

此实例主要通过使用 v-for 循环语句，实现输出对象的各个属性值的效果。当在浏览器中显示页面时，使用模板输出对象的各个属性值的效果如图 205-1 所示。

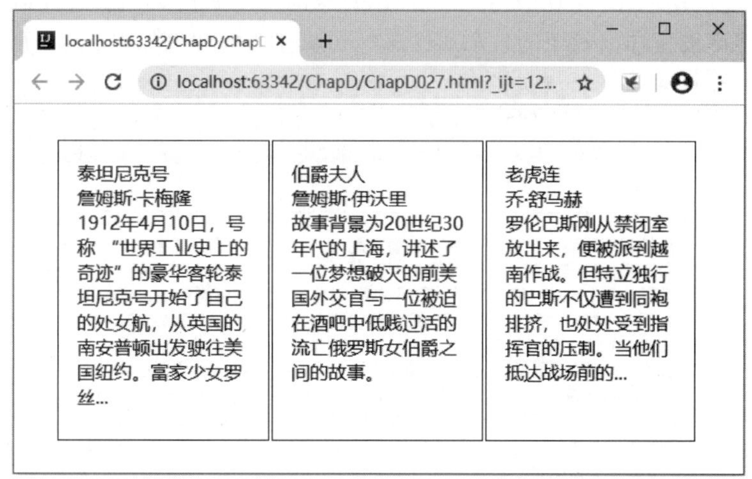

图 205-1

主要代码如下：

```
<body><div id="myVue" style="margin: 30px;">
 <template v-for="myObject in myObjects">
 <div style="border:1px solid;width: 150px;height:220px;text-align: left;padding: 16px;float: left;
margin-right: 2px;">
```

```
    <div v-for="myValue in myObject">
     {{ myValue}}
    </div></div></template>
  </div>
  <script>
   new Vue({ el: '#myVue',
           data:{ myObjects: [{ myName: '泰坦尼克号',
                              myDirector: '詹姆斯·卡梅隆',
      myBrief: '1912 年 4 月 10 日,号称 "世界工业史上的奇迹"的豪华客轮泰坦尼克号开始了自己的处女航,从英国的南安普顿出发驶往美国纽约。富家少女罗丝...', },
                            {myName: '伯爵夫人',
                             myDirector: '詹姆斯·伊沃里',
      myBrief: '故事背景为 20 世纪 30 年代的上海,讲述了一位梦想破灭的前美国外交官与一位被迫在酒吧中低贱过活的流亡俄罗斯女伯爵之间的故事。', },
                            {myName: '老虎连',
                             myDirector: '乔·舒马赫',
      myBrief: '罗伦巴斯刚从禁闭室放出来,便被派到越南作战。但特立独行的巴斯不仅遭到同袍排挤,也处处受到指挥官的压制。当他们抵达战场前的...', }, ], }, })
  </script></body>
```

在上面这段代码中,<div v-for="myValue in myObject">的 myObject 表示一个对象,myValue 表示迭代该对象的属性值。在此实例中,{ myName: '',myDirector: '', myBrief: '', }表示一个对象。

此实例的源文件是 MyCode\ChapD\ChapD027.html。

206 使用 v-for 输出对象的属性名和属性值

此实例主要通过使用 v-for 循环语句,实现输出对象的各个属性名称及属性值的效果。当在浏览器中显示页面时,使用模板输出对象的各个属性名称和属性值的效果如图 206-1 所示。

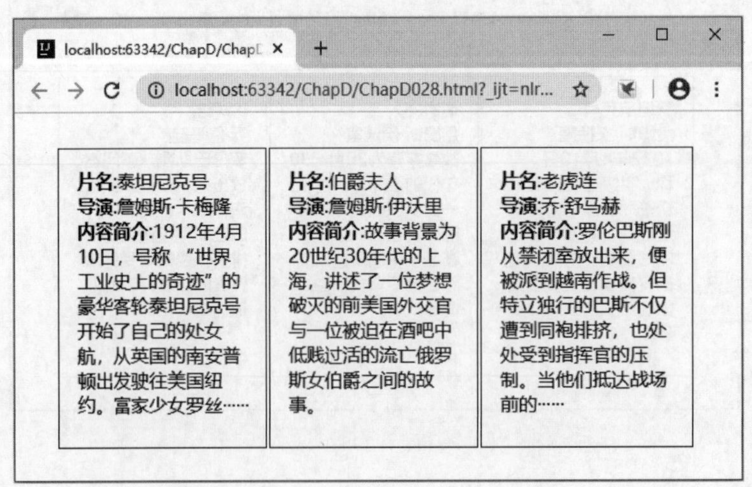

图 206-1

主要代码如下:

```
<body><div id="myVue" style="margin: 30px;">
 <template v-for="myObject in myObjects">
```

```
<div style = "border:1px solid;width: 150px;height:220px;text - align: left;padding: 16px;float: left;
margin - right: 2px;">
  <div v - for = "(myValue,myKey) in myObject">
   <b>{{myKey}}</b>:{{ myValue}}
  </div></div></template>
</div>
<script>
 new Vue({el: '#myVue',
          data:{ myObjects: [{ 片名: '泰坦尼克号',
                               导演: '詹姆斯·卡梅隆',
    内容简介: '1912 年 4 月 10 日,号称 "世界工业史上的奇迹"的豪华客轮泰坦尼克号开始了自己的处女航,
从英国的南安普顿出发驶往美国纽约。富家少女罗丝……', },
                             { 片名: '伯爵夫人',
                               导演: '詹姆斯·伊沃里',
     内容简介: '故事背景为 20 世纪 30 年代的上海,讲述了一位梦想破灭的前美国外交官与一位被迫在酒吧
中低贱过活的流亡俄罗斯女伯爵之间的故事。', },
                             { 片名: '老虎连',
                               导演: '乔·舒马赫',
     内容简介: '罗伦巴斯刚从禁闭室放出来,便被派到越南作战。但特立独行的巴斯不仅遭到同袍排挤,也处
处受到指挥官的压制。当他们抵达战场前的……', }, ], }, })
</script></body>
```

在上面这段代码中,< div v-for="(myValue,myKey) in myObject">的 myObject 表示一个对象,myValue 表示迭代属性值,myKey 表示迭代属性名称。如果需要为迭代数据添加索引,可以参考下列代码:

```
<div v - for = "(myValue,myKey,myIndex) in myObject">
   {{myIndex}}.<b>{{myKey}}</b>:{{myValue}}
</div>
```

此实例的源文件是 MyCode\ChapD\ChapD028.html。

207 使用 v-for 根据指定次数进行迭代

此实例主要通过使用 v-for 循环语句,实现迭代指定次数的效果。当在浏览器中显示页面时,选择迭代 3 次(图像)的效果如图 207-1 所示,选择迭代 4 次(图像)的效果如图 207-2 所示。

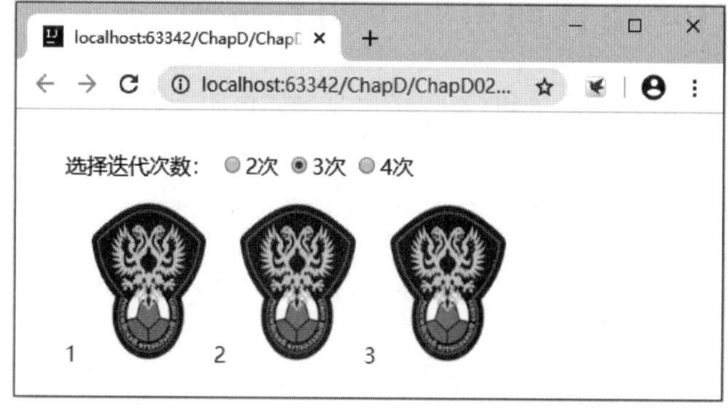

图 207-1

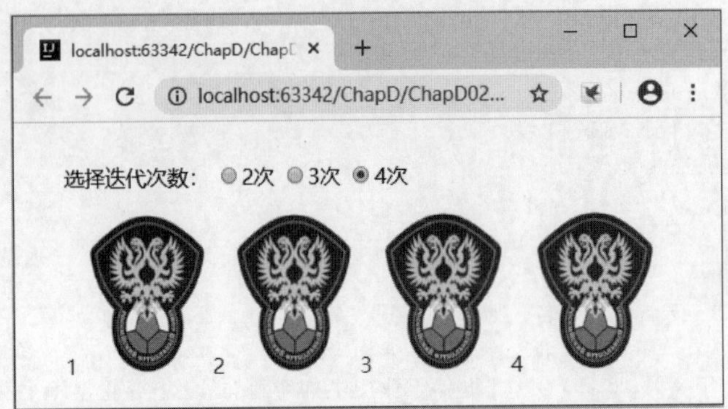

图 207-2

主要代码如下：

```
<body><div id="myVue" style="margin: 30px;">
 <p>选择迭代次数:
 <label><input type="radio" v-bind:value="2"
                 v-model="myCount">2 次</label>
 <label><input type="radio" v-bind:value="3"
                 v-model="myCount">3 次</label>
 <label><input type="radio" v-bind:value="4"
                 v-model="myCount">4 次</label></p>
 <template v-for='n in myCount'>
  <div style=" float: left;">
    {{n}}
    <img src="images/img215.png" style="width:100px;height: 120px;"/>
  </div></template></div>
<script>
 new Vue({ el: '#myVue',
          data:{myCount:3, }, })
</script></body>
```

在上面这段代码中，<template v-for='n in myCount'>中的 myCount 如果为整数，则表示迭代次数，n 则可以理解为索引。

此实例的源文件是 MyCode\ChapD\ChapD029.html。

208 使用 v-for 迭代简单的声明式数组

此实例主要通过使用 v-for 循环语句，实现迭代简单的声明式数组的效果。当在浏览器中显示页面时，声明式数组["北京","上海","天津","重庆"]的输出结果如图 208-1 所示。

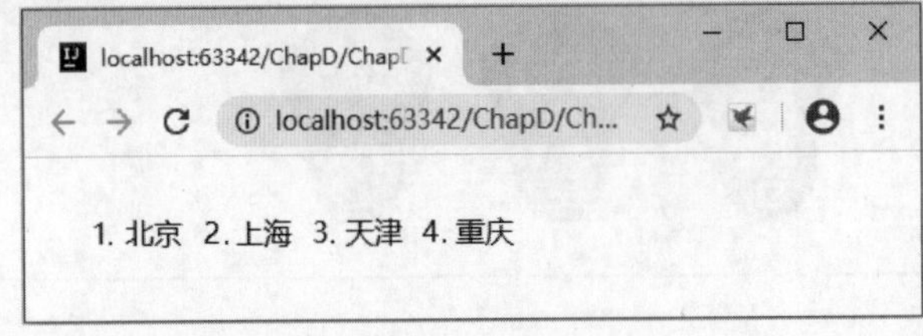

图 208-1

主要代码如下：

```
<body><div id="myVue" style="margin: 30px;">
 <span v-for='(myName,index) in ["北京","上海","天津","重庆"]'>
  {{index+1}}、{{myName}}
 </span>
</div>
<script>
 new Vue({ el: '#myVue', })
</script></body>
```

在上面这段代码中，["北京","上海","天津","重庆"]是一个声明式的数组，实际上也可以仿照此方式使用 v-for 循环语句迭代简单的声明式对象，代码如下：

```
<body><div id="myVue" style="margin: 30px;">
 <span v-for='myItem in { myName:"HTML5+CSS3 炫酷应用实例集锦",
                          myPress:"清华大学出版社",myPrice:149 }'>
  {{myItem}}
 </span>
</div>
<script>
 new Vue({ el: '#myVue', })
</script></body>
```

此实例的源文件是 MyCode\ChapD\ChapD030.html。

209 使用 v-for 在下拉列表中添加选项

此实例主要通过使用 v-for 循环语句列举 Vue 实例的数组类型的数据属性，实现在下拉列表中根据数组成员添加选项的效果。当在浏览器中显示页面时，在下拉列表(select 元素)中任意选择不同的选项，则将在下面显示选择结果，效果分别如图 209-1 和图 209-2 所示。

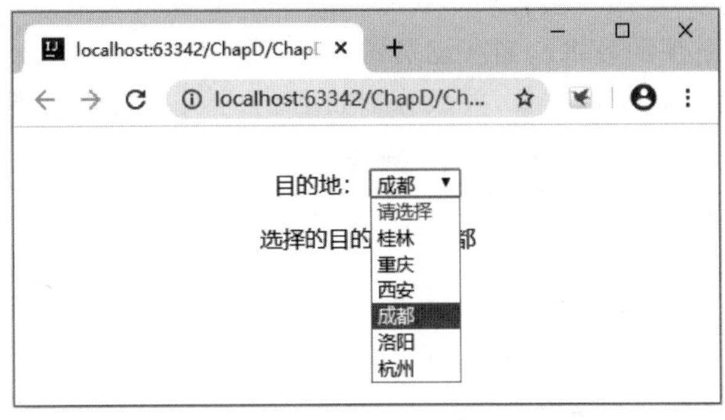

图 209-1

主要代码如下：

```
<body><center><br><div id="myVue">
 <span>目的地：</span>
 <select v-model="mySelected">
  <option disabled value="">请选择</option>
```

```
  <option  v-for="myItem in myArray">{{myItem}}</option>
 </select>
 <p>选择的目的地是: {{ mySelected }}</p>
</div></center>
<script>
 new Vue({ el: '#myVue',
          data:{mySelected:'西安',
                myArray:['桂林','重庆','西安','成都','洛阳','杭州'], }, })
</script></body>
```

在上面这段代码中,< option v-for="myItem in myArray">{{myItem}}</option >用于列举myArray数组的每个成员,并通过< option >标签为下拉列表创建选项。在Vue.js中,v-for指令是site in sites形式的特殊语法,sites是数组类型,并且site是数组元素迭代的别名。在此实例中,myItem既是选项值,也是选项别名;如果数组是对象数组类型,则选项值和选项别名可以分别指定。

此实例的源文件是MyCode\ChapD\ChapD022.html。

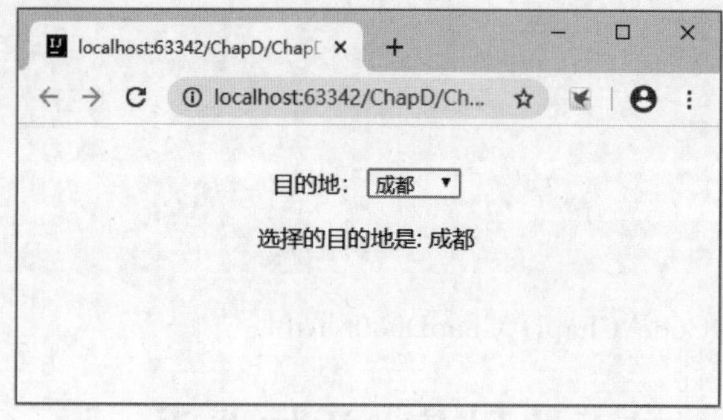

图 209-2

210 使用v-for在选项中添加对象数组

此实例主要通过使用v-for循环语句列举Vue实例的对象数组类型的数据属性,实现在下拉列表中根据对象数组成员添加选项的效果。当在浏览器中显示页面时,在下拉列表(select元素)中任意选择不同的选项,则将在下面显示选择结果,效果分别如图210-1和图210-2所示。

图 210-1

主要代码如下:

```
<body><div id="myVue" style="margin-left: 50px;">
  <p>请选择需要购买的图书: </p>
```

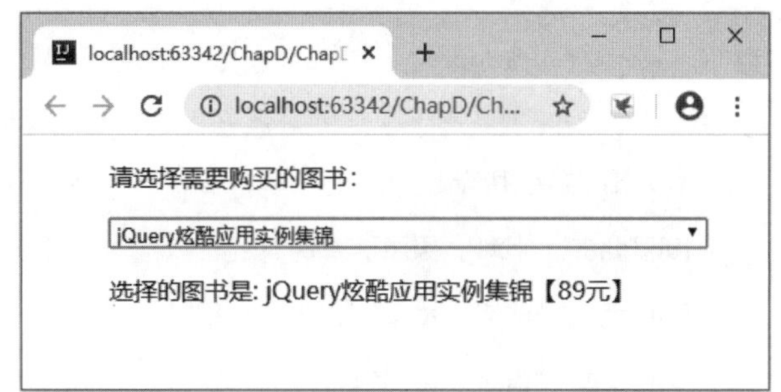

图 210-2

```
<select v-model="myItemID" style="width:400px;">
  <option disabled value="">请选择</option>
  <option v-for="myItem in myItems"
          v-bind:value=myItem.ID>{{ myItem.Name }}</option>
</select>
<p>选择的图书是:{{myItems[myItemID].Name +
                 '【'+ myItems[myItemID].Price + '元】'}}</p>
</div>
<script>
 new Vue({ el: '#myVue',
          data:{myItemID:1,
          myItems:[{ID:0,Name:'Android 炫酷应用 300 例',Price:99,},
                   {ID:1,Name:'jQuery 炫酷应用实例集锦',Price:89,},
                   {ID:2,Name:'HTML5 + CSS3 炫酷应用实例集锦',Price:149,},],},})
</script></body>
```

在上面这段代码中,<option v-for="myItem in myItems" v-bind:value=myItem.ID>{{ myItem.Name }}</option>用于列举 myItems 对象数组的每个成员,并通过<option>标签为下拉列表创建选项,v-bind:value=myItem.ID 表示选项值,如果不指定 v-bind:value,则自动使用 myItem.Name 代表 v-bind:value。<option v-for="myItem in myItems" v-bind:value=myItem.ID>{{ myItem.Name }}</option>也可以写成:<option v-for="myItem in myItems" v-bind:value=myItem.ID v-bind:label= myItem.Name></option>或<option v-for="myItem in myItems" v-bind:value=myItem.ID>{{myItem.ID+"、"+ myItem.Name }}</option>等。

此实例的源文件是 MyCode\ChapD\ChapD035.html。

211 使用嵌套 v-for 输出二维数组成员

此实例主要通过使用嵌套的两个 v-for 循环语句,输出二维数组的每个成员。当在浏览器中显示页面时,如果不勾选复选框,则直接输出一维数组,如图 211-1 所示;如果勾选复选框,则独立输出二维数组的每个成员,如图 211-2 所示。

主要代码如下:

```
<body><div id="myVue" style="margin-left: 50px;">
 <label><input type="checkbox" v-model="myChecked">输出二维数组成员</label>
 <template v-for="(item,index) of myItems' v-if='!myChecked'>
  <p><span>[{{index}}]{{item}}</span>
 </template>
```

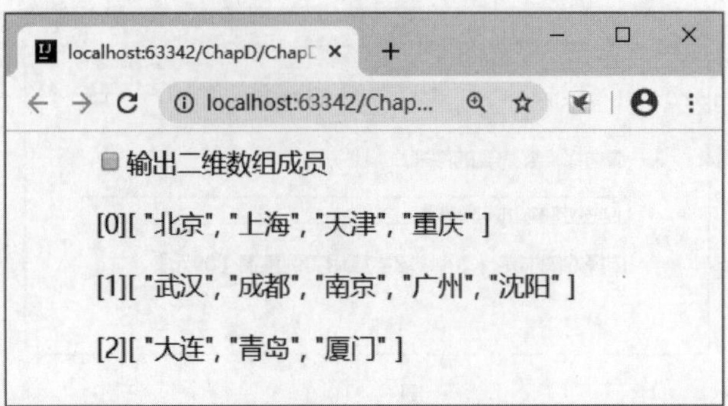

图 211-1

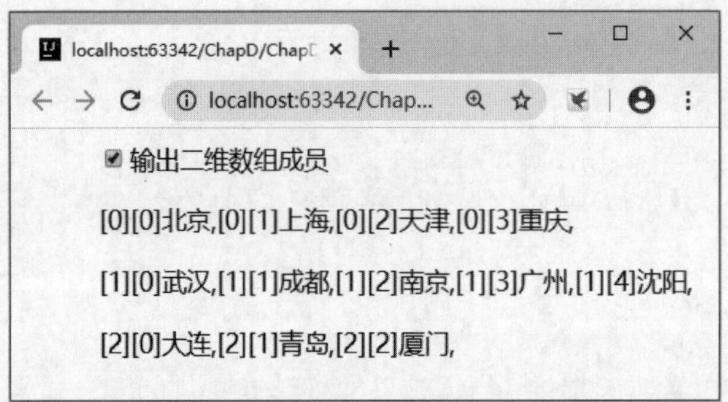

图 211-2

```
<template v-for='(myArray,index1) in myItems' v-if='myChecked'>
    <p>
    <template  v-for='(myItem,index2) in myArray'>
    <span>[{{index1}}][{{index2}}]{{myItem}},</span>
   </template></template></div>
<script>
 new Vue({ el: '#myVue',
         data:{myChecked:false,
         myItems:[['北京','上海','天津','重庆'],
                 ['武汉', '成都', '南京', '广州', '沈阳'],
                 ['大连', '青岛', '厦门']]  }, })
</script></body>
```

在上面这段代码中，<template v-for='(myArray,index1) in myItems'>用于输出二维数组的一维数组，<template v-for='(myItem,index2) in myArray'>则根据一维数组输出二维数组的每个成员(元素)。在使用 v-for 循环语句时需要注意：当 Vue.js 正在更新使用 v-for 渲染的元素(成员)列表时，默认使用"就地更新"策略。如果数据项(item)的顺序被改变，Vue.js 将不会移动 DOM 元素来匹配数据项的顺序，而是就地更新每个元素，并且确保它们在每个索引位置被正确渲染。因此，为了 Vue.js 能跟踪每个节点的身份，重用和重新排序现有元素，需要为每个数据项提供唯一 key 属性，即：<div v-for="item in items" v-bind:key="item.id"></div>。一般情况下，如果 v-for 循环语句不能正常渲染元素，一般是 v-bind:key 出现问题。

此实例的源文件是 MyCode\ChapD\ChapD134.html。

212 使用嵌套 v-for 筛选二维数组成员

此实例主要通过在嵌套的两个 v-for 循环语句的内层 v-for 循环语句中使用自定义方法(methods)属性筛选数组成员，实现筛选二维数组每个成员的效果。当在浏览器中显示页面时，如果不勾选复选框，则直接输出二维数组的所有成员，如图 212-1 所示；如果勾选复选框，则输出该二维数组的所有偶数成员，如图 212-2 所示。

图 212-1

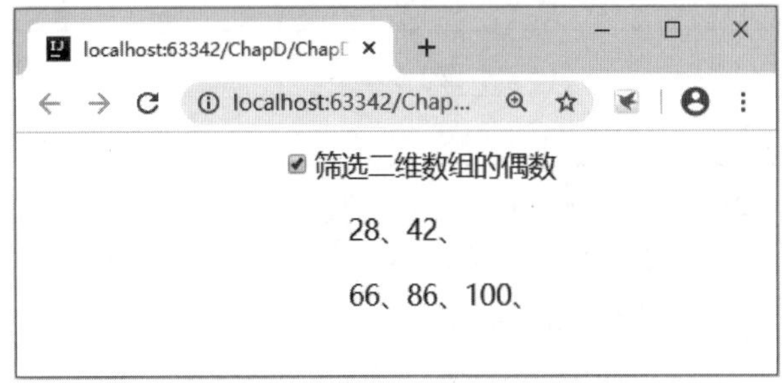

图 212-2

主要代码如下：

```
<body><div id="myApp" style="margin-left: 150px;">
 <label><input type="checkbox" v-model="myChecked">筛选二维数组的偶数</label>
 <template v-for="(myItems,index) of myArray' v-if='!myChecked'>
  <p><span>{{myItems}}</span>
 </template>
 <ul v-for="myItems in myArray" v-if="myChecked">
  <span v-for="myItem in myGetEven(myItems)">{{myItem}}、</span>
 </ul>
</div>
<script>
 new Vue({ el:'#myApp',
          data:{myChecked:false,
          myArray: [[ 1, 28, 31, 42, 57 ], [66, 67, 86, 91, 100]], },
  methods: { myGetEven: function (myItems) {
                return myItems.filter(function (myItem) {
                    return myItem % 2 === 0  });  },   }, })
</script></body>
```

在上面这段代码中，<ul v-for="myItems in myArray" v-if="myChecked">用于列举二维数组

的一维数据，< span v-for="myItem in myGetEven(myItems)">用于根据传入的一维数据(参数)，使用 myGetEven(myItems)方法进行筛选并返回所有的偶数。

此实例的源文件是 MyCode\ChapD\ChapD135. html。

213 在嵌套 v-for 语句中使用 v-if 语句

此实例主要通过在嵌套的 v-for 循环语句的内层 v-for 循环语句中使用 v-if 语句，实现筛选符合要求的多个数据的效果。当在浏览器中显示页面时，如果不勾选复选框，则直接输出所有城市，如图 213-1 所示；如果勾选复选框，则仅输出直辖市，如图 213-2 所示。

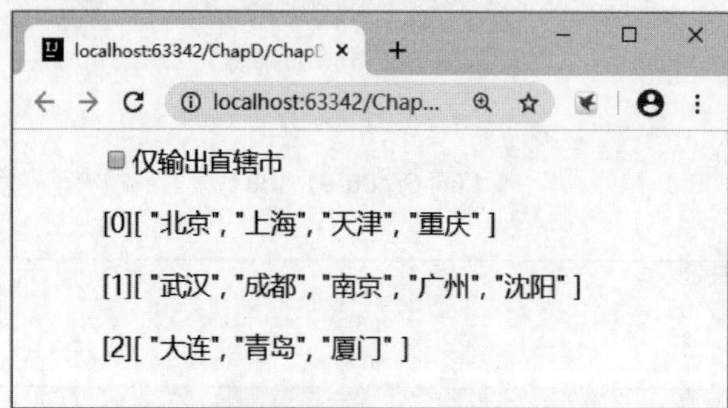

图 213-1

图 213-2

主要代码如下：

```
<body><div id = "myVue" style = "margin - left: 50px;">
 <label><input type = "checkbox" v - model = "myChecked">仅输出直辖市</label>
 <template v - for = '(item,index) of myItems' v - if = '!myChecked'>
  <p><span>[{{index}}]{{item}}</span>
 </template>
 <template v - for = '(myArray,index1) in myItems'>
  <p v - if = "myChecked">
   <template  v - for = '(myItem,index2) in myArray'  v - if = "index1 == 0">
    <span>[{{index1}}][{{index2}}]{{myItem}},</span>
   </template></p></template></div>
<script>
 new Vue({el: '#myVue',
         data:{myChecked:false,
         myItems:[['北京','上海','天津','重庆'],
                 ['武汉', '成都', '南京', '广州', '沈阳'],
                 ['大连', '青岛', '厦门']]  }, })
</script></body>
```

在上面这段代码中，<template v-for='(myItem,index2) in myArray' v-if="index1 ==0"> 表示仅显示(输出) index1 为 0(即外层的第一维)的数据。在 Vue.js 中，v-for 循环语句的优先级比 v-if 语句更高，这意味着 v-if 语句将分别重复运行于每个 v-for 循环中；当只想为部分项渲染节点时，这种优先级的机制十分有用。

此实例的源文件是 MyCode\ChapD\ChapD136.html。

214　使用 v-for 根据数组创建多个超链接

此实例主要通过使用 v-for 循环语句，实现根据对象数组提供的网址和书名创建多个超链接的效果。当在浏览器中显示页面时，使用 v-for 循环语句根据数组创建多个超链接，效果如图 214-1 所示；单击任意一个超链接，则将跳转到指定的网页，效果如图 214-2 所示。

图　214-1

图　214-2

主要代码如下：

```
<body><div id="myVue" style="margin-left: 50px;">
 <a v-for="myBook in myBooks" v-bind:href=myBook.Url>{{ myBook.Name}}<br></a>
 </div>
<script>
 new Vue({el: '#myVue',
         data:{myBooks:[{Name:"Android 炫酷应用 300 例",
                         Url:"http://product.dangdang.com/27882030.html"},
                        {Name:"jQuery 炫酷应用实例集锦",
                         Url:"http://product.dangdang.com/25259453.html"},
                        {Name:"HTML5 + CSS3 炫酷应用实例集锦",
                         Url:"http://product.dangdang.com/25340077.html"}] , }, })
</script></body>
```

在上面这段代码中，v-for="myBook in myBooks"用于列举对象数组的每本书（每个成员）。v-bind:href=myBook.Url 表示将每本书的网址设置为超链接（a 元素）的 href 属性，也可以写成 v-bind:href="myBook.Url"，两种写法均正常通过测试。{{ myBook.Name}}用于输出每本书的书名。

此实例的源文件是 MyCode\ChapD\ChapD177.html。

215 使用 v-for 全选或全不选复选框

此实例主要通过使用 v-for 循环语句根据数组动态创建复选框，并在 change 事件响应方法中设置所有复选框的值，实现全选或全不选一组复选框的效果。当在浏览器中显示页面时，如果勾选“全选或全不选”复选框，则将选择下面的三个复选框，如图 215-1 所示；如果不勾选“全选或全不选”复选框，则将取消选择下面的三个复选框，如图 215-2 所示。

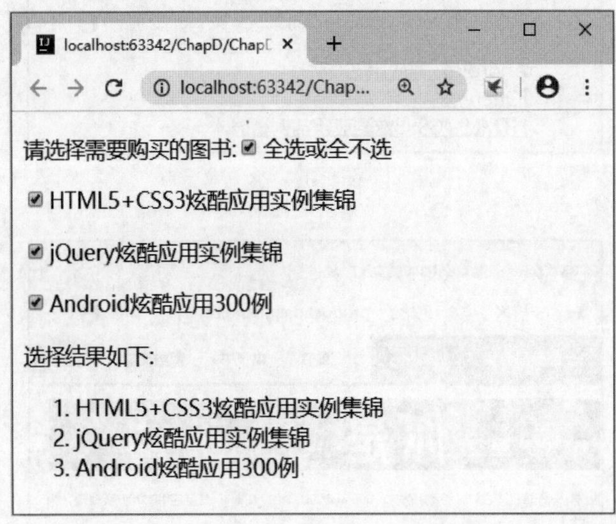

图 215-1

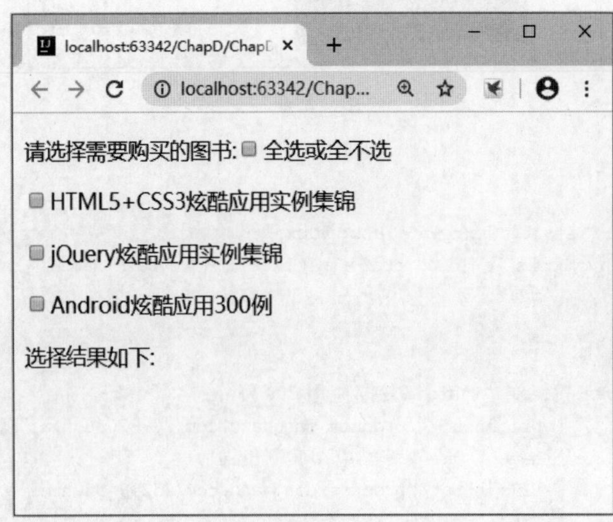

图 215-2

主要代码如下：

```
<body><div id="myVue">
 <p>请选择需要购买的图书:<label><input type="checkbox"  v-model="myCheckAll"
            v-on:change="onChangeCheckAll">全选或全不选</label></p>
 <p><label v-for="myBook in myBooks">
   <input type="checkbox" v-model="mySelected"
                              v-bind:value=myBook>{{myBook}}<br></label></p>
 <p>选择结果如下:</p>
 <ol>
  <li v-for="myItem in mySelected">
   {{ myItem }}
  </li></ol></div>
<script>
 new Vue({ el: '#myVue',
          data:{ mySelected:[],
                 myCheckAll:false,
                 myBooks:["HTML5 + CSS3 炫酷应用实例集锦",
                 "jQuery 炫酷应用实例集锦","Android 炫酷应用 300 例",], },
          methods: { onChangeCheckAll: function() {
               if (this.myCheckAll) { this.mySelected = this.myBooks }
               else { this.mySelected = [];  }   },  },
          watch: { mySelected: function() {
               if (this.mySelected.length == this.myBooks.length)
                 {this.myCheckAll = true; }
               else {this.myCheckAll = false;}  },  },  })
</script></body>
```

在上面这段代码中，v-for="myBook in myBooks"用于根据数组动态创建多个复选框。v-for="myItem in mySelected"用于列举已经勾选的复选框选项。v-on:change= "onChangeCheckAll"表示在(全选或全不选)复选框的值发生改变时执行 onChangeCheckAll()方法，即全选或全不选下面那组(三个)复选框。

此实例的源文件是 MyCode\ChapD\ChapD055.html。

216　使用 v-for 启用或禁用所有复选框

此实例主要通过使用 v-for 循环语句根据数组动态创建多个复选框，并使用 v-bind：disabled 启用或禁用所有复选框。当在浏览器中显示页面时，如果单击“启用所有复选框”按钮，则可以正常勾选或取消勾选下面的复选框，如图 216-1 所示；如果单击“禁用所有复选框”按钮，则不能勾选或取消勾选下面的复选框，如图 216-2 所示。

主要代码如下：

```
<body><div id="myVue">
 <P style="text-align:center;">
  <input  type="button" value="启用所有复选框"
          v-on:click="onClickButton1" style="width:200px;height:26px;"/>
  <input  type="button" value="禁用所有复选框"
          v-on:click="onClickButton2" style="width:200px;height:26px;"/></P>
 <ul v-for="myBook in myBooks">
```

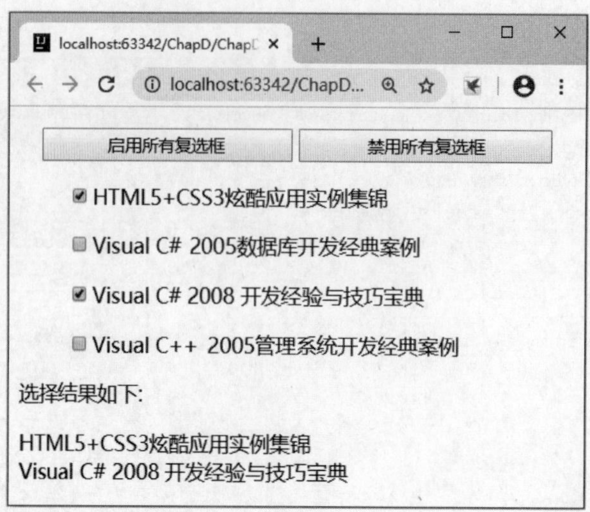

图 216-1

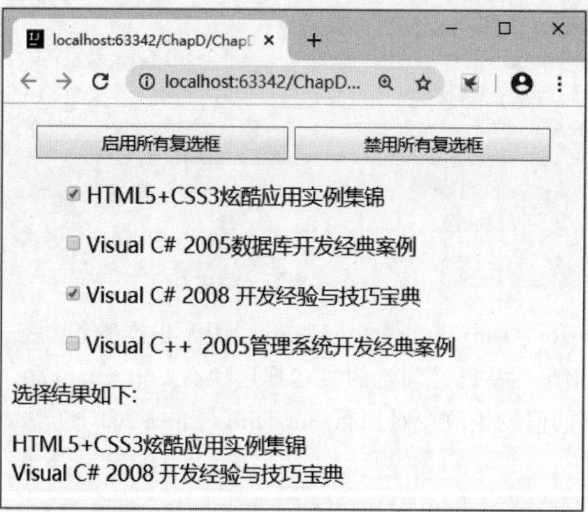

图 216-2

```
  <p><input type="checkbox" v-model="mySelected"
         v-bind:value=myBook v-bind:disabled="myDisabled">{{myBook}}</p></ul>
 <p>选择结果如下:</p>
  <label v-for="myBook in mySelected">
   {{ myBook}}<br>
  </label></div>
<script>
 new Vue({ el: '#myVue',
          data:{ myDisabled: true,
                 mySelected:[],
                  myBooks:['HTML5 + CSS3 炫酷应用实例集锦','Visual C# 2005 数据库开发经典案例','
Visual C# 2008 开发经验与技巧宝典','Visual C++ 2005 管理系统开发经典案例'], },
          methods: {
            onClickButton1: function(){           //响应单击"启用所有复选框"按钮
                this.myDisabled = false;
            },
```

```
            onClickButton2: function(){            //响应单击"禁用所有复选框"按钮
                this.myDisabled = true;
            }, }, })
    </script></body>
```

在上面这段代码中，v-for="myBook in myBooks"用于根据数组动态创建多个复选框。v-for="myBook in mySelected"用于列举勾选的复选框选项。v-bind:disabled= "myDisabled"用于根据myDisabled的值确定是否启用或禁用复选框。如果v-bind:disabled =true，则禁用复选框；如果v-bind:disabled=false，则启用复选框。

此实例的源文件是MyCode\ChapD\ChapD178.html。

217 使用v-for设置偶数或奇数行背景

此实例主要通过在v-for循环语句中使用index，并通过index取模(运算)判断当前列表项是奇数行还是偶数行，实现为偶数行或奇数行设置不同的背景颜色的效果。当在浏览器中显示页面时，如果单击"设置偶数行背景为黄色"按钮，则效果如图217-1所示；如果单击"设置偶数行背景为蓝色"按钮，则效果如图217-2所示。

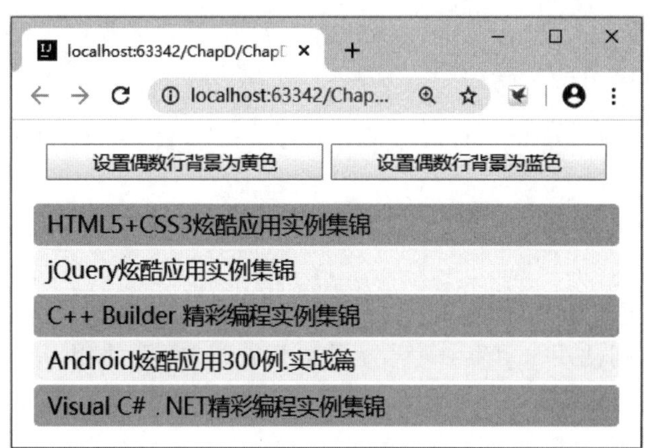

图 217-1

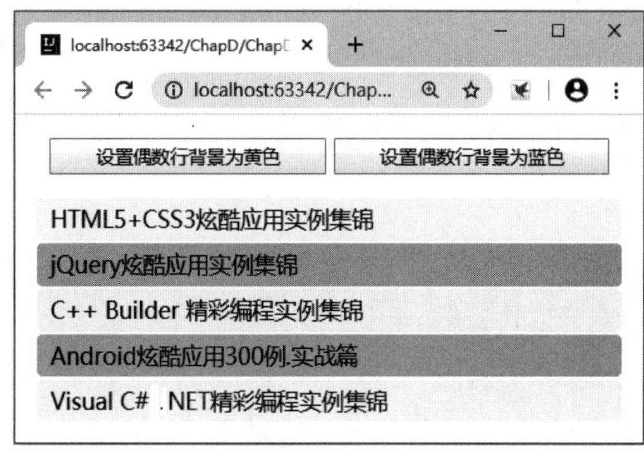

图 217-2

主要代码如下：

```
<body><center><div id="myVue" style="width: 420px;">
 <P style="text-align:center;">
  <input  type="button" value="设置偶数行背景为黄色"
          v-on:click="onClickButton1" style="width:200px;height:26px;"/>
  <input  type="button" value="设置偶数行背景为蓝色"
          v-on:click="onClickButton2" style="width:200px;height:26px;"/></P>
 <li class="myClass" v-for="(myBook,index) in myBooks" v-bind:class=
        "myBool?{'myClass1':index % 2 != 1}:{'myClass1':index % 2 == 1}">
        {{myBook}}</li>
</div></center>
<style>
 .myClass{border-radius: 4px; display: inline-block;
  background-color: lightblue;width: 410px;margin-bottom: 2px;
  text-align: left;padding:4px;padding-left: 10px; }
 .myClass1{background-color: lightyellow; }
</style>
<script>
 new Vue({ el: '#myVue',
          data:{ myBool:true,
                 myBooks: ['HTML5 + CSS3 炫酷应用实例集锦','jQuery 炫酷应用实例集锦','C++Builder 精彩
编程实例集锦', 'Android 炫酷应用 300 例.实战篇','Visual C# NET 精彩编程实例集锦'] , },
          methods: {
           onClickButton1: function(){          //响应单击"设置偶数行背景为黄色"按钮
              this.myBool = false;
           },
           onClickButton2: function(){          //响应单击"设置偶数行背景为蓝色"按钮
              this.myBool = true;
           },  }, });
</script></body>
```

在上面这段代码中，myBool?{'myClass1':index%2 != 1}:{'myClass1':index%2== 1}表示如果 myBool 的值为 true，则使用 myClass1 设置偶数行背景，否则使用 myClass1 设置奇数行背景。index%2 是取模运算，即 index 除以 2 的余数(模数)。注意：数组的[0]表示第一行，[1]表示第二行。

此实例的源文件是 MyCode\ChapD\ChapD180.html。

218　使用 v-on 在元素上绑定单个事件

此实例主要通过使用 v-on(内置指令)将 Vue 实例的 onClickImage()方法与 img 元素的 click 事件绑定，实现在单击图像(img 元素)时弹出提示框的效果。当在浏览器中显示页面时，使用鼠标单击图像，将会弹出一个提示框，效果分别如图 218-1 和图 218-2 所示。

主要代码如下：

```
<body><center><div id="myVue">
 <img src="images/img202.jpg" v-on:click="onClickImage"/>
</div></center>
<script>
 new Vue({ el: '#myVue',
          data:{ myText: "此书在暑假期间 7 折销售，敬请时时关注!", },
          methods:{ onClickImage:function(){ alert(this.myText); },},})
</script></body>
```

图 218-1

图 218-2

在上面这段代码中，<img src="images/img202.jpg" v-on:click="onClickImage"/>表示在单击(click)元素(img)时，执行onClickImage()方法，这里的click可以换成任意一个HTML元素的事件，如doubleclick、mouseup、mousedown等。此外，v-on:语法有一个缩写@，因此，v-on:click="onClickImage"和@click="onClickImage"是等价的。需要注意的是：在onClickImage()方法中，myText是Vue实例的内部成员，因此，在使用时需要在左边添加this，否则，Vue.js默认此变量(数据属性)是全局变量。

此实例的源文件是MyCode\ChapD\ChapD004.html。

219 使用v-on在元素上绑定多个事件

此实例主要通过使用v-on="{mouseenter:onMouseenter,mouseleave:onMouseleave}"语句，实现在图像(img元素)上同时绑定鼠标进入(mouseenter)和鼠标离开(mouseleave)事件的效果。当在浏览器中显示页面时，如果鼠标悬浮在图像上(mouseenter)，则图像呈现圆角和阴影特效，如图219-1所示；如果鼠标离开图像(mouseleave)，则图像的圆角和阴影特效消失，如图219-2所示。

主要代码如下：

```
<body><br><center><div id = "myVue">
  <img src = "images/img232.jpg" v - bind:style = "myMouse?myStyle1:myStyle2"
       v - on = "{mouseenter:onMouseenter, mouseleave:onMouseleave}" />
```

```
</div></center>
<script>
 new Vue({ el: '#myVue',
          data:{ myStyle1: "border-radius:14px;box-shadow:4px 4px 15px #666;",
                 myStyle2: "border-radius:0px;box-shadow:0px 0px 0px #666;",
                 myMouse:false, },
          methods:{ onMouseenter:function(){ this.myMouse=true; },
                    onMouseleave:function(){ this.myMouse=false; }, },})
</script></body>
```

图 219-1

图 219-2

在上面这段代码中,v-on="{mouseenter:onMouseenter,mouseleave:onMouseleave}"表示同时在元素上绑定 mouseenter 和 mouseleave,即在 mouseenter 事件发生时执行 onMouseenter()方法,在 mouseleave 事件发生时执行 onMouseleave()方法。v-on="{mouseenter:onMouseenter,mouseleave:onMouseleave}"也可以写成两个完全独立的语句:v-on:mouseenter="onMouseenter" v-on:mouseleave="onMouseleave",效果完全相同。

此实例的源文件是 MyCode\ChapD\ChapD064.html。

220 在 v-on 上加中括号动态绑定事件

此实例主要通过在 v-on 的中括号中使用计算属性作为指令参数,实现 v-on 动态绑定可变的多个事件的效果。当在浏览器中显示页面时,如果勾选复选框,则只有在单击图像(img 元素)时才会弹出提示框，如图 220-1 所示；如果不勾选复选框，则鼠标在图像(img 元素)上移动时即会弹出提示框，如图 220-2 所示。

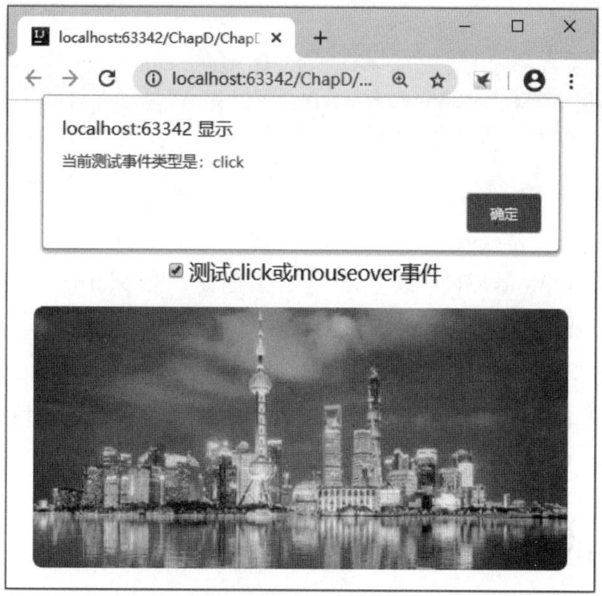

图　220-1

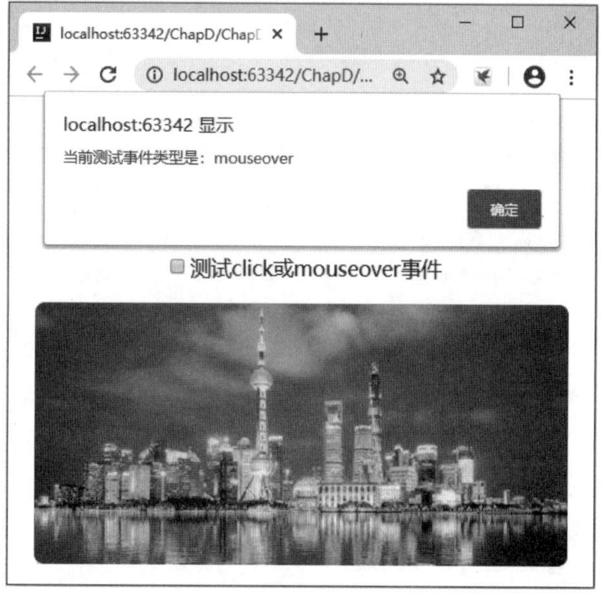

图　220-2

主要代码如下：

```
<body><center><div id = "myVue">
  <p style = "margin - top: 120px;"><label><input type = "checkbox"
                 v - model = "myChecked">测试 click 或 mouseover 事件</label></p>
  <img v - on:[myevent] = "myMethod"
       src = "images/img250.jpg" style = "border - radius: 8px;"/>
 </div></center>
```

```
<script>
 new Vue({ el: '#myVue',
           data: {myChecked: true,   },
           computed:{ myevent:function(){
                      return  this.myChecked?'click':'mouseover';   }, },
           methods: { myMethod: function(event) {
                      alert("当前测试事件类型是: " + event.type);   }, },})
</script></body>
```

在上面这段代码中，v-on:[myevent]="myMethod"的 myevent 是一个动态参数(计算属性)，根据 this.myChecked?'click':'mouseover'表达式的结果而定。如果 this.myChecked 的值为 true，则 v-on:[myevent]="myMethod"等于 v-on:click="myMethod"；如果 this.myChecked 的值为 false，则 v-on:[myevent]="myMethod"等于 v-on:mouseover= "myMethod"。需要注意的是：myevent 参数的(大写)命名。例如，在此实例中，myevent 是正确的，myEvent 则是错误的。

此实例的源文件是 MyCode\ChapD\ChapD132.html。

221 在 v-on 的事件方法中使用 $ event

此实例主要通过在 v-on 的事件响应方法中传入 $ event 参数，实现监听触发该事件元素的效果。当在浏览器中显示页面时，单击“南川简介”按钮，则将在弹出的消息框中显示刚才单击的按钮是“南川简介”，如图 221-1 所示；单击“涪陵简介”按钮，则将在弹出的消息框中显示刚才单击的按钮是“涪陵简介”，如图 221-2 所示。

图 221-1

图 221-2

主要代码如下：

```
<body><center><div id="myVue">
  <button id="myBtn1" v-on:click="getTargetElement($event)"
          title="南川简介" width=200>南川简介</button>
  <button id="myBtn2" v-on:click="getTargetElement($event)"
          title="涪陵简介" width=200>涪陵简介</button>
 </div></center>
<style>button{width: 200px;margin-top: 120px;}</style>
<script>
 new Vue({ el: '#myVue',
          methods: { getTargetElement: function ($event) {
            // var myText = "刚才单击的按钮 id 是: " + $event.target.id;
            // myText += ",title 是: " + $event.target.title;
            var myText = "刚才单击的按钮 id 是: " + $event.currentTarget.id;
            myText += ",title 是: " + $event.currentTarget.title;
            alert(myText); },},})
</script></body>
```

在上面这段代码中，$event.currentTarget 属性返回其监听器触发事件的节点，即当前处理该事件的元素、文档或窗口。$event.target 属性则返回事件的目标节点(触发该事件的节点)，如生成事件的元素、文档或窗口，在此实例中，即当前单击的是哪个元素，target 获取的就是哪个元素。JavaScript 文档有关 event 标准属性的说明如表 221-1 所示。

表 221-1 属性说明

属性	说明
bubbles	返回布尔值，指示事件是否是起泡事件类型
cancelable	返回布尔值，指示事件是否有可取消的默认动作
currentTarget	返回事件监听器触发该事件的元素
eventPhase	返回事件传播的当前阶段
target	返回触发此事件的元素(事件的目标节点)
timeStamp	返回事件生成的日期和时间
type	返回当前 Event 对象表示的事件名称

此实例的源文件是 MyCode\ChapD\ChapD166.html。

222 使用 v-on 在内联语句中调用方法

此实例主要通过 v-on 在内联的 JavaScript 语句中调用方法，实现在单击按钮时传递指定参数的效果。当在浏览器中显示页面时，如果在“用户名称:”输入框中输入“binluobin@163.com”，然后单击“登录系统”按钮，则将在弹出的提示框中显示输入的内容，效果分别如图 222-1 和图 222-2 所示。

图 222-1

图 222-2

主要代码如下：

```
<body><br><center><div id="myVue" style="margin: 10px;">
  <p>用户名称: <input type="text" v-model="myUserName"/>
      <button v-on:click="myLogin(myUserName)">登录系统</button></p>
 </div></center>
<script>
 new Vue({ el: '#myVue',
          data:{myUserName:'binluobin@163.com', },
          methods: { myLogin: function(myParam){
                                     alert(myParam+",登录成功!") }, }, })
</script></body>
```

在上面这段代码中，methods：{ myLogin：function(myParam){ alert(myParam+",登录成功!")}，}中的 myParam 表示需要传递的参数，在 HTML 代码中，直接使用数据属性或字符串代替该 myParam 参数即可，如 v-on：click="myLogin(myUserName)"。

此实例的源文件是 MyCode\ChapD\ChapD054.html。

223 使用 v-on 在列表项上添加删除按钮

此实例主要通过在 li 元素中添加 button 元素(按钮)，并为 button 元素添加 v-on：click="removeItem(index)"，实现单击列表项的"删除"按钮即可删除该列表项的效果。当在浏览器中显示页面时，每个列表项的左侧都有一个"删除"按钮，单击该按钮即可删除该列表项，效果分别如图 223-1 和图 223-2 所示。

图 223-1

图 223-2

主要代码如下：

```
<body><div id="myVue" style="margin-left: 30px;">
   <li v-for="(myItem, index) in myItems" v-bind:key="myItem">
   <button v-on:click="removeItem(index)">删除</button> {{myItem }}
   </li>
 </div>
<style>
 li{border-radius: 4px; display: inline-block;
  background-color: lightblue;width: 360px;margin-bottom: 2px;
  text-align:left;padding:4px;padding-left: 10px;}
</style>
<script>
 new Vue({ el: '#myVue',
           data:{ myItems: ['HTML5 + CSS3 炫酷应用实例集锦','jQuery 炫酷应用实例集锦', 'Android 炫酷应用
300 例.实战篇','C++Builder 精彩编程实例集锦',], },
         methods: { removeItem: function(index){//响应单击列表项的"删除"按钮
                             this.myItems.splice(index, 1); }, }, })
</script></body>
```

在上面这段代码中，< button v-on:click="removeItem(index)">表示在单击(click)列表项的“删除”按钮时，执行 removeItem(index)方法，这里的 index 表示当前列表项在数组中的索引。this.myItems.splice(index, 1)方法则根据索引删除指定(当前)的列表项。

此实例的源文件是 MyCode\ChapD\ChapD095.html。

224 使用 v-on 统计 textarea 的复制次数

此实例主要通过使用 v-on:copy="onCopy"，实现统计在 textarea 元素中执行的复制次数的效果。当在浏览器中显示页面时，如果 textarea 元素已经获得焦点，则每按下 Ctrl+C 组合键执行一次复制操作，将在弹出的提示框中显示累计执行的复制次数，效果分别如图 224-1 和图 224-2 所示。

主要代码如下：

```
<body><center><div id="myVue" style="margin-top: 120px;">
  <textarea v-on:copy="onCopy" cols="54" rows="3"
            v-model="myText" autofocus></textarea>
</div></center>
<script>
```

```
new Vue({ el: '#myVue',
          data:{ myCount:0,
                 myText:"江南好,风景旧曾谙。日出江花红胜火,春来江水绿如蓝。能不忆江南?", },
          methods: { onCopy:function () {
                        this.myCount += 1;
                        alert('这段文本已经被复制' + this.myCount + '次!');},},});
</script></body>
```

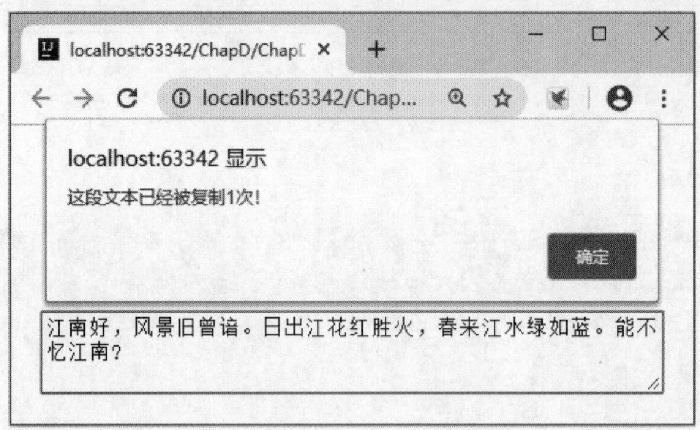

图 224-1

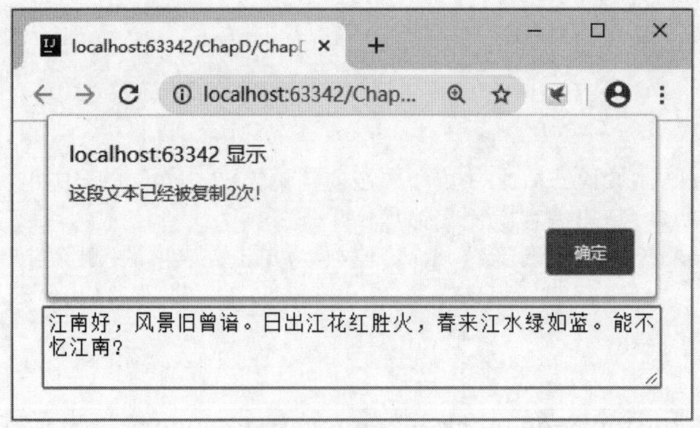

图 224-2

在上面这段代码中，v-on:copy="onCopy"表示每当在 textarea 元素中执行复制操作时，onCopy()方法自动响应，即在弹出的提示框中显示累计复制次数。

此实例的源文件是 MyCode\ChapD\ChapD182.html。

225 使用 v-on 监听 textarea 的粘贴内容

此实例主要通过使用 v-on:paste="onPaste"，在 textarea 中实现监听即将粘贴文本内容的效果。当在浏览器中显示页面时，如果 textarea 元素已经获得焦点，则每按下 Ctrl+V 组合键执行粘贴操作，将在弹出的提示框中显示粘贴的文本内容，效果分别如图 225-1 和图 225-2 所示。

主要代码如下：

```
<body><center><div id="myVue" style="margin-top: 120px;">
  <textarea v-on:paste="onPaste" cols="54" rows="3"
            v-model="myText" autofocus></textarea>
</div></center>
```

```
<script>
 new Vue({ el: '#myVue',
          data:{myText:"江南好,风景旧曾谙。日出江花红胜火,春来江水绿如蓝。能不忆江南?", },
          methods: {onPaste:function ( $event) {
                    var myPaste =  $event.clipboardData.getData('text');
                    alert("即将粘贴的文本内容是: " + myPaste);},},});
</script></body>
```

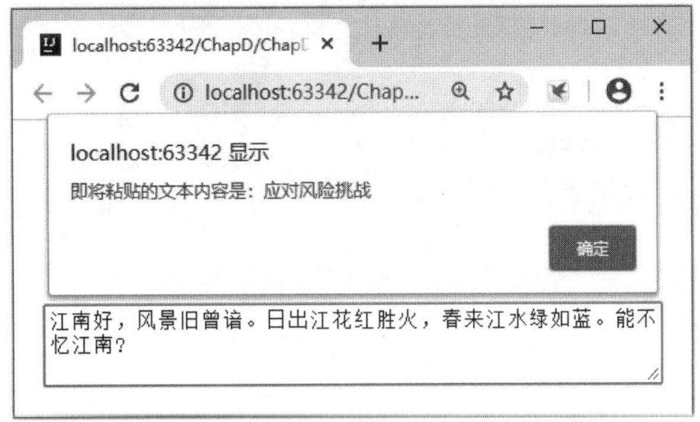

图　225-1

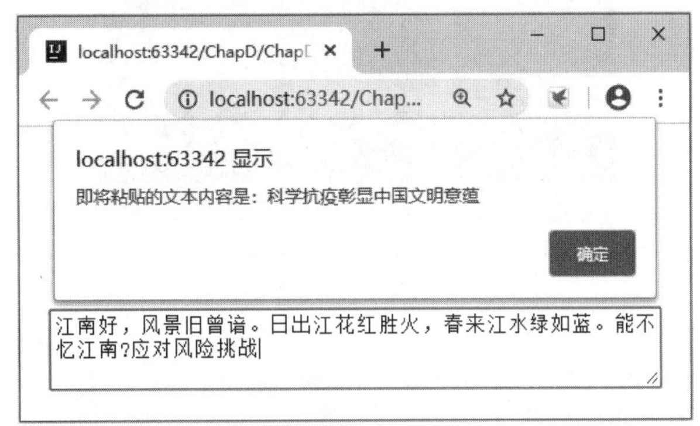

图　225-2

在上面这段代码中，v-on:paste="onPaste"表示每当在 textarea 元素中执行粘贴操作时，onPaste()方法自动响应，即在弹出的提示框中显示将要粘贴的文本内容。

此实例的源文件是 MyCode\ChapD\ChapD183.html。

226　使用 v-on 监听文件是否加载成功

此实例主要通过使用 v-on:error="onloaderror"和 v-on:load="onloadsuccess"，实现监听图像文件是否加载成功的效果。当在浏览器中显示页面时，如果在输入框中输入了正确的图像文件名称，则图像将会正常显示，如图 226-1 所示；如果在输入框中输入了错误的图像文件名称，则将不能显示图像，并且显示错误提示“加载图像出现错误，请检查图像文件是否存在！”，如图 226-2 所示。

主要代码如下：

```
<body><center><div id = "myVue">
  <p>图像文件名称: <input autofocus  v-model = "mySrc" style = "width: 230px"/></p>
```

```
   <h4>{{myError}}</h4>
  <img v-bind:src="mySrc"  width="360"
      v-on:error="onloaderror"  v-on:load="onloadsuccess"/>
  </div></center>
 <script>
  new Vue({ el: '#myVue',
          data: { myError:"",
                  mySrc:'images/img285.jpg',},
          methods: { onloaderror:function () {
              this.myError='加载图像出现错误,请检查图像文件是否存在!';
                   },
                onloadsuccess:function () {
                  this.myError='';   },  }, })
 </script></body>
```

图　226-1

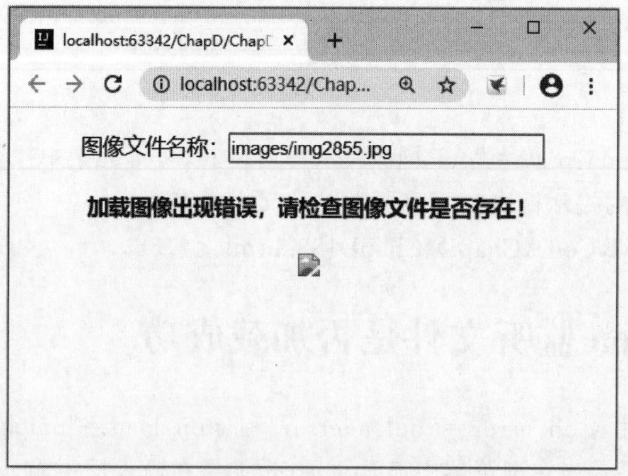

图　226-2

在上面这段代码中,v-on:error="onloaderror"表示在加载图像文件发生错误时执行 onloaderror(),在很多情况下,如果不能完全保证正确加载文件,则需要采取其他补救替代方案。v-on:load="onloadsuccess"表示在一个页面或一幅图像完成加载后执行 onloadsuccess()方法。

此实例的源文件是 MyCode\ChapD\ChapD184.html。

227 使用 v-on 实现图像跟随鼠标移动

此实例主要通过使用 v-on:mousemove="onMousemove",实现图像跟随鼠标移动的效果。当在浏览器中显示页面时,鼠标移动到哪里,怪兽图像(img 元素)就跟着移动到哪里,效果分别如图 227-1 和图 227-2 所示。

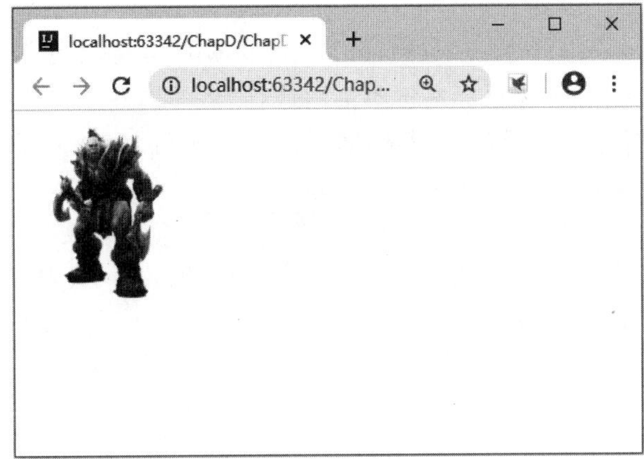

图 227-1

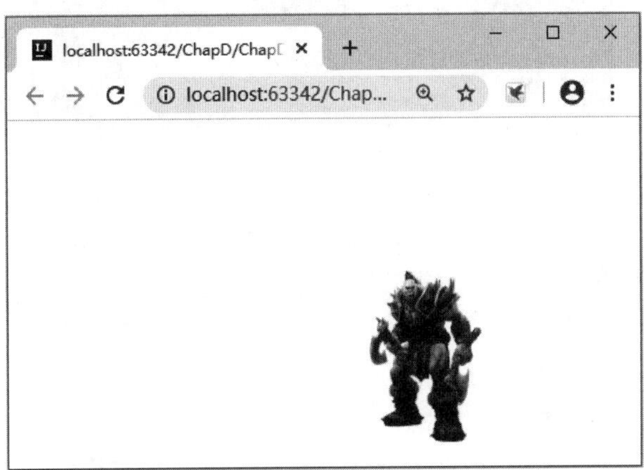

图 227-2

主要代码如下:

```
<body><div id="myVue" v-on:mousemove="onMousemove">
 <img src="images/img302.png" width="80" height="120" id="myImage"/>
</div>
<script>
 new Vue({ el: '#myVue',
          methods: { onMousemove:function ($event) {
                    var myImage=document.getElementById("myImage");
                    myImage.style.position = "absolute";
                    //根据$event.x和$event.y设置img元素的位置
                    myImage.style.left = ($event.x-50)+"px";
                    myImage.style.top = ($event.y-75)+"px"; }, }, })
</script></body>
```

在上面这段代码中，v-on：mousemove＝"onMousemove"表示在鼠标移动（发生 mousemove 事件）时执行方法 onMousemove()。onMousemove()方法的参数 $event 代表在鼠标移动时的参数集合，可以通过 $event 获取当前鼠标的坐标位置。

此实例的源文件是 MyCode\ChapD\ChapD185.html。

228 使用 v-on 在元素上添加右键菜单

此实例主要通过使用 v-on：mousedown＝"onMousedown"，实现在元素上添加鼠标右键菜单的效果。当在浏览器中显示页面时，使用鼠标右键单击图像，则将弹出一个菜单，选择其中的菜单项，则将在弹出的提示框中显示当前选择了哪一个菜单项，效果分别如图 228-1 和图 228-2 所示。

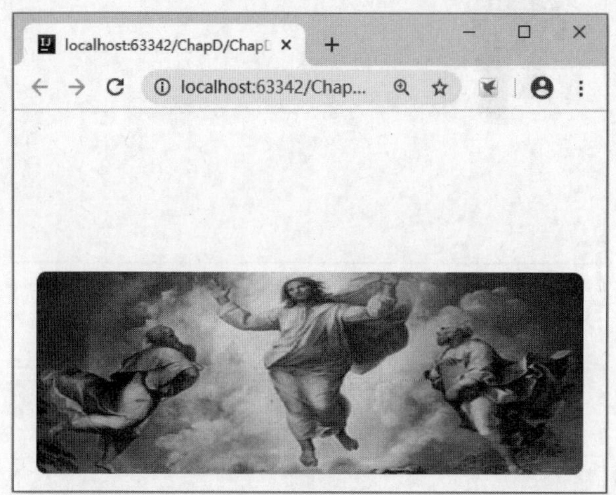

图 228-1

图 228-2

主要代码如下：

```
<body  oncontextmenu = "return false"><div id = "myVue" style = "margin - top: 120px;">
 <center><img src = "images\img232.jpg" v - on:mousedown = "onMousedown"/></center>
 <div v - show = "myShow" v - bind:style = "myStyle" style = "width: 103px; height:75px; border - radius:
4px;background - color:black;">
```

```
  <li class = "myClass">
<a onclick = "alert('刚才选择了调整大小菜单')">调整大小</a></li>
  <li class = "myClass">
<a onclick = "alert('刚才选择了水平镜像菜单')">水平镜像</a></li>
  <li class = "myClass">
<a onclick = "alert('刚才选择了垂直镜像菜单')">垂直镜像</a></li>
 </div></div>
<style>
 img{width: 420px;height:150px;border - radius: 8px;}
 .myClass{border - radius:2px; display: inline - block;
  background - color: lightblue;width: 80px;height:20px;margin - bottom: 1px;
  text - align: left;padding:2px;padding - left: 20px; }
</style>
<script>
 new Vue({ el: '#myVue',
          data:{ myShow:false,
                 myStyle:'', },
          methods: {  onMousedown:function ( $event) {
                        if( $event.which == 1){
                         //alert("鼠标左键被按下!");
                        } else if( $event.which == 3){
                         //alert("鼠标右键被按下!");
                         //根据鼠标位置设置菜单位置
                          this.myStyle = { top: $event.y + "px",
                                     left: $event.x + "px", position:"fixed", };
                          this.myShow = !this.myShow; } }, }, })
</script></body>
```

在上面这段代码中，oncontextmenu＝"return false"用于取消元素默认的右键菜单。<img src＝"images\img232.jpg" v-on:mousedown＝"onMousedown"/>中的 v-on:mousedown＝ "onMousedown"表示使用鼠标单击图像(img 元素)时执行 onMousedown()方法，即显示右键菜单。$event.which＝＝1 表示当前单击元素的按键是鼠标左键。$event.which＝＝3 表示当前单击元素的按键是鼠标右键。

此实例的源文件是 MyCode\ChapD\ChapD186.html。

229 使用 v-on 自定义单击按钮的样式

此实例主要通过使用 v-on:focus＝"myClass1＝'myBlue'" v-on:blur＝"myClass1＝ 'myWhite'"，实现为当前(单击的)按钮和非当前(单击的)按钮自定义不同的样式。当在浏览器中显示页面时，单击"测试按钮 1"按钮，则当前(单击的)按钮和非当前(单击的)按钮的样式效果如图 229-1 所示；单击"测试按钮 2"按钮，则当前(单击的)按钮和非当前(单击的)按钮的样式效果如图 229-2 所示。

图 229-1

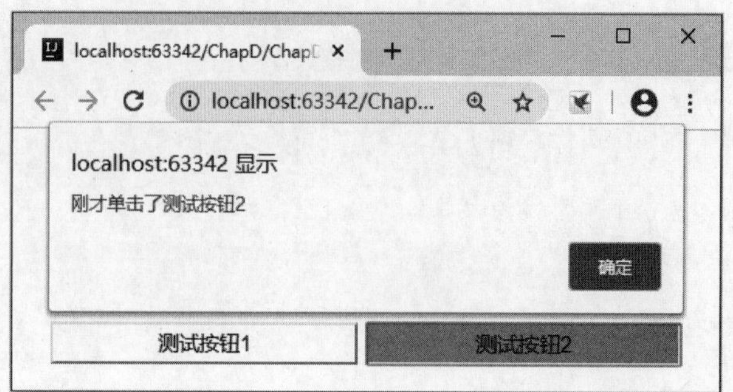

图 229-2

主要代码如下：

```
<body><div id="myVue" style="margin-top: 120px;">
 <p align="center">
  <input type="button" value="测试按钮 1" style="width:200px;height:26px;"
         v-bind:class="myClass1" onclick="alert('刚才单击了测试按钮 1')"
         v-on:focus="myClass1 = 'myBlue'" v-on:blur="myClass1 = 'myWhite'"/>
  <input type="button" value="测试按钮 2" style="width:200px;height:26px;"
         v-bind:class="myClass2" onclick="alert('刚才单击了测试按钮 2')"
         v-on:focus="myClass2 = 'myBlue'" v-on:blur="myClass2 = 'myWhite'"/></p>
</div>
<style>
 .myBlue { background-color: deepskyblue;}
 .myWhite { background-color: white; }
</style>
<script>
  new Vue({ el: '#myVue',
            data:{myClass1:'', myClass2:'', }, })
</script></body>
```

在上面这段代码中，v-on:focus="myClass1='myBlue'"表示在 input 元素(按钮)获得焦点时采用 myBlue 样式，即天蓝色背景。v-on:blur="myClass1='myWhite'"表示在 input 元素(按钮)失去焦点时采用 myWhite 样式，即白色背景。当单击按钮时，按钮自动成为焦点。

此实例的源文件是 MyCode\ChapD\ChapD187.html。

230 使用 v-on 高亮指示鼠标所在数据行

此实例主要通过使用 v-on:mouseover="onMouseover(index)"，实现高亮指示当前鼠标所在的数据行的效果。当在浏览器中显示页面时，使用鼠标在表格上移动，则将高亮(浅紫色背景)指示当前鼠标所在的数据行，效果如图 230-1 所示。

主要代码如下：

```
<body><div id="myVue">
 <table cellspacing="2" style="width: 400px; margin-left:30px;">
  <template v-for="(myItem,index) in myItems"  >
   <tr v-bind:class="{myClass:index == myRow}"
       v-on:mouseover="onMouseover(index)">
       <td>{{myItem.Name}}</td>
```

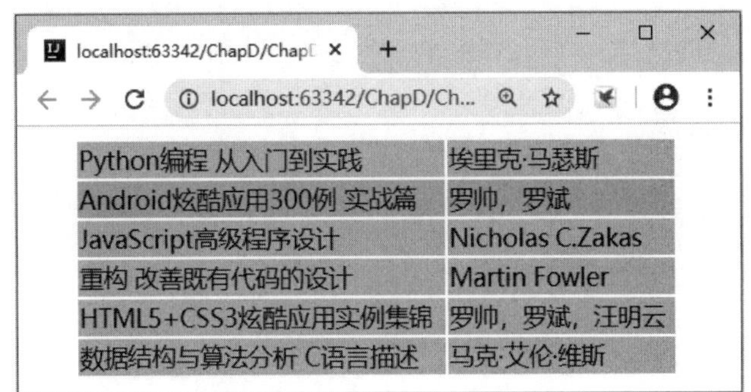

图 230-1

```
        <td>{{myItem.Author}}</td></tr>
    </template>
   </table></div>
  <style>
   tr{background-color:lightblue;}
   tr.myClass{ background:lightpink; }
  </style>
  <script>
   new Vue({ el: '#myVue',
            data:{myRow:null,
     myItems: [{"Name" : "Python 编程 从入门到实践","Author" : "埃里克·马瑟斯" },
      {"Name" : "Android 炫酷应用 300 例 实战篇","Author" : "罗帅,罗斌"},
      {"Name" : "JavaScript 高级程序设计", "Author" : "Nicholas C.Zakas"},
      {"Name" : "重构 改善既有代码的设计","Author" : "Martin Fowler"},
      {"Name" : "HTML5 + CSS3 炫酷应用实例集锦","Author" : "罗帅,罗斌,汪明云 "},
      {"Name" : "数据结构与算法分析 C 语言描述","Author" : "马克·艾伦·维斯"}],},
     methods: {  onMouseover:function (index) {  this.myRow = index; }, }, })
  </script></body>
```

在上面这段代码中，v-bind:class="{myClass:index==myRow}"表示使用 myClass 设置索引为 myRow 的 tr 元素(数据行)，即设置该行(当前鼠标所在的数据行)为高亮显示的浅紫色背景。v-on:mouseover="onMouseover(index)"表示当鼠标在 tr 元素(数据行)上 mouseover(移动)时，执行 onMouseover(index)方法，即获取当前数据行的行号 myRow 值。

此实例的源文件是 MyCode\ChapD\ChapD188.html。

231 使用 v-on 为表格添加双击编辑功能

此实例主要通过使用 v-on:dblclick="onClickCell($event)"，实现为表格的单元格添加双击即可编辑的功能。当在浏览器中显示页面时，在价格列中任意双击一个单元格，则将出现一个输入框，在输入框中输入新的价格，然后单击其他地方使输入框失去焦点，则新的价格将会保存到表格中，效果分别如图 231-1 和图 231-2 所示。

主要代码如下：

```
<!DOCTYPE html><html>
<head><meta charset="utf-8">
 <script src="https://cdn.staticfile.org/vue/2.6.11/vue.min.js"></script>
```

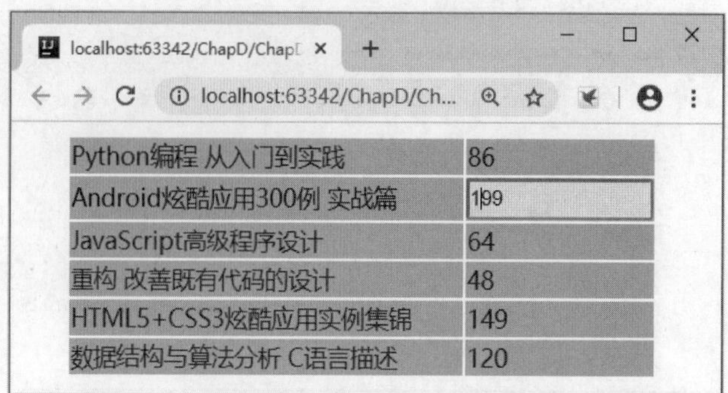

图 231-1

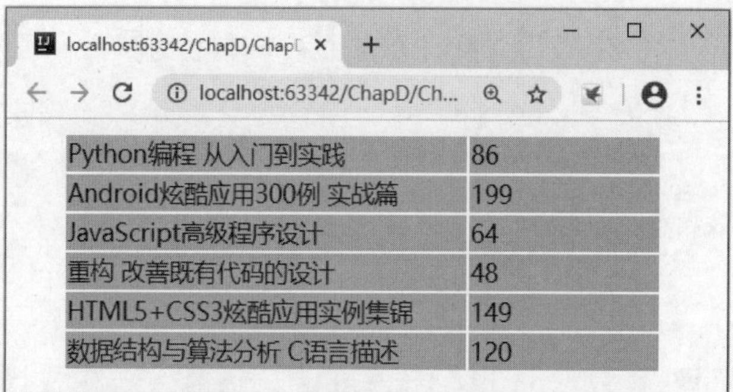

图 231-2

```
<script src="https://cdn.staticfile.org/jquery/3.4.1/jquery.min.js"></script>
</head>
<body><div id="myVue">
 <table cellspacing="2" style="width: 400px; margin-left:30px;">
  <template v-for="(myItem,index) in myItems"  >
   <tr><td>{{myItem.Name}}</td>
    <td width="124" v-on:dblclick="onClickCell($event)">
    {{myItem.Price}}</td></tr>
  </template></table></div>
<style>
 td{background-color:lightpink;}
</style>
<script>
 new Vue({ el: '#myVue',
          data:{ myItems: [
                 {"Name" : "Python 编程 从入门到实践","Price" : 86 },
                 {"Name" : "Android 炫酷应用 300 例 实战篇","Price" :99},
                 {"Name" : "JavaScript 高级程序设计", "Price" : 64},
                 {"Name" : "重构 改善既有代码的设计","Price" : 48},
                 {"Name" : "HTML5 + CSS3 炫酷应用实例集锦","Price" : 149},
                 {"Name" : "数据结构与算法分析 C 语言描述","Price" :120}],},
          methods: { onClickCell:function(e) {
    var myItem = $(e.target);
    var myOldText = myItem.text();
    var myInput = $("<input type='text' value='" + myOldText +
        "'style='width:120px;height:20px;background-color: lightcyan'/>");
    myItem.html(myInput);
```

```
      myInput.trigger("focus");
      //在输入框失去焦点后提交内容
      myInput.blur(function() {
       var myNewText = $(this).val();
       //判断文本是否被修改
       if (myNewText != myOldText) { myItem.html(myNewText); }
       else { myItem.html(myNewText); }  });  },  }, })
</script></body></html>
```

在上面这段代码中，<td width="124" v-on:dblclick="onClickCell($event)">表示在双击该单元格时执行 onClickCell($event)方法。注意：双击事件是 v-on:dblclick，而不是 v-on:dbclick。onClickCell($event)方法的主要功能是根据参数在该单元格的原位置添加一个输入框用于修改价格，在其失去焦点时向表格提交新的价格。此外需要注意的是：此实例使用了部分 jQuery 代码，因此需要添加<script src="https://cdn.staticfile.org /jquery/3.4.1/jquery.min.js"></script>。

此实例的源文件是 MyCode\ChapD\ChapD189.html。

232 使用 stop 修饰符阻止事件向上冒泡传递

此实例主要通过使用 stop 修饰符，实现阻止嵌套元素的事件向上冒泡传递的效果。当在浏览器中显示页面时，蓝色的 div 元素(容器)嵌套了两个 img 元素(图像)，如果单击蓝色的 div 元素，则将在弹出的提示框中显示"刚才单击了容器!"，如图 232-1 所示；如果单击左边的 img 元素，则将首先弹出提示框显示"刚才单击了左边的图像!"，如图 232-2 所示；然后继续弹出提示框显示"刚才单击了容器!"，如图 232-1 所示，即单击事件发生了向上冒泡传递，也就是说 click 事件不仅会响应元素本身，还会响应嵌套它的父元素(容器)。由于右边的 img 元素使用了 stop 修饰符，因此单击右边的 img 元素，则仅弹出提示框显示"刚才单击了右边的图像!"，不会响应父元素的单击事件。

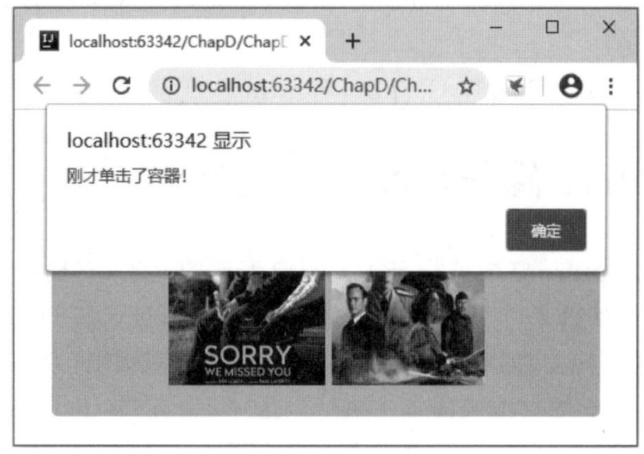

图 232-1

主要代码如下：

```
<body><center><br>
<div id="myVue" v-on:click="onClickContainer"
      style="border-radius:5px;background-color:lightblue;
             width:400px;padding:20px;">
  <img src="images/img217.jpg"  v-on:click="onClickLeftImage"/>
```

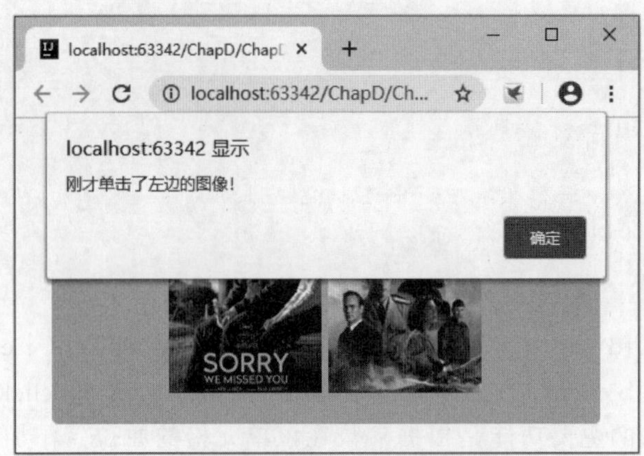

图 232-2

```
   <img src="images/img218.jpg"  v-on:click.stop="onClickRightImage"/>
  </div></center>
 <script>
  new Vue({el: '#myVue',
          methods: {
    onClickContainer: function () { alert("刚才单击了容器!"); },
    onClickLeftImage: function () { alert("刚才单击了左边的图像!"); },
    onClickRightImage: function () {alert("刚才单击了右边的图像!"); }  }, })
 </script></body>
```

在上面这段代码中，stop 修饰符用于阻止事件向上冒泡传递，与 event. stopPropagation()方法类似。在 Vue. js 中，按照事件冒泡原理，在 click 元素时，将从当前触发的元素开始，沿着它的父元素一直到根元素，都会依次触发 click 事件；但是如果应用了 stop 修饰符，则只会触发当前元素的 click 事件，阻止事件向上冒泡传递；不同的元素有不同的事件，但是只要在事件的后面添加 stop 修饰符，就可以阻止事件向上冒泡传递。

此实例的源文件是 MyCode\ChapD\ChapD039. html。

233 使用 capture 修饰符改变冒泡顺序

此实例主要通过使用 capture 修饰符指定优先响应事件的元素，实现在多个嵌套的 div 元素中改变冒泡序列的事件响应顺序的效果。当在浏览器中显示页面时，Div5、Div4、Div3、Div2、Div1 五个 div 元素构成一个由里向外(由下向上)的嵌套关系。根据默认的冒泡规则，如果(click)单击 Div5，则将按照 Div5、Div4、Div3、Div2、Div1 的冒泡顺序依次执行每个 div 元素的 click 事件响应方法；如果(click)单击 Div4，则将按照 Div4、Div3、Div2、Div1 的冒泡顺序依次执行每个 div 元素的 click 事件响应方法，不执行 Div5 元素的 click 事件响应方法；以此类推。由于在此实例中为 Div4 的 click 事件设置了 capture 修饰符，因此如果(click)单击 Div5，则将按照 Div4、Div5、Div3、Div2、Div1 的顺序依次执行每个 div 元素的 click 事件响应方法，而不是按照默认的冒泡顺序依次执行每个 div 元素的 click 事件响应方法，因为设置了 capture 修饰符的元素优先响应，效果分别如图 233-1 和图 233-2 所示。

主要代码如下：

```
<body><br><br><br><br><br><center>
 <div id="myVue" style="padding:20px;">
```

```
    <div v-on:click="onClickDiv1" style="background-color:lightpink"> Div1
     <div v-on:click="onClickDiv2" style="background-color:lightgreen"> Div2
      <div v-on:click="onClickDiv3" style="background-color:lightblue"> Div3
       <div v-on:click.capture="onClickDiv4"
            style="background-color:lightyellow"> Div4
        <div v-on:click="onClickDiv5" style="background-color:lightcyan"> Div5
        </div></div></div></div></div></center>
  <script>
    new Vue({ el: '#myVue',
     methods: { onClickDiv1: function(){ alert("这是 Div1 的单击事件响应方法")},
                onClickDiv2: function(){ alert("这是 Div2 的单击事件响应方法")},
                onClickDiv3: function(){ alert("这是 Div3 的单击事件响应方法")},
                onClickDiv4: function(){ alert("这是 Div4 的单击事件响应方法")},
                onClickDiv5: function(){ alert("这是 Div5 的单击事件响应方法")},},})
  </script></body>
```

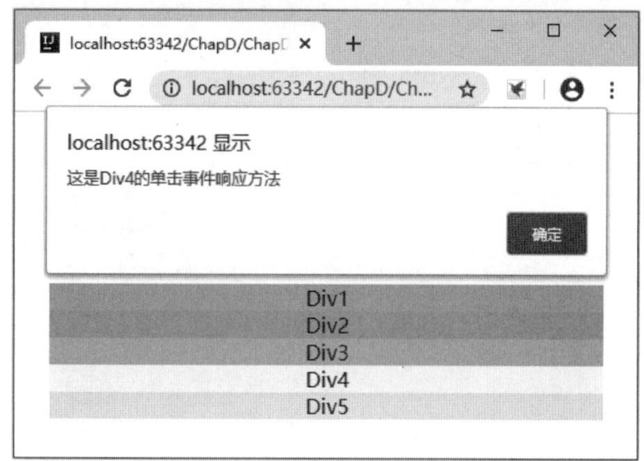

图 233-1

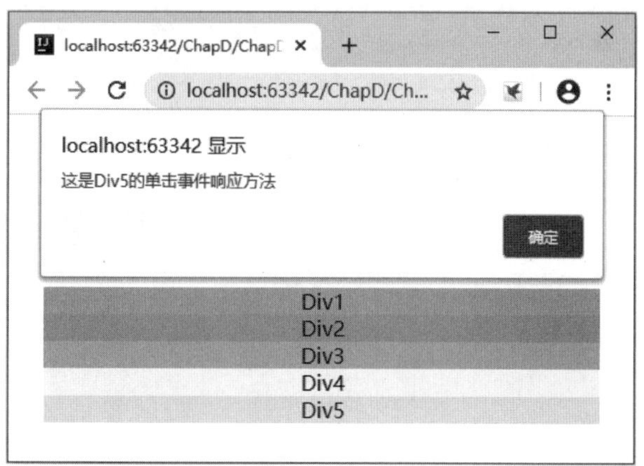

图 233-2

在上面这段代码中，v-on:click.capture="onClickDiv4"的 capture 修饰符表示优先执行所在元素(即 Div4)的事件响应方法，如果在一个冒泡序列中设置了多个 capture 修饰符，则设置了 capture 修饰符的多个元素总是优先于没有设置 capture 修饰符的元素，然后在同一优先级中再按照默认规则进行排序。

此实例的源文件是 MyCode\ChapD\ChapD045.html。

234　使用 capture 和 stop 修饰符定制事件

此实例主要通过在 v-on:click 上添加 capture 和 stop 修饰符，实现在多个嵌套的 div 元素中定制事件响应的效果。当在浏览器中显示页面时，Div5、Div4、Div3、Div2、Div1 五个 div 元素构成一个由里向外(由下向上)的嵌套关系。根据默认的冒泡规则，如果(click)单击 Div5，则将按照 Div5、Div4、Div3、Div2、Div1 的冒泡顺序依次执行每个 div 元素的 click 事件响应方法；如果(click)单击 Div4，则将按照 Div4、Div3、Div2、Div1 的冒泡顺序依次执行每个 div 元素的 click 事件响应方法，不执行 Div5 元素的 click 事件响应方法；以此类推。由于在此实例中为 Div4 的 click 事件同时设置了 capture 和 stop 修饰符，因此如果(click)单击 Div5 或 Div4，则仅执行 Div4 的 click 事件响应方法，其他元素的 click 事件响应方法均不执行，如图 234-1 所示。当然如果直接单击 Div3 或 Div2 或 Div1，它们则按照冒泡顺序的默认规则执行 click 事件响应方法，如图 234-2 所示。

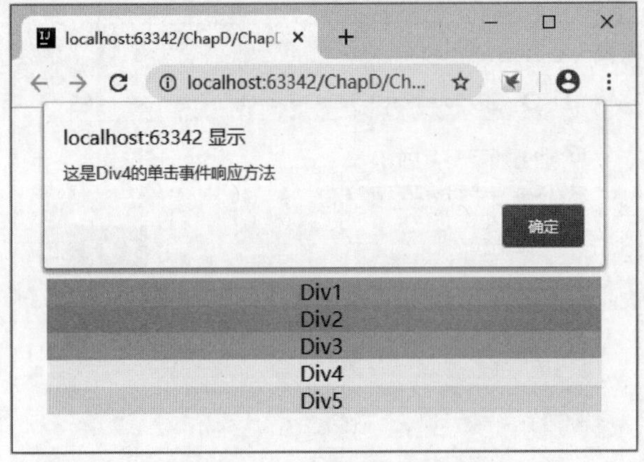

图　234-1

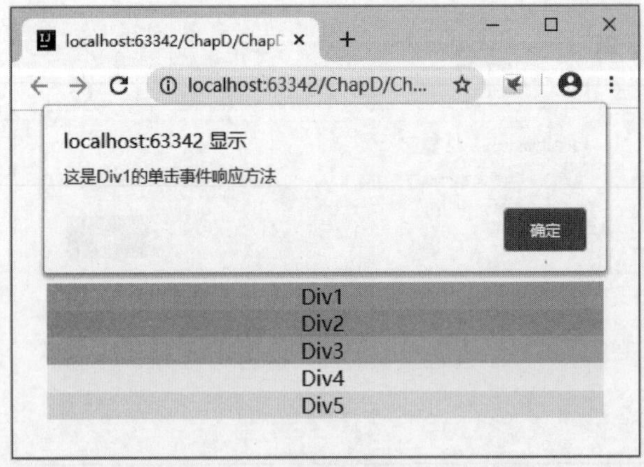

图　234-2

主要代码如下：

```
<body><br><br><br><br><br><center>
 <div id="myVue" style="padding:20px;">
  <div v-on:click="onClickDiv1" style="background-color:lightpink">Div1
   <div v-on:click="onClickDiv2" style="background-color:lightgreen">Div2
```

```
      <div v-on:click="onClickDiv3" style="background-color:lightblue">Div3
       <div v-on:click.capture.stop="onClickDiv4"
            style="background-color:lightyellow">Div4
        <div v-on:click="onClickDiv5" style="background-color:lightcyan">Div5
        </div></div></div></div></div></div></center>
  <script>
   new Vue({ el: '#myVue',
    methods: { onClickDiv1: function () { alert("这是 Div1 的单击事件响应方法")},
     onClickDiv2: function () { alert("这是 Div2 的单击事件响应方法")},
     onClickDiv3: function () { alert("这是 Div3 的单击事件响应方法")},
     onClickDiv4: function () { alert("这是 Div4 的单击事件响应方法")},
     onClickDiv5: function () { alert("这是 Div5 的单击事件响应方法")}, }, })
  </script></body>
```

在上面这段代码中，v-on:click.capture.stop="onClickDiv4"表示在一个由多个元素构成的冒泡序列中，将仅执行 onClickDiv4()方法，其他元素的事件响应方法均被停止。一般情况下，同时使用多个修饰符与顺序有关，但实际测试表明，在此实例中，v-on:click.capture.stop 和 v-on:click.stop.capture 的效果相同。

此实例的源文件是 MyCode\ChapD\ChapD047.html。

235　使用 prevent 修饰符阻止默认事件

此实例主要通过使用 prevent 修饰符，阻止指定元素指定事件的默认行为。当在浏览器中显示页面时，如果单击左边的 img 元素(图像)，由于已经为该 img 元素的父元素(a 元素，即超链接)添加了 prevent 修饰符(即 v-on:Click.prevent="myPrevent")，因此将不执行页面跳转，而是在弹出的提示框中显示“超链接的单击事件已经被阻止!”，如图 235-1 所示；但是如果单击右边的 img 元素(图像)，则(默认)将根据超链接的 href 属性跳转到指定的页面，如图 235-2 所示。

图　235-1

主要代码如下：

```
<body><center><br><div id="myVue" style="width:400px;padding:20px;">
  <a href="http://product.dangdang.com/27882030.html"
     v-on:Click.prevent="myPrevent">
   <img src="images/img219.jpg"/></a>
```

图 235-2

```
    <a href = "http://product.dangdang.com/25340077.html">
      <img src = "images/img220.jpg"/></a>
  </div></center>
 <script>
  new Vue({el: '#myVue',
   methods:{myPrevent: function(){ alert("超链接的单击事件已经被阻止!");},},})
 </script></body>
```

在上面这段代码中，prevent 修饰符用于阻止当前事件的默认行为，该修饰符的作用与调用 event.preventDefault()方法类似；在 Vue.js 中，不同的元素和事件有不同的默认行为，但是只要在事件的后面添加 prevent 修饰符，就可以阻止其默认行为，执行自定义的行为。

此实例的源文件是 MyCode\ChapD\ChapD040.html。

236 使用 self 修饰符限定仅响应自身事件

此实例主要通过使用 self 修饰符，限定元素仅响应自身的事件，不响应冒泡传递的事件。当在浏览器中显示页面时，蓝色的 div 元素(容器)嵌套了一个 img 元素(电影海报)，如果单击蓝色的 div 元素，则将在弹出的提示框中显示“刚才单击了容器!”，如图 236-1 所示。如果单击 img 元素，则将在弹出的提示框中显示“刚才单击了图像!”，如图 236-2 所示；由于为蓝色的 div 元素设置了 self 修饰符，即 v-on:click.self= "onClickContainer"，因此在单击 img 元素后，作为其父元素的 div 元素将不再响应子元素冒泡传递的 click 事件。

主要代码如下：

```
<body><center><br><div id = "myVue" v-on:click.self = "onClickContainer"
      style = "border-radius:5px;background-color:lightblue;
              width:400px;padding:20px;">
   <img src = "images/img217.jpg"   v-on:click = "onClickImage"/>
  </div></center>
<script>
 new Vue({el: '#myVue',
  methods: { onClickContainer: function(){ alert("刚才单击了容器!"); },
             onClickImage: function(){ alert("刚才单击了图像!"); }, }, })
</script></body>
```

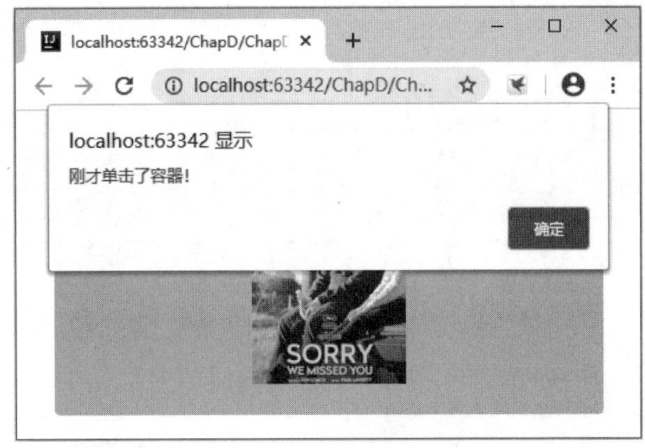

图 236-1

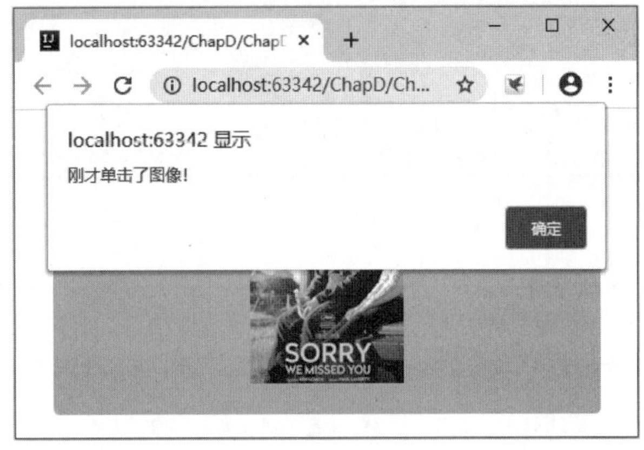

图 236-2

在上面这段代码中，self 修饰符用于当事件从事件绑定的元素本身触发时才响应，对于从子元素传递的冒泡事件则不响应，但是它不阻止子元素的事件向更高级的父(祖父)元素传递。

此实例的源文件是 MyCode\ChapD\ChapD041.html。

237 使用 self 和 prevent 修饰符定制事件

此实例主要通过在 v-on:Click 上同时使用 self 修饰符和 prevent 修饰符，实现控制超链接(元素)仅响应子元素的 click 事件，而不响应自身的 click 事件的效果。当在浏览器中显示页面时，如果单击超链接“阿凡达”，将不会跳转到指定的播放页面，而是弹出一个提示框，如图 237-1 所示；但如果单击超链接的子元素(电影海报)，则会根据超链接的 href 属性跳转到指定的播放页面，如图 237-2 所示。

主要代码如下：

```
<body><center><div id = "myVue" style = "width:400px;padding:20px;
      background - color:lightgrey;border - radius: 6px;">
  <a href = "https://www.360kan.com/m/gaLiYkT5Qnb3Sx.html"
     v - on:Click.self.prevent = "mySelfPrevent">
   <img src = "images/img221.jpg"  style = "border - radius: 6px;"/><br>
   阿凡达</a>
 </div></center>
```

```
<script>
 new Vue({el: '#myVue',
        methods: { mySelfPrevent: function(){
                        alert("超链接的单击事件已经被阻止!");},}, })
</script></body>
```

图 237-1

图 237-2

在上面这段代码中,v-on:Click.self.prevent="mySelfPrevent"用于禁止响应超链接(元素)自身的click事件,self修饰符和prevent修饰符的先后顺序很重要,在此实例中,如果是v-on:Click.prevent.self="mySelfPrevent",则单击超链接"阿凡达"或电影海报都不会执行页面跳转,但是在单击超链接"阿凡达"将会弹出一个提示框,单击电影海报则无响应。

此实例的源文件是MyCode\ChapD\ChapD046.html。

238 使用once修饰符限定事件仅响应一次

此实例主要通过使用once修饰符,实现限定事件仅响应一次的效果。当在浏览器中显示页面时,两个按钮的单击次数均为0,单击"测试按钮一"按钮,则单击次数变为1,如图238-1所示,以后无论怎样单击此按钮,单击次数均不变,表明此按钮的(click)单击事件仅响应了一次;单击"测试按钮二”按钮，则单击次数变为 1，以后每单击一次该按钮，则单击次数均增加 1，即每次单击该按钮均有响应，如图 238-2 所示。

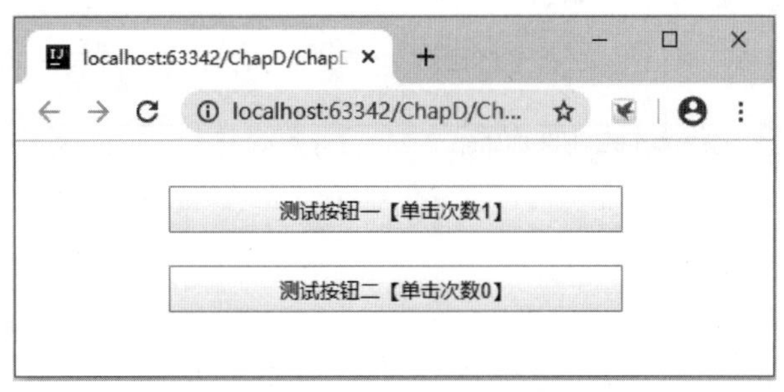

图 238-1

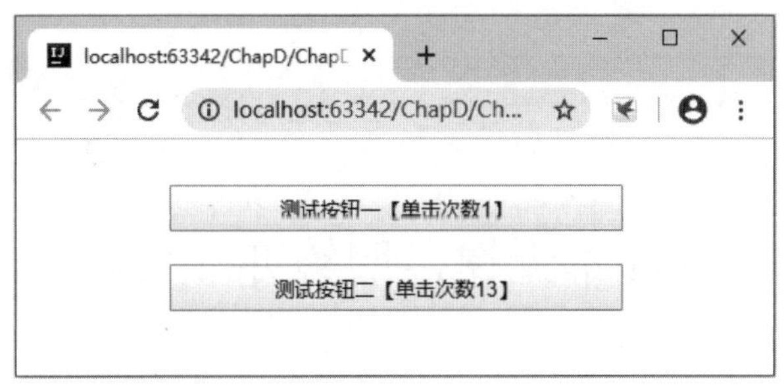

图 238-2

主要代码如下：

```
<body><center><br><div id="myVue">
  <button v-on:click.once="onClickButton1" style="width: 300px;height: 30px;">
   测试按钮一【单击次数{{myVar1}}】</button><br><br>
  <button v-on:click="onClickButton2" style="width: 300px;height: 30px;">
   测试按钮二【单击次数{{myVar2}}】</button>
 </div></center>
<script>
 new Vue({el: '#myVue',
         data:{ myVar1:0,
                myVar2:0,},
         methods: { onClickButton1: function(){ this.myVar1 += 1; },
                    onClickButton2: function(){ this.myVar2 += 1; },},})
</script></body>
```

在上面这段代码中，once 修饰符表示绑定的事件只会被触发一次。在 Vue.js 中，不同的元素有不同的事件，但是只要在事件的后面添加了 once 修饰符，则该事件就只会被触发一次，而不是仅仅限于 click 事件。

此实例的源文件是 MyCode\ChapD\ChapD042.html。

239 使用按键修饰符自定义按键响应

此实例主要通过在按键事件之后添加修饰符(按键名称)，实现自定义按键事件的响应行为的效果。当在浏览器中显示页面时，如果光标在输入框中闪烁(即获得焦点)，单击键盘上的左箭头，则文字变小，如图 239-1 所示；单击键盘上的右箭头，则文字变大，如图 239-2 所示。

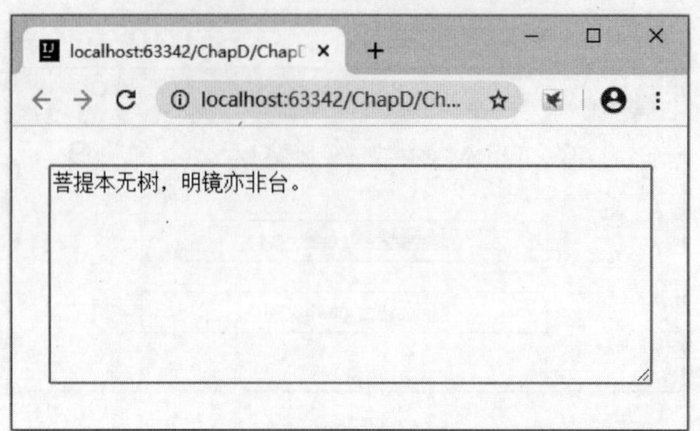

图 239-1

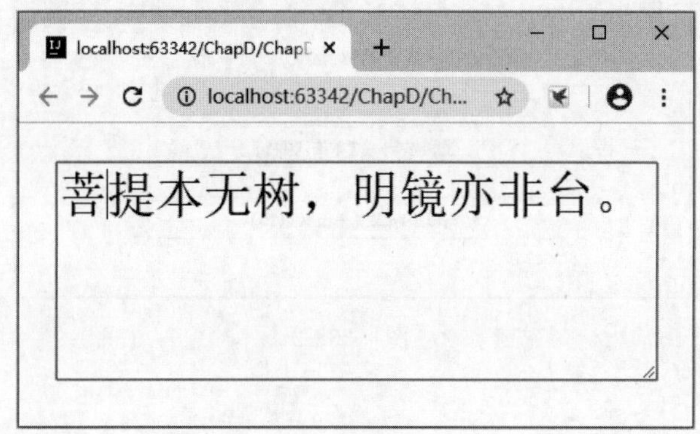

图 239-2

主要代码如下：

```
<body><div id="myVue"  style="padding: 20px;">
   <textarea @keyup.left="onClickLeftArrow" @keyup.right="onClickRightArrow"
         v-bind:style="myStyle" style="width: 440px;height: 150px;" autofocus>
          菩提本无树,明镜亦非台。</textarea>
 </div>
<script>
 new Vue({ el: '#myVue',
          data:{ myStyle:'font-size:36px;',},
  methods: {onClickLeftArrow: function () {this.myStyle='font-size:16px;';},
        onClickRightArrow: function () {this.myStyle='font-size:36px;';} }, })
</script></body>
```

在上面这段代码中，@keyup.left="onClickLeftArrow"表示在左箭头抬起(keyup 事件发生)时执行自定义方法 onClickLeftArrow()，left 是键盘左箭头的名称，也可以直接使用键盘(左箭头)按键的 ASCII 编码实现同样的功能，如：@keyup.37="onClickLeftArrow"，@keyup.39="onClickRightArrow"。Vue.js 提供了绝大多数常用的按键码的别名，如 .enter、.tab、.delete、.esc、.space、.up、.down、.left、.right 等；如果按键修饰符是字符键(如 A、B、C 等)，则既响应字符输入，也响应自定义方法。

此实例的源文件是 MyCode\ChapD\ChapD043.html。

240　使用系统修饰键定义按键事件行为

此实例主要通过使用系统修饰键(Ctrl)与(上/下)方向键组合,实现自定义按键事件的响应行为的效果。当在浏览器中显示页面时,如果光标在输入框中闪烁(即获得焦点),单击键盘上的 Ctrl 键和上箭头组合,则文字变为红色,如图 240-1 所示;单击键盘上的 Ctrl 键和下箭头组合,则文字变为黑色,如图 240-2 所示。

图　240-1

图　240-2

主要代码如下:

```
<body><div id="myVue"  style="padding: 20px;">
   <textarea @keyup.ctrl.up="onClickUp" @keyup.ctrl.down="onClickDown"
         autofocus v-bind:style="myStyle"
         style="width: 440px;height: 150px;font-size:26px;font-weight:bold;">
          山有木兮木有枝,心悦君兮君不知。</textarea>
</div>
<script>
 new Vue({ el: '#myVue',
          data: { myStyle:'color:black;',},
          methods: {onClickUp: function(){this.myStyle='color:red;';},
                   onClickDown: function(){this.myStyle='color:black;';} },})
</script></body>
```

在上面这段代码中,@keyup.ctrl.up="onClickUp"表示在按下 Ctrl 键和 up 键组合时执行自定义方法 onClickUp(),up 是键盘上箭头的名称,Ctrl 键是系统修饰键,单独使用不起作用,它通常与其他键组合执行自定义方法。按键名称也可使用按键的 ASCII 码代替,如:@keyup.ctrl.38="onClickUp",@keyup.ctrl.40="onClickDown"。Alt 键和 Shift 键也是常用的系统修饰键,它的用法与 Ctrl 键类似。需要注意的是:当系统修饰键和按键弹起一起使用时,在事件触发时系统修饰键必须处于按下状态。换句话说,只有在按住 Ctrl 键的情况下释放其他按键,才能触发 keyup.ctrl,单独释放 Ctrl 键也不会触发事件。

此实例的源文件是 MyCode\ChapD\ChapD044.html。

241 使用 exact 修饰符定制系统键响应

此实例主要通过在@keyup.ctrl.之后添加 exact 修饰符,实现自定义系统键(Ctrl、Alt、Shift)的响应方法。当在浏览器中显示页面时,如果按下 Ctrl+(任何键)组合键,则文字显示为斜体,如图 241-1 所示;按下 Ctrl+Home 组合键,则文字恢复为正常,如图 241-2 所示。

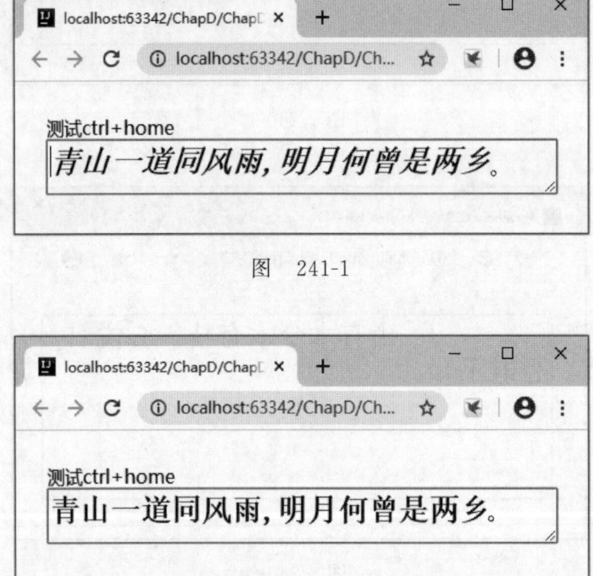

图 241-1

图 241-2

主要代码如下:

```
<body><div id="myVue" style="padding: 20px;">测试 ctrl + home
 <textarea @keyup.ctrl.exact="onClickItalic" @keyup.ctrl.home="onClickNormal"
          autofocus v-bind:style="myStyle"
          style="width: 440px;height: 40px;font-size:26px;font-weight:bold;">
        青山一道同风雨,明月何曾是两乡。</textarea>
</div>
<script>
 new Vue({ el: '#myVue',
        data:{myStyle:'font-style:normal;',},
 methods: {
   onClickItalic: function () {this.myStyle='font-style:italic;';},
   onClickNormal: function () {this.myStyle='font-style:normal;';} }, })
</script></body>
```

在上面这段代码中,@keyup.ctrl.exact="onClickItalic"表示 Ctrl 键与任何键组合时,执行 onClickItalic()方法,注意:Ctrl 键只有在其他键弹起(keyup)之后才能松开弹起,否则无效。如果是 @keyup.ctrl="onClickItalic",则也能实现相同的效果。如果是@keyup.exact ="onClickItalic",则表示任何键单独按下抬起时,均执行 onClickItalic()方法。

此实例的源文件是 MyCode\ChapD\ChapD049.html。

242 使用鼠标左右按键修饰符定制事件

此实例主要通过在@click.后面添加鼠标左右按键修饰符 left 和 right,实现自定义鼠标左右按键的单击事件响应方法。当在浏览器中显示页面时,如果光标在输入框中闪烁(即获得焦点),单击鼠标左键,则字体显示为楷体,如图 242-1 所示;单击鼠标右键,则字体显示为隶书,如图 242-2 所示。

图 242-1

图 242-2

主要代码如下:

```
<body><div id="myVue" style="padding: 20px;">
 <textarea @click.left="onClickMouseLeft" @click.right="onClickMouseRight"
          autofocus v-bind:style="myStyle"
          style="width: 440px;height: 40px;font-size:26px;font-weight:bold;">
          今夜月明人尽望,不知秋思落谁家。</textarea>
</div>
<script>
 new Vue({ el: '#myVue',
          data:{ myStyle:'font-family:隶书',},
 methods:{onClickMouseLeft: function(){this.myStyle='font-family:楷体;';},
          onClickMouseRight: function(){this.myStyle='font-family:隶书;';} },})
</script></body>
```

在上面这段代码中,@click.left="onClickMouseLeft"表示在单击鼠标左键时执行 onClickMouseLeft()方法;@click.right="onClickMouseRight"表示在单击鼠标右键时执行 onClickMouseRight()方法。如果元素本身有默认的鼠标右键或左键单击事件响应方法,则新的单击事件响应方法和默认的单击事件响应方法都被执行。

此实例的源文件是 MyCode\ChapD\ChapD050.html。

243 使用全局对象自定义按键修饰符

此实例主要通过使用 Vue.config.keyCodes 全局对象，实现根据 ASCII 编码自定义按键修饰符的效果。当在浏览器中显示页面时，键盘的 F2、F4 功能键已经以修饰符的形式自定义了递增递减功能，因此单击 F2 功能键数字每次递增 1，单击 F4 功能键数字每次递减 1，效果分别如图 243-1 和图 243-2 所示。

图 243-1

图 243-2

主要代码如下：

```
<body><div id="myVue" style="padding: 20px;">测试 F2、F4 功能键
   <textarea @keyup.f2="onClickF2" @keyup.f4="onClickF4"
             style="width: 440px;height: 50px;font-size:32px;" autofocus>
        {{myCount}}</textarea>
</div>
<script>
 Vue.config.keyCodes.f2 = 113;
 Vue.config.keyCodes.f4 = 115;
 new Vue({ el: '#myVue',
          data:{ myCount:105, },
          methods: {onClickF2: function () {this.myCount = this.myCount + 1;},
                 onClickF4: function () {this.myCount = this.myCount - 1;}, },})
</script></body>
```

在上面这段代码中，Vue.config.keyCodes.f2 = 113 表示将 F2 功能键自定义为 f2，113 是 F2 功能键的 ASCII 编码，Vue.config.keyCodes 是自定义按键修饰符别名的全局对象。@keyup.f2="onClickF2"表示在单击 F2 功能键时执行 onClickF2()方法。

此实例的源文件是 MyCode\ChapD\ChapD048.html。

244 使用 computed 属性筛选字符串

此实例主要通过在计算属性(computed)中添加过滤函数,实现根据指定的关键词在数组中筛选字符串类型的数据的效果。当在浏览器中显示页面时,如果在输入框中输入不同的关键词,则会在下面显示不同的筛选结果,效果分别如图 244-1 和图 244-2 所示。

图 244-1

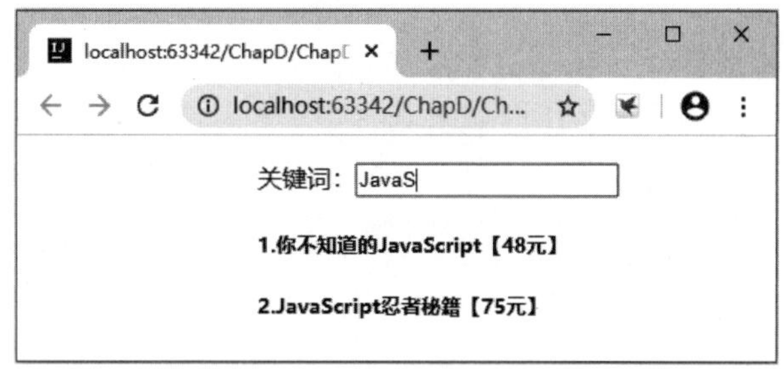

图 244-2

主要代码如下:

```
<body><div id="myApp" style="margin-left: 150px;">
 <p>关键词: <input type="text" v-model="myKeyword"></p>
  <template v-for="(myItem,index) in myFilter"   :key="index">
   <h5>{{index+1}}.{{myItem.Name}}【{{myItem.Price}}元】</h5>
  </template>
</div>
<script>
 new Vue({ el:'#myApp',
          data:{ myKeyword:'Java',
                 myItems:[{Name:'利用 Python 进行数据分析',Price:120},
                 {Name:'Java 核心技术',Price:68},
                 {Name:'Python 网络爬虫权威指南',Price:89},
                 {Name:'Java 高并发编程详解',Price:119},
                 {Name:'你不知道的 JavaScript',Price:48},
                 {Name:'JavaScript 忍者秘籍',Price:75}, ] },
  computed:{ myFilter:function(){
```

```
        return this.myItems.filter(p => p.Name.indexOf(this.myKeyword)!== -1);},},
  })
</script></body>
```

在上面这段代码中，computed 是 Vue.js 计算属性的关键字，在计算属性里可以完成各种复杂的逻辑，包括运算、函数调用等，只要最终返回一个结果就可以。计算属性有一个非常实用的功能，即计算属性依赖的数据属性一旦发生变化，计算属性就会重新执行，视图也会更新。在此实例中，一旦数据属性 myKeyword 发生变化（如输入新的查询条件），myFilter 计算属性就会立即根据查询条件重新执行。this.myItems.filter(p=> p.Name.indexOf (this.myKeyword)! ==-1)是 JavaScript 数组本身的筛选方法，使用其筛选字符串类型的数据特别方便。也可以参考下面的代码实现计算属性 myFilter，代码如下：

```
computed:{ myFilter:function(){
    var myText = this.myKeyword;
    return this.myItems.filter(function (item) {
     return item.Name.match(myText);
});},},
```

此实例的源文件是 MyCode\ChapD\ChapD031.html。

245 使用 computed 属性自定义筛选

此实例主要通过在计算属性(computed)中添加筛选函数，实现根据指定的数值范围在数组中筛选数据的效果。当在浏览器中显示页面时，如果选择“筛选售价大于 68 元的图书”，则筛选结果如图 245-1 所示；如果选择“筛选售价小于 89 元的图书”，则筛选结果如图 245-2 所示。

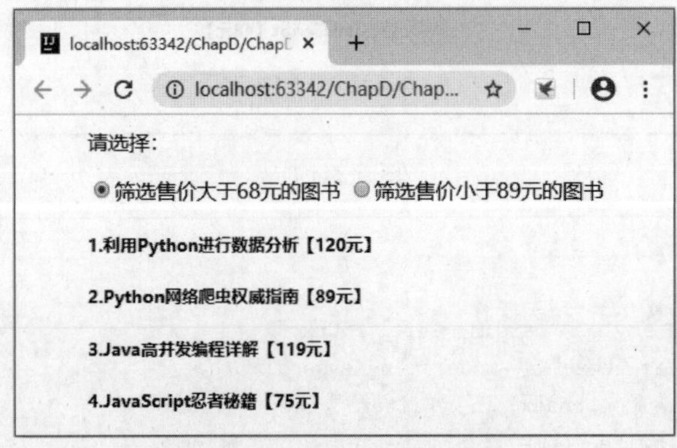

图 245-1

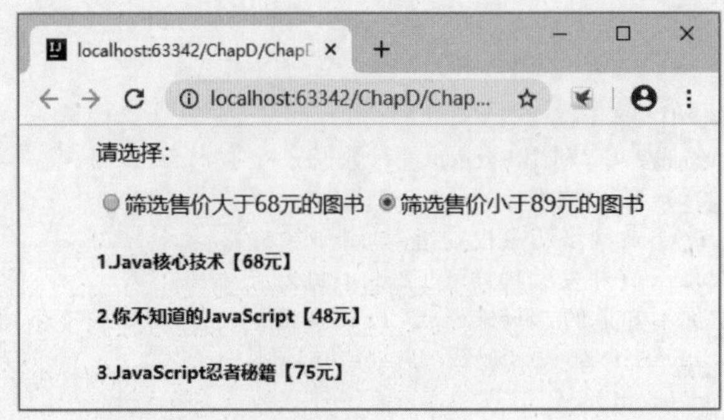

图 245-2

主要代码如下：

```
<body><div id="myApp" style="margin-left: 50px;">
 <p>请选择：</p>
 <p><label><input type="radio" v-bind:value=1
                  v-model="myChecked">筛选售价大于 68 元的图书</label>
    <label><input type="radio" v-bind:value=2
                  v-model="myChecked">筛选售价小于 89 元的图书</label></p>
 <template v-for="(myItem,index) in (myChecked==1)?myFilter1:myFilter2">
  <h5>{{index+1}}.{{myItem.Name}}【{{myItem.Price}}元】</h5>
 </template>
</div>
<script>
 new Vue({ el:'#myApp',
          data:{myChecked:1,
                myItems:[{Name:'利用 Python 进行数据分析',Price:120},
                  {Name:'Java 核心技术',Price:68},
                  {Name:'Python 网络爬虫权威指南',Price:89},
                  {Name:'Java 高并发编程详解',Price:119},
                  {Name:'你不知道的 JavaScript',Price:48},
                  {Name:'JavaScript 忍者秘籍',Price:75}, ] },
          computed:{ myFilter1:function(){          //筛选售价大于 68 元的图书
                      return this.myItems.filter(function(myItem){
                       return myItem.Price>68;
                     });},
                    myFilter2:function(){          //筛选售价小于 89 元的图书
                      return this.myItems.filter(function(myItem){
                        return myItem.Price<89;
                    });}, }, })
</script></body>
```

在上面这段代码中，myFilter1 计算属性用于筛选售价大于 68 元的图书，myFilter2 计算属性用于筛选售价小于 89 元的图书。this.myItems.filter()方法是 JavaScript 数组本身的筛选方法，在该筛选方法中，数组的每一项运行给定函数（如此实例的两个函数），然后返回满足筛选条件（新组成）的数组。

此实例的源文件是 MyCode\ChapD\ChapD032.html。

246 使用 computed 属性按序排列数组

此实例主要通过在计算属性（computed）中添加自定义函数，实现在对象数组中执行升序或降序排列的效果。当在浏览器中显示页面时，如果选择“按照售价进行升序排序”，则所有图书的排列结果如图 246-1 所示；如果选择“按照售价进行降序排序”，则所有图书的排列结果如图 246-2 所示。

主要代码如下：

```
<body><div id="myApp" style="margin-left: 50px;">
 <p>请选择：</p>
 <p><label><input type="radio" v-bind:value=1
                  v-model="myChecked">按照售价进行升序排序</label>
    <label><input type="radio" v-bind:value=2
                  v-model="myChecked">按照售价进行降序排序</label></p>
```

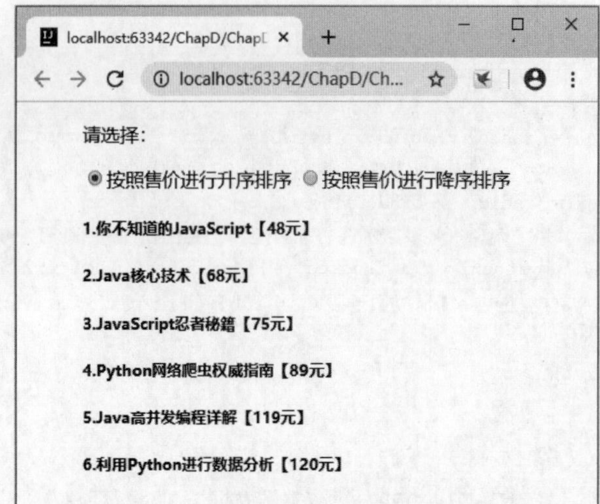

图 246-1

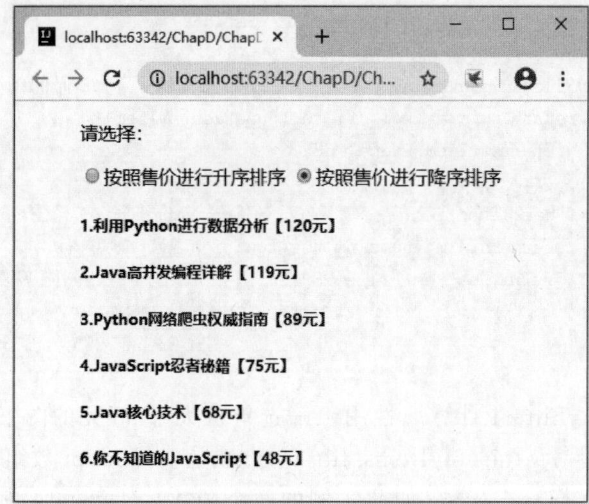

图 246-2

```
<template v-for="(myItem,index) in (myChecked==1)?mySortAsc:mySortDesc">
  <h5>{{index+1}}.{{myItem.Name}}【{{myItem.Price}}元】</h5>
 </template>
</div>
<script>
 new Vue({ el:'#myApp',
          data:{myChecked:1,
                myItems:[{Name:'利用 Python 进行数据分析',Price:120},
                         {Name:'Java 核心技术',Price:68},
                         {Name:'Python 网络爬虫权威指南',Price:89},
                         {Name:'Java 高并发编程详解',Price:119},
                         {Name:'你不知道的 JavaScript',Price:48},
                         {Name:'JavaScript 忍者秘籍',Price:75}, ] },
              computed:{ mySortAsc:function(){          //按照售价进行升序排序
                          return sortByKeyAsc(this.myItems,'Price')
                        },
```

```
                            mySortDesc:function(){          //按照售价进行降序排序
                               return sortByKeyDesc(this.myItems,'Price')
                            }, }, })
  //实现对象数组升序排序
  function sortByKeyAsc(array,key){
   return array.sort(function(a,b){
    x = a[key];
    y = b[key];
    return((x<y)?-1:((x>y)?1:0));
   })
  }
  //实现对象数组降序排序
  function sortByKeyDesc(array,key){
   return array.sort(function(a,b){
    x = a[key];
    y = b[key];
    return((x>y)?-1:((x>y)?1:0));
   })
  }
</script></body>
```

在上面这段代码中，mySortAsc 计算属性用于按照售价进行升序排序，mySortDesc 计算属性用于按照售价进行降序排序。这两个计算属性的逻辑有点复杂，因此在外部采用自定义函数的方式解决，这也是设计计算属性（computed）的初衷。当然，也可以使用 JavaScript 数组本身的 sort()方法实现升序或降序排列，代码如下：

```
<body><div id="myApp" style="margin-left: 50px;">
 <p>请选择：</p>
 <p><label><input type="radio" v-bind:value=1
                    v-model="myChecked">按照售价进行升序排序</label>
    <label><input type="radio" v-bind:value=2
                    v-model="myChecked">按照售价进行降序排序</label></p>
 <template v-for="(myItem,index) in (myChecked==1)?mySortAsc:mySortDesc">
  <h5>{{index+1}}.{{myItem.Name}}【{{myItem.Price}}元】</h5>
 </template>
</div>
<script>
 new Vue({ el:'#myApp',
         data:{myChecked:1,
         myItems:[{Name:'利用 Python 进行数据分析',Price:120},
                  {Name:'Java 核心技术',Price:68},
                  {Name:'Python 网络爬虫权威指南',Price:89},
                  {Name:'Java 高并发编程详解',Price:119},
                  {Name:'你不知道的 JavaScript',Price:48},
                  {Name:'JavaScript 忍者秘籍',Price:75}, ] },
         computed:{ mySortAsc:function(){          //按照售价进行升序排序
                      return this.myItems.sort(function(myItem1,myItem2){
                        return myItem1.Price - myItem2.Price
                      });
                    },
                    mySortDesc:function(){         //按照售价进行降序排序
                      return this.myItems.sort(function(myItem1,myItem2){
```

```
                    return myItem2.Price - myItem1.Price
                  });
                },  }, })
</script></body>
```

此实例的源文件是 MyCode\ChapD\ChapD033.html。

247　使用 computed 属性查询最大值和最小值

此实例主要通过在计算属性(computed)中使用数组本身的方法进行排序并获取首个元素,实现在对象数组中查询最大值或最小值的效果。当在浏览器中显示页面时,如果选择"查询售价最低的图书",则查询结果如图 247-1 所示;如果选择"查询售价最高的图书",则查询结果如图 247-2 所示。

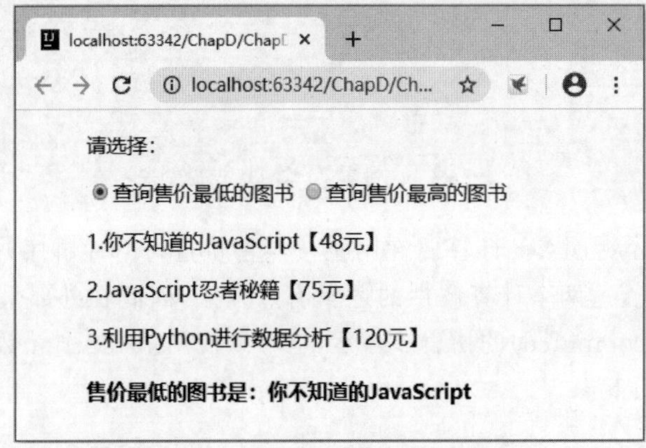

图　247-1

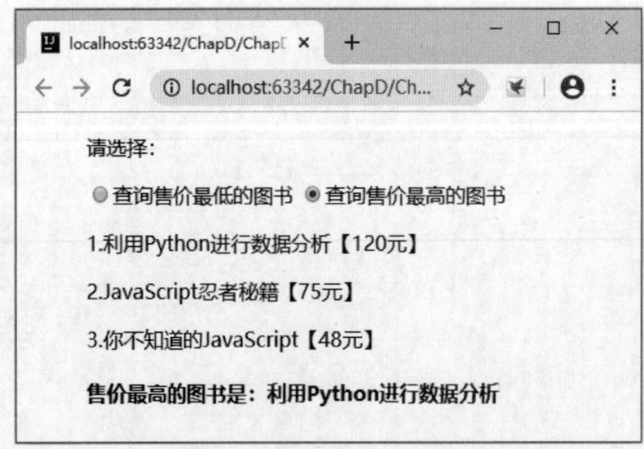

图　247-2

主要代码如下:

```
<body><div id = "myApp" style = "margin - left: 50px;">
 <p>请选择: </p>
 <p><label><input type = "radio" v - bind:value = 1
                  v - model = "myChecked">查询售价最低的图书</label>
    <label><input type = "radio" v - bind:value = 2
                  v - model = "myChecked">查询售价最高的图书</label></p>
```

```
<template v-for="(myItem,index) in myItems">
  <p>{{index+1}}.{{myItem.Name}}【{{myItem.Price}}元】</p>
 </template>
 <h4 v-if="myChecked==1">售价最低的图书是：{{myPriceMin.Name}}</h4>
 <h4 v-if="myChecked==2">售价最高的图书是：{{myPriceMax.Name}}</h4>
</div>
<script>
 new Vue({ el:'#myApp',
          data:{myChecked:1,
                myItems:[{Name:'利用 Python 进行数据分析',Price:120},
                         {Name:'你不知道的 JavaScript',Price:48},
                         {Name:'JavaScript 忍者秘籍',Price:75}, ] },
 computed:{
    myPriceMin:function(){          //获取最小值(查询售价最低的图书)
        myReturn=this.myItems.sort(function(myItem1,myItem2){
                return myItem1.Price-myItem2.Price
                })[0];
        return myReturn;
    },
    myPriceMax:function(){          //获取最大值(查询售价最高的图书)
        myReturn=this.myItems.sort(function(myItem1,myItem2){
                return myItem1.Price-myItem2.Price
                  }).reverse()[0];
        return myReturn;
    }, }, })
</script></body>
```

在上面这段代码中，this.myItems.sort()[0]用于根据指定条件对数组进行排序并获取首个元素。如果是升序排序，则首个元素就是最小值；如果是降序排序，则首个元素就是最大值。reverse()方法用于反转数组元素的顺序。如果数组元素是升序排列，则反转之后的数组就是降序排列；如果数组元素是降序排列，则反转之后的数组就是升序排列。

此实例的源文件是 MyCode\ChapD\ChapD034.html。

248 使用 computed 属性计算平均值

此实例主要通过在计算属性(computed)中使用 Lodash 工具库的_.meanBy()方法添加自定义函数，实现计算对象数组指定属性(如 Price)平均值的效果。当在浏览器中显示页面时，如果不勾选复选框，则在表格中仅显示书名和单价，如图 248-1 所示；如果勾选复选框，则将在表格的最后一行添加平均单价，如图 248-2 所示。

localhost:63342/ChapD/ChapD
localhost:63342/Chap...

是否显示平均单价

jQuery炫酷应用实例集锦	99
Effective Java中文版	61
Spring Boot编程思想	120
Python零基础入门学习	80

图 248-1

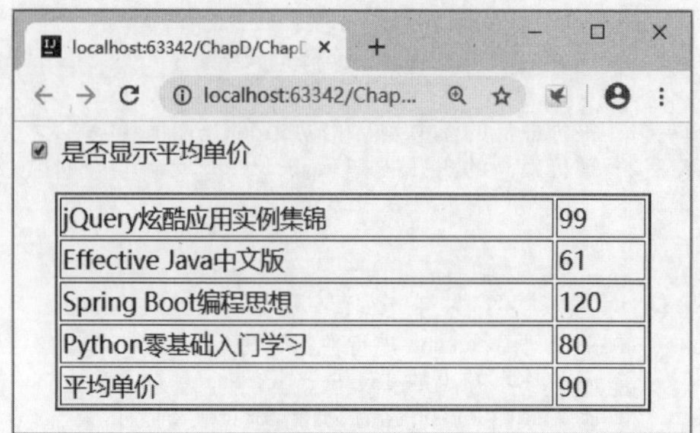

图 248-2

主要代码如下:

```
<!DOCTYPE html><html>
<head><meta charset="utf-8">
 <script src="https://cdn.staticfile.org/vue/2.6.11/vue.min.js"></script>
 <script src="https://cdnjs.cloudflare.com/ajax/libs/lodash.js/4.7.0/lodash.min.js">
</script>
</head>
<body><div id="myVue">
 <label><input type="checkbox" v-model="myChecked">
  是否显示平均单价</label></p>
 <table cellspacing="2" border="2px" style="width: 400px; margin-left: 20px;">
  <template v-for="myItem in myItems">
   <tr><td>{{myItem.Name}}</td>
    <td>{{myItem.Price}}</td></tr>
  </template>
  <tr v-if="myChecked"><td>平均单价</td>
   <td>{{myMeanPrice}}</td></tr>
 </table></div>
<script>
 new Vue({ el: '#myVue',
         data:{myChecked:false,
               myItems: [{Name : "jQuery炫酷应用实例集锦", Price :99},
                         {Name : "Effective Java中文版",Price : 61},
                         {Name : "Spring Boot编程思想",Price : 120},
                         {Name : "Python零基础入门学习",Price : 80}],},
         computed:{ myMeanPrice:function(){          //计算 Price 的平均值
                       return  _.meanBy(this.myItems, 'Price');
                   }, }, })
</script></body></html>
```

在上面这段代码中,_.meanBy(this.myItems, 'Price')用于计算数组 this.myItems 的 Price 列(属性)的平均值,_.meanBy()方法是 Lodash 工具库的方法,因此,在使用时需要添加<script src="https://cdnjs.cloudflare.com/ajax/libs/lodash.js/4.7.0/lodash. min.js"></script>。此实例在 lodash.js/2.4.1 中没有测试成功,因此,在引用时特别需要注意 lodash 的版本。

此实例的源文件是 MyCode\ChapD\ChapD129.html。

249 使用 computed 属性计算合计金额

此实例主要通过在计算属性(computed)中使用 Lodash 工具库的_.sumBy()方法添加自定义函数,实现计算对象数组指定属性(如 Price)合计金额的效果。当在浏览器中显示页面时,如果不勾选复选框,则在表格中仅显示书名和单价,如图 249-1 所示;如果勾选复选框,则将在表格的最后一行添加合计金额,如图 249-2 所示。

图 249-1

图 249-2

主要代码如下:

```
<!DOCTYPE html><html>
<head><meta charset="utf-8">
 <script src="https://cdn.staticfile.org/vue/2.6.11/vue.min.js"></script>
 <script src="https://cdnjs.cloudflare.com/ajax/libs/lodash.js/4.7.0/lodash.min.js">
</script>
</head>
<body><div id="myVue">
 <label><input type="checkbox" v-model="myChecked">
  是否显示合计金额</label></p>
 <table cellspacing="2" border="2px" style="width: 400px; margin-left: 20px;">
  <template v-for="myItem in myItems">
   <tr><td>{{myItem.Name}}</td>
    <td>{{myItem.Price}}</td></tr>
  </template>
```

```
<tr v-if="myChecked"><td>合计金额</td>
  <td>{{mySumPrice}}</td></tr>
 </table></div>
<script>
 new Vue({ el: '#myVue',
         data:{myChecked:false,
               myItems: [{Name : "jQuery炫酷应用实例集锦", Price :99},
                        {Name : "Effective Java中文版",Price : 61},
                        {Name : "Spring Boot编程思想",Price : 120},
                        {Name : "Python零基础入门学习",Price : 80}],},
         computed:{ mySumPrice:function(){        //计算Price的合计
                    return  _.sumBy(this.myItems, 'Price');
               }, }, })
</script></body></html>
```

在上面这段代码中，_. sumBy(this. myItems，'Price')用于计算数组 this. myItems 的 Price 列(属性)的合计。_. sumBy()方法是 Lodash 工具库的方法，因此，在使用时需要添加<script src="https://cdnjs.cloudflare.com/ajax/libs/lodash.js/4.7.0/lodash.min.js"></script>。

此实例的源文件是 MyCode\ChapD\ChapD130.html。

250 使用 computed 属性代替 orderBy

此实例主要通过在计算属性(computed)中使用 Lodash 工具库的排序方法添加自定义函数，代替旧版(Vue.js)的 orderBy 过滤器(已经作废)，以在对象数组中执行升序或降序排列。当在浏览器中显示页面时，如果选择"按照售价进行升序排序"，则所有图书的排列结果如图 250-1 所示；如果选择"按照售价进行降序排序"，则所有图书的排列结果如图 250-2 所示。

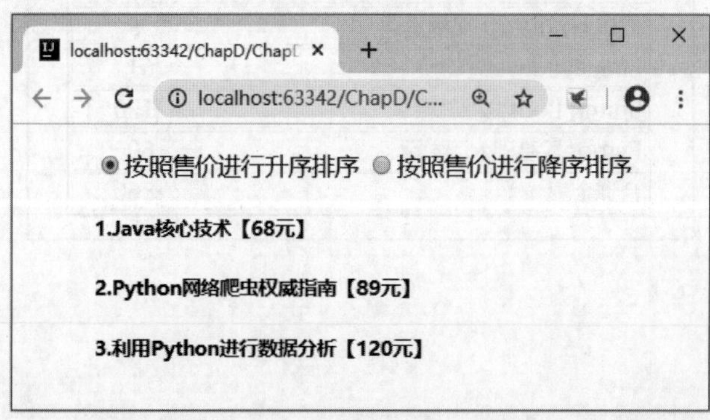

图 250-1

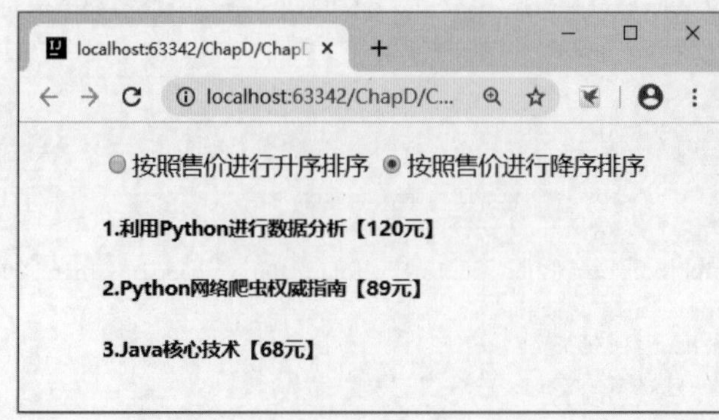

图 250-2

主要代码如下：

```
<!DOCTYPE html><html>
<head><meta charset="utf-8">
 <script src="https://cdn.staticfile.org/vue/2.6.11/vue.min.js"></script>
 <script src="https://cdnjs.cloudflare.com/ajax/libs/lodash.js/2.4.1/lodash.min.js">
</script></head>
<body><div id="myApp" style="margin-left: 50px;">
 <p><label><input type="radio" v-bind:value=1
                  v-model="myChecked">按照售价进行升序排序</label>
    <label><input type="radio" v-bind:value=2
                  v-model="myChecked">按照售价进行降序排序</label></p>
 <template v-for="(myItem,index) in (myChecked==1)?mySortAsc:mySortDesc">
  <h5>{{index+1}}.{{myItem.Name}}【{{myItem.Price}}元】</h5>
 </template>
</div>
<script>
 new Vue({ el:'#myApp',
         data:{myChecked:1,
               myItems:[{Name:'利用 Python 进行数据分析',Price:120},
                        {Name :'Java 核心技术',Price:68},
                        {Name :'Python 网络爬虫权威指南',Price:89},] },
         computed:{ mySortAsc:function(){          //按照售价进行升序排序
                        return  _.sortBy(this.myItems,'Price');
                   },
                   mySortDesc:function(){          //按照售价进行降序排序
                     return  _.sortBy(this.myItems,'Price').reverse();
                   },},})
</script></body></html>
```

在上面这段代码中，_.sortBy(this.myItems,'Price')表示根据 Price 的值对 this.myItems 数组进行排序，该方法是 Lodash 工具库的方法，因此，在使用时需要添加<script src="https://cdnjs.cloudflare.com/ajax/libs/lodash.js/2.4.1 /lodash.min. js"></script>。由于 Vue.js 旧版的 orderBy 过滤器已经作废，因此，如果需要实现类似的功能，则应如此例，在 computed 属性中自定义排序函数来实现。

此实例的源文件是 MyCode\ChapD\ChapD126.html。

251　使用 computed 属性代替 filterBy

此实例主要通过在计算属性(computed)中使用 Lodash 工具库的 filter()方法添加自定义函数，代替旧版(Vue.js)的 filterBy 过滤器以在对象数组中筛选数据。当在浏览器中显示页面时，如果选择"获取所有图书"，则结果如图 251-1 所示；如果选择"获取售价为 68 元的图书"，则如图 251-2 所示。

主要代码如下：

```
<!DOCTYPE html><html>
<head><meta charset="utf-8">
 <script src="https://cdn.staticfile.org/vue/2.6.11/vue.min.js"></script>
 <script src="https://cdnjs.cloudflare.com/ajax/libs/lodash.js/2.4.1/lodash.min.js">
 </script></head>
<body><div id="myApp" style="margin-left: 50px;">
```

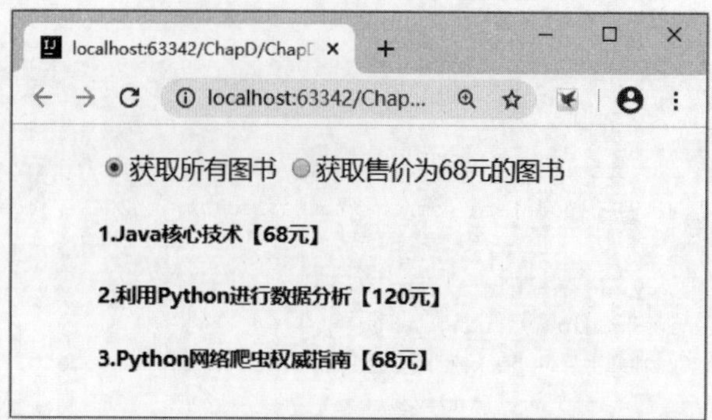

图 251-1

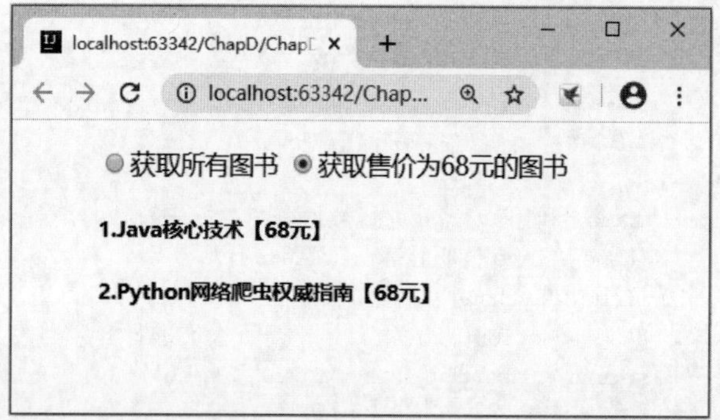

图 251-2

```
<p><label><input type="radio" v-bind:value=1
                    v-model="myChecked">获取所有图书</label>
    <label><input type="radio" v-bind:value=2
                    v-model="myChecked">获取售价为68元的图书</label></p>
 <template v-for="(myItem,index) in (myChecked==1)?myAllItem:myFilterItem">
  <h5>{{index+1}}.{{myItem.Name}}【{{myItem.Price}}元】</h5>
 </template></div>
<script>
 new Vue({ el:'#myApp',
         data:{myChecked:1,
               myItems:[{Name:'Java核心技术',Price:68},
                        {Name:'利用Python进行数据分析',Price:120},
                        {Name:'Python网络爬虫权威指南',Price:68},] },
         computed:{ myAllItem:function(){
                       return  this.myItems;
                    },
                    myFilterItem:function(){
                      return  _.filter(this.myItems, function(item){
                        return item.Price === 68;
                    }); }, }, })
</script></body></html>
```

在上面这段代码中，_.filter(this.myItems, function(item){ return item.Price === 68;})表示在this.myItems数组中筛选Price等于68的item，该方法是Lodash工具库的方法，因此，在使用时需要添加<script src="https://cdnjs.cloudflare.com/ajax/libs/lodash.js/2.4.1/lodash.min.js"></script>。由

于 Vue.js 旧版的 filterBy 过滤器已经作废，因此如果需要类似的功能，则应如此实例在 computed 属性中自定义过滤函数来实现。

此实例的源文件是 MyCode\ChapD\ChapD127.html。

252 使用 computed 属性代替 limitBy

此实例主要通过在计算属性(computed)中使用 JavaScript 数组的 slice()方法添加自定义函数，代替旧版(Vue.js)的 limitBy 过滤器以获取数组的部分成员(item)。当在浏览器中显示页面时，如果选择"获取所有图书"，则结果如图 252-1 所示；如果选择"获取部分图书"，则结果如图 252-2 所示。

图 252-1

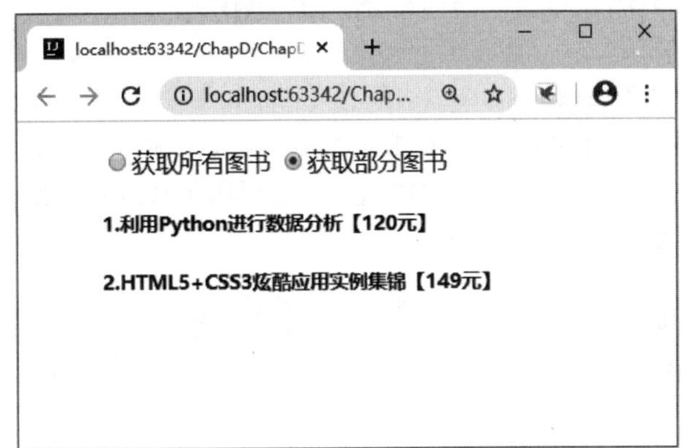

图 252-2

主要代码如下：

```
<body><div id="myApp" style="margin-left: 50px;">
 <p><label><input type="radio" v-bind:value=1
                  v-model="myChecked">获取所有图书</label>
    <label><input type="radio" v-bind:value=2
                  v-model="myChecked">获取部分图书</label></p>
 <template v-for="(myItem,index) in (myChecked==1)?myAllItem:myLimitItem">
  <h5>{{index+1}}.{{myItem.Name}}【{{myItem.Price}}元】</h5>
 </template>
</div>
<script>
```

```
new Vue({ el:'#myApp',
          data:{ myChecked:1,
                 myItems:[{Name:'Java 核心技术',Price:68},
                          {Name:'利用 Python 进行数据分析',Price:120},
                          {Name:'HTML5 + CSS3 炫酷应用实例集锦',Price:149},
                          {Name:'Python 网络爬虫权威指南',Price:68},] },
          computed:{ myAllItem:function(){
                       return  this.myItems;
                     },
                     myLimitItem:function(){
                       var myStart = 1;
                       var myEnd = 3;
                       return this.myItems.slice(myStart,myEnd);
                     }, }, })
</script></body>
```

在上面这段代码中，this.myItems.slice(myStart，myEnd)用于根据 myStart 和 myEnd 指定的索引范围从 myItems 数组中获取部分 item，其中 myStart 表示起始索引，myEnd 表示结束索引，返回值(数组)为从 myStart 开始(包括 myStart)到 myEnd 结束(不包括 myEnd)为止的所有 item。由于 Vue.js 旧版的 limitBy 过滤器已经作废，因此，如果需要实现类似的功能，则应如此例，在 computed 属性中自定义函数来实现。

此实例的源文件是 MyCode\ChapD\ChapD128.html。

253 使用 computed 属性代替 groupBy

此实例主要通过在计算属性(computed)中使用 Lodash 工具库的分组方法添加自定义函数，在数组中实现与 groupBy 相同的分组功能。当在浏览器中显示页面时，如果选择“未按照出版社进行分组”，则所有未分组的图书如图 253-1 所示；如果选择“按照出版社进行分组”，则所有图书按照出版社进行分组之后的结果如图 253-2 所示。

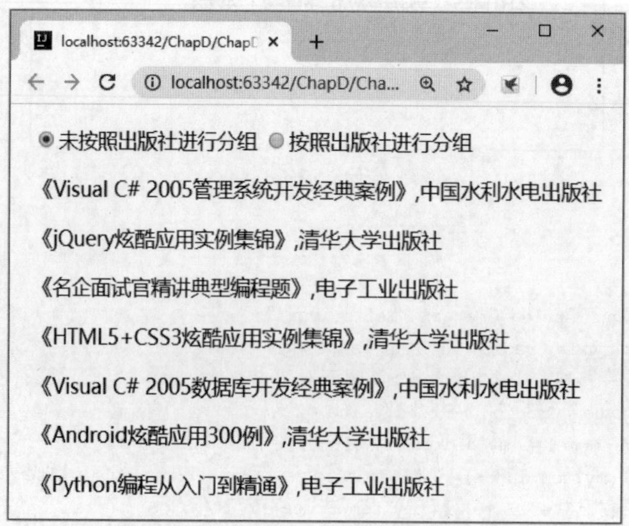

图 253-1

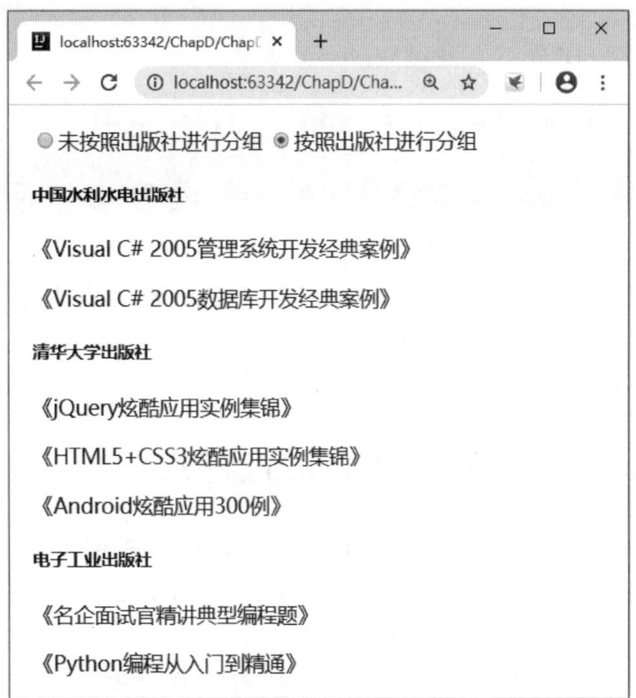

图　253-2

主要代码如下：

```
<!DOCTYPE html><html>
<head><meta charset="utf-8">
 <script src="https://cdn.staticfile.org/vue/2.6.11/vue.min.js"></script>
 <script src="https://cdnjs.cloudflare.com/ajax/libs/lodash.js/4.6.0/lodash.min.js">
 </script></head>
<body><div id="myApp" style="margin-left: 10px;">
 <p><label><input type="radio" v-bind:value=1
                    v-model="myChecked">未按照出版社进行分组</label>
     <label><input type="radio" v-bind:value=2
                    v-model="myChecked">按照出版社进行分组</label></p>
 <template v-for="(myItem,index) in myItems" v-if="myChecked==1">
  <p>«{{myItem.name}}»,{{myItem.press}}</p>
 </template>
 <template v-for="(myGroup,index1) in myGroupItems" v-if="myChecked==2">
  <template  v-for='(myItem,index2) in myGroup'>
   <h5 v-if="index2==0">{{myItem.press}}</h5>
  <p>«{{myItem.name}}»</p>
  </template></template></div>
<script>
 new Vue({ el:'#myApp',
          data:{myChecked:1,
                myItems:
[{name:"Visual C# 2005 管理系统开发经典案例",press: "中国水利水电出版社"},
 {name:"jQuery 炫酷应用实例集锦",press: "清华大学出版社"},
 {name:"名企面试官精讲典型编程题",press: "电子工业出版社"},
 {name:"HTML5 + CSS3 炫酷应用实例集锦",press: "清华大学出版社"},
 {name:"Visual C# 2005 数据库开发经典案例",press: "中国水利水电出版社"},
```

```
{name:"Android 炫酷应用 300 例",press: "清华大学出版社"},
 {name:"Python 编程从入门到精通",press:"电子工业出版社"},] },
 computed:{ myGroupItems:function(){
              return _.groupBy(this.myItems, myItem => myItem.press);
           }, }, })
</script></body></html>
```

在上面这段代码中，_. groupBy(this. myItems, myItem => myItem. press)表示根据 press 的值对 this. myItems 数组进行分组，该方法是 Lodash 工具库的方法，因此，在使用时需要添加<script src="https://cdnjs. cloudflare. com/ajax/libs/lodash. js/4. 6. 0 /lodash. min. js"></script>。

此实例的源文件是 MyCode\ChapD\ChapD138. html。

254 使用 computed 属性动态设置样式

此实例主要通过将自定义的样式作为计算属性(computed)的返回值，实现动态设置元素样式的效果。当在浏览器中显示页面时，如果输入框的字数大于 30，则以红色粗体字显示，如图 254-1 所示；否则以默认样式显示，如图 254-2 所示。

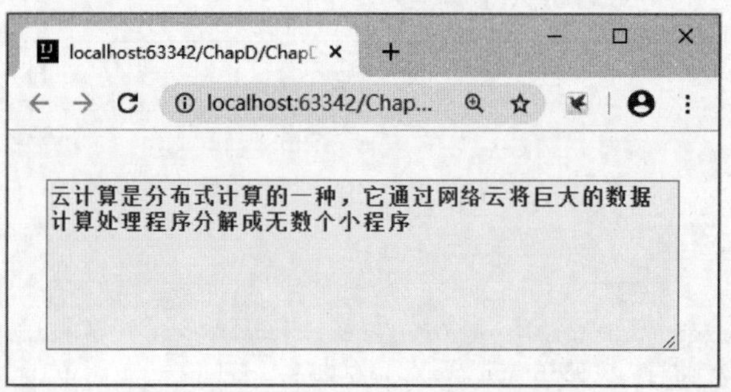

图 254-1

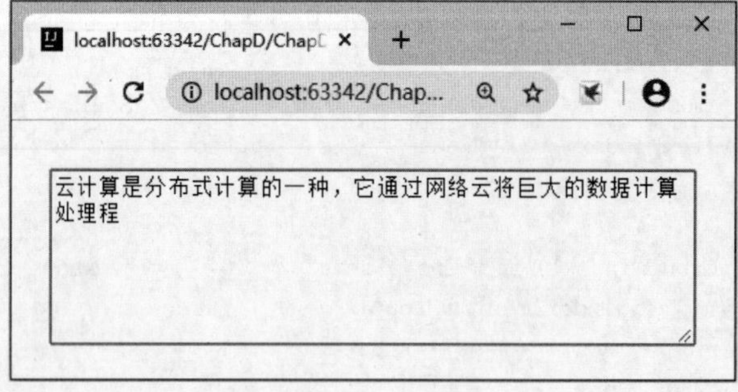

图 254-2

主要代码如下：

```
<body><br><center><div id="myVue">
   <textarea v-model="myTextarea" v-bind:class="myStyleClass"
             style="width: 400px;height: 100px;"></textarea>
 </div></center>
<style>
 .myDangerClass { color: red;
```

```
                    font - weight:bold;
                    background - color: lightyellow; }
 .myNormalClass { color:black;
                    font - weight:normal;
                    background - color: white; }
</style>
<script>
 new Vue({ el: '#myVue',
          data:{ myTextarea:"云计算是分布式计算的一种,它通过网络云将巨大的数据计算处理程序分解成
无数个小程序", },
          computed: { myStyleClass: function () {
                    return {'myDangerClass': this.myTextarea.length > 30,
                         'myNormalClass': this.myTextarea.length <= 30, };
                    }, }, })
</script></body>
```

在上面这段代码中，myStyleClass 计算属性用于根据当前输入框的字数决定返回哪一种样式类(myDangerClass 或 myNormalClass)，v-bind:class="myStyleClass"表示将 myStyleClass 计算属性返回的样式类绑定 v-bind:class。

此实例的源文件是 MyCode\ChapD\ChapD053.html。

255 使用 watch 属性监听数据属性变化

此实例主要通过为数据属性(data)的每个数据添加监听属性(watch)，实现随时响应数据变化的效果。当在浏览器中显示页面时，如果改变"半径(米)："输入框的内容，则"周长(米)："输入框的内容将根据圆周长公式计算结果，如图 255-1 所示；如果改变"周长(米)："输入框的内容，则"半径(米)："输入框的内容也将根据圆周长公式进行反向计算，如图 255-2 所示。

图 255-1

图 255-2

主要代码如下：

```
<body><br><center><div id = "myApp">
 半径(米)：<input type = "text" v-model = "myRadius">
```

```
周长(米) : < input type = "text" v - model = "myPerimeter">
</div ></center >
< script >
 var vm = new Vue({ el: '#myApp',
                  data: { myRadius : 0,
                         myPerimeter:0 },
                  watch :{
                         //修改半径 myRadius 的时候响应(计算周长)
                         myRadius:function() {
                          this.myPerimeter = this.myRadius * 2 * 3.14;
                         },
                         //修改周长 myPerimeter 的时候响应(计算半径)
                         myPerimeter : function () {
                          this.myRadius = this.myPerimeter/2/3.14;
                         },  },  });
</script ></body >
```

在上面这段代码中，watch :{ myRadius:function() { },} 表示为数据属性 myRadius 添加监听属性 myRadius，监听属性本质就是一个方法，通常用于处理比较复杂的逻辑。

此实例的源文件是 MyCode\ChapD\ChapD051. html。

256 使用 watch 属性限制输入框输入字符

此实例主要通过在监听属性(watch)中使用正则表达式，实现限制输入框只能输入(包括复制、粘贴)连续的中文字符。当在浏览器中显示页面时，在“中文姓名:”输入框中只能输入连续的中文字符，如图 256-1 所示；如果试图通过复制粘贴实现非中文字符的输入，则复制内容的非中文字符(如字母、数字、符号等)将被自动删除，如果有空格，则空格及其后面的内容也将被自动删除。

图 256-1

主要代码如下：

```
< body >< center >< div id = "myApp">
 < p >中文姓名 : < input type = "text" v - model = "myName"></p >
</div ></center >
< script >
 var vm = new Vue({   el: '#myApp',
                    data: { myName:'罗帅',},
                    watch :{ myName:function() {
                              var myRegex = /[\u4e00 - \u9fa5] + /;
                              this.myName = this.myName.match(myRegex);
                          },},});
</script ></body >
```

在上面这段代码中，watch :{ myName:function() { }}用于监听输入框的内容。因为正则表达式 myRegex=/[\u4e00-\u9fa5]+/的\u4e00 和\u9fa5 是 unicode 编码,并且正好是中文编码的开始和结束的两个值,所以这个正则表达式可以用来判断在字符串中是否包含中文字符。

此实例的源文件是 MyCode\ChapD\ChapD195. html。

257 使用 watch 属性监听动画的数字变化

此实例主要通过为数据属性(data)的 myOldWidth 添加监听属性(watch),并使用第三方(GSAP 库)的 gsap. to()方法创建动画,实现监听动画的数字变化的效果。当在浏览器中显示页面时,如果在输入框中输入新的宽度,则将在 5 秒内把图像的当前宽度改变为新设置的宽度,并且在此过程中显示宽度的数字变化,效果分别如图 257-1 和图 257-2 所示。

图 257-1

图 257-2

主要代码如下:

```
<! DOCTYPE html >< html >
< head >< meta charset = "utf - 8">
 < script src = "https://cdn.staticfile.org/vue/2.6.11/vue.min.js"></script >
 < script src = "https://cdnjs.cloudflare.com/ajax/libs/gsap/3.2.4/gsap.min.js">
 </script ></head >
< body >< div id = "myVue">
 < p >设置图像新宽度: < input v - model.number = "myOldWidth"
                              type = "number" step = "100">< p >
```

```
<p>当前图像的宽度: {{myNewWidth}}</p>
 <img  src="images/img275.jpg"  v-bind:width="myNewWidth" height="120"/>
</div>
<script>
 new Vue({el: '#myVue',
         data: { myOldWidth: 300,
                myNewWidth:300, },
         watch: { myOldWidth: function(myValue) {
                   gsap.to(this.$data,{duration: 5,myNewWidth: myValue });
                }, }, });
</script></body></html>
```

在上面这段代码中，watch :{myOldWidth:function(){ },}表示为数据属性 myOldWidth 添加监听(watch)属性 myOldWidth，gsap.to(this.$data,{duration: 5,myNewWidth: myValue})用于创建数字改变动画，使用该方法需要添加<script src="https://cdnjs.cloudflare.com/ajax/libs/gsap/3.2.4/gsap.min.js"></script>。这段代码还可以通过 computed 属性更清晰地展示，代码如下：

```
<!DOCTYPE html><html>
<head><meta charset="utf-8">
 <script src="https://cdn.staticfile.org/vue/2.6.11/vue.min.js"></script>
 <script src="https://cdnjs.cloudflare.com/ajax/libs/gsap/3.2.4/gsap.min.js">
 </script></head>
<body><div id="myVue">
 <p>设置图像新宽度: <input v-model.number="myOldWidth"
                          type="number" step="100"><p>
 <p>当前图像的宽度: {{myWidth}}</p>
 <img  src="images/img275.jpg"  v-bind:width="myWidth" height="120"/>
</div>
<script>
 new Vue({el: '#myVue',
          data: { myOldWidth: 300,myNewWidth:300, },
          computed: {myWidth: function(){return this.myNewWidth.toFixed(4);},},
          watch:{ myOldWidth: function(myValue) {
                   gsap.to(this.$data,{duration: 5,myNewWidth: myValue });
                },},});
</script></body></html>
```

此实例的源文件是 MyCode\ChapD\ChapD153.html。

258 使用 watch 属性创建二级联动下拉列表

此实例主要通过为一级下拉列表的选择值添加 watch 属性，创建省市二级联动的下拉列表。当在浏览器中显示页面时，如果在一级下拉列表中选择不同的省份，则二级下拉列表的城市将同步更新，效果分别如图 258-1 和图 258-2 所示。

主要代码如下：

```
<body><br><center><div id="myApp">
 省份: <select v-model="mySelected1">
       <option selected=""  disabled>请选择</option>
```

图 258-1

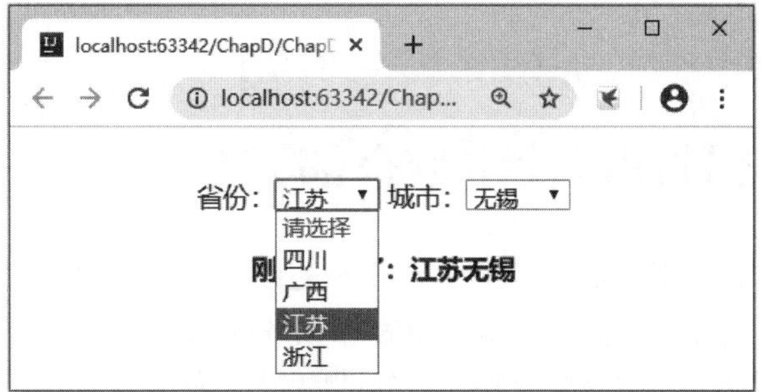

图 258-2

```
        <option v-bind:value="myItem1" v-for="myItem1 in myList1">
         {{myItem1}}</option></select>
 城市: <select v-model="mySelected2">
         <option selected="" disabled>请选择</option>
         <option v-bind:value="myItem2" v-for="myItem2 in myList2">
         {{myItem2}}</option></select>
 <h4>刚才选择了: {{mySelected1}}{{mySelected2}}</h4>
</div></center>
<script>
 var vm = new Vue({ el: '#myApp',
                    data: { mySelected1: '请选择',
                            mySelected2: '请选择',
                            myList1: ['四川', '广西', '江苏', '浙江'],
                            myList2: [],
                            myNames: [ { myName1: '四川', id: 1,
                               myName2: ['成都', '绵阳', '宜宾','广安'] },
                             { myName1: '广西', id: 2,
                               myName2: ['南宁', '桂林', '北海'] },
                             { myName1: '江苏', id: 3,
                               myName2: ['南京', '苏州', '无锡','常州'] },
                             { myName1: '浙江', id: 4,
                       myName2: ['杭州', '宁波', '温州','台州', '绍兴']}],},
  watch: { mySelected1: function(nval, oval) {
             var myListTemp = [];
             if (nval == '请选择') { this.myList2 = []; }
             if (nval != oval) {
              for (var i = 0; i < this.myNames.length; i++) {
                if (this.myNames[i].myName1 == nval) {
```

```
                myListTemp = this.myNames[i].myName2;
              }
            }
            this.mySelected2 = "请选择";
            this.myList2 = myListTemp;
          }  }, }, })
</script></body>
```

在上面这段代码中，mySelected1：function(nval，oval){ }是一级下拉列表选择值(数据(data)属性 mySelected1)的监听(watch)属性，监听属性的一个重要特征是：当数据属性发生改变时，监听属性立即根据改变之后的数据属性处理相关的逻辑，此实例即是根据省份在二级下拉列表中设置城市名称。

此实例的源文件是 MyCode\ChapD\ChapD052.html。

259 使用局部过滤器使字母全部大写

此实例主要通过在 filters 中自定义过滤器 myUpperCase，实现将指定文本的全部英文小写字母转换为大写字母的效果。当在浏览器中显示页面时，如果勾选复选框，则图书名称的英文字母全部大写，如图 259-1 所示；如果不勾选复选框，则图书名称既有大写英文字母也有小写英文字母，如图 259-2 所示。

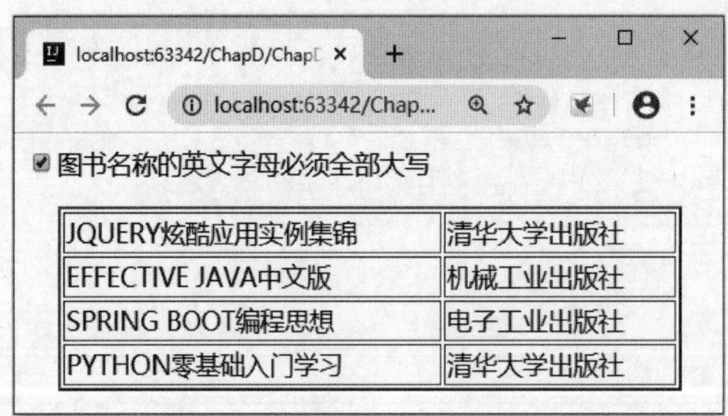

图 259-1

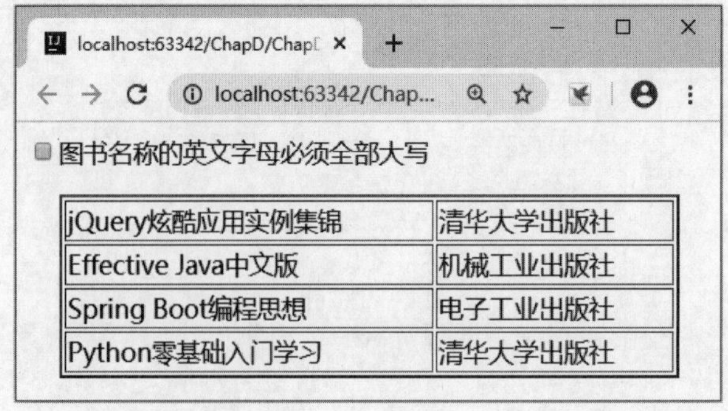

图 259-2

主要代码如下：

```
<body><div id="myVue">
 <label><input type="checkbox" v-model="myChecked">
```

```
        图书名称的英文字母必须全部大写</label></p>
 <table cellspacing = "2" border = "2px" style = "width: 400px; margin - left: 20px;">
  <template v - for = "myItem in myItems">
   <tr><td v - if = "myChecked">{{myItem.Name|myUpperCase}}</td>
        <td v - else>{{myItem.Name}}</td>
        <td>{{myItem.Company}}</td></tr>
   </template></table></div>
<script>
 new Vue({ el: '#myVue',
          data:{ myChecked:false,
                 myItems:
        [{Name : "jQuery炫酷应用实例集锦",Company : "清华大学出版社"},
        {Name : "Effective Java中文版",Company : "机械工业出版社" },
        {Name : "Spring Boot编程思想",Company : "电子工业出版社"},
        {Name : "Python零基础入门学习",Company : "清华大学出版社"}],},
           filters:{myUpperCase : function(myText){
                        return myText.toString().toUpperCase();
                      }, }, })
</script></body>
```

在上面这段代码中，{{myItem. Name | myUpperCase}}表示使用 myUpperCase 过滤器对 myItem. Name 的文本进行过滤处理(将小写字母全部转换为大写字母)。在 Vue. js 中，过滤器通常在 filters 属性中定义，在 v-bind 或{{ }}中使用，"|"管道符用于分隔过滤对象(如 myItem. Name)和自定义过滤器(如 myUpperCase)。

此实例的源文件是 MyCode\ChapD\ChapD069. html。

260　使用局部过滤器保留两位小数

此实例主要通过在 filters 中自定义过滤器 myFilter，实现将指定金额数字强制保留两位小数的效果。当在浏览器中显示页面时，如果勾选复选框，则图书售价的金额数字将强制保留两位小数(因此没有小数的数字用 0 补齐)，如图 260-1 所示；如果不勾选复选框，则图书售价的金额数字以实际数值显示，如图 260-2 所示。

jQuery炫酷应用实例集锦	99.80
Effective Java中文版	68.52
Spring Boot编程思想	78.98
Python零基础入门学习	45.00

图　260-1

主要代码如下：

```
<body><div id = "myVue">
 <label><input type = "checkbox" v - model = "myChecked">
   图书售价保留两位小数</label></p>
```

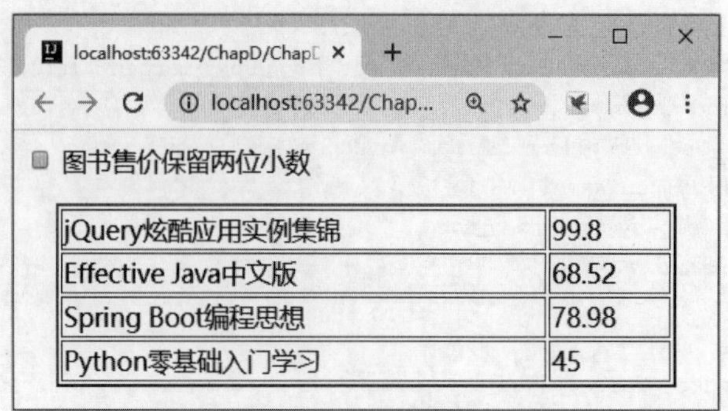

图 260-2

```
<table cellspacing = "2" border = "2px" style = "width: 400px; margin - left: 20px;">
  <template v - for = "myItem in myItems">
   <tr><td>{{myItem.Name}}</td>
    <td v - if = "myChecked">{{myItem.Price|myFilter}}</td>
    <td v - else>{{myItem.Price}}</td></tr>
  </template></table></div>
<script>
 new Vue({ el: '#myVue',
          data:{myChecked:false,
                myItems: [{Name : "jQuery 炫酷应用实例集锦", Price :99.80},
                          {Name : "Effective Java 中文版",Price : 68.52},
                          {Name : "Spring Boot 编程思想",Price : 78.98},
                          {Name : "Python 零基础入门学习",Price : 45.00}],},
          filters : { myFilter : function(myPrice){
                       return myPrice.toFixed(2);
                      }, }, })
</script></body>
```

在上面这段代码中，{{myItem. Price|myFilter}}表示使用 myFilter 自定义过滤器对 myItem. Price 进行过滤处理(即强制图书售价保留两位小数)。toFixed()方法是一个四舍六入五成双的方法(也叫银行家算法),"四舍六入五成双"的含义是：对于位数很多的近似数，当有效位数确定后，其后面多余的数字应该舍去，只保留有效数字最末一位，这种修约(舍入)规则是“四舍六入五成双”，也即“四舍六入五凑偶”。这里四是指≤4 时舍去，六是指≥6 时进一位，五指的是根据 5 后面的数字来定。当 5 后有数时，舍 5 入 1。当 5 后无有效数字时，需要分两种情况来定：①5 前为奇数，舍 5 入 1；②5 前为偶数，舍 5 不进，0 被当作偶数。

此实例的源文件是 MyCode\ChapD\ChapD070. html。

261 使用局部过滤器使人民币金额大写

此实例主要通过在 filters 中自定义过滤器 myFilter，实现根据指定金额数字输出对应的人民币大写金额的效果。当在浏览器中显示页面时，在两个输入框中任意输入不同的数字，则将在下面显示对应的人民币大写金额，效果分别如图 261-1 和图 261-2 所示。

主要代码如下：

```
<body><center><div id = "myVue">
  商品单价：<input type = "number" v - model = "myPrice"/><br>
```

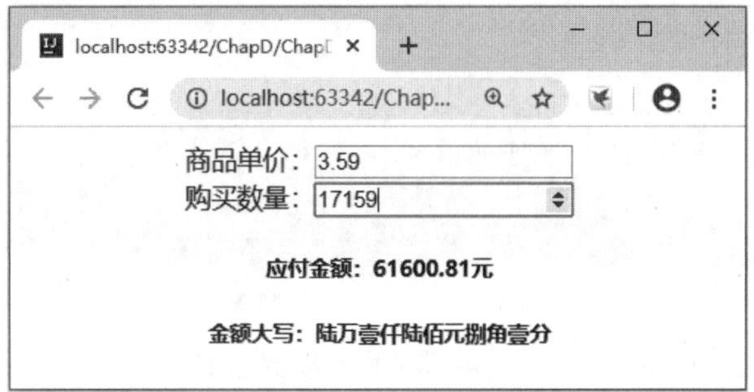

图 261-1

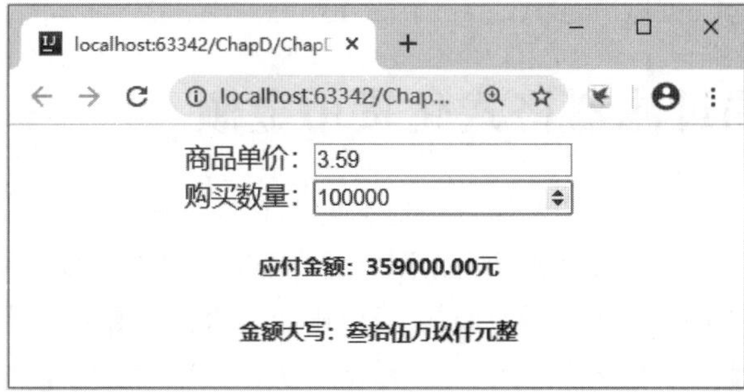

图 261-2

```
   购买数量：<input autofocus type = "number" v - model = "myQuantity"/>
   <h5 >应付金额：{{(myPrice * myQuantity).toFixed(2)}}元</h5 >
   <h5 >金额大写：{{(myPrice * myQuantity).toFixed(2)|myFilter}}</h5 >
  </div ></center >
<script >
 new Vue({el: '#myVue',
         data:{ myPrice: 3.59,
                myQuantity:17159, },
         filters : { myFilter : function(myAmount){
    var myFraction = ['角', '分'];
    var myUpper = ['零', '壹', '贰', '叁', '肆','伍', '陆', '柒', '捌', '玖'];
    var myUnit = [ ['元', '万', '亿'],['', '拾', '佰', '仟'] ];
    var myHead = myAmount < 0 ? '欠' : '';
    myAmount = Math.abs(myAmount);
    var myText = '';
    for (var i = 0; i < myFraction.length; i++) {
     myText += (myUpper[Math.floor(myAmount * 10 * Math.pow(10,
         i)) % 10] + myFraction[i]).replace(/零./, '');
    }
    myText = myText || '整';
    myAmount = Math.floor(myAmount);
    for (var i = 0; i < myUnit[0].length && myAmount > 0; i++) {
     var myString = '';
     for (var j = 0; j < myUnit[1].length && myAmount > 0; j++) {
      myString = myUpper[myAmount % 10] + myUnit[1][j] + myString;
      myAmount = Math.floor(myAmount / 10);
     }
     myText = myString.replace(/(零.)*零$/, '').replace(/^$/,
```

```
        '零') + myUnit[0][i] + myText;
    }
    return myHead + myText.replace(/(零.) * 零元/,
        '元').replace(/(零.) + /g, '零').replace(/^整 $ /, '零元整');
  }, },
})
</script></body>
```

在上面这段代码中，myFilter()方法(过滤器)用于根据参数返回人民币大写金额。在 Vue.js 中，如果在 filters 属性中创建过滤器方法，则该过滤器方法称为局部过滤器，且该局部过滤器只能在该 Vue 实例中使用。

此实例的源文件是 MyCode\ChapD\ChapD072.html。

262 使用全局过滤器格式化货币金额

此实例主要通过使用 Vue.filter("全局过滤器名称",function(参数){ return 返回值 })，创建全局过滤器将指定数字格式化为人民币格式。当在浏览器中显示页面时，如果勾选复选框，则图书售价以人民币格式显示，如图 262-1 所示；如果不勾选复选框，则图书售价以数字格式显示，如图 262-2 所示。

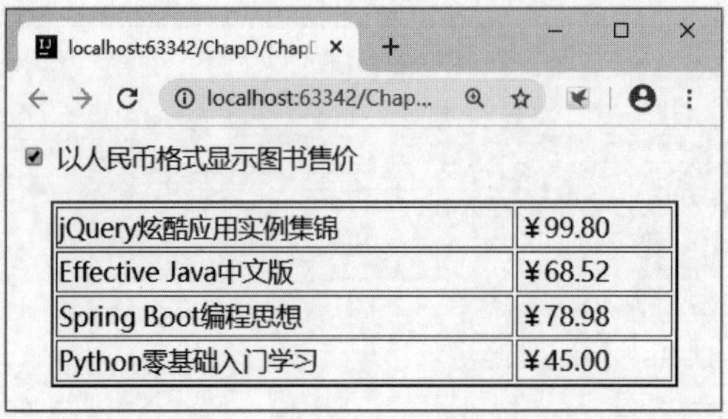

图 262-1

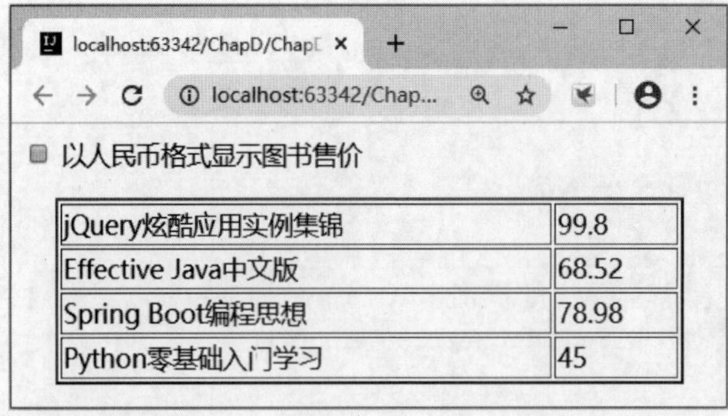

图 262-2

主要代码如下：

```
<body><div id = "myVue">
  <label><input type = "checkbox" v - model = "myChecked">
   以人民币格式显示图书售价</label></p>
  <table cellspacing = "2" border = "2px" style = "width: 400px; margin - left: 20px;">
   <template v - for = "myItem in myItems">
```

```
    <tr><td>{{myItem.Name}}</td>
     <td v-if="myChecked">{{myItem.Price| myFilter}}</td>
     <td v-else>{{myItem.Price}}</td></tr>
   </template></table></div>
 <script>
  Vue.filter("myFilter",function (myPrice) {
   return "¥" + myPrice.toFixed(2);
  });
  new Vue({ el: '#myVue',
          data:{myChecked:false,
                myItems: [{Name:"jQuery炫酷应用实例集锦", Price:99.80},
                         {Name:"Effective Java中文版",Price:68.52},
                         {Name:"Spring Boot编程思想",Price:78.98},
                         {Name:"Python零基础入门学习",Price:45.00}],},})
 </script></body>
```

在上面这段代码中，Vue.filter("全局过滤器名称",function(参数){return 返回值 })用于创建全局过滤器，如果是在Vue实例的filters属性中创建的过滤器则称为局部过滤器，两者仅在适用范围上存在差别。当全局过滤器和局部过滤器重名时，局部过滤器优先。

此实例的源文件是MyCode\ChapD\ChapD071.html。

263 使用全局过滤器格式化中文日期

此实例主要通过使用Vue.filter("全局过滤器名称",function(参数){return 返回值 })，创建全局过滤器将日期格式化为中文格式。当在浏览器中显示页面时，如果勾选复选框，则出版日期以中文格式显示，如图263-1所示；如果不勾选复选框，则出版日期以普通格式显示，如图263-2所示。

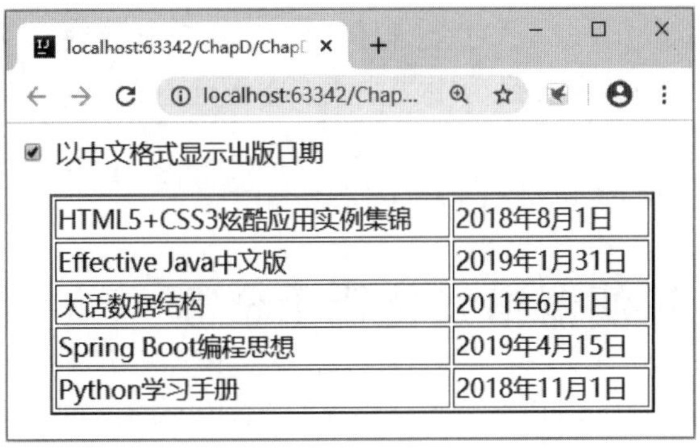

localhost:63342/ChapD/Chap

☑ 以中文格式显示出版日期

HTML5+CSS3炫酷应用实例集锦	2018年8月1日
Effective Java中文版	2019年1月31日
大话数据结构	2011年6月1日
Spring Boot编程思想	2019年4月15日
Python学习手册	2018年11月1日

图 263-1

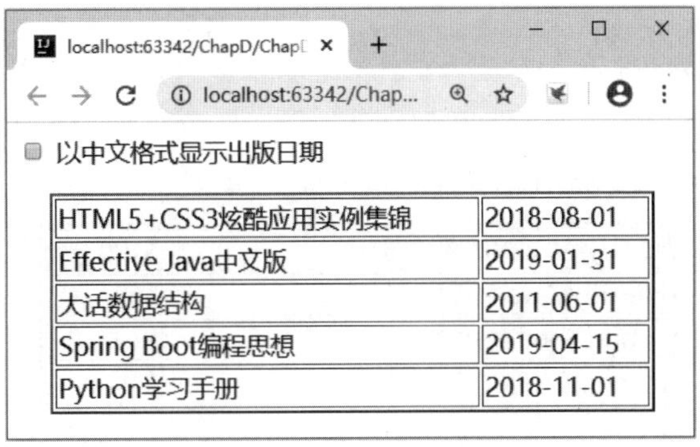

localhost:63342/ChapD/Chap

☐ 以中文格式显示出版日期

HTML5+CSS3炫酷应用实例集锦	2018-08-01
Effective Java中文版	2019-01-31
大话数据结构	2011-06-01
Spring Boot编程思想	2019-04-15
Python学习手册	2018-11-01

图 263-2

主要代码如下：

```
<body><div id="myVue">
 <label><input type="checkbox" v-model="myChecked">
  以中文格式显示出版日期</label></p>
 <table cellspacing="2" border="2px" style="width: 400px; margin-left: 20px;">
  <template v-for="myItem in myItems">
   <tr><td>{{myItem.Name}}</td>
    <td v-if="myChecked">{{myItem.Date| myFilter}}</td>
    <td v-else>{{myItem.Date}}</td></tr>
  </template></table></div>
<script>
 Vue.filter("myFilter",function (myDate) {
  var NewDate = new Date(myDate);
  return NewDate.getFullYear() + "年"
      + (NewDate.getMonth() + 1) + "月" + NewDate.getDate() + "日";
 });
 new Vue({ el: '#myVue',
          data:{myChecked:false,
          myItems:
    [{Name : "HTML5 + CSS3 炫酷应用实例集锦",Date: "2018-08-01",},
    {Name : "Effective Java 中文版",Date: "2019-01-31",},
    {Name : "大话数据结构",Date: "2011-06-01",},
    {Name : "Spring Boot 编程思想",Date: "2019-04-15",},
    {Name : "Python 学习手册",Date : "2018-11-01",}],},})
</script></body>
```

在上面这段代码中，Vue.filter("全局过滤器名称",function(参数){ return 返回值 })用于创建全局过滤器，实现将普通格式的日期转换为中文格式。需要注意的是：NewDate.getMonth()方法获取的月份数需要加 1。

此实例的源文件是 MyCode\ChapD\ChapD073.html。

264 串联多个过滤器格式化货币金额

此实例主要通过使用{{myItem.Price| myFilter1| myFilter2}}格式串联多个过滤器，对表达式（图书售价）进行格式化。当在浏览器中显示页面时，如果勾选复选框，则图书售价以美元整数格式显示，如图 264-1 所示；如果不勾选复选框，则图书售价以默认数字格式显示，如图 264-2 所示。

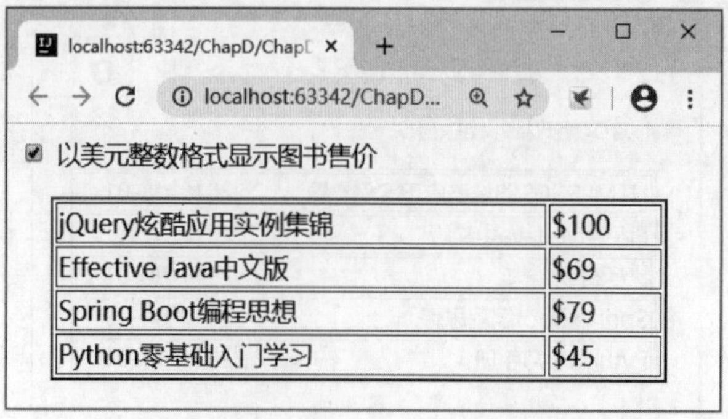

jQuery炫酷应用实例集锦	$100
Effective Java中文版	$69
Spring Boot编程思想	$79
Python零基础入门学习	$45

图 264-1

图 264-2

主要代码如下：

```
<body><div id="myVue">
 <label><input type="checkbox" v-model="myChecked">
  以美元整数格式显示图书售价</label></p>
 <table cellspacing="2" border="2px" style="width: 400px; margin-left: 20px;">
  <template v-for="myItem in myItems">
   <tr><td>{{myItem.Name}}</td>
    <td v-if="myChecked">{{myItem.Price| myFilter1| myFilter2}}</td>
    <td v-else>{{myItem.Price}}</td></tr>
  </template></table></div>
<script>
 Vue.filter("myFilter1",function (myPrice) {
  return myPrice.toFixed(0);
 });
 Vue.filter("myFilter2",function (myPrice) {
  return "$" + myPrice;
 });
 new Vue({ el: '#myVue',
          data:{ myChecked:false,
                 myItems:
  [{Name : "jQuery 炫酷应用实例集锦", Price :99.80},
    {Name : "Effective Java 中文版",Price : 68.52},
    {Name : "Spring Boot 编程思想",Price : 78.98},
    {Name : "Python 零基础入门学习",Price : 45.00}],},})
</script></body>
```

在上面这段代码中，{{myItem.Price| myFilter1| myFilter2}}表示使用 myFilter1 和 myFilter2 两个过滤器对表达式 myItem.Price 的内容进行过滤处理，即 myFilter1 被定义为接收单个参数的过滤器函数，表达式 myItem.Price 的值将作为参数传入到该过滤器函数，然后继续调用同样被定义为接收单个参数的过滤器函数 myFilter2，将 myFilter1 的结果传递到 myFilter2。一个表达式可以使用多个过滤器，过滤器之间需要用管道符“|”隔开，其执行顺序是从左往右。

此实例的源文件是 MyCode\ChapD\ChapD124.html。

265 使用带参数过滤器格式化表达式

此实例主要通过创建带多个参数的全局过滤器，实现对表达式进行定制格式化的效果。当在浏览器中显示页面时，如果勾选复选框，则图书书名在添加书名号之后的效果如图 265-1 所示；如果不勾选复选框，则图书书名以默认格式显示的效果如图 265-2 所示。

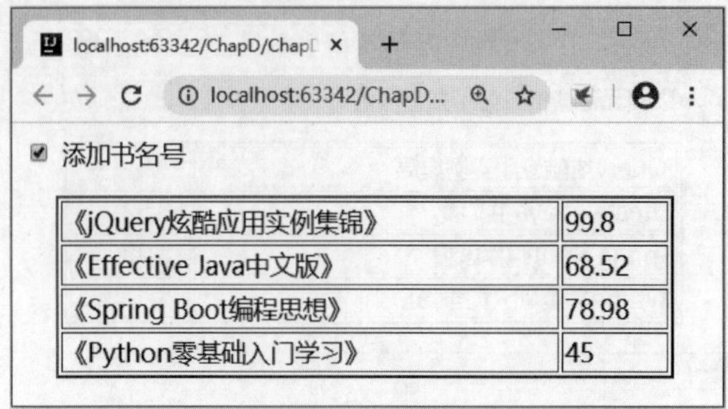

图 265-1

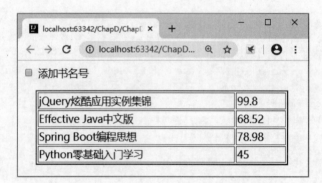

jQuery炫酷应用实例集锦	99.8
Effective Java中文版	68.52
Spring Boot编程思想	78.98
Python零基础入门学习	45

图 265-2

主要代码如下：

```
<body><div id="myVue">
 <label><input type="checkbox" v-model="myChecked">
  添加书名号</label></p>
 <table cellspacing="2" border="2px" style="width: 400px; margin-left: 20px;">
  <template v-for="myItem in myItems">
   <tr><td v-if="myChecked">{{myItem.Name| myFilter('«','»')}}</td>
    <td v-else>{{myItem.Name}}</td>
    <td>{{myItem.Price}}</td>
   </tr>
  </template></table></div>
<script>
 Vue.filter("myFilter",function (myData, arg1, arg2) {
  return arg1 + myData + arg2;
 });
 new Vue({ el: '#myVue',
          data:{ myChecked:false,
                 myItems:
  [{Name : "jQuery 炫酷应用实例集锦",Price :99.80},
     {Name : "Effective Java 中文版",Price : 68.52},
     {Name : "Spring Boot 编程思想",Price : 78.98},
     {Name : "Python 零基础入门学习",Price : 45.00}],},})
</script></body>
```

在上面这段代码中，Vue. filter（"myFilter"，function（myData，arg1，arg2）{ return arg1＋myData＋arg2；}）过滤器的 function 有 myData、arg1、arg2 三个参数，但是在调用该过滤器时，只传递两个参数（如：myFilter('《'，'》')），第一个参数将自动被表达式占用。

此实例的源文件是 MyCode\ChapD\ChapD125. html。

266 创建并使用全局组件

此实例主要通过使用 Vue. component()，创建并使用自定义的全局组件。当在浏览器中显示页面时，单击“百科知识：黑提”按钮，则将显示自定义全局组件（myComponent1），如图 266-1 所示；单击“百科知识：香蕉”按钮，则将显示自定义全局组件（myComponent2），如图 266-2 所示。

图 266-1

图 266-2

主要代码如下：

```
<body><div id="myVue">
  <P><input  type="button" value="百科知识：黑提" v-on:click="onClickButton1"
             style="width:220px;height:26px;"/>
      <input  type="button" value="百科知识：香蕉" v-on:click="onClickButton2"
           style="width:220px;height:26px;"/></P>
  <my-Component1 v-if="myShow1"></my-Component1>
  <my-Component2 v-else></my-Component2>
 </div>
<script>
 Vue.component('myComponent1', {
  template: '<div style="width: 440px;margin-left: 4px;">' +
      '<p>黑提葡萄是瑞必尔和黑大粒、秋黑三个品种的统称。近几年刚引进,优质、晚熟、耐贮、美观。</p>' +
      '<center><img src="images/img203.jpg"/></center></div>',
 })
 Vue.component('myComponent2', {
  template: '<div style="width: 440px;margin-left: 4px;">' +
      '<p>香蕉含有多种微量元素和维生素,能帮助肌肉松弛,使人身心愉悦,并具有一定的减肥功效。</p>' +
      '<center><img src="images/img216.jpg"/></center></div>',
 })
 new Vue({el: '#myVue',
          data:{myShow1:false,},
          methods: { onClickButton1: function(){ this.myShow1 = true;},
                     onClickButton2: function(){ this.myShow1 = false;},},})
</script></body>
```

在上面这段代码中，Vue.component('myComponent1', { template: '', })用于创建自定义全局组件，template对应的是组件模板，简单地说就是组件的HTML代码；myComponent1表示组件名称，所有实例都能使用全局组件(包括在其他组件中)。需要注意的是：如果组件名称包含大写字母，则在使用该组件时需要在该大写字母前加“-”符号分隔，如<my-Component1>；如果没有大写字母，如mycomponent1，则保持一致即可，即<mycomponent1>。

此实例的源文件是MyCode\ChapD\ChapD056.html。

267 使用组件构造器创建全局组件

此实例主要通过使用Vue.extend()和Vue.component()，以组件构造器的方式创建自定义全局组件。当在浏览器中显示页面时，单击“百科知识：葡萄干”按钮，则将显示自定义全局组件(myComponent1)，如图267-1所示；单击“百科知识：枸杞”按钮，则将显示自定义全局组件(myComponent2)，如图267-2所示。

主要代码如下：

```
<body><div id="myVue">
 <P><input  type="button" value="百科知识：葡萄干"
     v-on:click="onClickButton1" style="width:220px;height:26px;"/>
  <input  type="button" value="百科知识：枸杞"
     v-on:click="onClickButton2" style="width:220px;height:26px;"/></P>
 <my-Component1 v-if="myShow1"></my-Component1>
 <my-Component2 v-else></my-Component2>
```

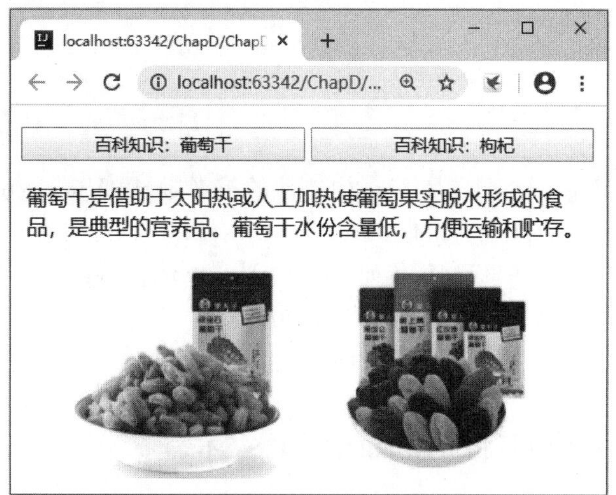

图 267-1

图 267-2

```
</div>
<script>
 var myExtend1 = Vue.extend({
  template: '<div style="width: 440px;margin-left: 4px;">' +
      '<p>葡萄干是借助于太阳热或人工加热使葡萄果实脱水形成的食品,是典型的营养品。葡萄干水份含量低,方便运输和贮存。</p>' +
      '<center><img src="images/img226.jpg"/></center></div>',
 })
 var myExtend2 = Vue.extend({
  template: '<div style="width: 440px;margin-left: 4px;">' +
      '<p>枸杞是商品枸杞、植物宁夏枸杞、中华枸杞等枸杞属物种的统称。人们日常食用和药用的枸杞多为宁夏枸杞。</p>' +
      '<center><img src="images/img227.jpg"/></center></div>',
 })
 Vue.component('myComponent1',myExtend1);
 Vue.component('myComponent2',myExtend2);
 new Vue({ el: '#myVue',
```

```
            data:{myShow1:false,},
            methods: { onClickButton1: function(){ this.myShow1 = true; },
                       onClickButton2: function(){ this.myShow1 = false; },},})
    </script></body>
```

在上面这段代码中，Vue.extend()是Vue构造器的扩展，调用Vue.extend()创建的是一个组件构造器，而不是一个具体的自定义全局组件实例。Vue.extend()构造器有一个选项对象，该选项对象的template属性用于定义组件的HTML代码。使用Vue.component()注册组件时，需要提供两个参数，第一个是组件的(标签)名称，第二个即是组件构造器。

此实例的源文件是MyCode\ChapD\ChapD058.html。

268 在全局组件中使用template标签

此实例主要通过在template标签中定义全局组件的template属性值，实现以模板形式创建自定义全局组件的效果。当在浏览器中显示页面时，单击"百科知识：黄豆"按钮，则将显示自定义全局组件(myComponent1)，如图268-1所示；单击"百科知识：红小豆"按钮，则将显示自定义全局组件(myComponent2)，如图268-2所示。

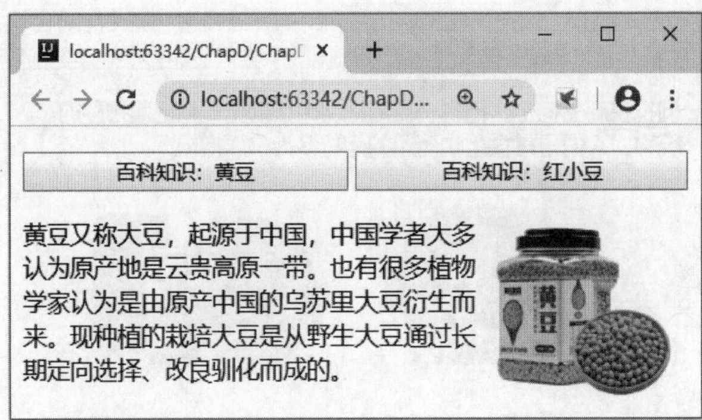

图 268-1

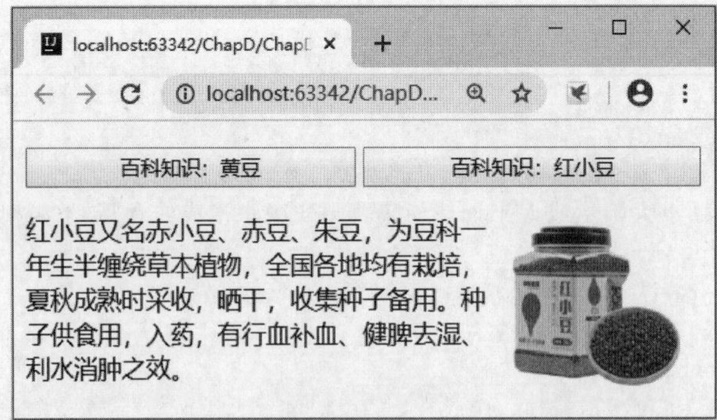

图 268-2

主要代码如下：

```
<body><div id="myVue">
 <P><input  type="button" value="百科知识：黄豆"
     v-on:click="onClickButton1" style="width:220px;height:26px;"/>
```

```
  <input  type = "button" value = "百科知识: 红小豆"
     v - on:click = "onClickButton2" style = "width:220px;height:26px;"/></P>
 <my - Component1 v - if = "myShow1"></my - Component1 >
 <my - Component2 v - else ></my - Component2 >
</div>
<template id = "myTemplate1">
 <div><p style = "width:440px;">
  <img src = "images/img230.jpg" align = "right" width = "120" hspace = "5" vspace = "5">
  黄豆又称大豆,起源于中国,中国学者大多认为原产地是云贵高原一带。也有很多植物学家认为是由原产中
国的乌苏里大豆衍生而来。现种植的栽培大豆是从野生大豆通过长期定向选择、改良驯化而成的。
  </p></div></template>
<template id = "myTemplate2">
 <div><p style = "width:440px;">
  <img src = "images/img231.jpg" align = "right" width = "120" hspace = "5" vspace = "5">
  红小豆又名赤小豆、赤豆、朱豆,为豆科一年生半缠绕草本植物,全国各地均有栽培,夏秋成熟时采收,晒干,
收集种子备用。种子供食用,入药,有行血补血、健脾去湿、利水消肿之效。
  </p></div></template>
<script>
 Vue.component('myComponent1',{ template:"#myTemplate1",});
 Vue.component('myComponent2',{ template:"#myTemplate2",});
 new Vue({el: '#myVue',
        data:{myShow1:false,},
        methods: {onClickButton1: function(){ this.myShow1 = true; },
                  onClickButton2: function(){ this.myShow1 = false; },},})
</script></body>
```

在上面这段代码中,<template id="myTemplate1">的 id="myTemplate1"用于设置自定义全局组件的 template 属性值,并且需要添加"#"符号,如 Vue.component('myComponent1',{ template:"#myTemplate1",})。此外需要注意的是:<template id="myTemplate1">千万不能放在<div id="myVue"></div>实例中。

此实例的源文件是 MyCode\ChapD\ChapD061.html。

269　在全局组件中根据数组创建列表项

此实例主要通过在自定义全局组件中添加 props,实现在全局组件中根据外部数组创建列表项的效果。当在浏览器中显示页面时,如果单击"社科类畅销书"按钮,则将根据数组 myBooks1 创建社科类畅销图书列表项,如图 269-1 所示;如果单击"科技类畅销书"按钮,则将根据数组 myBooks2 创建科技类畅销图书列表项,如图 269-2 所示。

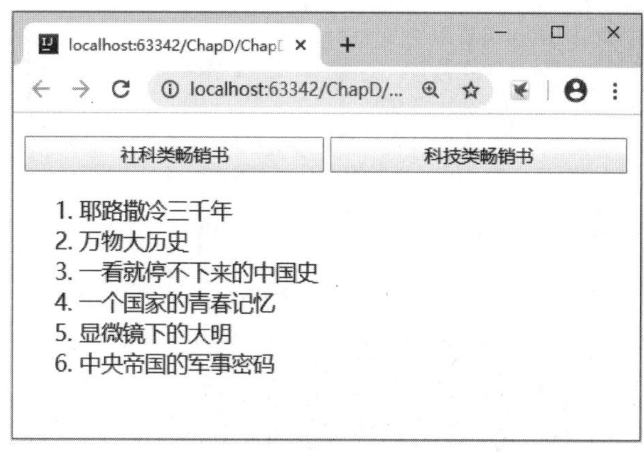

图　269-1

图 269-2

主要代码如下：

```
<body><div id="myVue">
 <P><input  type="button" value="社科类畅销书" v-on:click="onClickButton1"
           style="width:220px;height:26px;"/>
    <input  type="button" value="科技类畅销书" v-on:click="onClickButton2"
          style="width:220px;height:26px;"/></P>
 <ol>
  <mycomponent v-for="myBook in myBooks1"
              v-bind:my-Item="myBook" v-if="myShow1"></mycomponent>
  <mycomponent v-for="myBook in myBooks2"
              v-bind:my-Item="myBook" v-if="!myShow1"></mycomponent>
 </ol>
</div>
<script>
 Vue.component('mycomponent', { props: ['myItem'],
                          template: '<li>{{ myItem.name }}</li>'})
 new Vue({ el: '#myVue',
          data:{myShow1:false,
               myBooks1:
      [{name:'耶路撒冷三千年'},{name:'万物大历史'},
       {name:'一看就停不下来的中国史'}, {name:'一个国家的青春记忆'},
       {name:'显微镜下的大明'},{name:'中央帝国的军事密码'},],
               myBooks2:
      [{name:'企业 IT 架构转型之道'},{name:'深入理解 Java 虚拟机'},
       {name:'名企面试官精讲典型编程题'},{name:'SQL Server 从入门到精通'},
       {name:'数据挖掘与数据化运营实战'},{name:'Android 开发艺术探索'},
       {name:'深入理解 Android 内核设计思想'},],},
          methods:{onClickButton1: function(){this.myShow1 = true;},
                  onClickButton2: function(){this.myShow1 = false;},},})
</script></body>
```

在上面这段代码中，<mycomponent v-for="myBook in myBooks1" v-bind:my-Item="myBook" v-if="myShow1">的 v-bind:my-Item 代表全局组件 mycomponent 的 props 属性的 myItem，实际测试表明，以骆驼式命名法取名的属性，在应用时都需要在大写字母的前面添加"-"符号，当然属性名称全部是小写字母不存在这一问题。

此实例的源文件是 MyCode\ChapD\ChapD063.html。

270 使用 native 为组件添加原生事件

此实例主要通过在自定义全局组件的 click 事件后面添加 native 修饰符,实现为该组件的 click 事件添加原生事件的效果。当在浏览器中显示页面时,单击任一列表项(全局组件),则将在弹出的提示框中显示该列表项对应的图书售价,效果分别如图 270-1 和图 270-2 所示。

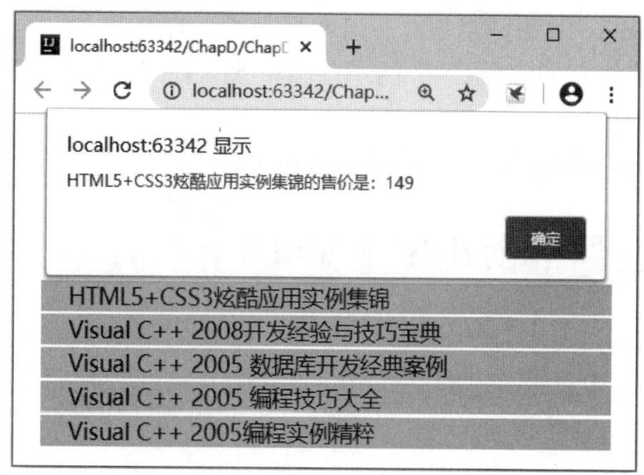

图 270-1

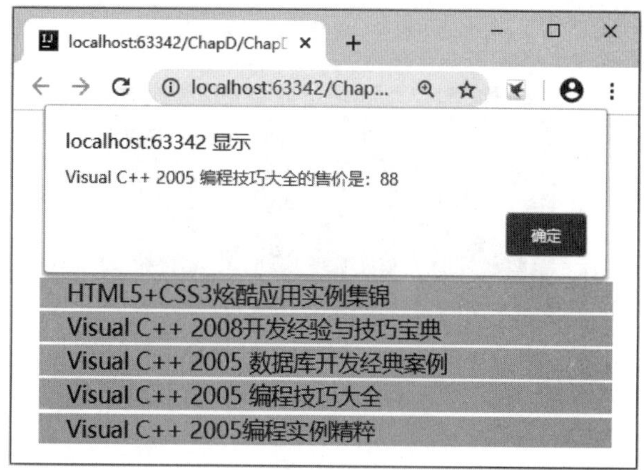

图 270-2

主要代码如下:

```
<body><br><br><br><br><br><div id="myVue">
  <mycomponent v-for="myBook in myBooks"   v-bind:my-Item="myBook"
           v-on:click.native="alert(myBook.name+'的售价是：'+myBook.price)">
  </mycomponent>
</div>
<script>
 Vue.component('mycomponent', {
  props: ['myItem'],
  template: '<li style="width:396px;background:lightblue;margin-bottom: 2px;
margin-left:12px;padding-left:20px;list-style:none">{{ myItem.name }}</li>'
 })
```

```
new Vue({el: '#myVue',
         data:{myBooks: [{name:'HTML5 + CSS3 炫酷应用实例集锦',price:149,},
         {name:'Visual C++ 2008 开发经验与技巧宝典',price:78,},
         {name:'Visual C++ 2005 数据库开发经典案例 ',price:68,},
         {name:'Visual C++ 2005 编程技巧大全',price:88,},
         {name:'Visual C++ 2005 编程实例精粹',price:'99',},], }, })
</script></body>
```

在上面这段代码中，native 修饰符用于监听组件根元素的原生事件，主要是给自定义的组件添加原生事件，官方对 native 修饰符的解释是：如果在某个组件的根元素上监听一个原生事件，则可以使用 v-on 的修饰符 native。

此实例的源文件是 MyCode\ChapD\ChapD068.html。

271 在全局组件中创建单个 slot

此实例主要通过在 template 中使用< slot ></slot >标签，实现在自定义全局组件中创建单个 slot（插槽）的效果。当在浏览器中显示页面时，如果选择“动画类电影”，则插槽插入的内容如图 271-1 所示；如果选择“科幻类电影”，则插槽插入的内容如图 271-2 所示。

图 271-1

图 271-2

主要代码如下：

```
<body><center><div id="myVue">
  <p><label><input type="radio" value="images/img285.jpg"
                    v-model="mySrc">战争类电影</label>
      <label><input type="radio" value="images/img286.jpg"
                    v-model="mySrc">科幻类电影</label>
      <label><input type="radio" value="images/img287.jpg"
                    v-model="mySrc">动画类电影</label><p>
  <mycomponent>
   <img v-bind:src="mySrc" style="width: 380px;"/>
  </mycomponent>
 </div></center>
<script>
 Vue.component("mycomponent",{
  //插槽允许有默认内容
  template:'<div style='width: 400px;border-radius: 10px;border-style: solid; border-width: thin;
padding: 10px;'><strong>这是我的自定义全局组件(下面是 slot 插入的内容)</strong><slot></slot></div>',
 });
 new Vue({ el:"#myVue",
          data:{mySrc:'images/img287.jpg', }, });
</script></body>
```

在上面这段代码中，<mycomponent><img v-bind:src="mySrc" style="width: 380px;"/></mycomponent>的<img v-bind: src = " mySrc " style = " width: 380px;"/>将被插入到mycomponent 全局组件的 template 的<slot></slot>位置；如果 template 没有<slot></slot>，则<img v-bind:src="mySrc" style="width:380px;"/>不起作用。

此实例的源文件是 MyCode\ChapD\ChapD140.html。

272 在全局组件中创建具名 slot

此实例主要通过在 template 的<slot>标签添加插槽名称(如：<slot name= "myImageSlot">)，实现在自定义全局组件中创建具名 slot(插槽)的效果。当在浏览器中显示页面时，如果单击"百科知识：黑提"按钮，则两个插槽分别插入的文本和图像如图 272-1 所示；如果单击"百科知识：香蕉"按钮，则两个插槽分别插入的文本和图像如图 272-2 所示。

主要代码如下：

```
<body><center><div id="myVue">
 <P><input  type="button" value="百科知识：黑提" v-on:click="myShow=true"
            style="width:180px;height:26px;"/>
     <input  type="button" value="百科知识：香蕉" v-on:click="myShow=false"
            style="width:180px;height:26px;"/></P>
 <mycomponent v-if="myShow">
 <template slot="myTextSlot">
  <p v-text="myTexts[0]" v-bind:class ="'myClass'"></p>
 </template>
 <template slot="myImageSlot">
  <img v-bind:src="myImages[0]"/>
 </template>
</mycomponent>
```

图 272-1

图 272-2

```
<mycomponent v-if="!myShow">
  <template slot="myTextSlot">
   <p v-text="myTexts[1]" v-bind:class ="'myClass'"></p>
  </template>
  <template slot="myImageSlot">
   <img v-bind:src="myImages[1]" />
  </template>
```

```
</mycomponent>
</div></center>
<style>
 .myClass{ width: 360px;border-radius: 10px;border-style: solid;
 border-width: thin;padding: 10px;text-align: left }
</style>
<script>
 Vue.component("mycomponent",{          //插槽允许有默认内容
  template:'<div><slot name="myTextSlot"></slot><h5>这是我的自定义全局组件(上面是文本 slot,下面
是图像 slot)</h5><slot name="myImageSlot"></slot></div>',});
 new Vue({ el:"#myVue",
         data:{ myShow:true,
                myTexts:['黑提葡萄是瑞必尔和黑大粒、秋黑三个品种的统称。近几年刚引进,优质、晚熟、
耐贮、美观。','香蕉含有多种微量元素和维生素,能帮助肌肉松弛,使人身心愉悦,并具有一定的减肥功效。',],
                myImages:['images/img203.jpg','images/img216.jpg',],},});
</script></body>
```

在上面这段代码中,<slot name="myImageSlot">表示创建名称为“myImageSlot”的插槽。<template slot="myImageSlot"><img v-bind:src= "myImages[0]"/></template>表示将<img v-bind:src= "myImages[0]"/>插入名称为 myImageSlot 的插槽。因此,如果一个自定义全局组件有多个插槽,只有采用具名插槽才能使插入元素找到正确的插槽。

此实例的源文件是 MyCode\ChapD\ChapD141.html。

273 在全局组件中创建作用域 slot

此实例主要通过在 template 的<slot>标签中指定 v-bind(如<slot name="myslot" v-bind:myItem="myItem">),同时在使用时在 template 中设置 slot-scope(如<template slot="myslot" slot-scope="{myItem}">),实现在自定义全局组件中创建作用域 slot 的效果。当在浏览器中显示页面时,如果不勾选复选框,则表格(插槽的内容)如图 273-1 所示;如果勾选复选框,则表格(插槽的内容)如图 273-2 所示。

localhost:63342/ChapD/Chap[×
localhost:63342/Chap...

☐ 是否显示价格

jQuery炫酷应用实例集锦	清华大学出版社
Effective Java中文版	机械工业出版社
Spring Boot编程思想	电子工业出版社
HTML5+CSS3炫酷应用实例集锦	清华大学出版社

图 273-1

主要代码如下:

```
<body><div id="myVue">
 <label><input type="checkbox" v-model="myChecked">是否显示价格</label><p>
 <mycomponent :mydata="myBooks">
```

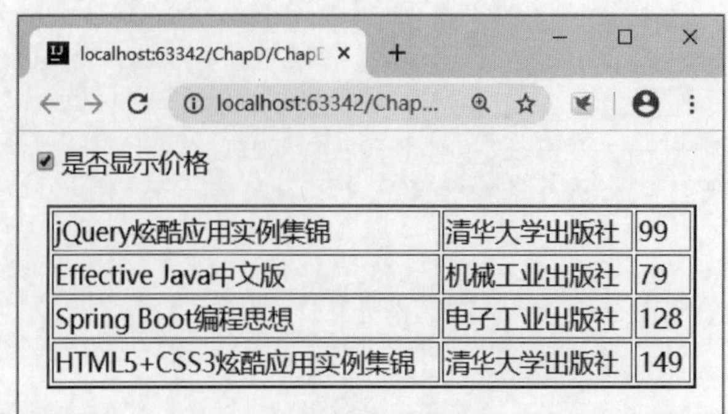

图 273-2

```
    <template slot = "myslot" slot - scope = "{myItem}">
     <td>{{myItem.name}}</td>
     <td>{{myItem.company}}</td>
     <td v - if = "myChecked">{{myItem.price}}</td>
    </template>
  </mycomponent>
</div>
<script>
  Vue.component("mycomponent",{ props:{ mydata:null,},
   template:'<table border = "2px" style = "width: 420px; margin - left:10px;">
              <tbody><tr v - for = "myItem in mydata">
                 <slot name = "myslot" v - bind:myItem = "myItem"></slot>
              </tr></tbody></table>' });
  new Vue({ el:"#myVue",
           data:{ myChecked:false,
                  myBooks:
    [{ name : "jQuery 炫酷应用实例集锦", company : "清华大学出版社",price:99,},
     { name : "Effective Java 中文版",company : "机械工业出版社",price:79,},
     { name : "Spring Boot 编程思想",company : "电子工业出版社",price:128,},
     { name : "HTML5 + CSS3 炫酷应用实例集锦",
       company : "清华大学出版社",price:149,}],},});
</script></body>
```

在上面这段代码中，mydata 是自定义全局组件 mycomponent 的数据源，与 slot 通信则是通过 slot-scope 实现数据传递，即自定义全局组件 mycomponent 的<slot name="myslot" v-bind:myItem="myItem">与<template slot="myslot" slot-scope= "{myItem}">的 slot-scope="{myItem}"完成数据的传递。由此可以看出，单个插槽和具名插槽不绑定数据，所以父组件提供的模板既要包括样式又要包括数据，而作用域插槽是子组件提供数据，父组件只需要提供一套样式即可。在版本 2.6.0 中，Vue.js 为具名插槽和作用域插槽引入了新的统一语法，即 v-slot 指令，并且可能在未来的版本中不再支持具名插槽和作用域插槽，因此，上面的代码可以使用 v-slot 指令改写如下(当然运行结果完全相同)：

```
<body><div id = "myVue">
 <label><input type = "checkbox" v - model = "myChecked">是否显示价格</label><p>
 <mycomponent :mydata = "myBooks">
  <template v - slot:myslot = "{myItem}">
   <td>{{myItem.name}}</td>
```

```
    <td>{{myItem.company}}</td>
    <td v-if="myChecked">{{myItem.price}}</td>
   </template>
  </mycomponent>
 </div>
 <script>
  Vue.component("mycomponent",{ props:{ mydata:null,},
   template:'<table border="2px" style="width: 420px; margin-left:10px;">
              <tbody><tr v-for="myItem in mydata">
                 <slot name="myslot" v-bind:myItem="myItem"></slot>
               </tr></tbody></table>' });
  new Vue({ el:"#myVue",
          data:{ myChecked:false,
                myBooks:
        [{name : "jQuery 炫酷应用实例集锦", company : "清华大学出版社",price:99,},
         {name : "Effective Java 中文版",company : "机械工业出版社",price:79,},
         {name : "Spring Boot 编程思想",company : "电子工业出版社",price:128,},
         {name : "HTML5 + CSS3 炫酷应用实例集锦",
          company : "清华大学出版社",price:149,}], }, });
 </script></body>
```

此实例的源文件是 MyCode\ChapD\ChapD142.html。

274 在 v-slot 中使用中括号动态指定 slot

此实例主要通过在 v-slot 指令中使用中括号（如< template v-slot:[myslot]>），实现根据在中括号中的变量动态指定 slot(插槽)的效果。当在浏览器中显示页面时，如果单击"简介在图像上方"按钮，则效果如图 274-1 所示(即简介使用 myslot1)；如果单击"简介在图像下方"按钮，则效果如图 274-2 所示(即简介使用 myslot2)。

图 274-1

图 274-2

主要代码如下：

```
<body><center><div id="myVue">
 <P><input  type="button" value="简介在图像上方" v-on:click="myslot='myslot1'"
            style="width:180px;height:26px;"/>
     <input  type="button" value="简介在图像下方" v-on:click="myslot='myslot2'"
            style="width:180px;height:26px;"/></P>
 <mycomponent>
  <template  v-slot:[myslot]>
   <p v-text="myText" v-bind:class ="'myClass'"></p>
  </template>
 </mycomponent>
</div></center>
<style>
 .myClass{ width: 360px;border-radius: 10px;border-style: solid;
 border-width: thin;padding: 10px;text-align: left }
</style>
<script>
 Vue.component("mycomponent",{
  template:'<div><slot name="myslot1"></slot><img src="images/img203.jpg"/><slot name=
"myslot2"></slot></div>',
 });
 new Vue({ el:"#myVue",
          data:{ myslot:'myslot1',
                 myText:'黑提葡萄是瑞必尔和黑大粒、秋黑三个品种的统称。近几年刚引进,优质、晚熟、耐
贮、美观。', }, });
</script></body>
```

在上面这段代码中，v-slot:[myslot]的 myslot 是一个变量，如果 myslot='myslot2'，则 v-slot:[myslot]即为 v-slot:myslot2；v-slot 这种动态指定 slot 的风格与 v-bind 实现动态属性的风格类似。

此实例的源文件是 MyCode\ChapD\ChapD143.html。

275　在 v-slot 中使用 default 调用匿名 slot

此实例主要通过使用 v-slot:default 指令，实现调用匿名 slot 的效果。当在浏览器中显示页面时，如果单击"简介在图像上方"按钮，则效果如图 275-1 所示（即简介使用 myslot1）；如果单击"简介在图像下方"按钮，则效果如图 275-2 所示（即简介使用匿名 slot）。

图　275-1

图　275-2

主要代码如下：

```
<body><center><div id="myVue">
 <P><input  type="button" value="简介在图像上方" v-on:click="myslot='myslot1'"
```

```
            style = "width:180px;height:26px;"/>
    < input  type = "button" value = "简介在图像下方" v - on:click = "myslot = 'default'"
            style = "width:180px;height:26px;"/></P>
 < mycomponent >
  < template  v - slot:[myslot]>
   < p v - text = "myText" v - bind:class = "'myClass'"></p>
  </template>
 </mycomponent>
</div></center>
< style>
. myClass{ width: 360px; border - radius: 4px; background - color: lightblue; padding: 10px; text - align:
left }
</style>
< script>
 Vue. component("mycomponent",{
  template:'< div >< slot name = "myslot1"></slot >< img src = " images/img250. jpg" style = " border -
radius:4px;width: 380px;"/>< slot ></slot ></div >',
 });
 new Vue({ el:"#myVue",
         data:{ myslot:'myslot1',
                myText:'东方明珠广播电视塔是上海的标志性建筑之一,位于浦东新区陆家嘴,塔高约 468
米。该建筑于 1991 年 7 月兴建,1995 年 5 月投入使用,承担上海 6 套无线电视发射业务。', }, });
</script></body>
```

在上面这段代码中,< slot name="myslot1"></slot >用于创建一个名为“myslot1”的具名 slot,因此,在调用该 slot 时可以使用< template v-slot:myslot1 >。< slot ></slot >用于创建一个匿名 slot,由于它没有名称(实际上 Vue. js 将会为它自动添加 default 名称),因此,在调用该 slot 时使用< template v-slot:default >。与 v-on 和 v-bind 类似,v-slot 也有一个简写,即使用 # 代替 v-slot,如 v-slot:default 简写成#default,v-slot: myslot1 简写成#myslot1。实际测试表明: 如果一个自定义全局组件有多个匿名 slot,则在使用< template v-slot:default >时,所有的匿名 slot 都被调用。

此实例的源文件是 MyCode\ChapD\ChapD144. html。

276 在全局组件中使用渲染函数

此实例主要通过在 Vue. component()中使用 render 渲染函数,代替 template 渲染的元素内容。当在浏览器中显示页面时,如果单击“使用自定义组件创建 h1 元素”按钮,则效果如图 276-1 所示; 如果单击“使用自定义组件创建 h3 元素”按钮,则效果如图 276-2 所示。

图 276-1

图 276-2

主要代码如下：

```
<body><center><div id="myVue">
 <P><input  type="button" value="使用自定义组件创建 h1 元素"
         v-on:click="onClickButton1" style="width:220px;height:26px;"/>
     <input type="button" value="使用自定义组件创建 h3 元素"
         v-on:click="onClickButton2" style="width:220px;height:26px;"/></P>
 <mycomponent v-bind:level="1" v-if="myShow">
             HTML5 + CSS3 炫酷应用实例集锦</mycomponent>
 <mycomponent v-bind:level="3" v-if="!myShow">
             HTML5 + CSS3 炫酷应用实例集锦</mycomponent>
</div></center>
<script>
 Vue.component('mycomponent', {
  render: function (createElement) {
   return createElement(
       'h' + this.level,        // 标签名称
       this.$slots.default      // 子节点数组
   ) },
  props: { level: { type: Number,
                 required: true }, },
 })
 new Vue({el: '#myVue',
         data:{myShow:false,},
         methods: { onClickButton1: function(){ this.myShow=true; },
                    onClickButton2: function(){ this.myShow=false; },},})
</script></body>
```

在上面这段代码中，render 函数为渲染函数，该函数在此实例中主要是根据 level 创建 h1 等元素，level 被设置为 props，主要是用于自定义组件与父组件(元素)进行数据通信。this.$slots.default 主要用于存储创建的 h1 等元素。

此实例的源文件是 MyCode\ChapD\ChapD159.html。

277 在表格中插入自定义全局组件

此实例主要通过在<td>标签中使用 is 属性，实现在表格中插入自定义全局组件的效果。当在浏览器中显示页面时，如果不勾选复选框，则表格效果如图 277-1 所示；如果勾选复选框，则表格在插入自定义全局组件(即图标)之后的效果如图 277-2 所示。

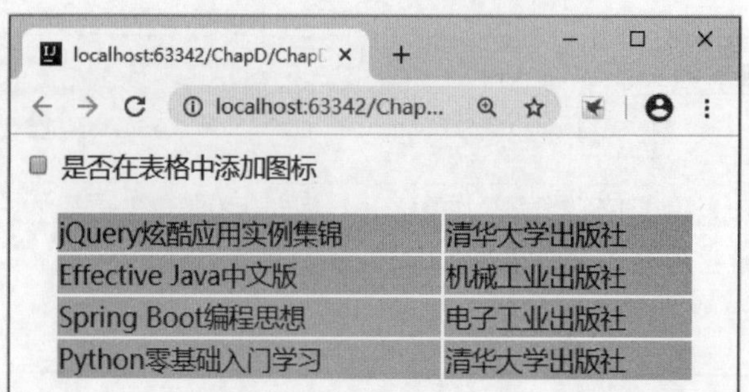

图 277-1

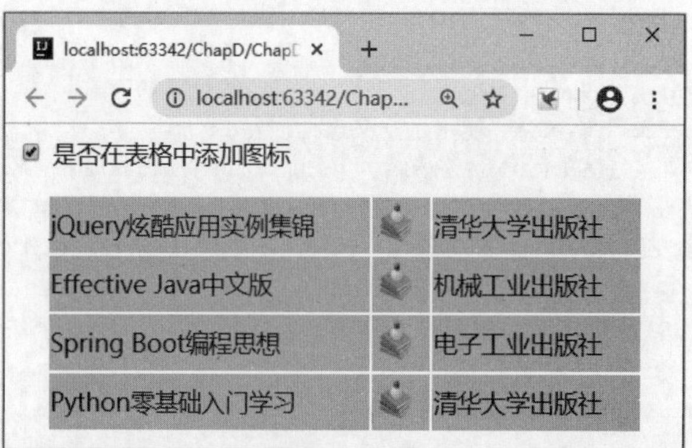

图 277-2

主要代码如下：

```
<body><div id="myVue">
 <label><input type="checkbox" v-model="myChecked">
  是否在表格中添加图标</label></p>
 <table cellspacing="2">
  <template v-for="myItem in myItems">
   <tr><td>{{myItem.Name}}</td>
    <td is="mycomponent" v-if="myChecked"></td>
    <td>{{myItem.Company}}</td></tr>
  </template></table></div>
<style>
 tr{background-color:lightblue;}
 table{width: 400px; margin-left: 20px;}
</style>
<script>
 Vue.component("mycomponent", {template:
      '<tr><td><img src='images/img288.png' style='width:26px;'/></td></tr>'})
 new Vue({ el: '#myVue',
          data:{myChecked:false,
                myItems:
   [{Name : "jQuery炫酷应用实例集锦",Company : "清华大学出版社"},
    {Name : "Effective Java中文版",Company : "机械工业出版社" },
    {Name : "Spring Boot编程思想",Company : "电子工业出版社"},
    {Name : "Python零基础入门学习",Company : "清华大学出版社"}],},
          filters : { myUpperCase : function(myText){
                           return myText.toString().toUpperCase();
                      }, }, })
</script></body>
```

在上面这段代码中，<td is="mycomponent" v-if="myChecked">表示使用自定义全局组件mycomponent替换<td>。实际测试表明：在此实例中，<td v-if="myChecked"><mycomponent></mycomponent></td>与<td is="mycomponent" v-if="myChecked"></td>的效果相同。

此实例的源文件是MyCode\ChapD\ChapD145.html。

278 在全局组件内部调用外部方法

此实例主要通过使用this.$emit("自定义事件")，实现在全局组件内部调用外部(Vue实例)的方法。当在浏览器中显示页面时，如果不勾选复选框，则下面的文本以普通效果显示，如图278-1所示；如果勾选复选框，则下面的文本以阴影特效显示，如图278-2所示。

图 278-1

图 278-2

主要代码如下：

```
<body><br><center><div id="myVue">
   <mycomponent v-on:myouter="onMyOuter"></mycomponent>
  <div v-bind:style="myChecked?{textShadow:myShadow}:''">
   <h2>问世间,情为何物,直教生死相许?</h2>
  </div></div></center>
<script>
 Vue.component('mycomponent', {
  template: '<label><input type="checkbox" ' +
            'v-on:click="onMyInner">是否显示阴影(全局组件)</label>',
  methods: { onMyInner: function () { this.$emit('myouter');  }, },
 })
 new Vue({ el: '#myVue',
          data: { myChecked: false,
                  myShadow: '3px 5px 5px #656B79', },
    methods: {onMyOuter:function (){ this.myChecked=!this.myChecked; },},})
</script></body>
```

在上面这段代码中，this.$emit('myouter')表示从全局组件内部触发自定义事件 myouter，v-on:myouter="onMyOuter"表示在自定义事件 myouter 被触发时，执行(外部)Vue 实例的 onMyOuter()方法。v-on:myouter 是自定义事件名称，可以任意命名，但是慎用大写字母。

此实例的源文件是 MyCode\ChapD\ChapD065.html。

279 在外部调用全局组件内部方法

此实例主要通过使用$refs 和 ref，实现在外部调用全局组件内部方法的效果。当在浏览器中显示页面时，蓝色的 div 块是一个全局组件，单击该全局组件的"在全局组件内部调用自身的方法"按钮，则将弹出一个提示框，效果分别如图 279-1 和图 279-2 所示。单击全局组件外面的"从外部调用全局组件内部的方法"按钮，则将弹出相同的(同一个)提示框。

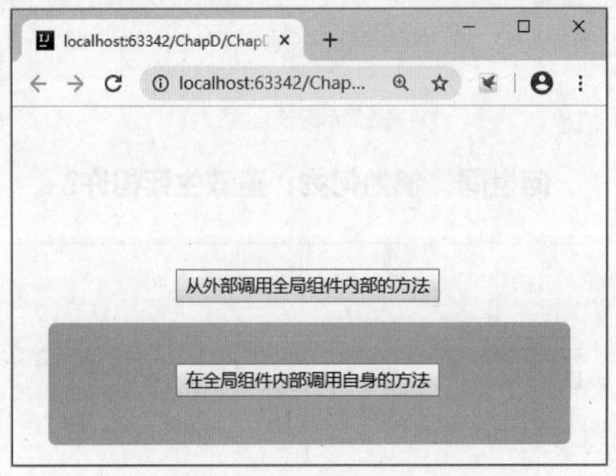

图 279-1

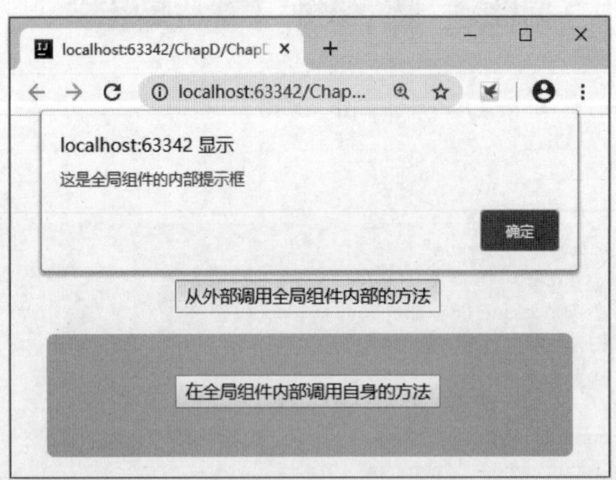

图 279-2

主要代码如下：

```
<body><center><div id="myVue" style="margin-top: 120px;">
  <p><button v-on:click="onClickButton">
        从外部调用全局组件内部的方法</button></p>
```

```
    <mycomponent ref = "myref"  style = "padding:30px;width:340px;
    height:30px;border - radius: 6px;background - color: lightblue"></mycomponent>
  </div></center>
<script>
  Vue.component('mycomponent', {
    template: '<div><button v - on:click = "onClickComponentButton">
                      在全局组件内部调用自身的方法</button></div>',
    methods: {onClickComponentButton() {
                alert("这是全局组件的内部提示框");
            }, }, })
  new Vue({el: '#myVue',
           methods: { onClickButton: function (){
                          this. $refs.myref.onClickComponentButton();
                      }, }, })
</script></body>
```

在上面这段代码中,ref="myref"用于设置引用全局组件的 ID 或标志。this. $refs. myref. onClickComponentButton()表示执行标志为 myref 的全局组件的 onClickComponentButton()方法。在 Vue.js 中,如果 ref 添加在组件上,则使用 this. $refs.(ref 标志值)获取的是组件实例,然后就可以使用该组件的所有方法,在使用方法的时候直接采用 this. $refs.(ref 值). 方法()的格式即可。

此实例的源文件是 MyCode\ChapD\ChapD171. html。

280 从全局组件内部向外部传递数据

此实例主要通过使用 this. $emit("自定义事件","参数",),实现把全局组件内部的数据(参数)传递到外部(Vue 实例)的方法。当在浏览器中显示页面时,如果不勾选复选框,则下面的(外部)文本以普通效果显示,如图 280-1 所示。如果勾选复选框,则下面的(全局组件内部)文本以阴影特效显示,如图 280-2 所示。

图 280-1

图 280-2

主要代码如下：

```
<body><br><center><div id="myVue">
  <mycomponent v-on:myouter="onMyOuter"></mycomponent>
  <div v-bind:style="myChecked?{textShadow:myShadow}:''">
   <h2>{{myText}}</h2>
  </div></div></center>
<script>
 Vue.component('mycomponent', {
  template: '<label><input type="checkbox" ' +
      'v-on:click="onMyInner">是否显示阴影(全局组件)</label>',
  methods: { onMyInner: function () {
   var myComponentData = '人面不知何处去,桃花依旧笑春风。';
   this.$emit('myouter',myComponentData);
   }, },
 })
 new Vue({ el: '#myVue',
         data: { myChecked: false,
                 myText:'去年今日此门中,人面桃花相映红。',
                 myShadow: '3px 5px 5px #656B79', },
          methods: { onMyOuter: function (myData) {
                      this.myChecked = !this.myChecked;
                      this.myText = myData;
                     }, }, })
</script></body>
```

在上面这段代码中，this.$emit('myouter',myComponentData)表示从全局组件内部触发自定义事件 myouter，并且自带一个参数 myComponentData；v-on:myouter="onMyOuter"表示在自定义事件 myouter 被触发时，执行（外部）Vue 实例的 onMyOuter(myData)方法；在此过程中，myComponentData 的值将传递给 myData。

此实例的源文件是 MyCode\ChapD\ChapD066.html。

281 从外部向全局组件内部传递数据

此实例主要通过在自定义全局组件中添加 props，实现从外部向自定义全局组件内部传递数据的效果。当在浏览器中显示页面时，如果在输入框中输入贵州茅台的拼音缩写，如“GZMT”，则将显示贵州茅台股票的 K 线图，如图 281-1 所示；如果在输入框中输入航天科技的拼音缩写，如“HTKJ”，则将显示航天科技股票的 K 线图，如图 281-2 所示。

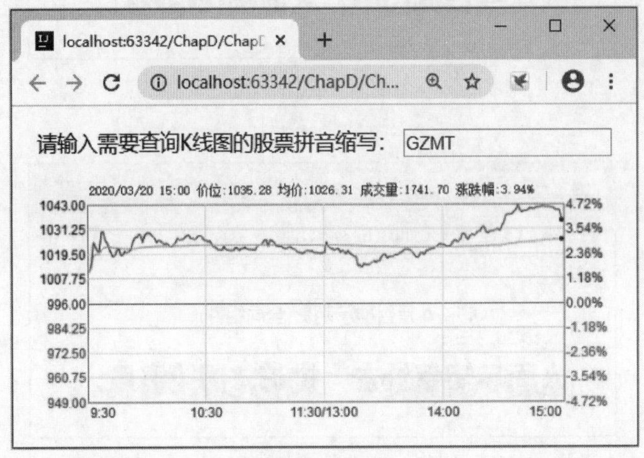

图 281-1

图 281-2

主要代码如下：

```
<body><center><div id="myVue">
  <p>请输入需要查询 K 线图的股票拼音缩写:
   <input type="text" v-model="myStock"/></p>
   <mycomponent :mypath=mySrc></mycomponent>
 </div></center>
<script>
 Vue.component('mycomponent', {
   props: ['mypath'],
   template:'<img  v-bind:src=mypath  style="width: 450px;"/>'
 })
 new Vue({ el: '#myVue',
          data:{myStock:'GZMT', },
          computed:{ mySrc:function () {
                     return 'images/img' + this.myStock + '.jpg'
                     }, }, })
</script></body>
```

在上面这段代码中，< mycomponent：mypath＝mySrc >表示将计算属性 mySrc 返回的数据从外部传递给自定义全局组件的 props 属性 mypath，当 template：'< img v-bind：src＝ mypath style＝"width：450px；"/>'需要从外部接收数据动态改变模板内容时，就需要添加 props 属性。需要注意的是：props 属性名称全部采用小写一般不会出现问题，一旦有大写字母就需要特别小心。例如，在此实例中，mypath、Path 都可以作为 props 属性名称，但是如果是 props：['myPath']，则使用时必须写成< mycomponent ：my-Path＝mySrc >。

此实例的源文件是 MyCode\ChapD\ChapD062.html。

282 在全局组件中实现双向传递数据

此实例主要通过使用 sync 修饰符，实现全局组件内部的数据与外部的数据进行双向传递的效果。当在浏览器中显示页面时，蓝色的 div 块是一个全局组件。如果不勾选复选框，则将从外部实现隐藏全局组件；如果单击全局组件上的“隐藏自定义组件”按钮，则将从内部实现隐藏全局组件：两者实现的功能相同，并且是通过操控共同的 myShow 变量(数据属性)实现的，即双向控制该变量。如果勾选复选框,则将从外部实现显示全局组件,效果分别如图 282-1 和图 282-2 所示。

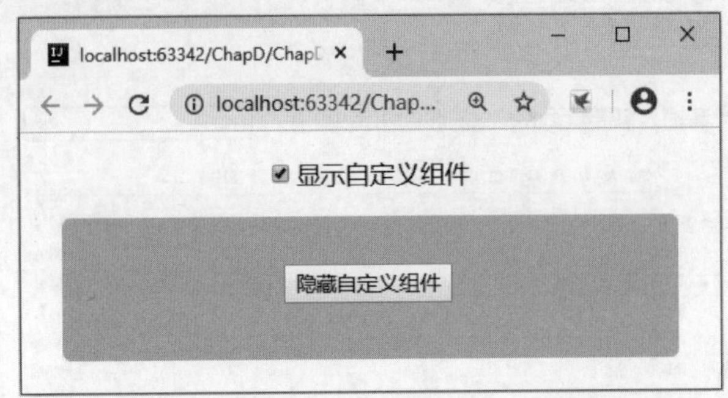

图 282-1

图 282-2

主要代码如下:

```
<body><center><div id="myVue">
  <p><label><input type="checkbox" v-model="myShow">显示自定义组件</label><p>
  <mycomponent v-bind:show.sync='myShow' style="padding:30px;width:340px;
  height:30px;border-radius: 6px;background-color: lightblue"></mycomponent>
 </div></center>
<script>
 Vue.component('mycomponent', {
  template: '<div v-show="show">
            <button v-on:click.stop="closeComponent">隐藏自定义组件</button>
            </div>',
  props:['show'],
  methods: {
   closeComponent() {
    //this.$emit('update:show',true);
    //this.$emit('update:show');
    this.$emit('update:show',false);          //设置 show 为 false;
   }, }, })
 new Vue({el: '#myVue',
         data:{ myShow:true,}, })
</script></body>
```

在上面这段代码中,v-bind:show.sync='myShow'的 sync 用于实现全局组件内部和外部的双向数据传递。在此实例中,如果是 v-bind:show='myShow',则只能通过勾选(或不勾选)复选框实现显示或隐藏全局组件,全局组件的“隐藏自定义组件”按钮根本不起作用。在 Vue.js 中,prop 属性是单向下行绑定：父级的 prop 属性更新会向下传递到子组件，但是反过来不行。当需要对 prop 属性进行双向传递数据时，则可以使用 sync 修饰符解决此问题。

此实例的源文件是 MyCode\ChapD\ChapD170. html。

283 在全局组件内部访问外部数据

此实例主要通过使用 this. $ parent，实现在全局组件内部访问外部数据的效果。当在浏览器中显示页面时，蓝色的 div 块是一个全局组件，输入框在全局组件的外部，单击全局组件的“在全局组件内部修改外部的数据”按钮，则输入框的数字将从 58 变为 100，效果分别如图 283-1 和图 283-2 所示。

图 283-1

图 283-2

主要代码如下：

```
<body><center><div id="myVue">
  <p>商品单价：<input type="number" v-model="myPrice"/></p>
  <mycomponent style="padding:30px;width:340px;
  height:30px;border-radius: 6px;background-color: lightblue"></mycomponent>
 </div></center>
<script>
 Vue.component('mycomponent', {
  template: '<div><button v-on:click="onClickComponentButton">
在全局组件内部修改外部的数据</button></div>',
  methods: {onClickComponentButton() {
    this.$parent.myPrice="100";
   }, }, })
 new Vue({el: '#myVue',
          data:{ myPrice: 58.00, }, })
</script></body>
```

在上面这段代码中,全局组件的 this. $parent. myPrice 代表该组件外部(父容器)的数据属性 myPrice,即 this. $parent 代表全局组件的父容器,以此类推可以访问父容器的其他属性,如数据属性、方法属性等。

此实例的源文件是 MyCode\ChapD\ChapD172. html。

284 在外部访问全局组件内部数据

此实例主要通过使用 this. $children,实现在外部访问全局组件内部数据的效果。当在浏览器中显示页面时,上面的 div 块代表全局组件 mycomponent1,下面的 div 块代表全局组件 mycomponent2,单击全局组件 mycomponent1 的"显示 mycomponent1 的数据"按钮,则将在弹出的提示框中显示 mycomponent1 的数据,效果分别如图 284-1 和图 284-2 所示。单击全局组件 mycomponent1 外面的"在外部访问 mycomponent1 的数据"按钮,也将在弹出的提示框中显示 mycomponent1 的数据。单击其他按钮将实现类似的功能。

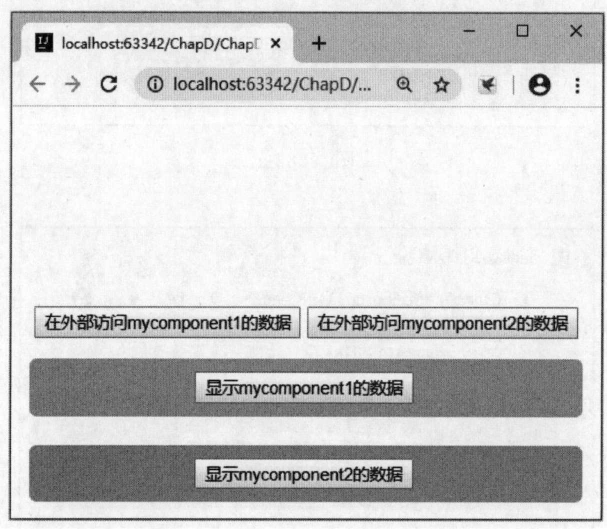

图 284-1

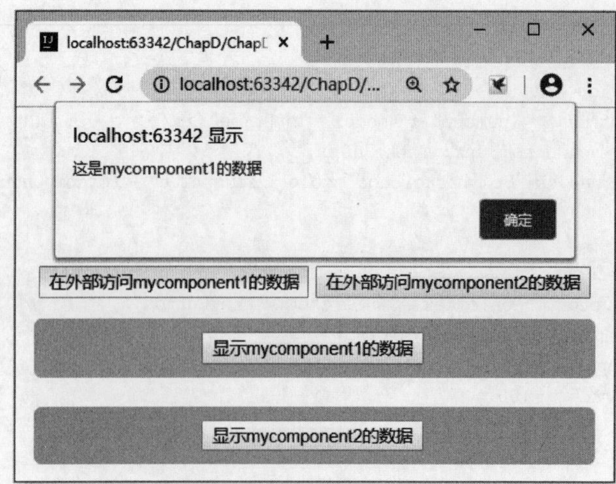

图 284-2

主要代码如下：

```
<body><center><div id="myVue" style="margin-top: 120px;">
  <p><button v-on:click="onClickButton1">
   在外部访问 mycomponent1 的数据</button>
   <button v-on:click="onClickButton2">
    在外部访问 mycomponent2 的数据</button></p>
  <mycomponent1 style="padding:10px;width:420px;height:24px;
  border-radius: 6px;background-color: lightblue"></mycomponent1><br>
  <mycomponent2 style="padding:10px;width:420px;height:24px;
  border-radius: 6px;background-color: lightpink"></mycomponent2>
 </div></center>
<script>
 Vue.component('mycomponent1', {
  template: '<div><button v-on:click="onClickComponentButton">
             显示 mycomponent1 的数据</button></div>',
  data(){return{myText:'这是 mycomponent1 的数据'}},
  methods: {onClickComponentButton() {
    alert(this.myText);
   }, }, })
 Vue.component('mycomponent2', {
  template: '<div><button v-on:click="onClickComponentButton">
             显示 mycomponent2 的数据</button></div>',
  data(){ return { myText:'这是 mycomponent2 的数据'} },
  methods: {onClickComponentButton() {
    alert(this.myText);
   }, }, })
 new Vue({el: '#myVue',
         methods: {onClickButton1: function () {
                     //this.$children[0].onClickComponentButton();
                     alert(this.$children[0].myText);
                    },
                   onClickButton2: function () {
                     //this.$children[1].onClickComponentButton();
                     alert(this.$children[1].myText);
                    }, }, })
</script></body>
```

在上面这段代码中，this. $children[0]代表父容器的第一个子(全局)组件，this. $children[1]代表父容器的第二个子(全局)组件。在 Vue. js 中，当使用全局组件的时候，全局组件与它所在的容器就形成了父子关系，且可以使用 this. $parent 代表父容器，this. $children[0]代表第一个子(全局)组件，其余以此类推。因此，在此实例中，this. $children[0]. myText 就代表 mycomponent1 全局组件的 myText 变量(数据属性)，this. $children[0]. onClickComponentButton()就代表 mycomponent1 全局组件的 onClickComponentButton()方法。

此实例的源文件是 MyCode\ChapD\ChapD173. html。

285 在全局组件中实现 todolist 功能

此实例主要通过在使用 Vue. component()创建全局组件时采用 this. $emit("自定义事件","参数",)和 props，在全局组件中实现 todolist 功能(即列表项操作功能)。当在浏览器中显示页面时，如果在输入框中输入"Visual C# 2005 数据库开发经典案例",然后单击"添加新书"按钮,则把该新书插入到下面的列表中;单击列表的任意一个列表项,则将删除该列表项,效果分别如图 285-1 和图 285-2 所示。

图 285-1

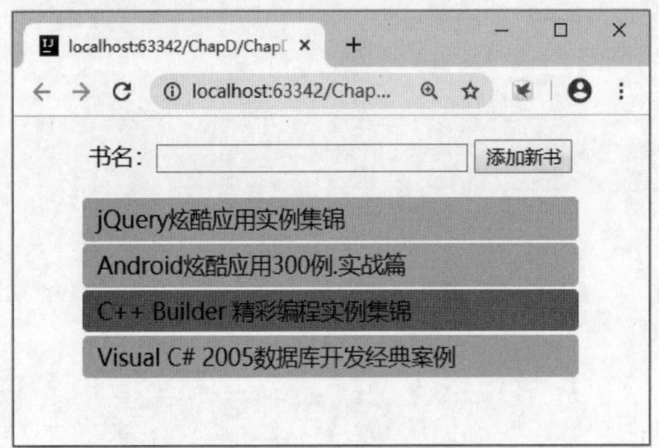

图 285-2

主要代码如下:

```
<body><center><div id="myVue" style="margin: 10px;">
 <p>书名:<input v-model="myBook" style="width: 220px;"/>
  <button v-on:click="onClickButton">添加新书</button></p>
  <mycomponent v-for="(myBook,myIndex) of myBooks"
            v-bind:key=" myIndex"
            v-bind:item="myBook"
            v-bind:index="myIndex"
            v-on:delete="onDeleteBook"></mycomponent>
</div></center>
<style>
 li{border-radius: 4px; display: inline-block;
  background-color: lightblue;width: 340px;margin-bottom: 2px;
  text-align: left;padding:4px;padding-left: 10px; }
 li:hover{ background-color: hotpink;
  transition: all 1s ease;}
</style>
<script>
```

```
Vue.component('mycomponent', {
  props:['item'],
  template: '<li v-on:click="onClickItem">{{item}}</li>',
  methods: { onClickItem: function (){
   this.$emit('delete'); }, },
 })
 new Vue({ el: "#myVue",
         data: { myBook: 'Visual C# 2005 数据库开发经典案例',
                myBooks:
    ['HTML5 + CSS3 炫酷应用实例集锦','jQuery 炫酷应用实例集锦',
    'Android 炫酷应用 300 例.实战篇','C++Builder 精彩编程实例集锦',],},
        methods: { onClickButton: function () {          //响应单击"添加新书"按钮
                    this.myBooks.push(this.myBook);
                    this.myBook = '';
                  },
                  onDeleteBook: function (index){       //响应单击即删除当前列表项
                    this.myBooks.splice(index,1);
                  }, }, })
</script></body>
```

在上面这段代码中，props:['item']表示 item 是从外部传入的数据，对应 v-bind:item= "myBook"。this.$emit('delete')表示激活(调用)delete 事件，对应 v-on:delete="onDeleteBook"。

此实例的源文件是 MyCode\ChapD\ChapD165.html。

286 在全局组件中绑定输入框数据

此实例主要通过使用$emit 处理输入框的 input 事件，在自定义全局组件中实现输入框数据的双向绑定的效果。当在浏览器中显示页面时，"(自定义组件)商品单价:"和"(原生输入框)购买数量:"两个输入框的输入效果完全相同，当输入不同的数字时，均会得到不同的乘积，效果分别如图 286-1 和图 286-2 所示。

图 286-1

图 286-2

主要代码如下：

```
<body><center><div id="myVue"><br>
 (自定义组件)商品单价:<mycomponent v-model="myPrice"></mycomponent><br>
 (原生输入框)购买数量:<input type="number" v-model="myQuantity"/><br>
 <h4>应付金额: {{myPrice * myQuantity}}元</h4>
</div></center>
<script>
 Vue.component("mycomponent",{
  template:'<input type="number"
               v-on:input="$emit('input', $event.target.value)">'})
 new Vue({el: '#myVue',
         data:{myPrice: 58.00, myQuantity:1, },})
</script></body>
```

在上面这段代码中，v-on:input="$emit('input', $event.target.value)"用于当输入框的内容发生改变时通过$event.target.value将改变之后的输入框内容传递给v-model属性指定的变量(此实例即为v-model="myPrice")。在默认情况下，如果自定义组件的input元素没有v-on:input="$emit('input', $event.target.value)"，则只能从外部接收数据(v-model="myPrice")，不能向外传递内部改变之后的数据。在Vue.js中，v-model其实只是一个语法糖，即<input type="number" v-model="myPrice"></input>的真实面目是<input type="number" v-bind:value="myPrice" v-on:input="myPrice=$event.target.value">。

此实例的源文件是MyCode\ChapD\ChapD147.html。

287 在全局组件中控制属性继承

此实例主要通过使用inheritAttrs和$attrs，控制自定义全局组件是否继承父组件属性。当在浏览器中显示页面时，虽然两个输入框均设置了placeholder属性值，但是只有"用户名称:"输入框显示占位提示信息"请在此输入用户名称"，"联系电话:"输入框的占位提示信息(placeholder="请在此输入联系电话")不起作用，如图287-1所示。

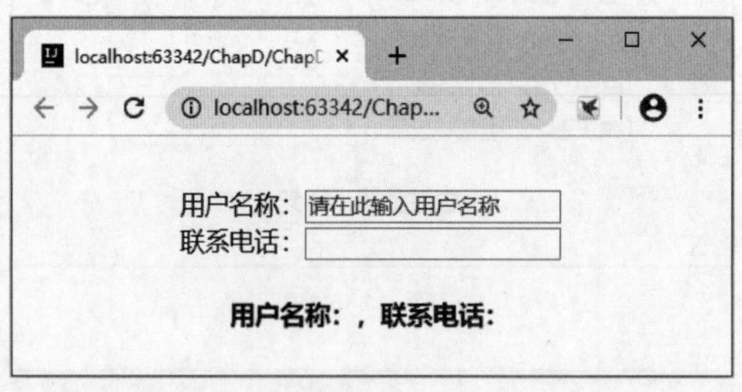

图 287-1

主要代码如下：

```
<body><center><div id="myVue"><br>
  用户名称:<mycomponent1 v-model="myName"
                  placeholder="请在此输入用户名称"></mycomponent1><br>
  联系电话:<mycomponent2 v-model="myPhone"
                  placeholder="请在此输入联系电话"></mycomponent2><br>
```

```
<h4>用户名称：{{myName}}，联系电话：{{myPhone}}</h4>
</div></center>
<script>
 Vue.component("mycomponent1",{inheritAttrs: false,
  template:'<input type="text" v-bind="$attrs"
               v-on:input="$emit('input', $event.target.value)">'})
 Vue.component("mycomponent2",{inheritAttrs: false,
  template:'<input type="text"
               v-on:input="$emit('input', $event.target.value)">'})
 new Vue({el: '#myVue',
         data:{myName: "", myPhone:"", },})
</script></body>
```

在上面这段代码中，inheritAttrs: false 表示禁止自定义全局组件继承父组件属性(inheritAttrs: true 是默认值，表示继承除 props 之外的所有属性；inheritAttrs: false 表示只继承 class 属性，其他属性禁止继承)，因此使用 mycomponent2 创建的"联系电话："输入框虽然设置了 placeholder="请在此输入联系电话"，但是不起作用。$attrs 表示继承所有的父组件属性(除了 prop 传递的属性、class 和 style)，因此虽然 mycomponent1 设置了 inheritAttrs:false，但是也同时设置了 v-bind="$attrs"，因此使用 mycomponent1 创建的"用户名称："输入框仍然根据属性设置(placcholder="请在此输入用户名称")来显示占位提示信息"请在此输入用户名称"。

此实例的源文件是 MyCode\ChapD\ChapD174.html。

288 在全局组件中绑定复选框数据

此实例主要通过设置 input 元素的 v-bind:checked(数据)和 v-on:input(事件)，在自定义全局组件中实现复选框数据的双向绑定的效果。当在浏览器中显示页面时，如果不勾选复选框，则效果如图 288-1 所示；如果勾选复选框，则效果如图 288-2 所示。

图 288-1

主要代码如下：

```
<body><center><div id="myVue">
 <p><label><mycomponent v-model="myChecked">
              </mycomponent>是否切换商品(自定义全局组件)</label></p>
```

图 288-2

```
<img src="images/img289.jpg" v-if="myChecked" />
 <img src="images/img290.jpg" v-if="!myChecked" />
</div></center>
<script>
 Vue.component("mycomponent",{
  props:{checked:Boolean},
  model:{prop:"checked",},
  template:'<input type="checkbox" v-bind:checked="checked"
                 v-on:input="$emit('input', $event.target.checked)">'})
 new Vue({ el: '#myVue',
         data:{myChecked:true,},})
</script></body>
```

在上面这段代码中，v-bind:checked="checked"用于将外部数据传入自定义全局组件的复选框。v-on:input="$emit('input', $event.target.checked)"用于自定义全局组件向外部传出复选框改变之后的数据，实际上这行代码也可以通过 change 事件实现，代码如下：

```
<body><center><div id="myVue">
 <p><label><mycomponent v-model="myChecked">
           </mycomponent>是否切换商品(自定义全局组件)</label></p>
 <img src="images/img289.jpg" v-if="myChecked" />
 <img src="images/img290.jpg" v-if="!myChecked" />
</div></center>
<script>
 Vue.component("mycomponent",{
  props:{checked:Boolean},
  model:{prop:"checked",event:"change"},
  template:'<input type="checkbox"
                 v-bind:checked="checked"
                 v-on:change="$emit('change', $event.target.checked)">'})
 new Vue({el: '#myVue',
         data:{myChecked: true,},})
</script></body>
```

此实例的源文件是 MyCode\ChapD\ChapD148.html。

289　在全局组件中绑定滑块数据

此实例主要通过设置 input 元素的 type="range"和 v-on:input="$emit('input', $event.target.value)",在自定义全局组件中实现滑块数据双向绑定的效果。当在浏览器中显示页面时,任意拖动滑块,即可任意改变图像的大小,效果分别如图 289-1 和图 289-2 所示。

图　289-1

图　289-2

主要代码如下:

```
<body><center><div id="myVue">
 <p>调节图像大小:<mycomponent v-model="myValue"  min="0"
                         max="350" style="width:250px;"></mycomponent></p>
 <img  src="images/img291.jpg" v-bind:width="myValue" />
</div></center>
<script>
 Vue.component("mycomponent",{
  template:'<input type="range"
                 v-on:input="$emit('input', $event.target.value)">'})
 new Vue({ el: '#myVue',
         data:{ myValue:350, },})
</script></body>
```

在上面这段代码中，type="range"表示使用 input 元素创建滑块。v-on:input= "$emit('input', $event.target.value)"用于自定义全局组件向外部传出滑块位置改变之后的数据(value)。

此实例的源文件是 MyCode\ChapD\ChapD149.html。

290 在全局组件中添加混入对象

此实例主要通过在 Vue.extend()中添加混入(mixins)指定的混入对象，实现在自定义全局组件中添加混入对象的效果。当在浏览器中显示页面时，每单击一次"新增自定义混入对象组件"按钮，则将增加一个布娃娃图像，效果分别如图 290-1 和图 290-2 所示。

图 290-1

图 290-2

主要代码如下：

```
<body><center><div id="myVue">
 <P><input  type="button" value="新增自定义混入对象组件"
      v-on:click="new mycomponent(); " style="width:350px;height:26px;"/></P>
</div></center>
```

```
<script>
 var myMixinObject = {
  created: function () { this.addImage(); },
  methods: {addImage: function () {
    var myElement = document.createElement("img");
    myElement.setAttribute("src", "images/img292.jpg");
    document.body.appendChild(myElement);
   }, }, };
 var mycomponent = Vue.extend({mixins: [myMixinObject] });
 Vue.component('myComponent',mycomponent);
 new Vue({el: '#myVue',})
</script></body>
```

在上面这段代码中，mycomponent = Vue.extend({mixins: [myMixinObject] })的 mixins 用于指定混入对象，混入对象可以包含任意组件选项，当组件使用混入对象时，所有混入对象的选项将被混入该组件本身的选项。

此实例的源文件是 MyCode\ChapD\ChapD150.html。

291　在 Vue 实例中混入同名混入对象

此实例主要通过在 Vue 实例中添加混入(mixins)指定的混入对象(mixins: [mymixin])，实现 Vue 实例与混入对象的选项合并的效果。当在浏览器中显示页面时，单击"测试 mixin 的方法" 按钮，则效果如图 291-1 所示；单击"测试 Vue 的方法"按钮，则效果如图 291-2 所示。单击"测试同名方法"按钮，则效果如图 291-3 所示(仅响应来自 Vue 的 samemethod，不响应来自 mixin 的 samemethod)。

图　291-1

图　291-2

图 291-3

主要代码如下：

```
<body><center><div id="myVue" style="padding-top: 100px;">
 <P><input  type="button" value="测试 mixin 的方法"
              v-on:click="mixinmethod()" style="width:120px;height:26px;"/>
     <input  type="button" value="测试 Vue 的方法"
              v-on:click="vuemethod()" style="width:120px;height:26px;"/>
     <input  type="button" value="测试同名方法"
              v-on:click="samemethod()" style="width:120px;height:26px;"/></P>
</div></center>
<script>
 var mymixin = {  methods: {
   mixinmethod: function(){ alert("响应来自 mixin 的 mixinmethod");},
   samemethod: function(){ alert("响应来自 mixin 的 samemethod"); }, }, };
 var vm = new Vue({  el: '#myVue',
                      mixins: [mymixin],
                      methods: {
   vuemethod: function () {alert("响应来自 Vue 的 vuemethod"); },
   samemethod: function () {alert("响应来自 Vue 的 samemethod"); }, }, });
</script></body>
```

在上面这段代码中，mixins: [mymixin]用于在 Vue 实例中合并 mymixin 混入对象。如果两者的 methods 选项中有相同的函数名称，则 Vue 实例的同名函数优先级较高，即此实例仅响应来自 Vue 的 samemethod，不响应来自 mixin 的 samemethod。

此实例的源文件是 MyCode\ChapD\ChapD151.html。

292 使用全局混入对象创建 Vue 实例

此实例主要通过使用 Vue 的 mixin()方法，实现创建全局混入对象的效果，并据此创建 Vue 实例。当在浏览器中显示页面时，单击"增加小狗图像"按钮，则将增加一个小狗图像(即根据选项使用全局混入对象创建一个 Vue 实例)，如图 292-1 所示；单击"增加兔子图像"按钮，则将增加一个兔子图像(即根据选项使用全局混入对象创建一个 Vue 实例)，如图 292-2 所示。

主要代码如下：

```
<body><center><div id="myVue">
 <P><input  type="button" value="增加小狗图像"
```

图 292-1

图 292-2

```
              v-on:click="new Vue({myOption:'images/img294.jpg'}); "
              style="width:180px;height:26px;"/>
     <input  type="button" value="增加兔子图像"
              v-on:click="new Vue({myOption:'images/img295.jpg'}); "
              style="width:180px;height:26px;"/></P>
 <div id="myDiv"></div>
</div></center>
<script>
 Vue.mixin({created: function () {
   var myOption  = this.$options.myOption
   if (myOption) {
    var myElement  = document.createElement("img");
    myElement.setAttribute("src",myOption);
    document.getElementById("myDiv").appendChild(myElement);
   }  }, })
 new Vue({el: '#myVue',});
</script></body>
```

在上面这段代码中，myOption = this.$options.myOption 用于为自定义选项 myOption 加入

一个处理器。Vue. mixin()用于创建全局混入对象。new Vue({myOption: 'images /img294. jpg'})用于根据自定义选项创建的全局混入对象创建 Vue 实例。需要注意的是：一旦使用全局混入对象，将会影响到所有之后创建的 Vue 实例，在使用恰当时，可以为自定义对象加入处理逻辑。

此实例的源文件是 MyCode\ChapD\ChapD152. html。

293 创建并使用局部组件

此实例主要通过在 components 属性中注册组件，实现创建并使用自定义局部组件的效果。当在浏览器中显示页面时，如果在输入框中输入贵州茅台的拼音缩写，如“GZMT”，则将显示贵州茅台股票的 K 线图(即局部组件 mycomponent1)，如图 293-1 所示；如果在输入框中输入中国石油的拼音缩写，如“ZGSY”，则将显示中国石油股票的 K 线图(即局部组件 mycomponent2)，如图 293-2 所示。

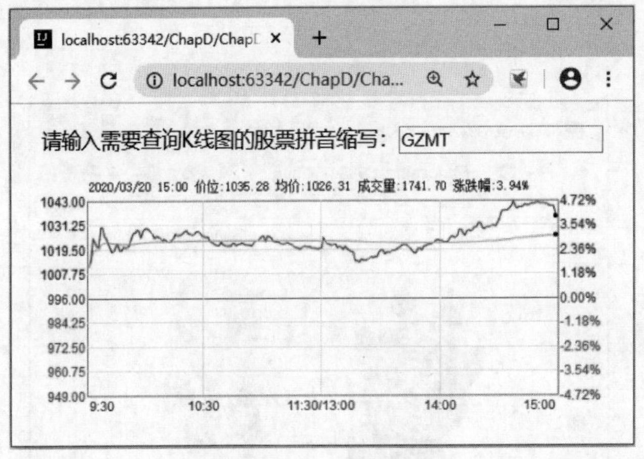

图　293-1

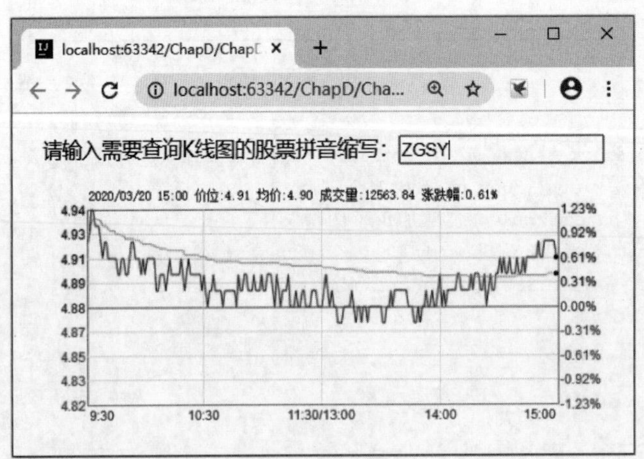

图　293-2

主要代码如下：

```
<body><center><div id="myVue">
  <p>请输入需要查询 K 线图的股票拼音缩写:
        <input type="text" v-model="myStock"/></p>
  <mycomponent1 v-if="this.myStock === this.myStocks[0]"></mycomponent1>
```

```
    <mycomponent2 v-if="this.myStock === this.myStocks[1]"></mycomponent2>
    <mycomponent3 v-if="this.myStock === this.myStocks[2]"></mycomponent3>
    <mycomponent4 v-if="this.myStock === this.myStocks[3]"></mycomponent4>
  </div></center>
<script>
 new Vue({ el: '#myVue',
          data:{myStock:'GZMT',
                myStocks:["GZMT","ZGSY","ZGPA","SZZS",], },
          components: { 'mycomponent1':
         {template: '<img src="images/img223.jpg"  style="width: 450px;"/>'},
                        'mycomponent2':
         {template:'<img src="images/img224.jpg"  style="width: 450px;"/>'},
                        'mycomponent3':
         {template:'<img src="images/img225.jpg"  style="width: 450px;"/>'},
                        'mycomponent4':
         {template: '<img src="images/img222.jpg" style="width: 450px;"/>'},
                       }, })
</script></body>
```

在上面这段代码中，mycomponent1、mycomponent2、mycomponent3、mycomponent4 代表在 Vue 实例的 components 属性中注册的四个局部组件，由于局部组件注册在 Vue 实例内部，所以它不能在其他 Vue 实例中使用；一般情况下，局部组件应该挂载到某个 Vue 实例上，否则不会生效。

此实例的源文件是 MyCode\ChapD\ChapD057.html。

294 在根实例外部创建局部组件

此实例主要通过将 components 属性的组件构造器的内容放置在根实例外部，实现在根实例外部自定义局部组件的效果。当在浏览器中显示页面时，如果在输入框中输入上证指数的拼音缩写，如"SZZS"，则将显示上证指数的 K 线图(即局部组件 mycomponent4)，如图 294-1 所示；如果在输入框中输入中国平安的拼音缩写，如"ZGPA"，则将显示中国平安股票的 K 线图(即局部组件 mycomponent3)，如图 294-2 所示。

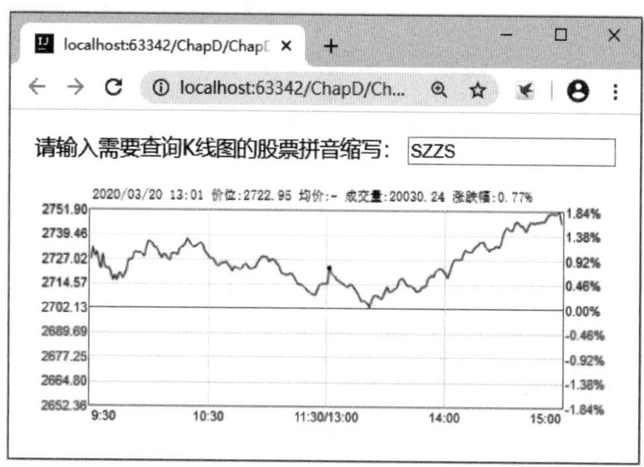

图 294-1

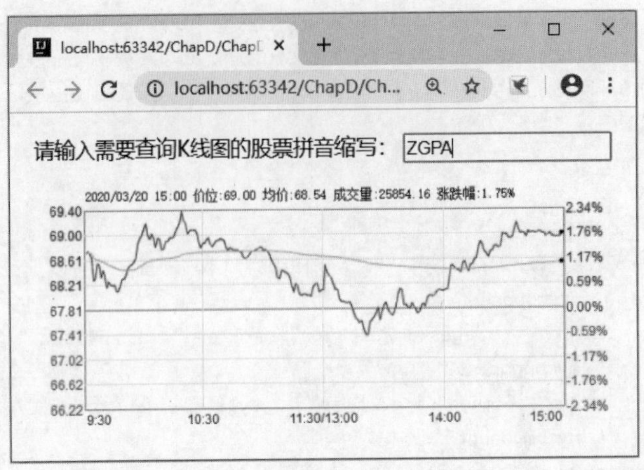

图 294-2

主要代码如下：

```
<body><center><div id="myVue">
  <p>请输入需要查询 K 线图的股票拼音缩写：
   <input type="text" v-model="myStock"/></p>
  <mycomponent1 v-if="this.myStock === this.myStocks[0]"></mycomponent1>
  <mycomponent2 v-if="this.myStock === this.myStocks[1]"></mycomponent2>
  <mycomponent3 v-if="this.myStock === this.myStocks[2]"></mycomponent3>
  <mycomponent4 v-if="this.myStock === this.myStocks[3]"></mycomponent4>
 </div></center>
<script>
var myOption1 =
        {template:'<img src="images/img223.jpg" style="width: 450px;"/>'};
var myOption2 =
        {template:'<img src="images/img224.jpg" style="width: 450px;"/>'};
var myOption3 =
        {template:'<img src="images/img225.jpg" style="width: 450px;"/>'};
var myOption4 =
        {template:'<img src="images/img222.jpg" style="width: 450px;"/>'};
 new Vue({ el: '#myVue',
          data:{myStock:'SZZS',
                myStocks:["GZMT","ZGSY","ZGPA","SZZS",], },
  components: {'mycomponent1':myOption1, 'mycomponent2':myOption2,
               'mycomponent3':myOption3, 'mycomponent4':myOption4, }, })
</script></body>
```

在上面这段代码中，components:{ 'mycomponent1':myOption1,...}的 mycomponent1 是自定义组件名称，myOption1 是组件构造器，如果 myOption1 组件构造器的内容比较简单，则应该直接放在 components 属性中；但是如果 myOption1 组件构造器的内容比较复杂，则应该将其放在根实例的外面。也可以参考下面的代码在根实例外部创建自定义局部组件：

```
<body><center><div id="myVue">
  <p>请输入需要查询 K 线图的股票拼音缩写：
   <input type="text" v-model="myStock"/></p>
  <mycomponent1 v-if="this.myStock === this.myStocks[0]"></mycomponent1>
```

```
  <mycomponent2 v-if="this.myStock === this.myStocks[1]"></mycomponent2>
  <mycomponent3 v-if="this.myStock === this.myStocks[2]"></mycomponent3>
  <mycomponent4 v-if="this.myStock === this.myStocks[3]"></mycomponent4>
 </div></center>
<script>
  var myTemplate1 = '<img src="images/img223.jpg"  style="width: 450px;"/>';
  var myTemplate2 = '<img src="images/img224.jpg"  style="width: 450px;"/>';
  var myTemplate3 = '<img src="images/img225.jpg"  style="width: 450px;"/>';
  var myTemplate4 = '<img src="images/img222.jpg"  style="width: 450px;"/>';
  var mycomponent1 = { template:myTemplate1};
  var mycomponent2 = { template:myTemplate2};
  var mycomponent3 = { template:myTemplate3};
  var mycomponent4 = { template:myTemplate4};
 new Vue({ el: '#myVue',
          data:{myStock:'SZZS',
          myStocks:["GZMT","ZGSY","ZGPA","SZZS",], },
   components: {mycomponent1,mycomponent2,mycomponent3,mycomponent4,}, })
</script></body>
```

此实例的源文件是 MyCode\ChapD\ChapD059.html。

295 在 script 标签中创建局部组件

此实例主要通过将 components 属性的局部组件的内容放置在 script 标签中，实现在 script 标签中自定义局部组件的效果。当在浏览器中显示页面时，如果在输入框中输入中信证券的拼音缩写，如“ZXZQ”，则将显示中信证券股票的 K 线图(即局部组件 mycomponent2)，如图 295-1 所示；如果在输入框中输入航天科技的拼音缩写，如“HTKJ”，则将显示航天科技股票的 K 线图(即局部组件 mycomponent3)，如图 295-2 所示。

图 295-1

主要代码如下：

```
<body><center><div id="myVue">
  <p>请输入需要查询 K 线图的股票拼音缩写:
   <input type="text" v-model="myStock"/></p>
```

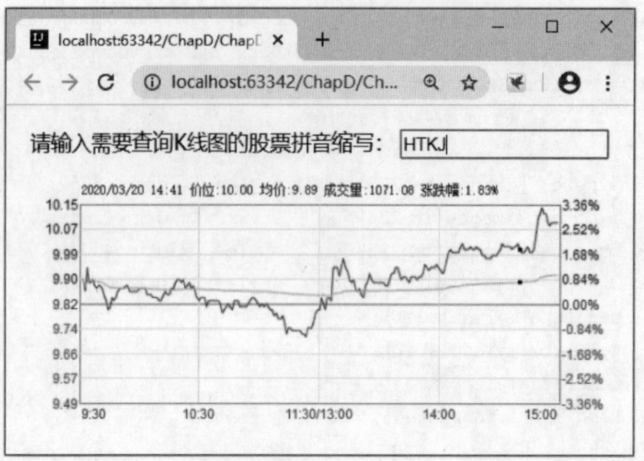

图 295-2

```
   <mycomponent1 v-if="this.myStock==this.myStocks[0]"></mycomponent1>
   <mycomponent2 v-if="this.myStock==this.myStocks[1]"></mycomponent2>
   <mycomponent3 v-if="this.myStock==this.myStocks[2]"></mycomponent3>
  </div></center>
 <script type="text/template" id="myHtml1">
  <div><img src="images/img223.jpg"  style="width: 450px;"/></div>
 </script>
 <script type="text/template" id="myHtml2">
  <div><img src="images/img228.jpg"  style="width: 450px;"/></div>
 </script>
 <script type="text/template" id="myHtml3">
  <div><img src="images/img229.jpg"  style="width: 450px;"/></div>
 </script>
 <script>
 var mycomponent1={template:'#myHtml1'};
 var mycomponent2={template:'#myHtml2'};
 var mycomponent3={template:'#myHtml3'};
  new Vue({ el: '#myVue',
            data:{ myStock:'GZMT',
                   myStocks:["GZMT","ZXZQ","HTKJ",], },
            components: {mycomponent1,mycomponent2,mycomponent3,},})
 </script></body>
```

在上面这段代码中，<script type="text/template" id="myHtml1">的 id="myHtml1"用于设置局部组件的 template 属性值，并且需要添加“#”符号，如：var mycomponent1={template:'#myHtml1'}。上面这段代码也可以写成如下格式：

```
 <body><center><div id="myVue">
   <p>请输入需要查询 K 线图的股票拼音缩写:
    <input type="text" v-model="myStock"/></p>
   <mycomponent1 v-if="this.myStock==this.myStocks[0]"></mycomponent1>
   <mycomponent2 v-if="this.myStock==this.myStocks[1]"></mycomponent2>
   <mycomponent3 v-if="this.myStock==this.myStocks[2]"></mycomponent3>
  </div></center>
 <script type="text/template" id="myHtml1">
  <div><img src="images/img223.jpg"  style="width: 450px;"/></div>
```

```
</script>
<script type="text/template" id="myHtml2">
 <div><img src="images/img228.jpg"  style="width: 450px;"/></div>
</script>
<script type="text/template" id="myHtml3">
 <div><img src="images/img229.jpg"  style="width: 450px;"/></div>
</script>
<script>
 new Vue({ el: '#myVue',
          data:{myStock:'GZMT',
          myStocks:["GZMT","ZXZQ","HTKJ",], },
          components: {'mycomponent1':{template:'#myHtml1'},
                      'mycomponent2':{template:'#myHtml2'},
                      'mycomponent3':{template:'#myHtml3'}, },})
</script></body>
```

此实例的源文件是 MyCode\ChapD\ChapD060.html。

296 使用 component 动态指定组件

此实例主要通过在内置组件<component>中使用 v-bind:is,实现动态设置组件。当在浏览器中显示页面时,如果单击"科技类图书"按钮,则将在下面显示科技类图书(即使用 mycomponent1 替换 component),如图 296-1 所示;如果单击"文艺类图书"按钮,则将在下面显示文艺类图书(即使用 mycomponent2 替换 component),如图 296-2 所示;如果单击"财经类图书"按钮,则将在下面显示财经类图书(即使用 mycomponent3 替换 component)。

图 296-1

主要代码如下:

```
<body><center><div id="myVue">
<p><button v-on:click="myselected('1')">科技类图书</button>
    <button v-on:click="myselected('2')">文艺类图书</button>
```

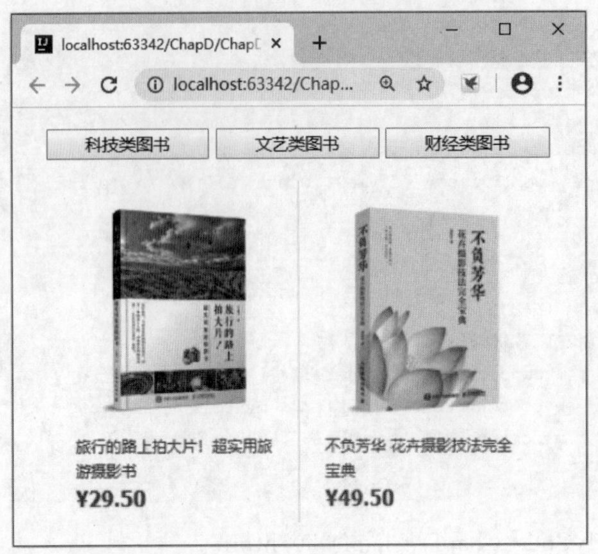

图 296-2

```
    <button v-on:click="myselected('3')">财经类图书</button></p>
  <component v-bind:is="mycomponent"></component>
 </div></center>
 <style>
  button{width: 130px;}
 </style>
 <script>
  new Vue({ el:"#myVue",
          data:{mycomponent:"mycomponent1"},
          methods:{ myselected:function(x){
                    this.mycomponent = "mycomponent" + x;
                 },},
          components:{
                 mycomponent1:{template:'<img src="images/img208.jpg" />'},
                 mycomponent2:{template:'<img src="images/img209.jpg" />'},
                 mycomponent3:{template:'<img src="images/img211.jpg" />'}},});
 </script></body>
```

在上面这段代码中，<component v-bind:is="mycomponent">的 mycomponent 如果是“mycomponent1”，即<component is="mycomponent1">，则 component 就是 mycomponent1。在这里，内置组件 component 相当于占位的作用，只有当 component 指定 is 属性为具体的组件（如 mycomponent1）之后，component 才是一个实实在在的组件。

此实例的源文件是 MyCode\ChapD\ChapD137.html。

297 在父子组件中使用 $listeners

此实例主要通过在父子关系的组件中使用 $listeners，实现在父组件中监听子组件发生的事件的效果。当在浏览器中显示页面时，蓝色的 div 块代表父组件，紫色的 div 块代表子组件，如果单击子组件，则将弹出一个提示框，效果分别如图 297-1 和图 297-2 所示。

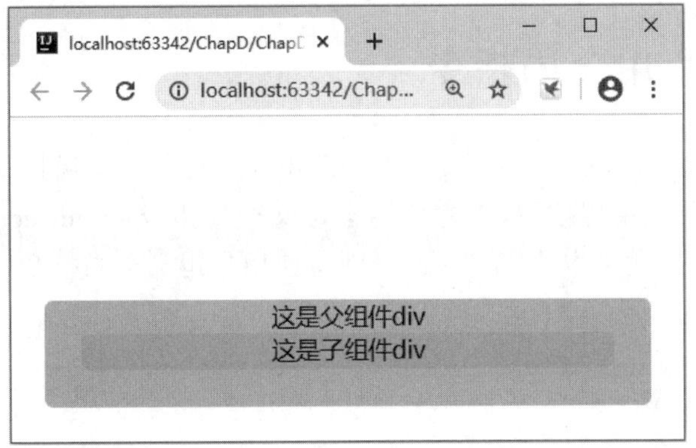

图 297-1

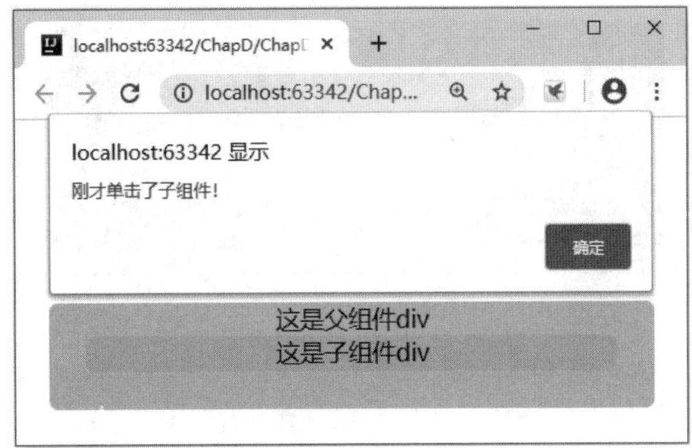

图 297-2

主要代码如下：

```
<body><center><div id="myVue" style="margin-top: 120px;">
 <myparentcomponent v-on:testclickchild="onClickChild"></myparentcomponent>
</div></center>
<script>
 new Vue({ el: '#myVue',
          methods: { onClickChild(){   alert('刚才单击了子组件!'); }, },
          components: { 'myparentcomponent': {
      template: '<div style="width:410px;height:70px;border-radius: 6px;
                      background-color: lightblue">这是父组件 div<br>
           <mychildcomponent v-on="$listeners"></mychildcomponent></div>',
                components: {'mychildcomponent': {
                   template: '<div v-on:click="$listeners.testclickchild"
                   style="width:360px;height:24px;border-radius: 6px;
                   background-color: lightpink">这是子组件 div</div>',
     }, }, }, }, })
</script></body>
```

在上面这段代码中，myparentcomponent 和 mychildcomponent 是父子关系的组件，v-on:click="$listeners.testclickchild"表示子组件发生 click 事件时，父组件的 $listeners.testclickchild 负责响应，即使用 v-on:testclickchild="onClickChild"响应子组件的 click 事件。testclickchild 是自定义事件，在命名时应该特别注意大小写。例如，testclickchild 是可以正常测试的，但是 testClickchild 测试无法通过。

此实例的源文件是 MyCode\ChapD\ChapD175.html。

298 创建并使用全局指令

此实例主要通过使用 Vue.directive(),实现创建并使用自定义全局指令的效果。当在浏览器中显示页面时,选择"圆角图像"单选按钮,则将使用自定义全局指令(mydirective)对图像进行圆角,效果如图 298-1 所示;选择"圆角文本块"单选按钮,则将使用自定义全局指令(mydirective)对文本块进行圆角,效果如图 298-2 所示。

图 298-1

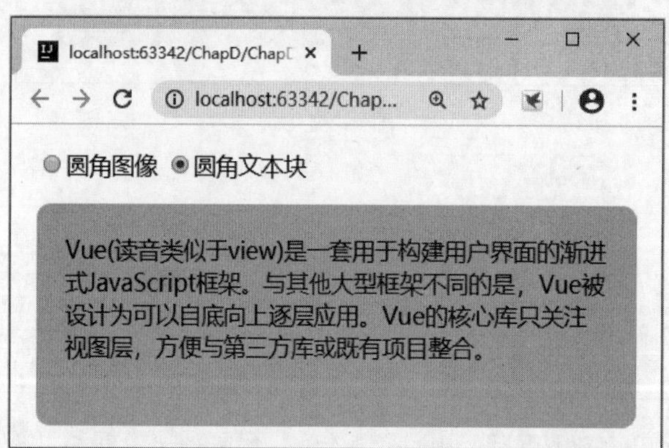

图 298-2

主要代码如下:

```
<body><div id="myVue" style="margin: 10px;">
 <p><label><input type="radio" v-bind:value="myTypes[0]"
                      v-model="myType">{{myTypes[0]}}</label>
  <label><input type="radio" v-bind:value="myTypes[1]"
                  v-model="myType">{{myTypes[1]}}</label></p>
 <img v-mydirective v-if='myType==myTypes[0]' src="images/img232.jpg" />
 <div v-mydirective  v-else>
  <div style="padding: 20px;text-align: left;">Vue(读音类似于 view)是一套用于构建用户界面的渐进式
JavaScript 框架。与其他大型框架不同的是,Vue 被设计为可以自底向上逐层应用。Vue 的核心库只关注视图
层,方便与第三方库或既有项目整合。</div>
 </div></div>
<script>
 // 注册一个全局自定义指令 v-mydirective
```

```
Vue.directive('mydirective', {
  inserted: function (myElement) {          //当元素插入 DOM 时执行
   myElement.style = "width: 420px;height:150px;
background-color:lightblue;border-radius:10px;";
  } })
 new Vue({ el: '#myVue',
          data:{ myType:'圆角文本块',
                myTypes:["圆角图像","圆角文本块"], }, })
</script></body>
```

在上面这段代码中，Vue.directive('自定义全局指令名称',{自定义内容})用于创建自定义全局指令，当使用自定义全局指令时，应该在自定义全局指令(mydirective)名称前面添加"v-"，如<img v-mydirective v-if='myType==myTypes[0]' src="images/img232.jpg"/>。需要注意的是：如果自定义全局指令名称包含大写字母(如 myDirective)，则在使用该自定义全局指令时需要在该大写字母前加"-"符号分隔，如<img v-my-Directive v-if='myType==myTypes[0]' src="images/img232.jpg"/>。

此实例的源文件是 MyCode\ChapD\ChapD074.html。

299 创建并使用带参数的全局指令

此实例主要通过在使用 Vue.directive()创建自定义全局指令时，在钩子函数中设置 binding 参数，实现从外部向全局指令传递参数的效果。当在浏览器中显示页面时，如果在输入框中输入不同的(圆角半径)数字，则图像将根据这些数字进行圆角，效果分别如图 299-1 和图 299-2 所示。

图 299-1

图 299-2

主要代码如下：

```
<body><center><div id="myVue" style="margin: 10px;">
 <p>请输入圆角半径：<input type="number" v-model="myRadius"/></p>
 <img v-mydirective="{myParam:myRadius,}" src="images/img235.jpg" />
</div></center>
<script>
 Vue.directive('mydirective', {
  update: function (myElement, binding) {
   myElement.style="width: 400px;height:150px; border-radius:"
        + binding.value.myParam + "px;";
  },
  inserted: function (myElement, binding) {
   myElement.style="width: 400px;height:150px; border-radius:"
        + binding.value.myParam + "px;";
  }, })
 new Vue({ el: '#myVue',
          data:{ myRadius:10,},})
</script></body>
```

在上面这段代码中，Vue.directive('mydirective'，{update：function (myElement，binding) { },})的binding参数是一个对象，包含以下属性。

(1) name：指令名，不包括v-前缀。

(2) value：指令的绑定值。例如：v-my-directive="1 + 1"，value的值是2。

(3) oldValue：指令绑定的前一个值，仅在update和componentUpdated钩子中可用。无论值是否改变都可用。

(4) expression：绑定值的表达式或变量名。例如：v-my-directive="1 + 1"，expression的值是"1 + 1"。

(5) arg：传给指令的参数。例如：v-my-directive:foo，arg的值是"foo"。

(6) modifiers：一个包含修饰符的对象。例如：v-my-directive.foo.bar，修饰符对象modifiers的值是{ foo：true，bar：true }。

update钩子函数用于被绑定元素所在的模板更新时调用，而不论绑定值是否变化。通过比较更新前后的绑定值，可以忽略不必要的模板更新。inserted钩子函数用于被绑定元素在插入父节点时调用。其他几个钩子函数分别是：bind钩子函数用于只调用一次，指令第一次绑定元素时调用，在这里可以进行初始化设置；componentUpdated钩子函数用于指令所在组件的VNode及其子VNode全部更新后调用；unbind钩子函数用于只调用一次，指令与元素解绑时调用。

此实例的源文件是MyCode\ChapD\ChapD076.html。

300 创建并使用多参数的全局指令

此实例主要通过以键值对的形式向自定义全局指令传递多个参数，并在自定义全局指令的函数中使用binding参数解析键名和键值，解决自定义全局指令的多参数传递问题。当在浏览器中显示页面时，如果在“字体颜色：”输入框中输入“hotpink”，在“字体大小：”输入框中输入“16px”，则将在下面以指定的颜色和大小显示文本，如图300-1所示；如果在“字体颜色：”输入框中输入“blue”，在“字体大小：”输入框中输入“32px”，也将在下面以指定的颜色和大小显示文本，如图300-2所示。

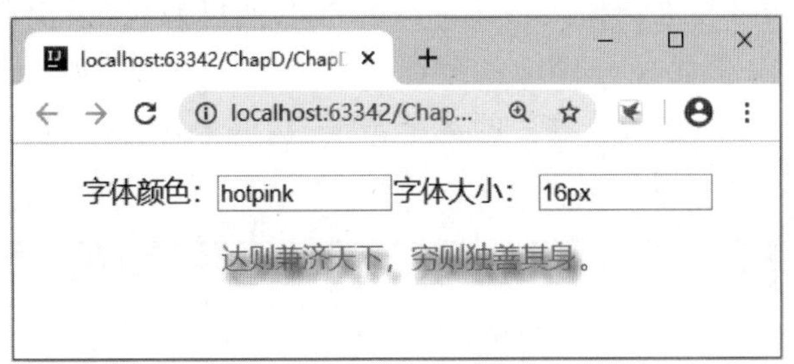

图　300-1

图　300-2

主要代码如下：

```
<body><center><div id="myVue">
 <p>字体颜色:<input type="text" v-model="myColor" style="width: 100px;"/>
     字体大小:<input type="text" v-model="mySize" style="width: 100px;"/></p>
 <span v-myparams="{color: myColor,size:mySize }"
   style="textShadow: 3px 5px 5px #656B79">达则兼济天下,穷则独善其身。</span>
</div></center>
<script>
 Vue.directive('myparams',  function (el, binding) {
   el.style.fontSize = binding.value.size;
   el.style.color = binding.value.color;
  },)
 new Vue({ el: '#myVue',
          data:{ myColor:'hotpink',
                 mySize:'16px',}, })
</script></body>
```

在上面这段代码中，v-myparams="{color: myColor,size:mySize }"的 color: myColor 键值对代表一个参数(及其值)，size:mySize 键值对代表一个参数(及其值)；el.style.color=binding.value.color 的 binding.value.color 即是 color: myColor，el.style.fontSize=binding.value.size 的 binding.value.size 即是 size:mySize。也可以将 v-myparams="{color: myColor,size:mySize }"的{color: myColor,size:mySize }直接理解为一个 JSON。

此实例的源文件是 MyCode\ChapD\ChapD122.html。

301　在全局指令中设置动态参数

此实例主要通过在使用 Vue.directive()创建自定义全局指令时，在钩子函数中设置动态参数，实现从外部不仅可以传递参数值，还可以传递参数名称的效果。当在浏览器中显示页面时，如果在"位置:"输入框中输入"left",在"长度:"输入框中输入"150",然后两次(一次取消,一次勾选)单击复选框,则图像根据输入的动态参数进行显示的效果如图 301-1 所示;如果在"位置:"输入框中输入"top",在"长度:"输入框中输入"150",然后两次单击(一次取消,一次勾选)复选框,则图像根据输入的动态参数进行显示的效果如图 301-2 所示。

图 301-1

图 301-2

主要代码如下:

```
<body><div id="myVue">
 <p>位置:<input type="text" v-model="direction" style="width: 100px;"/>
    长度:<input type="text" v-model="length" style="width: 100px;"/>
    重新显示图像<input type="checkbox" v-model="myChecked"></p>
<img v-my-Dynamic:[direction]=length v-if="myChecked" src="images/img280.jpg"/>
</div>
<script>
```

```
Vue.directive('myDynamic', {
  inserted: function (el, binding, vnode) {
   el.style.position = 'fixed'
   var myParam = binding.arg
   el.style[myParam] = binding.value + 'px'
  }, })
 new Vue({ el: '#myVue',
          data:{ myChecked:true,
                 direction: 'left',
                 length:150,},  })
</script></body>
```

在上面这段代码中，v-my-Dynamic:[direction]=length 的 direction 参数是一个动态参数，它可以根据不同的 Vue 实例数据进行重新定义，这使得自定义指令可以在应用中被灵活使用。在钩子函数 inserted: function (el, binding, vnode){}中，动态参数通过 binding.arg 来配置。

此实例的源文件是 MyCode\ChapD\ChapD120.html。

302　在全局指令中使用 bind 等钩子函数

此实例主要通过在使用 Vue.directive()创建自定义全局指令时使用 bind 和 unbind 钩子函数，实现在单击弹出窗口的外部区域时关闭弹出窗口的效果。当在浏览器中显示页面时，如果单击“简介”按钮，则将弹出一个简介窗口，单击简介窗口的外部区域，则将关闭该简介窗口，效果分别如图 302-1 和图 302-2 所示。

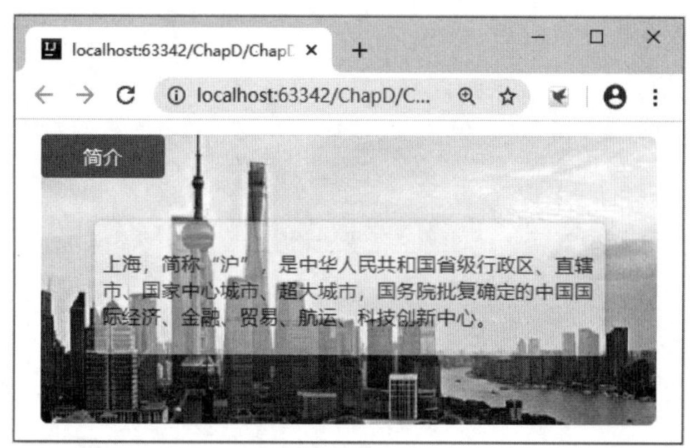

图　302-1

图　302-2

主要代码如下：

```
<body><div id="myApp" class="main">
 <div  v-mydirective="onCloseWindow">
 <button @click="myShow=!myShow" class="myButton">简介</button>
  <center><div class="myWindow" v-show="myShow">
   <p style="text-align: left">上海,简称"沪",是中华人民共和国省级行政区、直辖市、国家中心城市、超大城市,国务院批复确定的中国国际经济、金融、贸易、航运、科技创新中心。</p>
  </div></center></div></div>
<style>
 .main{ margin: 10px; width: 440px; height: 200px;
        background-image: url("images/img236.jpg"); border-radius: 6px; }
 .myButton{ display: block; width: 20%; color: #fff; background-color: #39f;
            border: 0; padding: 6px; text-align: center; font-size: 14px;
            border-radius: 4px; outline: none; position: relative;}
 .myWindow{ width:80%; height: 80px; padding: 6px; margin-top: 30px;
            font-size: 14px; background-color: lightyellow; opacity: 0.6;
            border-radius: 4px; box-shadow: 0 1px 6px rgba(0,0,0,.2); }
</style>
<script>
 Vue.directive('mydirective',{
  bind: function (el, binding, vnode) {
   function documentHandler(e) {
    if(el.contains(e.target)){  return false;  }
    if(binding.expression){
     binding.value(e);
     //alert(e.target);
    } }
   el.__vueClickOutside__ = documentHandler;
   document.addEventListener('click',documentHandler);
  },
  unbind: function (el, binding) {
   document.removeEventListener('click', el.__vueClickOutside__);
   delete el.__vueClickOutside__;
  } });
 new Vue({ el: '#myApp',
          data: { myShow: false, },
          methods: { onCloseWindow () { this.myShow = false; }, }, });
</script></body>
```

在上面这段代码中，bind 钩子函数在自定义全局指令第一次绑定元素时调用，此实例主要用于 document. addEventListener('click', documentHandler)，以便在单击元素外区域时执行 onCloseWindow()方法。unbind 钩子函数在自定义全局指令与元素解绑时调用，在此实例中即是 document. removeEventListener('click', el. __vueClickOutside__)，即移除单击事件监听。

此实例的源文件是 MyCode\ChapD\ChapD077. html。

303　在全局指令的钩子函数中添加事件

此实例主要通过在使用 Vue. directive()创建自定义全局指令时在 bind 钩子函数中使用 addEventListener()方法，实现为元素添加单击事件的效果。当在浏览器中显示页面时，如果单击图像(img 元素)，则图像将水平翻转，效果分别如图 303-1 和图 303-2 所示。

图 303-1

图 303-2

主要代码如下：

```
<body><center><div id = "myVue" style = "margin: 10px;">
 <img v - mydirective src = "images/img282.jpg"
      style = "width: 440px; height: 180px;border - radius: 8px;"/>
</div></center>
<script>
 Vue.directive('mydirective',  {bind: function (myElement, binding) {
  myElement.addEventListener('click', function (event) {
    myElement.style.transform = 'rotateY(180deg)';
  });}, })
 new Vue({ el: '#myVue',})
</script></body>
```

在上面这段代码中，myElement.addEventListener('click', function (event) {myElement.style.transform='rotateY(180deg)'; })用于为 myElement 元素(此实例为图像)添加 click 事件。在 Vue.js 中，通常在 bind 钩子函数中添加事件，在其他钩子函数中添加事件极有可能无效。

此实例的源文件是 MyCode\ChapD\ChapD123.html。

304 创建并使用未指定钩子的全局指令

此实例主要通过在使用 Vue.directive()创建自定义全局指令时不明确指定函数对应的钩子，实现自定义全局指令的函数支持所有钩子的效果。当在浏览器中显示页面时，如果向左拖动滑块，则图像的透明度增加(变朦胧),如图 304-1 所示;如果向右拖动滑块,则图像的透明度减小(变清晰),如图 304-2 所示。即滑块的值传递给自定义全局指令改变图像的透明度。

图 304-1

图 304-2

主要代码如下:

```
<body><center><div id="myVue">
 <p>调节透明度:<input type="range" v-model=myOpacity
                    min="0" max="100" style="width:300px;"></p>
 <img v-mylistener='myOpacity' src="images/img281.jpg"
        style="width: 410px; height: 160px;border-radius: 8px;"/>
</div></center>
<script>
 Vue.directive('mylistener', function (el, binding) {
  el.style.opacity=binding.value/100;
 })
 new Vue({ el: '#myVue',
          data:{ myOpacity:50, }, })
</script></body>
```

在上面这段代码中,自定义全局指令 Vue.directive('mylistener', function (el, binding) {el.style.opacity=binding.value/100; })无明确指定的钩子,因此它能够支持 Vue.js 全局指令的所有钩子,如果指定了钩子 bind,代码如下:

```
Vue.directive('mylistener',{bind:function (el, binding) {
    el.style.opacity = binding.value/100;
}})
```

则该自定义全局指令只有在页面初次显示时才改变图像的透明度,在此以后拖动滑块将无响应。

此实例的源文件是 MyCode\ChapD\ChapD121.html。

305 创建并使用局部指令

此实例主要通过在 directives 属性中添加自定义指令,实现创建并使用自定义的局部指令的效果。当在浏览器中显示页面时,选择"左旋风格"单选按钮,则使用自定义局部指令(mydirective1)对元素进行处理之后的效果如图 305-1 所示;选择"右旋风格"单选按钮,则使用自定义局部指令(mydirective2)对元素进行处理之后的效果如图 305-2 所示。

图 305-1

图 305-2

主要代码如下：

```
<body><div id="myVue" style="margin: 10px;">
 <center><p><label><input type="radio" v-bind:value="myTypes[0]"
                  v-model="myType">{{myTypes[0]}}</label>
           <label><input type="radio" v-bind:value="myTypes[1]"
                  v-model="myType">{{myTypes[1]}}</label></p><br>
 <div v-mydirective1 v-if='myType==myTypes[0]'>
 <img src="images/img234.jpg" />
  <p class="caption">每一幅世界名画都给人灵动的梦幻,美的享受。</p>
 </div>
 <div v-mydirective2 v-else>
   <img src="images/img234.jpg" />
   <p class="caption">每一幅世界名画都给人灵动的梦幻,美的享受。</p>
  </div></center></div>
<script>
 new Vue({ el: '#myVue',
         data:{ myType:'左旋风格',
                myTypes:["左旋风格","右旋风格"], },
  directives: {
   mydirective1: {inserted: function (myElement) {          //当元素插入 DOM 时执行
     myElement.style="width:294px;padding:10px 10px 20px 10px;border:1px solid #BFBFBF;white;box-shadow:2px 2px 3px gray;transform:rotate(7deg)";
    } },
   mydirective2: {inserted: function (myElement) {          //当元素插入 DOM 时执行
     myElement.style="width:294px;padding:10px 10px 20px 10px;border:1px solid #BFBFBF;box-shadow:2px 2px 3px gray;transform:rotate(-7deg)";
    } }, },
 })
</script></body>
```

在上面这段代码中，mydirective1 和 mydirective2 是两个在 directives 属性中创建的自定义局部指令，用于重置元素的样式。在 Vue.js 中，在 Vue 实例内部的 directives 属性中创建的自定义指令被称为局部指令，且仅能在该 Vue 实例中使用；在 Vue 实例外部使用 Vue.directive()方法创建的自定义指令被称为全局指令。无论是局部指令还是全局指令，在使用时均需要在指令名称前面添加“v-”，如：v-mydirective1 或 v-mydirective2。

此实例的源文件是 MyCode\ChapD\ChapD075.html。

306 使用 ref 和 $refs 操作 DOM 元素

此实例主要通过使用 ref 和 $refs，实现以操作 DOM 元素的方式移除元素的效果。当在浏览器中显示页面时，将同时显示名画图像和文本，如图 306-1 所示；单击“移除名画”按钮，则以操作 DOM 元素的方式移除名画图像，如图 306-2 所示。

主要代码如下：

```
<body><center><div id="myVue" style="width: 400px;text-align: left">
  <p>《拿破仑穿越阿尔卑斯山》是达维特第一次刻画的现世英雄,此前作者只塑造和歌颂古代和已故的英雄,由此可以看出他对拿破仑的崇拜之情。
   <button v-on:click="onClickButton">【移除名画】</button></p>
 <img ref="myRefImage" src="images/img233.jpg"
```

```
        style = "border - radius:10px;box - shadow:10px 10px 5px gray;"/>
  </div></center>
 <script>
  new Vue({ el: '#myVue',
          methods:{ onClickButton:function () {
                     this.$refs.myRefImage.remove();
                  }, }, })
 </script></body>
```

图 306-1

图 306-2

在上面这段代码中，ref 被用来给元素或子组件注册引用信息，引用信息将会注册在父元素或组件的 $refs 对象上，如果是在普通的 DOM 元素上使用，引用指向的就是 DOM 元素，如果是在子组件上，引用就指向组件的实例；$refs 是一个对象，持有已注册过 ref 的所有的子组件；因此，当 img 元素被注册为 ref="myRefImage"之后，就可以通过 this.$refs.myRefImage 的方式操作该元素。

此实例的源文件是 MyCode\ChapD\ChapD067.html。

307 使用 transition 淡入淡出显示图像

此实例主要通过使用< transition >，实现以过渡效果淡入淡出地显示图像的效果。当在浏览器中显示页面时，如果勾选复选框，则图像将由浅入深地淡入，效果分别如图 307-1 和图 307-2 所示。如果不勾选复选框，则图像将由深到浅地淡出。

图 307-1

图 307-2

主要代码如下：

```
<body><center><div id="myVue">
  <label><input type="checkbox" v-model="myChecked">是否显示图像</label><p>
  <transition name="fade">
   <img src="images/img237.jpg" v-show="myChecked" />
  </transition>
 </div></center>
 <style>
  /* 可以设置不同的进入和离开动画,持续时间和动画函数 */
  .fade-enter-active, .fade-leave-active { transition: opacity 5s }
  .fade-enter, .fade-leave-to { opacity: 0; }
 </style>
<script>
 new Vue({ el: '#myVue',
          data:{ myChecked: true,}, })
</script></body>
```

在上面这段代码中,<transition>过渡其实就是在指定时间内完成的动画过程。Vue.js 在实现元素显示与隐藏的过渡中,提供了以下 6 个状态类来切换。

(1) v-enter:定义进入过渡的开始状态。在元素被插入之前生效,在元素被插入之后的下一帧移除。

(2) v-enter-active:定义进入过渡生效时的状态。在整个进入过渡的阶段中应用,在元素被插入之前生效,在过渡/动画完成之后移除。这个类可以被用来定义进入过渡的过程时间、延迟和曲线函数。

(3) v-enter-to:定义进入过渡的结束状态。在元素被插入之后下一帧生效(与此同时 v-enter 被移除),在过渡/动画完成之后移除。

(4) v-leave:定义离开过渡的开始状态。在离开过渡被触发时立刻生效,下一帧被移除。

(5) v-leave-active:定义离开过渡生效时的状态。在整个离开过渡的阶段中应用,在离开过渡被触发时立刻生效,在过渡/动画完成之后移除。这个类可以被用来定义离开过渡的过程时间、延迟和曲线函数。

(6) v-leave-to:定义离开过渡的结束状态。在离开过渡被触发之后下一帧生效(与此同时 v-leave 被删除),在过渡/动画完成之后移除。

对于这些在过渡中切换的类名来说,如果使用一个没有名字的<transition>,则 v-是这些类名的默认前缀。如果使用了<transition name="fade">,那么 v-enter 会替换为 fade-enter。在下列情形中,<transition>可以给任何元素和组件添加进场/离场过渡:①条件渲染(使用 v-if);②条件展示(使用 v-show);③动态组件;④组件根节点。

此实例的源文件是 MyCode\ChapD\ChapD078.html。

308 使用 transition 按照角度旋转图像

此实例主要通过使用<transition>,实现以过渡效果按照指定的角度旋转图像的效果。当在浏览器中显示页面时,如果勾选复选框,则图像将在 5 秒内逆时针旋转 90°,效果分别如图 308-1 和图 308-2 所示。如果不勾选复选框,则图像将在 5 秒内顺时针旋转 90°,然后消失。

图 308-1

主要代码如下:

```
<body><center><div id = "myVue">
 <label><input type = "checkbox" v - model = "myChecked">是否显示图像</label><p>
 <transition name = "myrotate">
```

图 308-2

```
    < img src = "images/img238.png" v - show = "myChecked"   />
   </transition >
  </div ></center >
  < style >
   .myrotate - enter - active, .myrotate - leave - active {
    transition: transform  5s;             /* 旋转动画持续 5 秒 */
   }
   .myrotate - enter, .myrotate - leave - to {
    transform:rotate(90deg);               /* 旋转 90°  */
   }
   img{ width: 30 % ;height: 30 % ;}
  </style >
  < script >
   new Vue({   el: '#myVue',
              data:{ myChecked: true,}, })
  </script ></body >
```

在上面这段代码中,< transition name="myrotate">表示对该标签中的元素执行 myrotate 过渡动画。myrotate 过渡动画的内容一般在< style ></style >中根据 CSS 规则设置,如：transition：transform 5s 表示过渡动画持续 5 秒,transform:rotate(90deg)表示将元素旋转 90°。

此实例的源文件是 MyCode\ChapD\ChapD079. html。

309 使用 transition 淡入和平移图像

此实例主要通过使用< transition >,实现以过渡的效果同时平移和淡入图像。当在浏览器中显示页面时,如果勾选复选框,则图像将在 5 秒内由浅色到深色、从左边滑到中间,效果分别如图 309-1 和图 309-2 所示。如果不勾选复选框,则图像将在 5 秒内由深色到浅色、从中间滑到右边,然后消失。

主要代码如下：

```
< body >< center >< div id = "myVue">
 < label >< input type = "checkbox" v - model = "myChecked">是否显示图像</label >< p >
 < transition name = "mytransition">
  < img src = "images/img239.png" v - show = "myChecked"/>
 </transition >
</div ></center >
< style >
```

```
.mytransition - enter - active, .mytransition - leave - active {
  transition: all 5s ease - out;
 }
 .mytransition - enter {
  transform: translateX( - 250px);
  opacity: 0;
 }
 .mytransition - leave - active {
  transform: translateX(250px);
  opacity: 0;
 }
 img{ width: 30 % ;height: 30 % ;}
</style>
<script>
 new Vue({ el: '#myVue',
           data:{ myChecked: true,}, })
</script></body>
```

图 309-1

图 309-2

在上面这段代码中，< transition name = " mytransition" >表示对该标签中的元素执行 mytransition 过渡动画。mytransition 过渡动画的内容一般在< style ></style >中根据 CSS 规则设置，如果需要在同一时间执行多种过渡，则应如实例，在< style ></style >中指定 all，即 transition: all 5s ease-out。

此实例的源文件是 MyCode\ChapD\ChapD080. html。

310　在首次渲染时自动执行 transition

此实例主要通过在<transition>标签中添加 appear 属性，实现在页面首次渲染时自动执行过渡动画的效果。当在浏览器中显示页面时，将自动执行一次弹跳型的缩放动画，效果分别如图 310-1 和图 310-2 所示。当然也可以通过勾选（或不勾选）复选框执行弹跳型的缩放动画。

图　310-1

图　310-2

主要代码如下：

```
<body><center><div id="myVue">
 <label><input type="checkbox" v-model="myChecked">是否显示图像</label><p>
 <transition name="bounce" appear>
  <img src="images/img278.jpg" v-if="myChecked"/>
 </transition>
</div></center>
<style>
 .bounce-enter-active {animation: bounce-in .5s; }
 .bounce-leave-active {animation: bounce-in .5s reverse;}
```

```
    @keyframes bounce - in {
      0 % {transform: scale(0);}
      50 % {transform: scale(1.5);}
      100 % {transform: scale(1);} }
    </style>
    <script>
     new Vue({ el: '#myVue',
              data:{ myChecked: true,}, })
    </script></body>
```

在上面这段代码中，< transition name="bounce" appear >的 appear 用于设置在初始渲染页面时自动执行在< transition >中的过渡动画。

此实例的源文件是 MyCode\ChapD\ChapD117.html。

311　使用 type 设置 animation 或 transition

此实例主要通过在< transition >标签中使用 type 属性设置 animation 或 transition，解决在同一个元素上同时设置两种过渡效果(比如 animation 被触发并完成，而 transition 还没结束)的情况。当在浏览器中显示页面时，如果不勾选复选框，则两幅图像(img 元素)将同时平移淡出，如图 311-1 所示。在 5 秒之后，由于苹果图像(img 元素)的 type="transition"且时间仅为 5 秒，因此该图像完全消失；由于桔子图像(img 元素)的 type="animation"且时间为 20 秒，因此，该图像将在剩余的 15 秒中继续完成淡出动画，如图 311-2 所示。

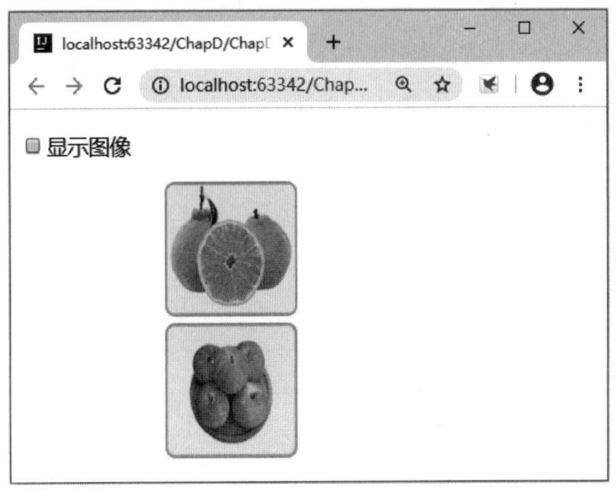

图　311-1

主要代码如下：

```
<body><div id = "myVue">
 <p><label>< input type = "checkbox" v - model = "myChecked">显示图像</label></p>
 <transition type = "animation">
  <img src = "images/img273.jpg" v - show = "myChecked" />
 </transition><br>
 <transition type = "transition">
  <img src = "images/img274.jpg" v - show = "myChecked" />
 </transition></div>
```

```
<style>
 img{ width: 100px; height: 100px; border-radius: 8px; }
 @keyframes myKeyframes {
  0% {  opacity:1; }
  100% {  opacity:0; } }
 .v-leave { margin-left: 50px; }
 .v-leave-active { transition: all 5s; animation: myKeyframes 20s;}
 .v-leave-to { margin-left:300px;}
</style>
<script>
 new Vue({ el: '#myVue',
          data:{ myChecked: true,}, })
</script></body>
```

在上面这段代码中，v-leave-active { transition: all 5s; animation: myKeyframes 20s;}表示在leave-active时，执行transition和animation。如果在< transition >标签中设置了type属性，则仅执行type属性指定的动画时间。例如，< transition type="transition">表示在该标签中的元素仅执行transition指定的动画时间，< transition type="animation">表示在该标签中的元素仅执行animation指定的动画时间。

此实例的源文件是MyCode\ChapD\ChapD119.html。

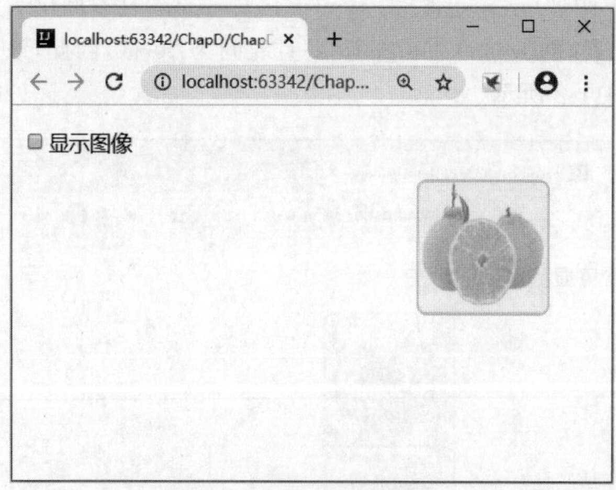

图 311-2

312 使用transition切换多个元素

此实例主要通过在< transition >标签中使用v-if/v-else，实现以过渡效果切换多个元素的效果。当在浏览器中显示页面时，如果勾选复选框（即v-if="true"），则首先进场图像（img元素，黄豆）显示在离场图像（img元素，红小豆）的右侧，然后离场图像逐渐淡出，最后在离场图像完全消失之后，进场图像占据离场图像的位置，效果分别如图312-1和图312-2所示。如果不勾选复选框（即v-else），则两幅图像在切换角色之后重新执行上述过程。

主要代码如下：

```
<body><center><div id="myVue">
 <label><input type="checkbox" v-model="myChecked">切换到另一幅图像</label><p>
```

```
<transition name = "myTransition">
  <img src = "images/img230.jpg" v-if = "myChecked"  key = "myimage1"/>
  <img src = "images/img231.jpg" v-else  key = "myimage2"/>
 </transition>
</div></center>
<style type = "text/css">
 .myTransition-enter-active{ transition: 2s ease; }
 .myTransition-leave-active{ transition: 3s ease; }
 .myTransition-enter,.myTransition-leave-to{ opacity: 0; }
</style>
<script>
 new Vue({ el: '#myVue',
          data:{ myChecked:true, },  })
</script></body>
```

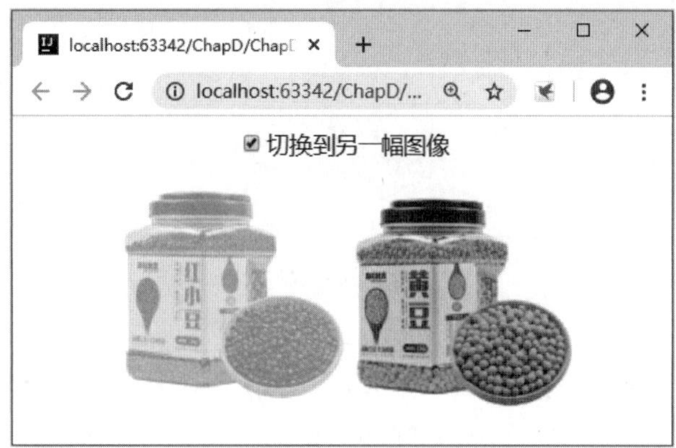

图 312-1

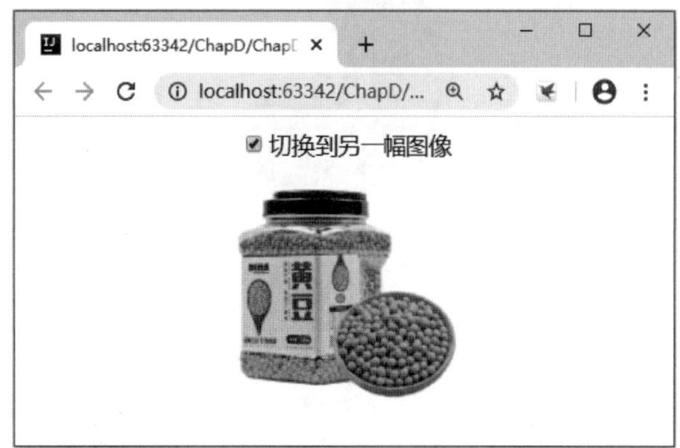

图 312-2

在上面这段代码中,<img src="images/img230.jpg" v-if="myChecked" key= "myimage1"/>的 key 属性用于设置唯一值(标记)以使 Vue.js 区分不同的同类元素,否则 Vue.js 为了效率只会替换相同标签内部的内容;在此实例中,如果不设置 key= "myimage1"和 key= "myimage2",则一点过渡效果也没有,但是能够正常切换两幅图像。

此实例的源文件是 MyCode\ChapD\ChapD092.html。

313 在 transition 中设置元素过渡模式

此实例主要通过在< transition >标签中设置 mode 属性为 out-in，实现以先退后进的模式过渡多个元素的效果。当在浏览器中显示页面时，如果勾选复选框(即 v-if="true")，则首先离场图像(img 元素，红小豆)逐渐淡出，然后在离场图像完全消失之后，进场图像(img 元素，黄豆)才逐渐淡入，效果分别如图 313-1 和图 313-2 所示。如果不勾选复选框(即 v-else)，则两幅图像在切换角色之后重新执行上述过程。

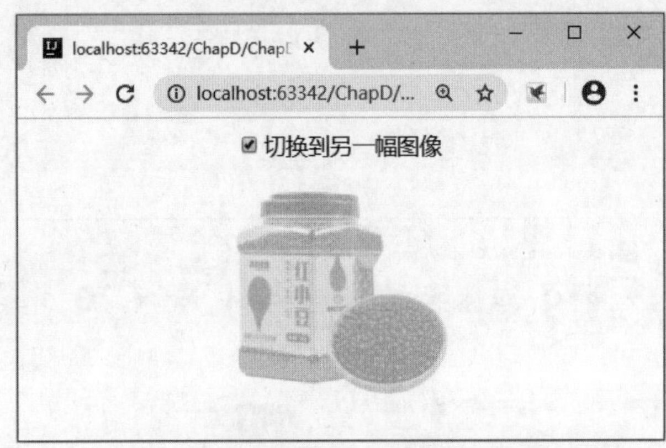

图 313-1

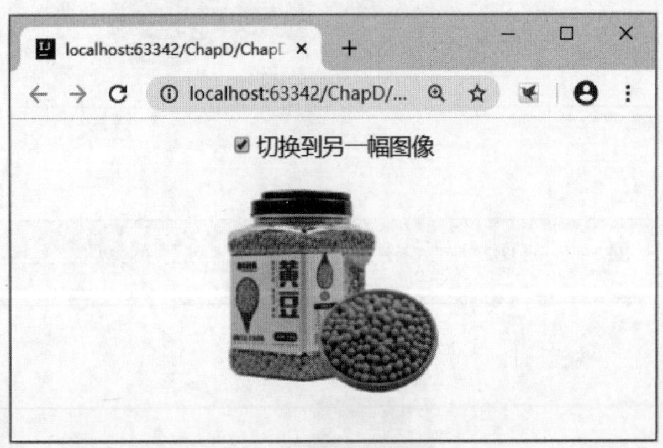

图 313-2

主要代码如下：

```
<body><center><div id = "myVue">
 <label><input type = "checkbox" v-model = "myChecked">切换到另一幅图像</label><p>
 <transition name = "myTransition" mode = "out-in">
  <img src = "images/img230.jpg" v-if = "myChecked"  key = "myimage1"/>
  <img src = "images/img231.jpg" v-else  key = "myimage2"/>
 </transition>
</div></center>
<style type = "text/css">
 .myTransition-enter-active{ transition: 2s ease; }
 .myTransition-leave-active{ transition: 3s ease; }
 .myTransition-enter,.myTransition-leave-to{ opacity: 0; }
```

```
</style>
<script>
 new Vue({ el: '#myVue',
          data:{ myChecked:false, },  })
</script></body>
```

在上面这段代码中，<transition name="myTransition" mode="out-in">的 mode 属性用于设置过渡模式，Vue.js 提供了下列过渡模式：

(1) in-out：进场元素先进行过渡，完成之后离场元素过渡离开。

(2) out-in：离场元素先进行过渡，完成之后进场元素过渡进入。

此实例的源文件是 MyCode\ChapD\ChapD093.html。

314 使用 transition 实现多个组件切换

此实例主要通过在<transition>标签中动态指定组件（即<component v-bind:is= "mycomponent">），实现以过渡的效果切换多个组件。当在浏览器中显示页面时，如果单击“香蕉”按钮，则黑提图像淡出，香蕉图像淡入，效果分别如图 314-1 和图 314-2 所示。如果单击“黑提”按钮，则香蕉图像淡出，黑提图像淡入。

图 314-1

图 314-2

主要代码如下：

```
<body><center><div id="myVue">
 <P><input type="button" value="黑提" v-on:click="mycomponent='mycomponent1';"
           style="width:200px;height:26px;"/>
    <input type="button" value="香蕉" v-on:click="mycomponent= 'mycomponent2';"
           style="width:200px;height:26px;"/></P>
 <transition name="myfade" mode="out-in">
  <component v-bind:is="mycomponent"></component>
 </transition>
</div></center>
<style>
 .myfade-enter-active, .myfade-leave-active { transition: opacity 3s ease; }
 .myfade-enter, .myfade-leave-to { opacity: 0; }
</style>
<script>
 new Vue({el: '#myVue',
          data: { mycomponent: 'mycomponent1'},
  components: { 'mycomponent1': {template: '<img src="images/img203.jpg" />'},
          'mycomponent2': {template: '<img src="images/img216.jpg" />' } }, })
</script></body>
```

在上面这段代码中，<transition name="myfade" mode="out-in">表示使用 myfade 以 out-in 模式过渡<transition>标签中的组件。<component v-bind:is="mycomponent">用于动态指定组件，即如果 mycomponent='mycomponent1'，则<component>就是<mycomponent1>；如果 mycomponent='mycomponent2'，则<component>就是<mycomponent2>。v-bind:is 语句比 v-if 语句更方便，如果此实例使用 v-if 语句，则代码如下：

```
<body><center><div id="myVue">
 <P><input  type="button" value="黑提" v-on:click=" myChecked=true;"
            style="width:200px;height:26px;"/>
    <input  type="button" value="香蕉" v-on:click="myChecked=false;"
            style="width:200px;height:26px;"/></P>
 <transition name="myfade" mode="out-in">
  <mycomponent1  v-if="myChecked" /></mycomponent1>
  <mycomponent2  v-else  /></mycomponent2>
 </transition>
</div></center>
<style>
 .myfade-enter-active, .myfade-leave-active { transition: opacity 3s ease;}
 .myfade-enter, .myfade-leave-to { opacity: 0; }
</style>
<script>
 new Vue({el: '#myVue',
          data: {myChecked:true,},
  components: {'mycomponent1': {template: '<img src="images/img203.jpg" />'},
   'mycomponent2': {template: '<img src="images/img216.jpg" />' }, }, })
</script></body>
```

此实例的源文件是 MyCode\ChapD\ChapD146.html。

315 在全局组件中使用 transition

此实例主要通过在 Vue.component()的 template 中添加 transition，同时在 methods 中实现与 transition 相关的钩子函数，创建有淡入淡出过渡效果的、可多次使用的自定义全局组件。当在浏览器中显示页面时，如果勾选复选框，则自定义全局组件将以淡入的过渡动画显示，效果分别如图 315-1 和图 315-2 所示。如果不勾选复选框，则自定义全局组件将以淡出的过渡动画隐藏。

图 315-1

图 315-2

主要代码如下：

```
<!DOCTYPE html><html>
<head><meta charset="utf-8">
 <script src="https://cdn.staticfile.org/vue/2.6.11/vue.min.js"></script>
```

```
<script src="http://cdn.bootcss.com/jquery/3.4.1/jquery.js"></script></head>
<body><div id="myVue">
<label><input type="checkbox" v-model="myChecked">显示自定义组件</label>
 <my-Component1 v-show="myChecked"></my-Component1>
<!-- <my-Component1 v-if="myChecked"></my-Component1>-->
</div>
<script>
 Vue.component('myComponent1', {
  template: '<transition v-on:enter="onEnter"  v-on:leave="onLeave">' +
       '<div style="width: 440px;margin-left:30px;">' +
       '<p style="width: 400px;">东方明珠广播电视塔是上海的标志性建筑之一,位于浦东新区陆家嘴,塔高约468米。该建筑于1991年7月兴建,1995年5月投入使用,承担上海6套无线电视发射业务。</p>' +
       '<img src="images/img277.jpg"
            style="border-radius:8px;"/></div></transition>',
  methods: { onEnter: function (el, done) {
               $(el).css('opacity',0).animate({'opacity':1},3000,done);
             },
           onLeave: function (el, done) {
               $(el).css('opacity',1).animate({'opacity':0},3000,done);
             }, }, })
 new Vue({el: '#myVue',
         data:{myChecked:false,}, })
</script></body></html>
```

在上面这段代码中,Vue.component()的 template 用于添加 transition 的 HTML 代码,methods 用于实现 transition 过渡动画的钩子函数代码。需要注意的是:由于使用了 jQuery 代码,因此需要添加<script src="http://cdn.bootcss.com/jquery/3.4.1/jquery.js">。

此实例的源文件是 MyCode\ChapD\ChapD116.html。

316 在 transition-group 中实现增删过渡

此实例主要通过在<transition-group>标签中使用自定义 CSS 过渡动画,实现在增加或删除列表项时在垂直方向上呈现淡入淡出的过渡效果。当在浏览器中显示页面时,如果在输入框中输入图书名称,然后单击"增加"按钮,则将在列表的末尾以上滑淡入的过渡效果增加新的列表项(图书名称);如果单击每个列表项左边的"删除"按钮,则该列表项将下滑淡出,效果分别如图 316-1 和图 316-2 所示。

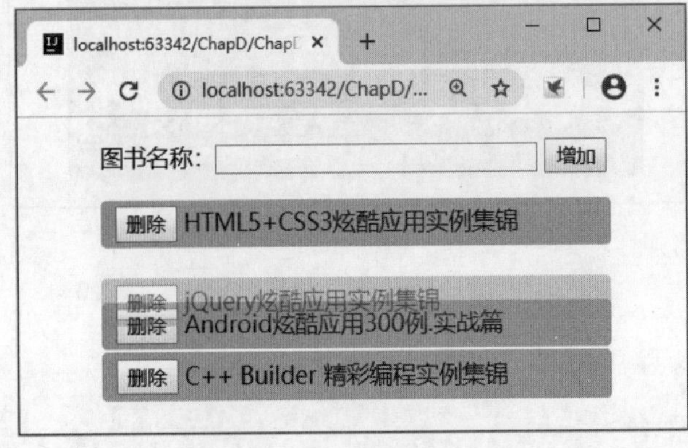

图 316-1

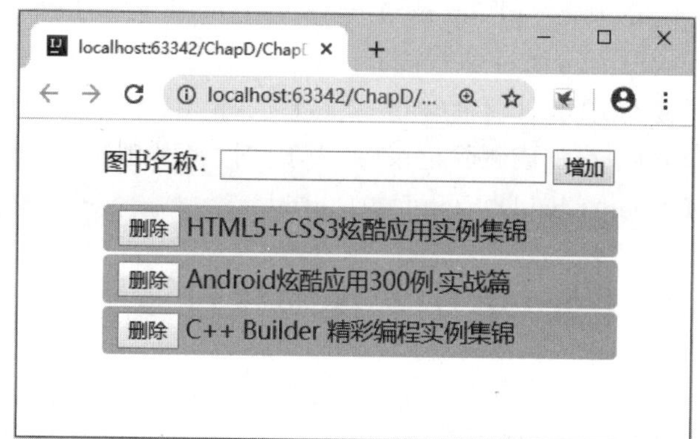

图 316-2

主要代码如下：

```
<body><div id="myVue" style="margin: 10px;">
 <ul style="list-style: none;">
  <p>图书名称: <input type="text" v-model="myBook" style="width: 220px;"/>
   <button v-on:click="addItem()">增加</button></p>
  <transition-group name="myTransition">
      <li v-for="(myItem,index) in myItems" v-bind:key="myItem">
        <button v-on:click="removeItem(index)">删除</button>  {{myItem }}
      </li>
  </transition-group>
 </ul></div>
<style>
 li{border-radius: 4px; display: inline-block;
  background-color: lightblue;width: 340px;margin-bottom: 2px;
  text-align: left;padding:4px;padding-left: 10px; }
 .myTransition-enter-active, .myTransition-leave-active {
  transition: all 3s;
 }
 .myTransition-enter, .myTransition-leave-to {
  opacity: 0;
  transform: translateY(30px);
 }
</style>
<script>
 new Vue({ el: '#myVue',
          data:{ myBook:'C++Builder 精彩编程实例集锦',
                 myItems:[ 'HTML5 + CSS3 炫酷应用实例集锦',
                           'jQuery 炫酷应用实例集锦',
                           'Android 炫酷应用 300 例.实战篇',], },
  methods: { addItem: function(){                //响应单击"增加"按钮
             if(this.myBook.length>0){
                this.myItems.push(this.myBook);
                 this.myBook = "";
             } },
            removeItem: function(index){       //响应单击"删除"按钮
                this.myItems.splice(index, 1);
             }, }, })
</script></body>
```

在上面这段代码中，< transition－group name＝"myTransition">的 transition-group 表示对成组的多个元素实现过渡，myTransition 属性值代表在< style >标签中定义的过渡动画。this. myItems. push(this. myBook)表示在数组中增加记录(列表项)，this. myItems. splice(index，1)表示在数组中删除记录(列表项)；当在数组中增加或删除记录(列表项)时，将引起 DOM 变化，自动触发过渡。

此实例的源文件是 MyCode\ChapD\ChapD094. html。

317 在 transition-group 中实现随机过渡

此实例主要通过在< style >标签中定义 enter-active、leave-active、enter、leave-to 等，实现使用 transition-group 在数组或列表中随机插入或移除成员时呈现淡入淡出的过渡效果。当在浏览器中显示页面时，单击"移除扑克牌"按钮，则将以淡出的过渡效果随机移除一张扑克牌(列表项)；单击"插入扑克牌"按钮，则将以淡入的过渡效果随机插入一张扑克牌(列表项)，效果分别如图 317-1 和图 317-2 所示。

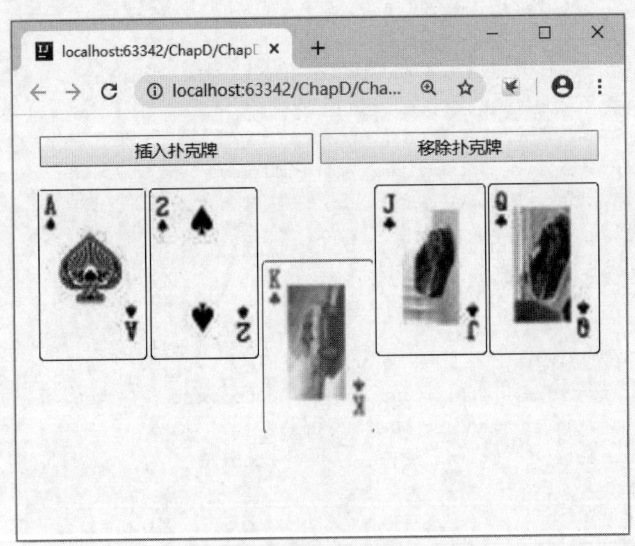

图 317-1

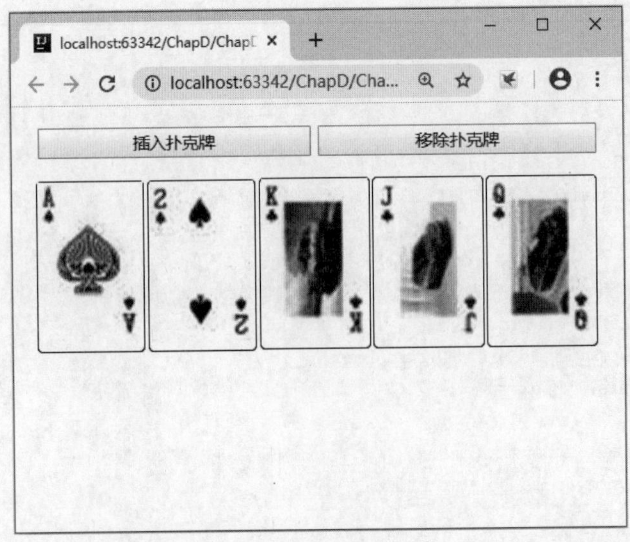

图 317-2

主要代码如下：

```
<body><center><div id="myVue">
  <p><button v-on:click="onAddItem" style="width: 220px;">插入扑克牌</button>
     <button v-on:click="onRemoveItem"
                 style="width: 220px;">移除扑克牌</button></p>
  <transition-group name="list" style="width: 500px;">
      <span v-for="item in items" v-bind:key="item" class="list-item">
        <img v-bind:src='item|getImageSrc'/></span>
  </transition-group>
</div></center>
<style>
 .list-item {  display: inline-block;
  align-items: center;  width: 86px;
  height:130px;  border: 1px solid #000;
  margin-right: 2px;  margin-bottom: 2px;
  border-radius:4px; }
 /** 插入过渡 **/
 .list-enter-active{ transition: all 3s; }
 /** 移除过渡 **/
 .list-leave-active { transition: all 3s; }
 /*** 开始插入、移除结束的位置变化 ***/
 .list-enter, .list-leave-to {
  opacity: 0;
  transform: translateY(130px); }
</style>
<script>
 new Vue({ el: '#myVue',
          data: { items: [0,1, 2, 3, 4],
                  nextNum:5,},
           filters: {                              //创建过滤器根据随机数确定图像文件
                     getImageSrc: function(myID){
                      return "images/img26" + (myID % 9+1) + ".jpg"
                     } },
            methods: { GetRandomIndex: function () {  //生成随机数(索引)
                      return Math.floor(Math.random() * this.items.length)
                     },
                     onAddItem: function () {      //随机插入 Item
                this.items.splice(this.GetRandomIndex(), 0, this.nextNum++)
                     },
                     onRemoveItem: function () {  //随机移除 Item
                      this.items.splice(this.GetRandomIndex(), 1)
                     },},});
</script></body>
```

在上面这段代码中，transition-group 用于实现列表或数组在插入或删除成员时产生过渡效果，过渡时间和过渡风格则在< style >中定义 enter-active、leave-active、enter、leave-to 的相关属性。this. items. splice(this. GetRandomIndex()，0，this. nextNum＋＋)用于根据随机数产生的索引插入新成员。this. items. splice(this. GetRandomIndex()，1)用于根据随机数指定的索引删除指定成员。因此，splice()方法既可向数组添加新成员，也可从数组中删除成员，该方法的语法声明如下：

```
arrayObject.splice(index,howmany,item1, …, itemX)
```

其中，参数 index 规定添加/删除成员的索引位置，使用负数可从数组结尾处指定位置；参数 howmany 表示要删除的成员数量，如果设置为 0，则不会删除成员；参数 item1，item2，…，itemX 表示向数组添加的新成员。

此实例的源文件是 MyCode\ChapD\ChapD108.html。

318 在 transition-group 中实现排序过渡

此实例主要通过在<style>标签中定义 move 的过渡时间，实现在列表项重新排序时产生过渡动画的效果。当在浏览器中显示页面时，单击"排序"按钮，则将以过渡动画的风格显示所有列表项在排序时的移动过程，效果分别如图 318-1 和图 318-2 所示。

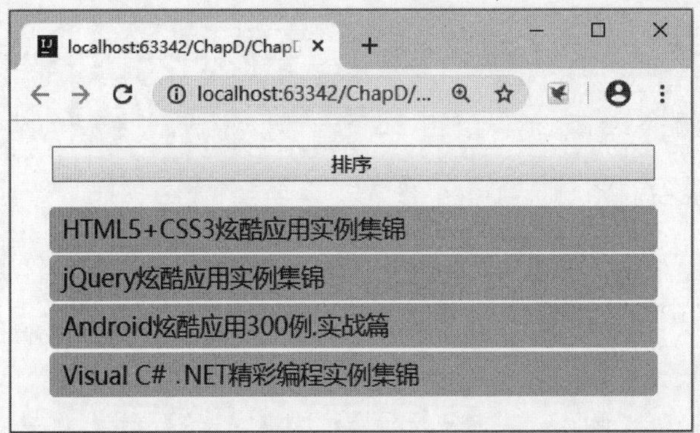

图 318-1

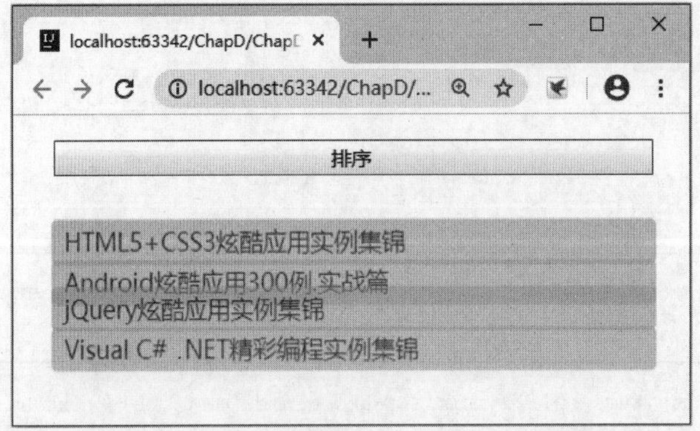

图 318-2

主要代码如下：

```
<body><center><div id="myVue" style="width:450px;">
 <p><button v-on:click="onSort()" style="width:410px;">排序</button></p>
 <transition-group name="myTransition">
  <li class="myItemStyle" v-for="(myItem, index) in myItems"
      :key="myItem" :data-index="index">{{myItem}}<br></li>
 </transition-group>
</div></center>
<style>
 @keyframes myAnimate {  0% { opacity: 0;}
                        100% { opacity: 1; } }
```

```
.myTransition-move { animation: myAnimate 3.5s;transition: all 4.5s;}
 .myItemStyle{border-radius: 4px; display: inline-block;
              background-color: lightblue;width: 400px;margin-bottom: 2px;
              text-align: left;padding:4px;padding-left: 10px; }
</style>
<script>
 new Vue({ el: '#myVue',
           data:{ myItems:
        ['HTML5 + CSS3 炫酷应用实例集锦','jQuery 炫酷应用实例集锦',
         'Android 炫酷应用 300 例.实战篇','Visual C# .NET 精彩编程实例集锦'],},
           methods: { onSort: function () {          //响应单击"排序"按钮
                       this.myItems = this.myItems.sort();
                      },},});
</script></body>
```

在上面这段代码中，myTransition-move { animation: myAnimate 3.5s;transition: all 4.5s;}表示列表项在排序(改变定位)时执行过渡，因此<transition-group>不仅支持元素在进入和离开时产生过渡效果，在排序(改变定位)时也可以产生过渡效果，且必须在 move 中实现。

此实例的源文件是 MyCode\ChapD\ChapD104.html。

319 在 transition-group 中实现乱序过渡

此实例主要通过在<style>标签中指定 move 的过渡时间，实现 transition-group 在随机排列数组的多个成员(列表项)时产生过渡动画。当在浏览器中显示页面时，单击"乱序排列扑克牌"按钮，则将在 1 秒内随机排列扑克牌，过渡效果分别如图 319-1 和图 319-2 所示。

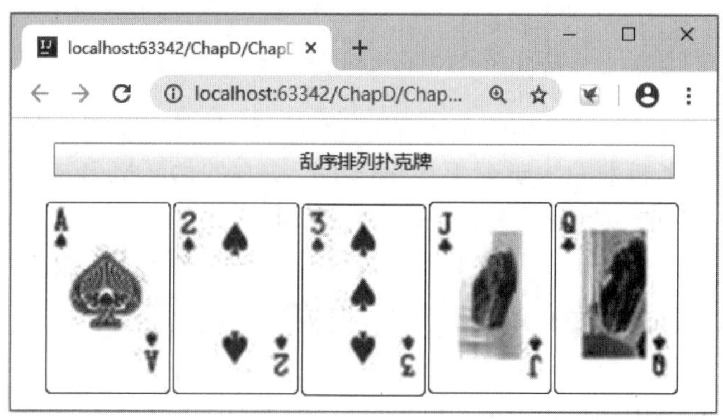

图 319-1

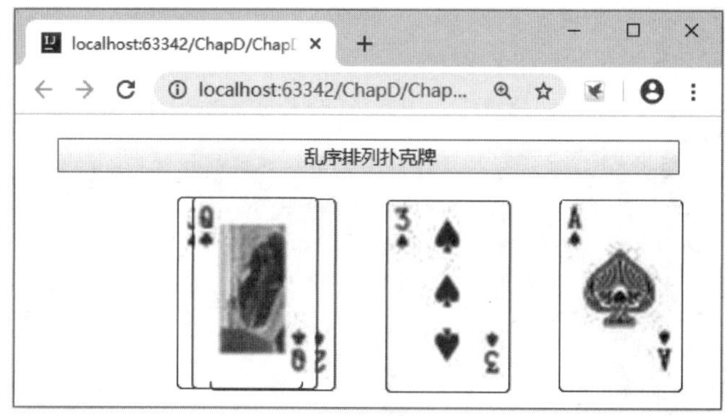

图 319-2

主要代码如下：

```
<body><center><div id="myVue">
  <p><button v-on:click="onShuffle"
            style="width: 440px;">乱序排列扑克牌</button></p>
  <transition-group name="list" style="width: 500px;">
     <span v-for="item in items" v-bind:key="item" class="list-item">
        <img v-bind:src='item|getImageSrc'/></span>
  </transition-group>
</div></center>
<style>
 .list-item { display: inline-block; align-items: center; width: 86px;
             height:130px; border: 1px solid #000;margin-right: 2px;
             margin-bottom: 2px; border-radius: 4px; }
 /*** 顺序改变时动画 ***/
 .list-move { transition: all 1s; }
</style>
<script>
 new Vue({ el: '#myVue',
          data: { items: [1, 2, 3, 4,5], },
          filters: {                                //创建过滤器根据随机数确定图像文件
                    getImageSrc: function(myID){
                      return "images/img26" + (myID % 9 ) + ".jpg"
                    } },
             methods: { onShuffle: function () {    //产生随机数改变列表项顺序
                      return this.items.sort(function (a, b) {
                       return Math.random() > .5 ? -1 : 1;
                     }) }, },});
</script></body>
```

在上面这段代码中，list-move{ transition: all 1s; }表示列表项在改变位置时执行位置改变的过渡。Math.random()用于随机获取大于等于 0.0 且小于 1.0 的伪随机 double 值。

此实例的源文件是 MyCode\ChapD\ChapD107.html。

320 在 transition-group 中实现网格过渡

此实例主要通过在<style>标签中指定 move 的过渡时间，实现使用 transition-group 在随机排列网格时产生过渡动画的效果。当在浏览器中显示页面时，单击“重新洗牌”按钮，则将在 1.5 秒内随机排列扑克牌，过渡效果分别如图 320-1 和图 320-2 所示。

主要代码如下：

```
<body><center><div id="myVue">
 <button v-on:click="onShuffle" style="width: 270px;">重新洗牌</button>
 <transition-group name="myCell"  class="myContainer">
  <div v-for="myItem in myItems" :key="myItem.id" class="myCell">
   <img v-bind:src='myItem.id|getImageSrc'/></div>
 </transition-group></div></center>
<style>
 .myContainer { display: flex;  flex-wrap: wrap;
              width: 276px;  margin-top: 10px; }
```

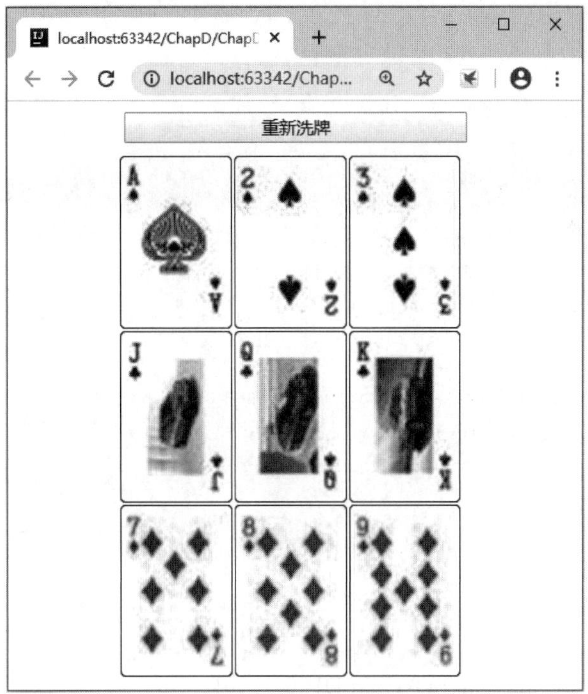

图 320-1

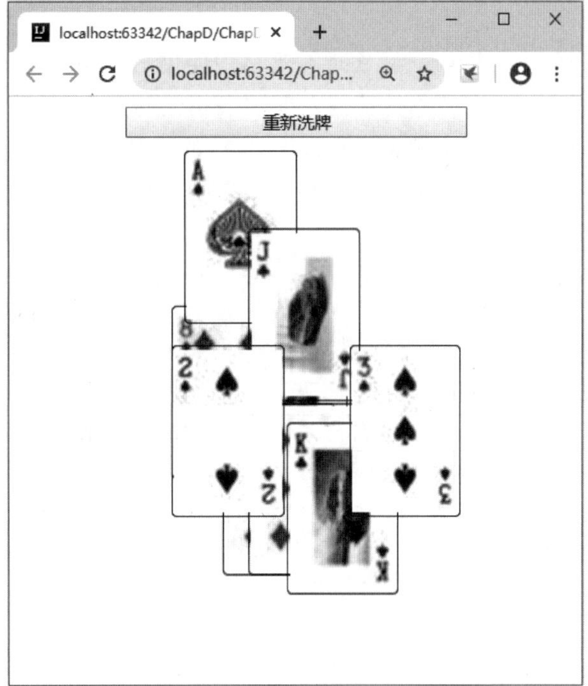

图 320-2

```
.myCell { display: flex;  justify-content: space-around;
          align-items: center;  width: 86px; height:130px;
          border: 1px solid #000; margin-right: 2px;
          margin-bottom: 2px;border-radius: 4px; }
```

```
.myCell - move { transition: transform 1.5s; }
</style>
<script>
 new Vue({ el: '#myVue',
          data: function() {
                return { myItems: Array.apply(null, {length: 9})
                             .map(function (_, index) {
                             return { id: index,   } }) } },
          filters: {  //创建过滤器根据随机数确定图像文件
                    getImageSrc: function(myID){
                      return "images/img26" + (myID % 9 + 1) + ".jpg"
                    } },
          methods: { onShuffle: function () {  //随机排列单元格(扑克牌)
                      this.myItems.sort(function(a,b){
                          return Math.random()>.5 ? -1 : 1;})
                     }, }, });
</script></body>
```

在上面这段代码中,myCell-move{transition: transform 1.5s;}表示网格在改变位置时执行位置改变的过渡。

此实例的源文件是 MyCode\ChapD\ChapD106.html。

321 在表格中使用 transition-group 过渡

此实例主要通过使用 is 这个特殊属性,实现在表格中使用 transition-group 过渡的效果。当在浏览器中显示页面时,如果在"书名:"和"单价:"输入框输入相关的内容,然后单击"添加"按钮,则将在表格中添加一条记录;单击表格任一记录(如第二条记录)的"删除"超链接,则将删除该条记录,在删除的过程中,将从当前位置以淡出的风格向下移动(过渡)100px,效果分别如图 321-1 和图 321-2 所示。

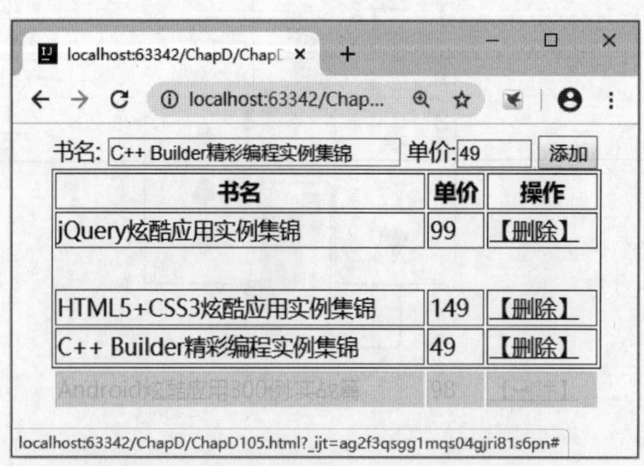

图 321-1

主要代码如下:

```
<body><div id="myVue" style="width: 440px;">
 <center>书名:<input type="text" v-model="myName"  style="width: 210px;">
        单价:<input type="number" v-model="myPrice" style="width: 50px;">
```

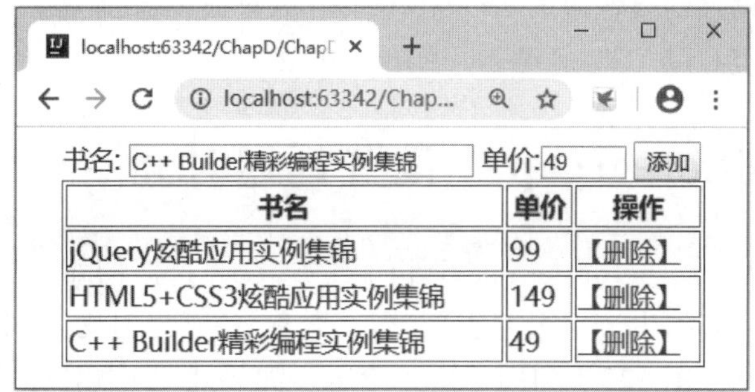

图　321-2

```
    <input type="button" value="添加" v-on:click="addItem"></center>
  <table  cellspacing="2" border="1" style="width: 400px; margin-left: 20px;">
    <thead><tr>
      <th>书名</th>
      <th>单价</th>
      <th>操作</th>
    </tr></thead>
    <tbody is="transition-group"  appear>
    <tr  v-for="myItem,index in myItems" :key="myItem.name">
      <td>{{myItem.name}}</td>
      <td>{{myItem.price}}</td>
      <td style="color: #0e9aef"><a href="#"
          v-on:click="removeItem(index)">【删除】</a></td>
    </tr></tbody></table>
</div>
<style>
  .v-enter,
  .v-leave-to{ opacity: 0;
               transform: translateY(100px); }
  .v-enter-active,
  .v-leave-active{ transition: all 1s ease; }
  tr:hover{ background-color: #1dc5a3;
          transition: all 1s ease; }
</style>
<script>
  new Vue({ el: '#myVue',
          data: { myName:'C++Builder 精彩编程实例集锦',
                myPrice:49.00,
                myItems:[{name:"jQuery 炫酷应用实例集锦",price:99,},
                        {name:"Android 炫酷应用 300 例.实战篇",price:98,},
                        {name:"HTML5 + CSS3 炫酷应用实例集锦",price:149,},] },
          methods: { addItem: function(){
                    this.myItems.push({
                        name:this.myName,price:this.myPrice});
                  },
                  removeItem: function(index){
                    this.myItems.splice(index, 1);
                  },},})
</script></body>
```

在上面这段代码中，is="transition-group"是 Vue.js 为解决在表格中实现 transition-group 过渡

而添加的特殊属性，其他设置则与普通的 transition-group 过渡没有差别。

此实例的源文件是 MyCode\ChapD\ChapD105.html。

322 在 transition-group 中设置延迟时间

此实例主要通过解析 v-on:before-enter 事件的 el 参数，为过渡的每个列表项设置不同的延迟时间。当在浏览器中显示页面时，由于每个列表项（图书名称）的延迟时间不同，因此它们将逐个交错从右向左滑入屏幕，效果分别如图 322-1 和图 322-2 所示。如果在"图书名称："输入框输入新的列表项（图书名称），然后单击"增加"按钮，则新的列表项（图书名称）也将从右向左滑入屏幕。

图 322-1

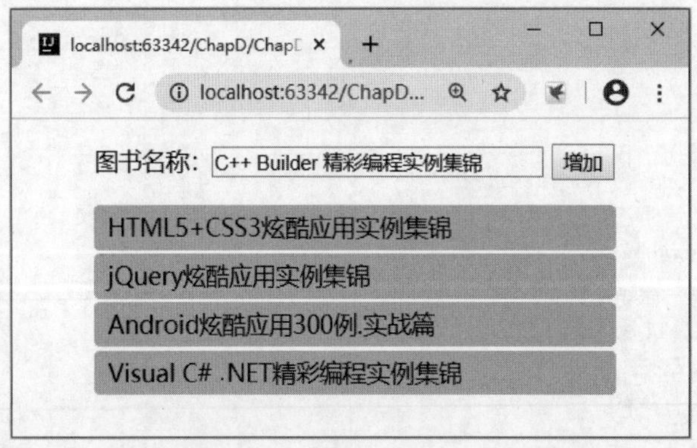

图 322-2

主要代码如下：

```
<body><div id="myVue" style="width:450px;">
 <center><p>图书名称：<input type="text" v-model="myBook" style="width: 220px;"/>
  <button v-on:click="onAddItem()">增加</button></p>
  <transition-group name="fade" appear
                    v-on:before-enter="onBeforeEnter"
                    v-on:after-enter="onAfterEnter">
   <li class="myItemStyle" v-for="(myItem, index) in myItems"
        :key="myItem" :data-index="index">{{myItem}}<br></li>
  </transition-group>
 </center></div>
 <style>
```

```
  @keyframes myAnimate {
   0 % { margin - left: 300px;
        opacity: 0;}
   100 % { margin - left: 0;
          opacity: 1; }
  }
  .fade - enter { opacity: 0;
                 margin - left: 300px; }
  .fade - enter - active { opacity: 0;
                         animation: myAnimate 1.5s; }
  .fade - enter - to { opacity: 1;
                     margin - left: 0; }
  .myItemStyle{border - radius: 4px; display: inline - block;
   background - color: lightblue;width: 340px;margin - bottom: 2px;
   text - align: left;padding:4px;padding - left: 10px; }
</style>
<script>
 new Vue({ el: '#myVue',
           data:{ myBook:'C++Builder 精彩编程实例集锦',
                  myItems:
           ['HTML5 + CSS3 炫酷应用实例集锦','jQuery 炫酷应用实例集锦',
            'Android 炫酷应用 300 例.实战篇','Visual C#.NET 精彩编程实例集锦'],},
            methods: {
      onBeforeEnter: function (el) {
         el.style.opacity = 0  //设置每个 item 在插入之前,透明度为 0
         //为每个 item 设置不同的延迟时间,出现交错移动效果
         el.style.animationDelay = el.dataset.index * 0.3 + 's'
         //如果延迟时间相同(如下),则所有 item 同时移动
         //el.style.animationDelay = el.dataset.index * 0 + 's'
      },
      onAfterEnter: function (el) {
         el.style.opacity = 1
      },
      onAddItem: function(){  //响应单击"增加"按钮
       if(this.myBook.length>0){
        this.myItems.push(this.myBook);
        this.myBook = "";
      } },},});
</script></body>
```

在上面这段代码中,appear 属性用于设置节点初始渲染的过渡。el.dataset.index 表示当前 item 在 items 中的索引,el.style.animationDelay = el.dataset.index * 0.3 + 's'则用于设置每个 item 的延迟时间。

此实例的源文件是 MyCode\ChapD\ChapD102.html。

323 在 transition-group 中实现奇偶交错

此实例主要通过解析 v-on:after-enter 事件的 el 参数,为偶数行或奇数行的列表项设置不同的交错背景颜色。当在浏览器中显示页面时,偶数行的背景颜色为紫色,奇数行的背景颜色为蓝色,效果分别如图 323-1 和图 323-2 所示。

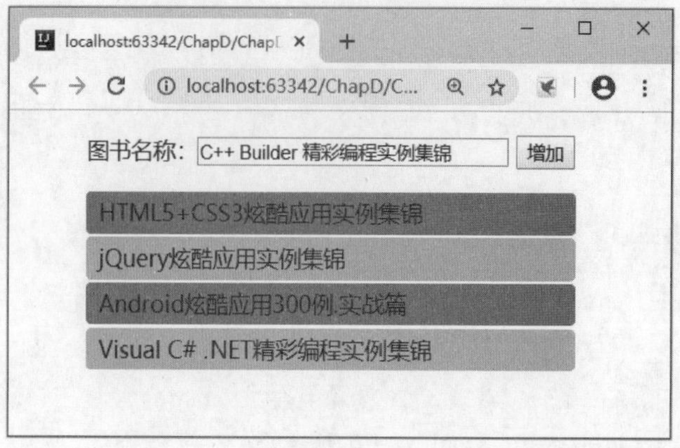

图 323-1

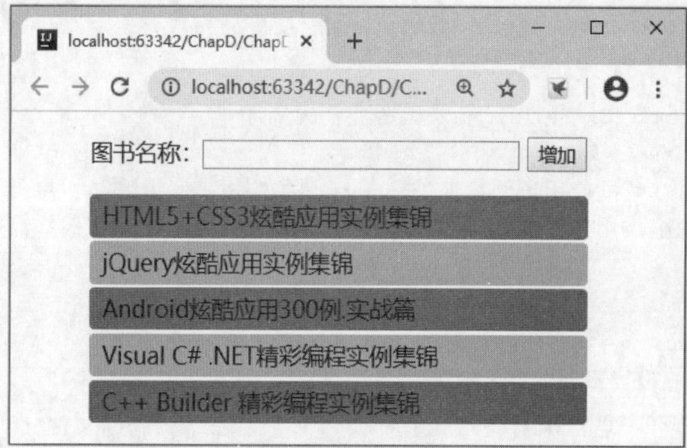

图 323-2

主要代码如下：

```
<body><div id="myVue" style="width:450px;">
 <center><p>图书名称：<input type="text" v-model="myBook" style="width: 220px;"/>
  <button v-on:click="onAddItem()">增加</button></p>
  <transition-group appear
         v-on:before-enter="onBeforeEnter" v-on:after-enter="onAfterEnter">
   <li class="myItemStyle" v-for="(myItem, index) in myItems"
        :key="myItem" :data-index="index">{{myItem}}<br></li>
  </transition-group>
 </center></div>
<style>
 .myItemStyle{border-radius: 4px; display: inline-block;
  background-color: lightblue;width: 340px;margin-bottom: 2px;
  text-align: left;padding:4px;padding-left: 10px; }
</style>
<script>
 new Vue({ el: '#myVue',
          data:{ myBook:'C++Builder 精彩编程实例集锦',
                 myItems:
        ['HTML5 + CSS3 炫酷应用实例集锦','jQuery 炫酷应用实例集锦',
         'Android 炫酷应用 300 例.实战篇','Visual C# NET 精彩编程实例集锦'],},
            methods: {
```

```
      onBeforeEnter: function (el) {
       //el.style.backgroundColor = (el.dataset.index % 2)?'lightblue':'hotpink';
      },
      onAfterEnter: function (el) {
       el.style.backgroundColor = (el.dataset.index % 2)?'lightblue':'hotpink';
      },
      onAddItem: function () {   //响应单击"增加"按钮
       if(this.myBook.length > 0){
        this.myItems.push(this.myBook);
        this.myBook  =  "";
       } },},});
  </script></body>
```

在上面这段代码中，el. style. backgroundColor=(el. dataset. index%2)?'lightblue'：'hotpink'表示如果当前 el(列表项或元素)为偶数行，则设置其背景颜色为紫色；如果当前 el(列表项或元素)为奇数行，则设置其背景颜色为蓝色。

此实例的源文件是 MyCode\ChapD\ChapD103. html。

324 使用第三方动画库实现 fade 过渡

此实例主要通过在< transition >中使用 Animate 第三方动画库的动画，实现 fade 风格的动画过渡效果。当在浏览器中显示页面时，如果勾选复选框(即 v-if="true")，则图像将在指定时间内由浅色到深色、从左边滑到中间，效果分别如图 324-1 和图 324-2 所示。如果不勾选复选框(即 v-if="false")，则图像将在指定时间内由深色到浅色、从中间滑到右边，然后消失。

图 324-1

图 324-2

主要代码如下：

```
<!DOCTYPE html><html>
<head><meta charset="utf-8">
 <script src="https://cdn.staticfile.org/vue/2.6.11/vue.min.js"></script>
 <link href="https://cdn.jsdelivr.net/npm/animate.css@3.5.1"
       rel="stylesheet" type="text/css"></head>
<body><center><div id="myVue">
 <label><input type="checkbox" v-model="myChecked">是否显示图像</label><p>
 <transition name="myTransition"
             enter-active-class="animated fadeInLeft"
             leave-active-class="animated fadeOutRight">
  <img src="images/img240.jpg" v-if="myChecked"/>
 </transition>
</div></center>
<script>
 new Vue({ el: '#myVue',
          data:{ myChecked: true,}, })
</script></body></html>
```

在上面这段代码中，name="myTransition"表示过渡名称，可以省略。enter-active-class="animated fadeInLeft"表示设置 Animate 的 fadeInLeft 动画为进场动画，leave-active-class="animated fadeOutRight"表示设置 Animate 的 fadeOutRight 动画为退场动画。根据类似的规则可以将第三方（如 Animate）的动画类设置为下列（Vue.js）类的自定义类：enter-class、enter-active-class、enter-to-class、leave-class、leave-active-class、leave-to-class。Animate 的 fade 动画种类如下：fadeIn、fadeInDown、fadeInDownBig、fadeInLeft、fadeInLeftBig、fadeInRight、fadeInRightBig、fadeInUp、fadeInUpBig、fadeOut、fadeOutDown、fadeOutDownBig、fadeOutLeft、fadeOutLeftBig、fadeOutRight、fadeOutRightBig、fadeOutUp、fadeOutUpBig。

此外，当使用第三方（如 Animate）的动画类时，一定要添加相关的文件，如：

```
<link href="https://cdn.jsdelivr.net/npm/animate.css@3.5.1" rel="stylesheet" type="text/css">
```

此实例的源文件是 MyCode\ChapD\ChapD081.html。

325 使用第三方动画库实现 bounce 过渡

此实例主要通过在<transition>中使用 Animate 第三方动画库的动画，实现 bounce 风格的动画过渡效果。当在浏览器中显示页面时，如果勾选复选框（即 v-if="true"），则图像将在指定时间内由浅色到深色、从小到大显示，并在结束时伴有弹跳（bounce）动作，效果分别如图 325-1 和图 325-2 所示。如果不勾选复选框（即 v-if="false"），则图像将在指定时间内由深色到浅色、从大到小消失，并在开始时伴有弹跳（bounce）动作。

主要代码如下：

```
<!DOCTYPE html><html>
<head><meta charset="utf-8">
 <script src="https://cdn.staticfile.org/vue/2.6.11/vue.min.js"></script>
 <link href="https://cdn.jsdelivr.net/npm/animate.css@3.5.1"
       rel="stylesheet" type="text/css"></head>
```

```
<body><center><div id="myVue">
 <label><input type="checkbox" v-model="myChecked">是否显示图像</label><p>
 <transition name="myTransition"
            enter-active-class="animated bounceIn"
            leave-active-class="animated bounceOut">
  <img src="images/img241.jpg" v-if="myChecked" />
 </transition>
</div></center>
<script>
 new Vue({ el: '#myVue',
          data:{ myChecked: true,}, })
</script></body></html>
```

图 325-1

图 325-2

在上面这段代码中，enter-active-class="animated bounceIn"表示设置 Animate 的 bounceIn 动画为进场动画，leave-active-class="animated bounceOut"表示设置 Animate 的 bounceOut 动画为退场动画。上面这段代码也可以写成：

```
<!DOCTYPE html><html>
<head><meta charset="utf-8">
 <script src="https://cdn.staticfile.org/vue/2.6.11/vue.min.js"></script>
```

```
<link href = "https://cdn.jsdelivr.net/npm/animate.css@3.5.1"
      rel = "stylesheet" type = "text/css"></head>
<body><center><div id = "myVue">
 <label><input type = "checkbox" v-model = "myChecked">是否显示图像</label><p>
 <transition name = "myTransition"
             enter-active-class = "bounceIn"
             leave-active-class = "bounceOut">
  <img src = "images/img241.jpg" v-if = "myChecked"  class = "animated"/>
 </transition>
</div></center>
<script>
 new Vue({ el: '#myVue',
          data:{ myChecked: true,}, })
</script></body></html>
```

Animate 的 bounce 动画种类如下：bounceIn、bounceInDown、bounceInLeft、bounceInRight、bounceInUp、bounceOut、bounceOutDown、bounceOutLeft、bounceOutRight、bounceOutUp。

此实例的源文件是 MyCode\ChapD\ChapD082.html。

326 使用第三方动画库实现 zoom 过渡

此实例主要通过在<transition>中使用 Animate 第三方动画库的动画，实现 zoom 风格的动画过渡效果。当在浏览器中显示页面时，如果勾选复选框（即 v-if＝"true"），则图像将在指定时间内从左边平移到中间，且从小变大显示，效果分别如图 326-1 和图 326-2 所示。如果不勾选复选框（即 v-if＝"false"），则图像将在指定时间内从中间平移到右边，且从大变小消失。

图 326-1

图 326-2

主要代码如下：

```
<!DOCTYPE html><html>
<head><meta charset = "utf-8">
 <script src = "https://cdn.staticfile.org/vue/2.6.11/vue.min.js"></script>
 <link href = "https://cdn.jsdelivr.net/npm/animate.css@3.5.1"
       rel = "stylesheet" type = "text/css"></head>
<body><center><div id = "myVue">
 <label><input type = "checkbox" v-model = "myChecked">是否显示图像</label><p>
 <transition name = "myTransition"
             enter-active-class = "animated zoomInLeft"
             leave-active-class = "animated zoomOutRight">
  <img src = "images/img242.jpg" v-if = "myChecked" />
 </transition>
</div></center>
<script>
 new Vue({ el: '#myVue',
          data:{ myChecked: true,}, })
</script></body></html>
```

在上面这段代码中，enter-active-class="animated zoomInLeft"表示设置 Animate 的 zoomInLeft 动画为进场动画，leave-active-class="animated zoomOutRight"表示设置 Animate 的 zoomOutRight 动画为退场动画。Animate 的 zoom 动画种类如下：zoomIn、zoomInDown、zoomInLeft、zoomInRight、zoomInUp、zoomOut、zoomOutDown、zoomOutLeft、zoomOutRight、zoomOutUp。

此实例的源文件是 MyCode\ChapD\ChapD083.html。

327　使用第三方动画库实现 rotate 过渡

此实例主要通过在<transition>中使用 Animate 第三方动画库的动画，实现 rotate 风格的动画过渡效果。当在浏览器中显示页面时，如果勾选复选框(即 v-if="true")，则图像将在指定时间内旋转淡入，效果分别如图 327-1 和图 327-2 所示。如果不勾选复选框(即 v-if="false")，则图像将在指定时间内旋转淡出。

图　327-1

图 327-2

主要代码如下：

```
<!DOCTYPE html><html>
<head><meta charset="utf-8">
 <script src="https://cdn.staticfile.org/vue/2.6.11/vue.min.js"></script>
 <link href="https://cdn.jsdelivr.net/npm/animate.css@3.5.1"
       rel="stylesheet" type="text/css"></head>
<body><center><div id="myVue">
 <label><input type="checkbox" v-model="myChecked">是否显示图像</label><p><br>
 <transition name="myTransition"
             enter-active-class="animated rotateIn"
             leave-active-class="animated rotateOut">
  <img src="images/img243.jpg" v-if="myChecked" />
 </transition>
</div></center>
<script>
 new Vue({ el: '#myVue',
          data:{ myChecked: true,}, })
</script></body></html>
```

在上面这段代码中，enter-active-class="animated rotateIn"表示设置 Animate 的 rotateIn 动画为进场动画，leave-active-class="animated rotateOut"表示设置 Animate 的 rotateOut 动画为退场动画。Animate 的 rotate 动画种类如下：rotateIn、rotateInDownLeft、rotateInDownRight、rotateInUpLeft、rotateInUpRight、rotateOut、rotateOutDownLeft、rotateOutDownRight、rotateOutUpLeft、rotateOutUpRight。

此实例的源文件是 MyCode\ChapD\ChapD084.html。

328 使用第三方动画库实现 flip 过渡

此实例主要通过在<transition>中使用 Animate 第三方动画库的动画，实现 flip 风格的动画过渡效果。当在浏览器中显示页面时，如果勾选复选框(即 v-if="true")，则图像将在指定时间内围绕 X 轴翻转淡入，效果分别如图 328-1 和图 328-2 所示。如果不勾选复选框(即 v-if="false")，则图像将在指定时间内围绕 X 轴翻转淡出。

图　328-1

图　328-2

主要代码如下：

```
<!DOCTYPE html><html>
<head><meta charset = "utf - 8">
 <script src = "https://cdn.staticfile.org/vue/2.6.11/vue.min.js"></script>
 <link href = "https://cdn.jsdelivr.net/npm/animate.css@3.5.1"
       rel = "stylesheet" type = "text/css"></head>
<body><center><div id = "myVue">
 <label><input type = "checkbox" v - model = "myChecked">是否显示图像</label><p>
 <transition name = "myTransition"
             enter - active - class = "animated flipInX"
             leave - active - class = "animated flipOutX">
  <img src = "images/img244.jpg" v - if = "myChecked"
  style = "height: 120px;width: 400px;border - radius: 10px;box - shadow:4px 4px 6px"/>
 </transition>
</div></center>
<script>
 new Vue({ el: '#myVue',
          data:{ myChecked: true,}, })
</script></body></html>
```

在上面这段代码中，enter-active-class="animated flipInX"表示设置 Animate 的 flipInX 动画为进场动画，leave-active-class="animated flipOutX"表示设置 Animate 的 flipOutX 动画为退场动画。Animate 的 flip 动画种类如下：flipInX、flipInY、flipOutX、flipOutY。

此实例的源文件是 MyCode\ChapD\ChapD085.html。

329 使用第三方动画库实现 swing 过渡

此实例主要通过在<transition>中使用 Animate 第三方动画库的动画，实现 swing 风格的动画过渡效果。当在浏览器中显示页面时，如果勾选复选框(即 v-if="true")，则图像将在指定时间内像秋千上下摆动之后完全显示，效果分别如图 329-1 和图 329-2 所示。如果不勾选复选框(即 v-if="false")，则图像将在指定时间内像秋千上下摆动之后完全消失。

图 329-1

图 329-2

主要代码如下：

```
<!DOCTYPE html><html>
<head><meta charset="utf-8">
 <script src="https://cdn.staticfile.org/vue/2.6.11/vue.min.js"></script>
 <link href="https://cdn.jsdelivr.net/npm/animate.css@3.5.1"
       rel="stylesheet" type="text/css"></head>
<body><center><div id="myVue">
 <label><input type="checkbox" v-model="myChecked">是否显示图像</label><p>
 <transition name="myTransition"
             enter-active-class="animated swing"
             leave-active-class="animated swing">
  <img src="images/img244.jpg" v-if="myChecked"
  style="height: 120px;width: 400px;border-radius: 10px;box-shadow:4px 4px 6px"/>
 </transition>
</div></center>
```

```
<script>
 new Vue({ el: '#myVue',
         data:{ myChecked: true,}, })
</script></body></html>
```

在上面这段代码中，enter-active-class="animated swing"表示设置 Animate 的 swing 动画为进场动画，leave-active-class="animated swing"表示设置 Animate 的 swing 动画为退场动画。

此实例的源文件是 MyCode\ChapD\ChapD086.html。

330 使用第三方动画库实现 flash 过渡

此实例主要通过在<transition>中使用 Animate 第三方动画库的动画，实现 flash 风格的动画过渡效果。当在浏览器中显示页面时，如果勾选复选框(即 v-if="true")，则阴影文本将在指定时间内像星星眨眼闪烁几次之后完全显示，效果分别如图 330-1 和图 330-2 所示。如果不勾选复选框(即 v-if="false")，则阴影文本将在指定时间内像星星眨眼闪烁几次之后完全消失。

图 330-1

图 330-2

主要代码如下：

```
<!DOCTYPE html><html>
<head><meta charset="utf-8">
 <script src="https://cdn.staticfile.org/vue/2.6.11/vue.min.js"></script>
 <link href="https://cdn.jsdelivr.net/npm/animate.css@3.5.1"
       rel="stylesheet" type="text/css"></head>
<body><center><div id="myVue">
 <label><input type="checkbox" v-model="myChecked">是否显示阴影文本</label><p>
 <transition name="myTransition"
             enter-active-class="animated flash"
             leave-active-class="animated flash">
  <span style="fontSize:26px;textShadow: 3px 5px 5px #656B79"
```

```
        v - if = "myChecked" >花自飘零水自流,一种相思,两处闲愁。</span>
  </transition>
 </div></center>
 < script>
  new Vue({ el: '#myVue',
         data:{ myChecked: true,}, })
 </script></body></html>
```

在上面这段代码中,enter-active-class="animated flash"表示设置 Animate 的 flash 动画为进场动画,leave-active-class="animated flash"表示设置 Animate 的 flash 动画为退场动画。flash 动画在 Animate 的 strong 类别中,该类别包含的动画种类如下:bounce:弹跳;flash:闪烁;pulse:脉冲;rubberBand:橡皮筋;shake:左右弱晃动;swing:上下摆动;tada:缩放摆动;wobble:左右强晃动;jello:拉伸抖动。

此实例的源文件是 MyCode\ChapD\ChapD087.html。

331 使用第三方动画库实现 slide 过渡

此实例主要通过在< transition >中使用 Animate 第三方动画库的动画,实现以 slide 风格的动画效果过渡两幅电影海报(img 元素)。当在浏览器中显示页面时,如果勾选复选框(即 v-if="true"),则第一幅图像向左滑出,同时第二幅图像从右滑入,直到第一幅图像完全消失,第二幅图像完全显示,效果分别如图 331-1 和图 331-2 所示。如果不勾选复选框(即 v-if="false"),则两幅图像交换角色执行上述动画过程。

图 331-1

主要代码如下:

```
<!DOCTYPE html><html>
<head><meta charset = "utf-8">
 <script src = "https://cdn.staticfile.org/vue/2.6.11/vue.min.js"></script>
 <link href = "https://cdn.jsdelivr.net/npm/animate.css@3.5.1"
```

```
        rel = "stylesheet" type = "text/css"></head>
<body><div id = "myVue">
 <label><input type = "checkbox" v-model = "myChecked">切换图像</label><p>
 <transition name = "myTransition"
             enter-active-class = "animated slideInRight"
             leave-active-class = "animated slideOutLeft">
  <img id = "myImage1" src = "images/img271.jpg" v-if = "myChecked" key = "myImage1" />
  <img  id = "myImage2" src = "images/img272.jpg" v-else   key = "myImage2" />
 </transition>
</div>
<style>
 img{ position: absolute; width: 200px; height: 300px; border-radius: 8px; }
</style>
<script>
 new Vue({ el: '#myVue',
          data:{ myChecked:false,}, })
</script></body></html>
```

在上面这段代码中，enter-active-class ＝" animated slideInRight" 表示设置 Animate 的 slideInRight 动画为进场动画，leave-active-class＝" animated slideOutLeft" 表示设置 Animate 的 slideOutLeft 动画为退场动画。在此实例中，< transition >标签中有两个 img 元素，因此同时有一进一出的动画效果；如果在< transition >标签中只有一个 img 元素，则该 img 元素的进出效果将分别在两个独立的动画中。

此实例的源文件是 MyCode\ChapD\ChapD109. html。

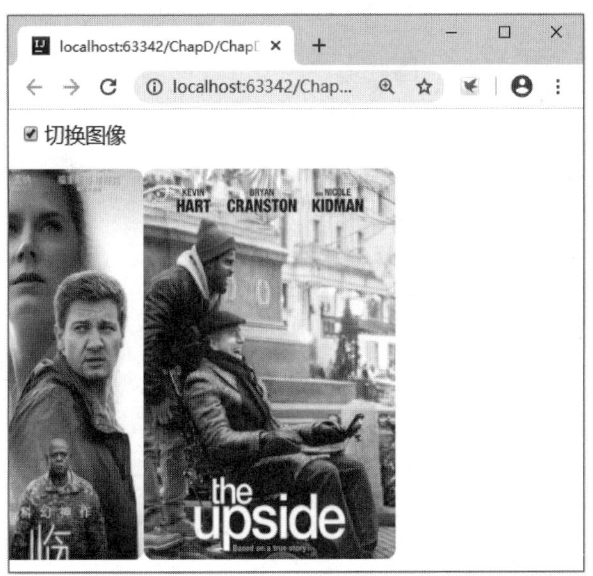

图 331-2

332 使用第三方动画库实现 roll 过渡

此实例主要通过在< transition >中使用 Animate 第三方动画库的动画，实现以 roll 风格的动画效果过渡两幅图像(img 元素)。当在浏览器中显示页面时，如果勾选复选框(即 v-if＝"true")，则第一幅图像向右翻滚淡出，同时第二幅图像从左翻滚淡入，直到第一幅图像完全消失，第二幅图像完全显示，效果分别如图 332-1 和图 332-2 所示。如果不勾选复选框(即 v-if="false"),则两幅图像交换角色执行上述动画过程。

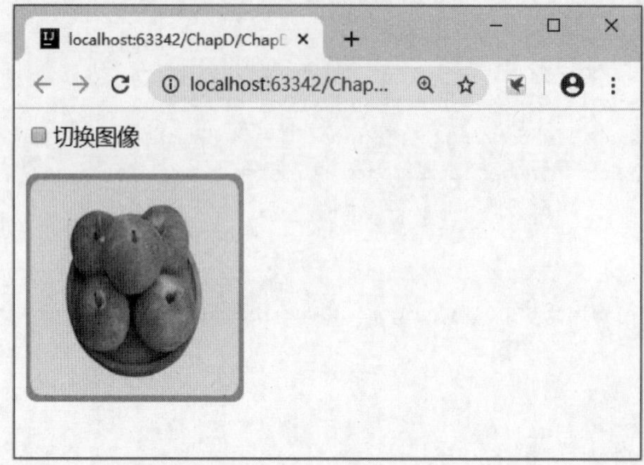

图 332-1

图 332-2

主要代码如下:

```
<!DOCTYPE html><html>
<head><meta charset="utf-8">
 <script src="https://cdn.staticfile.org/vue/2.6.11/vue.min.js"></script>
 <link href="https://cdn.jsdelivr.net/npm/animate.css@3.5.1"
       rel="stylesheet" type="text/css"></head>
<body><div id="myVue">
 <label><input type="checkbox" v-model="myChecked">切换图像</label><p>
 <transition name="myTransition"
             enter-active-class="animated rollIn"
             leave-active-class="animated rollOut">
  <img id="myImage1" src="images/img273.jpg" v-if="myChecked" key="myImage1" />
  <img id="myImage2" src="images/img274.jpg" v-else key="myImage2" />
 </transition>
</div>
<style>
 img{ position: absolute; width: 160px; height: 160px; border-radius: 8px; }
</style>
```

```
<script>
 new Vue({ el: '#myVue',
          data:{ myChecked:false,}, })
</script></body></html>
```

在上面这段代码中，enter-active-class="animated rollIn"表示设置 Animate 的 rollIn 动画为进场动画，leave-active-class="animated rollOut"表示设置 Animate 的 rollOut 动画为退场动画。

此实例的源文件是 MyCode\ChapD\ChapD110.html。

333 使用第三方动画库实现增删过渡

此实例主要通过在<transition-group>中使用 Animate 第三方动画库的动画，实现以 slide 过渡动画风格插入(增加)或移除(删除)图像(扑克牌)。当在浏览器中显示页面时，如果单击"移除扑克牌"按钮，则将有张扑克牌随机向上滑出，如图 333-1 所示；如果单击"插入扑克牌"按钮，则将有张扑克牌随机从下滑入，如图 333-2 所示。

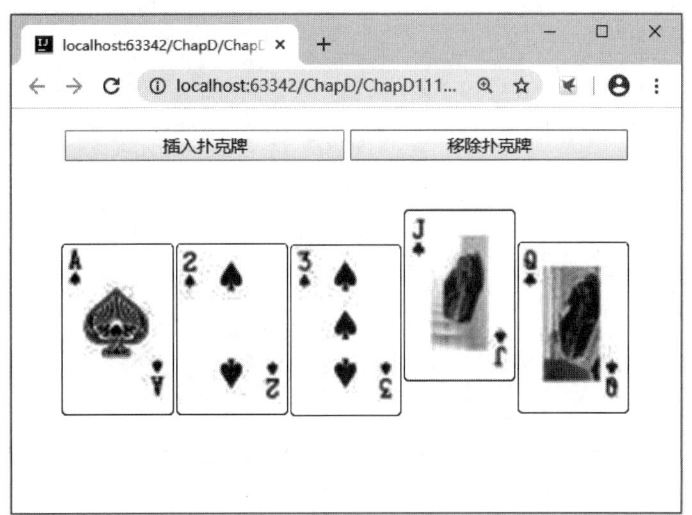

图 333-1

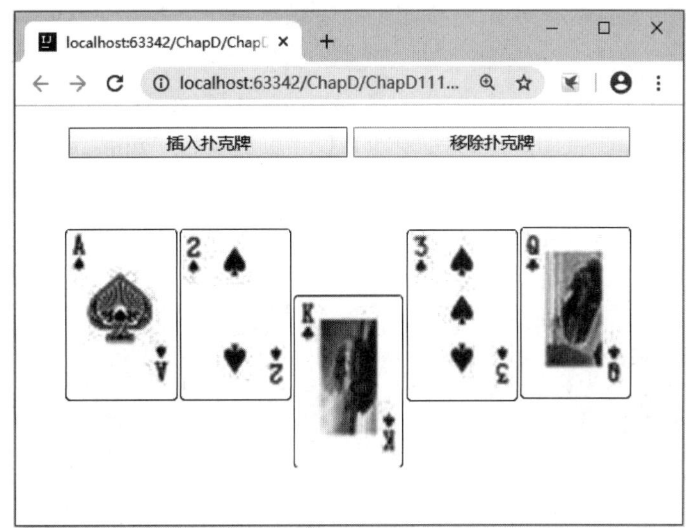

图 333-2

主要代码如下：

```
<!DOCTYPE html><html>
<head><meta charset="utf-8">
 <script src="https://cdn.staticfile.org/vue/2.6.11/vue.min.js"></script>
 <link href="https://cdn.jsdelivr.net/npm/animate.css@3.5.1"
       rel="stylesheet" type="text/css"></head>
<body><center><div id="myVue">
 <p><button v-on:click="onAddItem" style="width: 220px;">插入扑克牌</button>
  <button v-on:click="onRemoveItem"
          style="width: 220px;">移除扑克牌</button></p>
 <transition-group  enter-active-class="slideInUp"
                    leave-active-class="slideOutUp"
                    style="width: 500px;">
   <span v-for="item in items" v-bind:key="item" class="list-item animated">
   <img v-bind:src='item|getImageSrc'/></span>
 </transition-group>
</div></center>
<style>
 .list-item {display: inline-block;align-items: center;width: 86px;
             height:130px; border: 1px solid #000;margin-right: 2px;
             margin-bottom: 2px;margin-top:50px;border-radius:4px; }
</style>
<script>
 new Vue({ el: '#myVue',
          data: { items: [0,1, 2, 3, 4],
                  nextNum:5,},
          filters: {  //创建过滤器根据随机数确定图像文件
                    getImageSrc: function(myID){
                      return "images/img26" + (myID % 9+1) + ".jpg"
                    } },
          methods: { GetRandomIndex: function(){  //生成随机数(索引)
                      return Math.floor(Math.random() * this.items.length)
                    },
                    onAddItem: function(){        //随机插入 Item
                      this.items.splice(this.GetRandomIndex(),
                                                   0, this.nextNum++)
                    },
                    onRemoveItem: function(){     //随机移除 Item
                      this.items.splice(this.GetRandomIndex(),1)
                    },},});
</script></body></html>
```

在上面这段代码中，enter-active-class="slideInUp"表示设置 Animate 的 slideInUp 动画为进场动画，leave-active-class="slideOutUp"表示设置 Animate 的 slideOutUp 动画为退场动画，除此以外，还应该在 span 元素中添加“animated”，否则动画不会执行；也可以将“animated”与动画类型合并在一起，代码如下：

```
<transition-group  enter-active-class="animated slideInUp"
                   leave-active-class="animated slideOutUp"
                   style="width: 500px;">
  <span v-for="item in items" v-bind:key="item" class="list-item">
   <img v-bind:src='item|getImageSrc'/></span>
</transition-group>
```

此实例的源文件是 MyCode\ChapD\ChapD111.html。

334 自定义第三方动画的持续时间

此实例主要通过在<transition>中使用 Animate 第三方动画库的动画，实现以 slide 风格的动画效果在 3 秒内过渡两幅图像(img 元素)。当在浏览器中显示页面时，如果勾选复选框(即 v-if="true")，则第一幅图像向上淡出，同时第二幅图像从下向上淡入，直到第一幅图像完全消失，第二幅图像完全显示，效果分别如图 334-1 和图 334-2 所示。如果不勾选复选框(即 v-if="false")，则两幅图像交换角色执行上述动画过程。

图 334-1

图 334-2

主要代码如下：

```
<!DOCTYPE html><html>
<head><meta charset="utf-8">
 <script src="https://cdn.staticfile.org/vue/2.6.11/vue.min.js"></script>
 <link href="https://cdn.jsdelivr.net/npm/animate.css@3.5.1"
       rel="stylesheet" type="text/css"></head>
<body><div id="myVue" style="width: 440px;">
 <label><input type="checkbox" v-model="myChecked">切换图像</label><p>
 <transition name="myTransition"
             enter-active-class="animated fadeInUp"
             leave-active-class="animated fadeOutUp">
  <img id="myImage1" src="images/img275.jpg" v-if="myChecked"
       key="myImage1" style="animation-duration:3s"/>
```

```
    < img id = "myImage2" src = "images/img276.jpg"
          v - else key = "myImage2" style = "animation - duration:3s"/>
  </transition >
</div >
< style >
  img{ position: absolute; width: 440px; height: 160px; border - radius: 8px; }
</style >
< script >
  new Vue({ el: '#myVue',
          data:{ myChecked:false, }, })
</script ></body ></html >
```

在上面这段代码中，enter-active-class="animated fadeInUp"表示设置 Animate 的 fadeInUp 动画为进场动画，leave-active-class="animated fadeOutUp"表示设置 Animate 的 fadeOutUp 动画为退场动画。在默认情况下，这两个动画的持续时间均为 1 秒；如果需要自定义动画的持续时间，则应该在 style 中设置 animation-duration 属性值，如：<img id="myImage1" src="images/img275.jpg" v-if="myChecked" key="myImage1" style="animation-duration:3s"/>表示在 img 元素上执行动画的持续时间是 3 秒。

此实例的源文件是 MyCode\ChapD\ChapD112.html。

335 强制第三方动画永不停歇地执行

此实例主要通过在引用 Animate 第三方动画库时为(img)元素添加 infinite，实现在该(img)元素上的动画永不停歇地执行的效果。当在浏览器中显示页面时，如果勾选复选框(即 v-if="true")，则图像将永不停歇地左右摇晃，效果分别如图 335-1 和图 335-2 所示。如果不勾选复选框(即 v-if="false")，则图像消失。

图 335-1

图 335-2

主要代码如下：

```
<!DOCTYPE html><html>
<head><meta charset = "utf - 8">
 <script src = "https://cdn.staticfile.org/vue/2.6.11/vue.min.js"></script>
 <link href = "https://cdn.jsdelivr.net/npm/animate.css@3.5.1"
        rel = "stylesheet" type = "text/css"></head>
<body><div id = "myVue">
 <label><input type = "checkbox" v - model = "myChecked">显示图像</label><p>
 <img id = "myImage1" src = "images/img275.jpg" v - if = "myChecked"
                key = "myImage1" class = "animated wobble infinite"/>
</div>
<style>
 img{ position: absolute; width: 360px; height: 120px;
      margin - left:50px;margin - right:50px;border - radius: 8px; }
</style>
<script>
 new Vue({ el: '#myVue',
          data:{ myChecked:false,}, })
</script></body></html>
```

在上面这段代码中，<img id="myImage1" src="images/img275.jpg" v-if="myChecked"key="myImage1" class="animated wobble infinite"/>表示在 img 元素上无限(infinite)地执行 wobble 动画。

此实例的源文件是 MyCode\ChapD\ChapD113.html。

336 使用第三方动画库实现颜色过渡

此实例主要通过使用 TweenJS 和 color-js 两个第三方动画库的方法，实现在指定的时间中从一种颜色过渡到另一种颜色的效果。当在浏览器中显示页面时，单击“从蓝色过渡到红色”按钮，则文本(“Android 超实用代码集锦”)的颜色将在 3 秒内从蓝色过渡到红色，效果分别如图 336-1 和图 336-2 所示。单击“从红色过渡到绿色”按钮，则文本(“Android 超实用代码集锦”)的颜色将在 3 秒内从红色过渡到绿色。

图 336-1

主要代码如下：

```
<!DOCTYPE html><html>
<head><meta charset = "utf - 8">
```

```
<script src="https://cdn.staticfile.org/vue/2.6.11/vue.min.js"></script>
 <script src="https://cdn.jsdelivr.net/npm/tween.js@16.3.4"></script>
 <script src="https://cdn.jsdelivr.net/npm/color-js@1.0.3"></script></head>
<body><center><div id="myVue">
 <P><input  type="button" value="从蓝色过渡到红色"
            v-on:click="onClickButton1 " style="width:200px;height:26px;"/>
    <input  type="button" value="从红色过渡到绿色"
            v-on:click="onClickButton2 " style="width:200px;height:26px;"/></P>
 <p>颜色值:{{ myColor }}</p>
 <H1 v-bind:style="{color:myColor }">Android超实用代码集锦</H1>
</div></center>
<script>
 var Color  = net.brehaut.Color
 new Vue({ el: '#myVue',
          data: { myNewColor: 'red',
                  color: { red: 0,green: 0,blue: 0,alpha: 1 },
                  myOldColor: new Color("black").toRGB(), },
          watch: {color: function () {
                      function animate (){
                        if(TWEEN.update()){ requestAnimationFrame(animate) }
                      }
                      new TWEEN.Tween(
                        this.myOldColor).to(this.color, 3000).start();
                      animate();
                  }, },
          computed: { myColor: function () { return new Color({
                        red: this.myOldColor.red,
                        green: this.myOldColor.green,
                        blue: this.myOldColor.blue,
                        alpha: this.myOldColor.alpha }).toCSS()
                      }, },
          methods: { onClickButton1: function () {
                        this.myOldColor=new Color("blue").toRGB();
                        this.myNewColor=new Color("red").toRGB();
                        this.color  =  new Color(this.myNewColor).toRGB();
                      },
                    onClickButton2: function () {
                        this.myOldColor=new Color("red").toRGB();
                        this.myNewColor=new Color("green").toRGB();
                        this.color  =  new Color(this.myNewColor).toRGB();
                     },},})
</script></body></html>
```

图 336-2

在上面这段代码中，myOldColor 表示过渡之前的文本颜色，myNewColor 表示过渡之后的文本颜色，TWEEN. Tween(this. myOldColor). to(this. color, 3000). start()的 3000 表示过渡时间为 3 秒。此外，由于此实例的大多数方法是第三方动画库方法，因此需要在源代码中添加< script src="https://cdn. jsdelivr. net/npm/tween. js@16. 3. 4"></script >< script src="https://cdn. jsdelivr. net/npm/color-js@1. 0. 3"></script >。

此实例的源文件是 MyCode\ChapD\ChapD154. html。

337 使用第三方动画库实现数值过渡

此实例主要通过使用 gsap. min. js 第三方动画库的方法，在指定的时间中实现数值过渡的效果。当在浏览器中显示页面时，如果将输入框的数字从 300 改为 30，则图像的右上角圆角半径将在 5 秒内从 300 过渡到 30，同时"当前右上角的圆角半径："也将同步显示圆角半径数字的变化，效果分别如图 337-1 和图 337-2 所示。

图 337-1

主要代码如下：

```
<!DOCTYPE html><html>
<head><meta charset="utf-8">
 <script src="https://cdn.staticfile.org/vue/2.6.11/vue.min.js"></script>
 <script src="https://cdnjs.cloudflare.com/ajax/libs/gsap/3.2.4/gsap.min.js">
 </script></head>
<body><center><div id="myVue">
 <p>设置右上角的圆角半径:
     <input v-model.number="myOldValue" type="number" step="100"><p>
 <p>当前右上角的圆角半径: {{myNewValue}}</p>
 <img  src="images/img296.jpg"
       v-bind:style="{borderTopRightRadius:myNewValue + 'px'}"/>
```

```
</div></center>
<script>
 new Vue({ el: '#myVue',
          data: { myOldValue: 300, myNewValue:300, },
          watch: { myOldValue: function(myValue) {
                     gsap.to(this.$data,
                              {duration: 5,myNewValue: myValue });
                 },},});
</script></body></html>
```

在上面这段代码中，myOldValue 表示过渡之前的圆角半径，myNewValue 表示过渡之后的圆角半径，gsap.to(this.$data,{duration：5，myNewValue：myValue })的 5 表示过渡时间为 5 秒。此外，由于此实例的动画方法是第三方动画库 gsap.min.js 的方法，因此需要在源代码中添加<script src="https://cdnjs.cloudflare.com/ajax/libs/gsap/3.2.4/gsap.min.js"></script>。

此实例的源文件是 MyCode\ChapD\ChapD155.html。

图 337-2

338 使用第三方动画库实现平移动画

此实例主要通过使用 TweenJS 第三方动画库的方法，实现平移动画的效果。当在浏览器中显示页面时，单击"从左边平移到右边"按钮，则图像(img 元素)将从左边平移到右边；单击"从右边平移到左边"按钮，则图像(img 元素)将从右边平移到左边，效果分别如图 338-1 和图 338-2 所示。

主要代码如下：

```
<!DOCTYPE html><html>
<head><meta charset="utf-8">
 <script src="https://cdn.staticfile.org/vue/2.6.11/vue.min.js"></script>
 <script src="https://cdn.jsdelivr.net/npm/tween.js@16.3.4"></script></head>
```

图　338-1

图　338-2

```
<body><div id="myVue">
 <P><input type="button" value="从左边平移到右边"
            v-on:click="onClickButton1 " style="width:230px;height:26px;"/>
      <input type="button" value="从右边平移到左边"
            v-on:click="onClickButton2 " style="width:230px;height:26px;"/></P>
 <img  id="myImage" src="images/img293.jpg"/>
</div>
<script>
 function animate(time) {
  requestAnimationFrame(animate);
  TWEEN.update(time);
 }
 requestAnimationFrame(animate);
 new Vue({ el: '#myVue',
          methods: {
 onClickButton1: function () {          //从左边平移到右边
    var myCoords = { x: 0, y: 0 };
    var myElement = document.getElementById("myImage");
```

```
      var myTween = new TWEEN.Tween(myCoords)
          .to({ x: 300, y: 0 }, 1000)
          .easing(TWEEN.Easing.Quadratic.Out)
          .onUpdate(function() {
           myElement.style.setProperty('transform',
               'translate(' + myCoords.x + 'px, ' + myCoords.y + 'px)');
          }).start();
     },
     onClickButton2: function () {          //从右边平移到左边
      var myCoords = { x: 300, y: 0 };
      var myElement = document.getElementById("myImage");
      var myTween = new TWEEN.Tween(myCoords)
          .to({ x: 0, y: 0 }, 1000)
          .easing(TWEEN.Easing.Quadratic.Out)
          .onUpdate(function() {
           myElement.style.setProperty('transform',
               'translate(' + myCoords.x + 'px, ' + myCoords.y + 'px)');
          }).start();
     }, }, })
</script></body></html>
```

在上面这段代码中，TWEEN.Tween(myCoords)表示根据 myCoords 创建 Tween 动画。to({ x: 300，y: 0 }，1000)表示动画的目标{x: 300，y: 0}和动画持续时间(1 秒)。easing(TWEEN.Easing.Quadratic.Out)表示缓动函数是 TWEEN.Easing.Quadratic.Out。onUpdate()用于平移动画更新。start()用于启动动画。此外需要注意的是：使用 Tween 动画需要在源代码中添加<script src="https://cdn.jsdelivr.net/npm/tween.js@16.3.4"></script>。

此实例的源文件是 MyCode\ChapD\ChapD156.html。

339 使用第三方动画库实现旋转动画

此实例主要通过使用 TweenJS 第三方动画库的方法，实现旋转动画的效果。当在浏览器中显示页面时，单击“启动旋转动画”按钮，则图像(img 元素)将沿着顺时针方向旋转 45°，效果分别如图 339-1 和图 339-2 所示。

图 339-1

图 339-2

主要代码如下：

```
<!DOCTYPE html><html>
<head><meta charset="utf-8">
 <script src="https://cdn.staticfile.org/vue/2.6.11/vue.min.js"></script>
 <script src="https://cdn.jsdelivr.net/npm/tween.js@16.3.4"></script></head>
<body><center><div id="myVue">
 <P><input type="button" value="启动旋转动画"
           v-on:click="onClickButton" style="width:230px;height:26px;"/></P>
 <img  id="myImage" src="images/img293.jpg" style="margin-top:20px;"/>
</div></center>
<script>
 function animate(time) {
  requestAnimationFrame(animate);
  TWEEN.update(time);
 }
 requestAnimationFrame(animate);
 new Vue({ el: '#myVue',
          methods: {
   onClickButton: function () {          //启动旋转动画
    var myElement = document.getElementById("myImage");
    myRotation = {degree: 0};
    new TWEEN.Tween(myRotation)
        .to({degree: 45}, 2000)
        .easing(TWEEN.Easing.Elastic.InOut)
        .onUpdate(function() {
             myElement.style.webkitTransform = 'rotate('
                  + Math.floor(myRotation.degree) + 'deg)';
            }).start();
   }, }, })
</script></body></html>
```

在上面这段代码中，TWEEN.Tween(myRotation)表示根据 myRotation 创建 Tween 动画。to({degree:45},2000)表示动画的目标{degree:45}和动画持续时间(2 秒)。easing(TWEEN.Easing.

Elastic. InOut)表示缓动函数是 TWEEN. Easing. Elastic. InOut。onUpdate()用于旋转动画更新。start()用于启动动画。此外需要注意的是：使用 Tween 动画需要在源代码中添加< script src="https://cdn. jsdelivr. net/npm/tween. js@16. 3. 4"> </script >。

此实例的源文件是 MyCode\ChapD\ChapD157. html。

340 在全局组件中使用第三方动画库

此实例主要通过在 Vue. component()中使用 TweenJS 第三方动画库的方法，实现在全局组件中创建数字动画的效果。当在浏览器中显示页面时，如果(在输入框中)将"商品单价："从 20 修改为 40，则应付金额将以(20,21,22,…,40) * 240=(4800,5040,5280,…,9600)的动画风格显示 21 条，效果分别如图 340-1 和图 340-2 所示。

图 340-1

图 340-2

主要代码如下：

```
<!DOCTYPE html><html>
<head><meta charset="utf-8">
 <script src="https://cdn.staticfile.org/vue/2.6.11/vue.min.js"></script>
 <script src="https://cdn.jsdelivr.net/npm/tween.js@16.3.4"></script></head>
<body><center><div id="myVue">
 商品单价：<input type="number" v-model.number="myPrice" step="20"/><br>
 购买数量：<input type="number" v-model.number="myQuantity" step="20"/><br>
 <h4>应付金额：<mycomponent v-bind:value="myPrice"></mycomponent>*
  <mycomponent v-bind:value="myQuantity"></mycomponent> =
  <mycomponent v-bind:value="myResult"></mycomponent>(元)</h4>
</div></center>
<script>
 Vue.component('mycomponent', {
  template: '<span>{{ myValue }}</span>',
  props: { value: {type: Number,
```

```
                    required: true  },  },
    data: function () {  return { myValue: 0 };  },
    watch: { value: function (newValue, oldValue) {
                this.tween(oldValue, newValue)   },   },
    mounted: function () { this.tween(0, this.value); },
    methods: {
     tween: function (startValue, endValue) {
      var vm = this
      function animate () {
       if (TWEEN.update()) { requestAnimationFrame(animate) }
      }
      new TWEEN.Tween({ myValue: startValue })
          .to({ myValue: endValue }, 500)
          .onUpdate(function () {
           vm.myValue = this.myValue.toFixed(0)
          })
          .start()
      animate()
     }  } })
   new Vue({ el: '#myVue',
            data: { myPrice: 20,
                    myQuantity: 240,},
            computed: { myResult: function () {
                          return this.myPrice * this.myQuantity;
                        },},})
</script></body></html>
```

在上面这段代码中，TWEEN.Tween({ myValue: startValue })表示根据{ myValue: startValue }创建 Tween 动画。to({ myValue: endValue }, 500)表示动画的目标{ myValue: endValue }和动画持续时间(0.5 秒)。onUpdate()用于数字动画更新。start()用于启动动画。此外需要注意的是：使用 Tween 动画需要在源代码中添加<script src="https://cdn.jsdelivr.net/npm/tween.js@16.3.4"></script>。

此实例的源文件是 MyCode\ChapD\ChapD158.html。

341 使用 JavaScript 钩子实现平移过渡

此实例主要通过 JavaScript 钩子调用 jQuery 的动画方法 animate()，实现平移过渡的效果。当在浏览器中显示页面时，如果勾选复选框，则图像将由浅入深地从左边平移到中间，效果分别如图 341-1 和图 341-2 所示。如果不勾选复选框，则图像将由深到浅地从中间平移到右边直到消失。

图 341-1

图 341-2

主要代码如下：

```
<!DOCTYPE html><html>
<head><meta charset="utf-8">
 <script src="https://cdn.staticfile.org/vue/2.6.11/vue.min.js"></script>
 <script src="http://cdn.bootcss.com/jquery/3.4.1/jquery.js"></script></head>
<body><div id="myVue">
 <label><input type="checkbox" v-model="myChecked">是否显示图像</label><p>
 <transition  v-on:enter="onenter" v-on:leave="onleave">
  <img src="images/img246.jpg" v-show="myChecked" style="position: absolute;"/>
 </transition>
</div>
<script>
 new Vue({ el: '#myVue',
          data:{ myChecked: false,},
          methods: {onenter: function (el, done){
                    $(el).css('left', '-200px').css('opacity',
                      0).animate({left:'150px','opacity':1},3000,done);
                   },
                   onleave: function (el, done) {
                    $(el).css('left', '150px').css('opacity',
                      1).animate({left:'500px','opacity':0},3000,done);
                   },},})
</script></body></html>
```

在上面这段代码中，<transition v-on:enter="onenter" v-on:leave="onleave">的 v-on:enter 被称为 JavaScript 钩子，onenter 代表对应的过渡方法。$(el).css('left', '-200px').css('opacity',0).animate({left:'150px','opacity':1},3000,done)表示在进场时在水平方向上从-200px 平移到 150px，同时 opacity 从 0 改变到 1，过渡持续时间为 3 秒。需要注意的是：animate()方法是 jQuery 用于创建自定义动画的方法，因此需要添加<script src="http://cdn.bootcss.com/jquery/3.4.1/jquery.js"></script>。

此实例的源文件是 MyCode\ChapD\ChapD090.html。

342 使用 JavaScript 钩子实现折叠过渡

此实例主要通过 JavaScript 钩子调用 jQuery 的动画方法 slideDown()和 slideUp()，实现拉伸折叠过渡的效果。当在浏览器中显示页面时，如果勾选复选框，则图像将在垂直方向上拉伸直到完全显示,效果分别如图 342-1 和图 342-2 所示。如果不勾选复选框,则图像将在垂直方向上折叠直到完全消失。

图 342-1

图 342-2

主要代码如下:

```
<!DOCTYPE html><html>
<head><meta charset="utf-8">
 <script src="https://cdn.staticfile.org/vue/2.6.11/vue.min.js"></script>
 <script src="http://cdn.bootcss.com/jquery/3.4.1/jquery.js"></script></head>
<body><center><div id="myVue">
 <label><input type="checkbox" v-model="myChecked">是否显示图像</label><p>
 <transition  v-on:before-enter="onbeforeenter" v-on:leave="onleave">
  <img src="images/img247.jpg" v-show="myChecked"
    style="height: 150px;width: 420px;border-radius: 10px;box-shadow:4px 4px 6px gray"/>
 </transition>
</div></center>
<script>
 new Vue({ el: '#myVue',
          data:{ myChecked:false,},
          methods: { onbeforeenter: function (el, done){
                        $(el).slideDown(3000);
                     },
                     onleave: function (el, done) {
                        $(el).slideUp(3000);
                     },},})
</script></body></html>
```

在上面这段代码中，< transition v-on:before-enter="onbeforeenter" v-on:leave= "onleave" >的 v-on:before-enter 被称为 JavaScript 钩子，onbeforeenter 代表对应的过渡方法。$(el).slideDown(3000)表示在进场时在垂直方向上拉伸(展开)图像(img 元素)，过渡持续时间为 3 秒。需要注意的是：slideDown()方法是 jQuery 的动画方法，因此需要添加< script src="http://cdn.bootcss.com/jquery/3.4.1/jquery.js"></script >。

此实例的源文件是 MyCode\ChapD\ChapD091.html。

343 使用 JavaScript 钩子实现 fade 过渡

此实例主要通过 JavaScript 钩子调用 Velocity 的动画方法 Velocity()，并在该动画方法中设置 opacity 参数，实现以 fade 风格淡入淡出的过渡动画效果。当在浏览器中显示页面时，如果勾选复选框，则图像将由浅入深地淡入，效果分别如图 343-1 和图 343-2 所示。如果不勾选复选框，则图像将由深到浅地淡出。

图 343-1

图 343-2

主要代码如下：

```
<!DOCTYPE html><html>
<head><meta charset="utf-8">
```

```
  <script src="https://cdn.staticfile.org/vue/2.6.11/vue.min.js"></script>
  <script src="https://cdnjs.cloudflare.com/ajax/libs/velocity/1.2.3/velocity.min.js">
</script></head>
<body><center><div id="myVue">
  <label><input type="checkbox" v-model="myChecked">是否显示图像</label><p>
  <transition  v-on:enter="onenter" v-on:leave="onleave">
   <img src="images/img245.jpg" v-show="myChecked" />
  </transition>
</div></center>
<script>
 new Vue({ el: '#myVue',
          data:{ myChecked: true,},
          methods: { onenter: function (el, done) {
                      Velocity(el, { opacity: 1}, { duration: 3000 });
                     },
                    onleave: function (el, done) {
                      Velocity(el, { opacity: 0,}, { duration: 3000 });
                     } },})
</script></body></html>
```

在上面这段代码中，<transition v-on:enter="onenter" v-on:leave="onleave">的 v-on:enter 被称为 JavaScript 钩子，onenter 代表对应的过渡方法。Velocity(el, { opacity: 1}, { duration: 3000 })表示在进场时淡入动画的效果持续 3 秒。需要注意的是：使用 Velocity 的动画方法需要添加<script src="https://cdnjs.cloudflare.com/ajax/libs/velocity /1.2.3/velocity.min.js"></script>。

此实例的源文件是 MyCode\ChapD\ChapD088.html。

344 使用 JavaScript 钩子实现 scale 过渡

此实例主要通过 JavaScript 钩子调用 Velocity 的动画方法 Velocity()，并在该动画方法中设置 fontSize 参数，实现 scale(放大或缩小)字体的过渡动画效果。当在浏览器中显示页面时，如果勾选复选框，则阴影文本的字体将由小变大，效果分别如图 344-1 和图 344-2 所示；如果不勾选复选框，则阴影文本的字体将由大变小。

图 344-1

图 344-2

主要代码如下：

```
<!DOCTYPE html><html>
<head><meta charset="utf-8">
 <script src="https://cdn.staticfile.org/vue/2.6.11/vue.min.js"></script>
 <script src="https://cdnjs.cloudflare.com/ajax/libs/velocity/1.2.3/velocity.min.js">
 </script></head>
<body><center><div id="myVue">
 <label><input type="checkbox" v-model="myChecked">是否显示阴影文本</label><p>
 <transition  v-on:enter="onenter" v-on:leave="onleave">
   <span style="fontSize:16px;textShadow: 3px 5px 5px #656B79"
         v-show="myChecked">予人玫瑰,手有余香。</span>
 </transition>
</div></center>
<script>
 new Vue({ el: '#myVue',
           data:{ myChecked: true,},
           methods: { onenter: function (el, done) {
                        Velocity(el, { fontSize:'36px'}, { duration: 1300 });
                      },
                      onleave: function (el, done) {
                        Velocity(el, { fontSize:'0px',}, { duration: 1300 });
                      }  }, })
</script></body></html>
```

在上面这段代码中，<transition v-on:enter="onenter" v-on:leave="onleave">的 v-on:enter 被称为 JavaScript 钩子，onenter 代表对应的过渡方法。Velocity(el, { fontSize:'36px'}, { duration: 1300 })表示在进场时持续 1.3 秒的字体放大过渡动画。

此实例的源文件是 MyCode\ChapD\ChapD089.html。

345 使用 JavaScript 钩子实现多种过渡

此实例主要通过 JavaScript 钩子调用 Velocity 的动画方法 Velocity()，并在该动画方法中同时设置 top 和 opacity 参数，同时实现透明度和平移过渡动画的效果。当在浏览器中显示页面时，如果勾选复选框，则阴影文本将从下向上淡入，效果分别如图 345-1 和图 345-2 所示；如果不勾选复选框，则阴影文本将从上向下淡出。

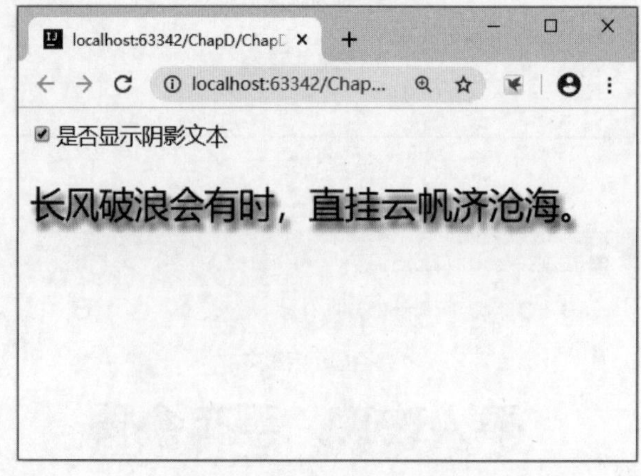

图 345-1

图 345-2

主要代码如下：

```
<!DOCTYPE html><html>
<head><meta charset = "utf - 8">
 <script src = "https://cdn.staticfile.org/vue/2.6.11/vue.min.js"></script>
 <script src = "https://cdnjs.cloudflare.com/ajax/libs/velocity/1.2.3/velocity.min.js">
 </script></head>
<body><div id = "myVue">
 <label><input type = "checkbox" v - model = "myChecked">是否显示阴影文本</label><p>
 <transition  v - on:enter = "onenter" v - on:leave = "onleave">
   <span style = "fontSize:26px;textShadow: 3px 5px 5px #656B79;position: absolute"
         v - show = "myChecked">长风破浪会有时,直挂云帆济沧海。</span>
 </transition>
</div>
<script>
 new Vue({ el: '#myVue',
          data:{ myChecked: true,},
          methods: { onenter: function (el, done) {
                      Velocity(el,{ top:'50px',opacity:1,},{ duration: 5000 });
                     },
                     onleave: function (el, done) {
                      Velocity(el,{top:'200px',opacity:0,},{duration: 5000 });
                     }  },})
</script></body></html>
```

在上面这段代码中，<transition v-on:enter="onenter" v-on:leave="onleave">的 v-on:enter 被称为 JavaScript 钩子，onenter 代表对应的过渡方法。Velocity(el, { top: '50px', opacity: 1,}, {duration: 5000})表示在进场时持续 5 秒的从下向上淡入过渡动画，如果需要更多的过渡动画，则直接在{top:'50px',opacity:1,}中添加更多的属性即可。

此实例的源文件是 MyCode\ChapD\ChapD096.html。

346 使用 JavaScript 钩子实现反向过渡

此实例主要通过 JavaScript 钩子调用 Velocity 的动画方法 Velocity()，并在该动画方法中设置 reverse 参数，实现与前次动画相反的过渡动画效果。当在浏览器中显示页面时，如果勾选复选框，则图像将由小变大，效果分别如图 346-1 和图 346-2 所示；如果不勾选复选框，则图像将由大变小。

图 346-1

图 346-2

主要代码如下：

```
<!DOCTYPE html><html>
<head><meta charset="utf-8">
 <script src="https://cdn.staticfile.org/vue/2.6.11/vue.min.js"></script>
 <script src="https://cdnjs.cloudflare.com/ajax/libs/velocity/1.2.3/velocity.min.js">
 </script></head>
<body><center><div id="myVue">
 <label><input type="checkbox" v-model="myChecked">是否放大图像</label><p>
 <transition  v-on:enter="onenter" v-on:leave="onleave">
  <img src="images/img248.jpg" v-show="myChecked" />
 </transition>
</div></center>
<script>
 new Vue({ el: '#myVue',
          data:{ myChecked:false,},
          methods: { onenter: function (el, done) {
```

```
                        Velocity(el, {width: 300,}, { duration: 1300 });
                      },
                      onleave: function (el, done) {
                        Velocity(el, "reverse");
                      }  }, })
   </script></body></html>
```

在上面这段代码中,Velocity(el,{width: 300,},{ duration: 1300 })表示将图像(img 元素)的宽度从默认值重置为300(此实例为放大图像),Velocity(el, "reverse")表示将图像(img 元素)的宽度从300重置为默认值(此实例为缩小图像);reverse 将始终执行一个反向的过渡动画,如果 Velocity(el,{opacity: 0,},{ duration: 1300 })实现了淡出过渡动画,则 Velocity(el, "reverse")实现淡入过渡动画,以此类推。

此实例的源文件是 MyCode\ChapD\ChapD097.html。

347 使用 JavaScript 钩子实现 slide 过渡

此实例主要通过 JavaScript 钩子调用 Velocity 的动画方法 Velocity(),并在该动画方法中设置 slideDown 和 slideUp 参数,实现 slide 过渡动画(卷帘风格的折叠和展开)效果。当在浏览器中显示页面时,如果勾选复选框,则图像将以 slideDown 方式从上向下展开,效果分别如图 347-1 和图 347-2 所示;如果不勾选复选框,则图像将以 slideUp 方式从下向上折叠。

图 347-1

图 347-2

主要代码如下：

```
<! DOCTYPE html >< html >
< head >< meta charset = "utf - 8">
 < script src = "https://cdn.staticfile.org/vue/2.6.11/vue.min.js"></script >
 < script src = "https://cdnjs.cloudflare.com/ajax/libs/velocity/1.2.3/velocity.min.js">
 </script ></head >
< body >< center >< div id = "myVue">
 < label >< input type = "checkbox" v - model = "myChecked">是否显示图像</label >< p >
 < transition   v - on:enter = "onenter" v - on:leave = "onleave">
  < img src = "images/img249.jpg" v - show = "myChecked"
     style = "height: 150px;width: 420px;border - radius: 10px;box - shadow:4px 4px 6px gray"/>
 </transition >
</div ></center >
< script >
 new Vue({ el: '#myVue',
           data:{ myChecked:true, },
           methods: { onenter: function (el, done) {
                       Velocity(el,"slideDown", {duration: 500 });
                       //Velocity(el, "reverse");
                      },
                      onleave: function (el, done) {
                       Velocity(el,"slideUp", {duration: 500 });
                      }  }, })
</script ></body ></html >
```

在上面这段代码中，Velocity(el,"slideDown"，{duration：500 })表示在垂直方向上将图像（img 元素）从上向下展开，Velocity(el,"slideUp"，{duration：500 })表示在垂直方向上将图像（img 元素）从下向上折叠，Velocity 的 slideDown 和 slideUp 将自动处理相关的 CSS 动画属性。

此实例的源文件是 MyCode\ChapD\ChapD098.html。

348　使用 JavaScript 钩子实现 loop 过渡

此实例主要通过 JavaScript 钩子调用 Velocity 的动画方法 Velocity()，并在该动画方法中设置 loop 参数，实现 loop 风格（无限循环）的过渡动画效果。当在浏览器中显示页面时，如果勾选复选框，则图像将以循环方式执行 fadeIn 动画闪烁图像，效果分别如图 348-1 和图 348-2 所示；如果不勾选复选框，则图像将停止在当前（在 fadeIn 过程中的任一画面）状态。

图　348-1

图 348-2

主要代码如下：

```
<!DOCTYPE html><html>
<head><meta charset="utf-8">
 <script src="https://cdn.staticfile.org/vue/2.6.11/vue.min.js"></script>
 <script src="https://cdnjs.cloudflare.com/ajax/libs/velocity/1.2.3/velocity.min.js">
 </script></head>
<body><center><div id="myVue">
 <label><input type="checkbox" v-model="myChecked">闪烁图像</label><p>
 <transition  v-on:enter="onenter" v-on:leave="onleave">
  <img src="images/img250.jpg" v-show="myChecked"
    style="height: 150px;width: 420px;border-radius: 10px;box-shadow:2px 2px 4px gray"/>
 </transition>
</div></center>
<script>
 new Vue({ el: '#myVue',
           data:{ myChecked:false,},
           methods: { onenter: function (el, done) {
                        Velocity(el,"fadeIn", {duration: 100,loop: true, });
                      },
                      onleave: function (el, done) {
                        Velocity(el,"stop");
                      } }, })
</script></body></html>
```

在上面这段代码中，Velocity(el,"fadeIn",{duration：100,loop：true，})表示以 loop(无限循环)方式在 100 毫秒中执行一次 fadeIn 动画。Velocity(el,"stop")表示停止执行当前动画。

此实例的源文件是 MyCode\ChapD\ChapD099.html。

349 使用 JavaScript 钩子实现 delay 过渡

此实例主要通过 JavaScript 钩子调用 Velocity 的动画方法 Velocity()，并在该动画方法中设置 delay 参数，延迟自定义过渡动画的时间。当在浏览器中显示页面时，如果勾选复选框，则文本将执行 fadeIn 动画 3 次，且每次的持续时间是 1000 毫秒、延迟时间是 500 毫秒，闪烁文本，效果分别如图 349-1 和图 349-2 所示；如果不勾选复选框，则文本将停止在当前(在 fadeIn 过程中的任一画面)状态。

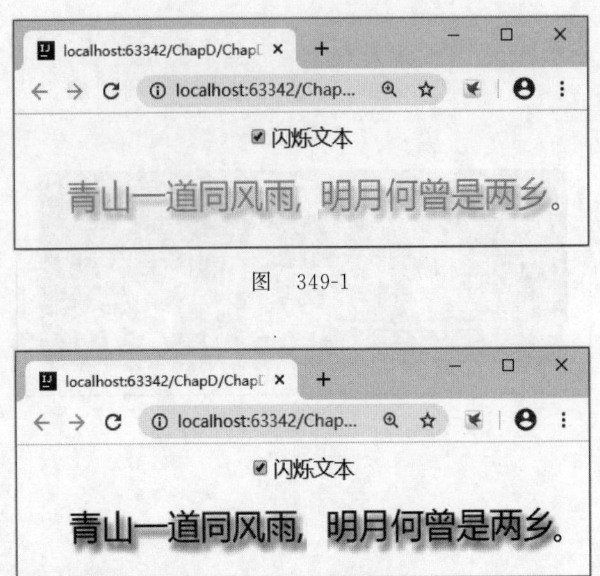

图 349-1

图 349-2

主要代码如下：

```
<!DOCTYPE html><html>
<head><meta charset="utf-8">
 <script src="https://cdn.staticfile.org/vue/2.6.11/vue.min.js"></script>
 <script src="https://cdnjs.cloudflare.com/ajax/libs/velocity/1.2.3/velocity.min.js">
 </script></head>
<body><center><div id="myVue">
 <label><input type="checkbox" v-model="myChecked">闪烁文本</label><p>
 <transition  v-on:enter="onenter" v-on:leave="onleave">
  <span style="fontSize:26px;textShadow: 3px 5px 5px #656B79"
    v-show="myChecked" >青山一道同风雨,明月何曾是两乡。</span>
 </transition>
</div></center>
<script>
 new Vue({ el: '#myVue',
          data:{ myChecked:false,},
          methods:{onenter: function (el, done) {
                    Velocity(el,"fadeIn",{duration:1000,loop:3,delay:500 });
                   },
                   onleave: function (el, done) {
                    Velocity(el,"stop");
                   }  }, })
</script></body></html>
```

在上面这段代码中，Velocity(el,"fadeIn",{duration: 1000,loop:3,delay:500})表示执行三次fadeIn动画，且每次的持续时间是1000毫秒，每次的延迟时间是500毫秒。

此实例的源文件是MyCode\ChapD\ChapD100.html。

350 使用JavaScript钩子实现color过渡

此实例主要通过JavaScript钩子调用Velocity的动画方法Velocity()和setTimeout()方法，并在setTimeout()方法中设置间隔时间和元素(文本)颜色，实现在间隔一秒后依次以不同的颜色显示文本的效果。当在浏览器中显示页面时，如果勾选复选框，则首先在 v-on:before-enter 的钩子函数中设置文本颜色为红色，如图 350-1 所示；其次在 v-on:enter 的钩子函数中设置文本颜色为绿色，如图 350-2 所示；最后在 v-on:after-enter 的钩子函数中设置文本颜色为蓝色，如图 350-3 所示，每次改变文本颜色的时间间隔为 1 秒。如果不勾选复选框，则文本将停止在当前状态。

图 350-1

图 350-2

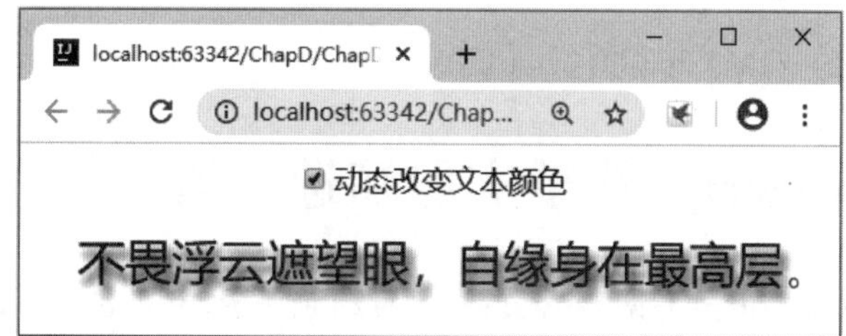

图 350-3

主要代码如下：

```
<!DOCTYPE html><html>
<head><meta charset = "utf-8">
 <script src = "https://cdn.staticfile.org/vue/2.6.11/vue.min.js"></script>
 <script src = "https://cdnjs.cloudflare.com/ajax/libs/velocity/1.2.3/velocity.min.js">
 </script></head>
 <body><center><div id = "myVue">
 <label><input type = "checkbox" v-model = "myChecked">动态改变文本颜色</label><p>
 <transition  v-on:before-enter = "onBeforeEnter" v-on:enter = "onEnter"
              v-on:after-enter = "onAfterEnter" v-on:leave = "onleave">
  <span style = "fontSize:26px;textShadow: 3px 5px 5px #656B79"
        v-show = "myChecked">不畏浮云遮望眼，自缘身在最高层。</span>
 </transition>
</div></center>
<script>
 new Vue({ el: '#myVue',
```

```
            data:{ myChecked:false,},
            methods: { onBeforeEnter(el) {
                        el.style.color = 'red';
                       },
                        onEnter(el, done) {
                         setTimeout(() => {
                          el.style.color = 'green';
                          done();
                         }, 1000)
                        },
                       onAfterEnter(el) {
                        setTimeout(() =>{
                         el.style.color = 'blue';
                        },1000)
                       },
                       onleave: function (el, done) {
                        Velocity(el,"stop");
                       }, }, })
    </script></body></html>
```

在上面这段代码中，v-on：before-enter 表示动画出现前的事件。v-on：enter 在 v-on：before-enter 结束后执行，v-on：after-enter 在 v-on：enter 钩子函数中的 done()被调用后被触发，所以一定要在代码中添加 done()，否则不会显示蓝色文本。el. style. color = 'red'表示设置元素（文本）的颜色为红色。

此实例的源文件是 MyCode\ChapD\ChapD101. html。

351 使用 JavaScript 钩子实现筛选过渡

此实例主要通过 JavaScript 钩子调用 Velocity 的动画方法 Velocity()，并在该动画方法中设置 opacity 和 height 参数，实现在筛选列表的过程中产生淡入和平移的过渡动画效果。当在浏览器中显示页面时，如果在“关键词：”输入框中输入 Java，则将以过渡动画的风格从列表中筛选符合要求的列表项，效果分别如图 351-1 和图 351-2 所示。

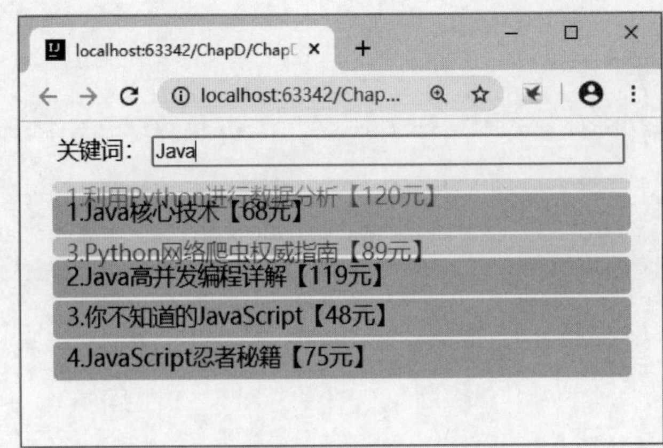

图 351-1

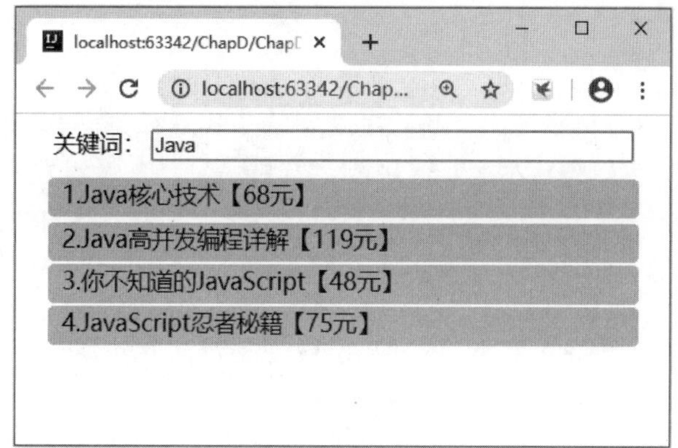

图 351-2

主要代码如下：

```
<!DOCTYPE html><html>
<head><meta charset="utf-8">
 <script src="https://cdn.staticfile.org/vue/2.6.11/vue.min.js"></script>
 <script src="https://cdnjs.cloudflare.com/ajax/libs/velocity/1.2.3/velocity.min.js">
 </script></head>
<body><center><div id="myApp">
 <li style="list-style:none;margin-bottom: 10px;">关键词:
  <input type="text" v-model="myKeyword" style="width: 330px;"></li>
<transition-group v-on:before-enter="onBeforeEnter"
         v-on:enter="onEnter"  v-on:leave="onLeave">
   <li v-for="(myItem,index) in myFilter" v-bind:key="myItem.Name"
           v-bind:data-index="index" class="myItemStyle">
     {{index+1}}.{{myItem.Name}}【{{myItem.Price}}元】</li>
 </transition-group>
</div></center>
<style>.myItemStyle{border-radius: 4px;height:26px;list-style:none;
  background-color: lightblue;width:400px;margin-bottom: 2px;
  text-align: left;padding-left: 10px; }</style>
<script>
 new Vue({ el:'#myApp',
          data:{myKeyword:'Java',
                myItems:[{Name:'利用 Python 进行数据分析',Price:120},
                         {Name :'Java 核心技术',Price:68},
                         {Name :'Python 网络爬虫权威指南',Price:89},
                         {Name :'Java 高并发编程详解',Price:119},
                         {Name :'你不知道的 JavaScript',Price:48},
                         {Name :'JavaScript 忍者秘籍',Price:75},] },
          computed:{ myFilter:function(){
                         return this.myItems.filter(
                           p=>p.Name.indexOf(this.myKeyword)!==-1);
                     },},
          methods: { onBeforeEnter: function (el) {
                      el.style.opacity = 0
                      el.style.height = 0
                     },
                     onEnter: function (el, done) {
```

```
          var delay = el.dataset.index * 150
          setTimeout(function(){
            Velocity( el, { opacity: 1,height: '1.6em',},
              {duration: 2000},{complete: done}) }, delay);
        },
          onLeave: function (el, done) {
            var delay = el.dataset.index * 150
            setTimeout(function () {
              Velocity( el, { opacity: 0, height: 0 ,},
              {duration: 2000},{complete: done})}, delay);
        }, }, })
</script></body></html>
```

在上面这段代码中，myFilter 计算属性用于根据关键词筛选列表项。v-on:before-enter 对应的钩子函数 onBeforeEnter()用于设置列表项的初始状态。v-on:enter 对应的钩子函数 onEnter()用于设置列表项进入时的过渡动画。v-on:leave 对应的钩子函数 onLeave()用于设置列表项退出时的过渡动画。delay = el.dataset.index * 150 用于根据列表项索引计算延迟时间，因为不同位置的列表项需要不同的延迟时间才能形成交错退出或进入的过渡效果。

此实例的源文件是 MyCode\ChapD\ChapD115.html。

352 使用 JavaScript 钩子初始渲染过渡

此实例主要通过 JavaScript 钩子 v-on:appear 调用 Velocity 的动画方法 Velocity()，并在该动画方法中设置 translateX 参数，实现在页面初始渲染时自动执行平移过渡动画效果。当在浏览器中显示页面时，将自动执行一次平移动画，效果分别如图 352-1 和图 352-2 所示。

图 352-1

图 352-2

主要代码如下：

```
<!DOCTYPE html><html>
<head><meta charset="utf-8">
 <script src="https://cdn.staticfile.org/vue/2.6.11/vue.min.js"></script>
 <script src="https://cdnjs.cloudflare.com/ajax/libs/velocity/1.2.3/velocity.min.js">
 </script></head>
<body><div id="myVue">
 <transition v-on:appear="onAppearHook">
  <img src="images/img279.jpg"/>
 </transition></div>
<script>
 new Vue({ el: '#myVue',
          methods:{ onAppearHook(el, done) {
                    Velocity(el, {translateX:1200},{duration:500});
                    Velocity(el,"reverse",{complete:done})
                   }, }, })
</script></body></html>
```

在上面这段代码中，<transition v-on:appear="onAppearHook">的 v-on:appear= "onAppearHook" 表示在页面初始渲染时(仅此一次)自动执行钩子函数 onAppearHook()，钩子函数 onAppearHook() 主要通过 Velocity 的动画函数实现平移动画。

此实例的源文件是 MyCode\ChapD\ChapD118.html。

353 使用 vue-router 库实现单页路由配置

此实例主要通过使用 vue-router 库的路由组件，实现在单页应用中配置路由的效果。当在浏览器中显示页面时，单击超链接(路由链接 router-link)"名酒专区"，则将跳转到名酒专区(注意地址栏变化：http://localhost:63342/ChapD/ChapD160.html/myLiquor)，如图 353-1 所示；单击超链接(路由链接 router-link)"图书专区"，则将跳转到图书专区(注意地址栏变化：http://localhost:63342/ChapD/ChapD160.html/myBook)，如图 353-2 所示；也可以直接在地址栏输入对应内容实现与超链接完全相同的切换效果。

图 353-1

图 353-2

主要代码如下：

```
<! DOCTYPE html >
< html >< head >< meta charset = "utf - 8">
 < script src = "https://cdn.staticfile.org/vue/2.6.11/vue.min.js"></script >
 < script src = "https://cdn.staticfile.org/vue - router/2.7.0/vue - router.min.js">
</script ></head >
< body >
< div id = "myVue">
 < h3 >直达商城精品专区</h3 >
 < p ><!-- 使用 router - link 组件实现导航,通过传入 to 属性指定链接 -->
  <!-- < router - link > 默认会被渲染成一个超链接 -->
  < button >< router - link to = "/myLiquor">名酒专区</router - link ></button >
  < button >< router - link to = "/myBook">图书专区</router - link ></button ></p >
 <!-- 路由匹配的组件(此实例的名酒图书图像)将渲染在这里 -->
 < router - view ></router - view >
</div >
< script >
 //定义路由组件
 const myLiquor = {template: '< div >< img  src = "images/img298.jpg"/></div >'}
 const myBook = {template: '< div >< img  src = "images/img297.jpg"/></div >'}
 //配置路由,每个路由映射一个路由组件
 //component 也可以是通过 Vue.extend()创建的组件构造器
 const routes = [{ path: '/myLiquor', component: myLiquor},
                 { path: '/myBook', component: myBook } ]
 //创建 router 实例,然后传入 routes 配置
 const router = new VueRouter({ routes: routes })
 //创建和挂载根实例,通过 router 配置参数注入路由
 new Vue({router}).$mount('#myVue')
</script ></body ></html >
```

在上面这段代码中，< router-link >组件用于设置导航链接，切换不同 HTML 内容，to 属性为目标地址，即要显示的内容，该内容在< router-view >中显示。如果使用模块化机制编程，则需要调用 Vue. use(VueRouter)导入 Vue 和 VueRouter。此外需要注意的是：使用 VueRouter 需要添加< script src="https://cdn. staticfile. org/vue-router/2. 7. 0 /vue-router. min. js"></script >。

此实例的源文件是 MyCode\ChapD\ChapD160. html。

354 使用 vue-router 库实现命名视图配置

此实例主要通过在 vue-router 库的路由组件 router-view 中设置 name 属性，实现以命名视图的方式配置多个 router-view 的效果。当在浏览器中显示页面时，由 default(上证指数，顶部)、myLeft(指数行情，左侧)、myMain(K 线图，右侧)三个命名视图配置的路由效果如图 354-1 所示。

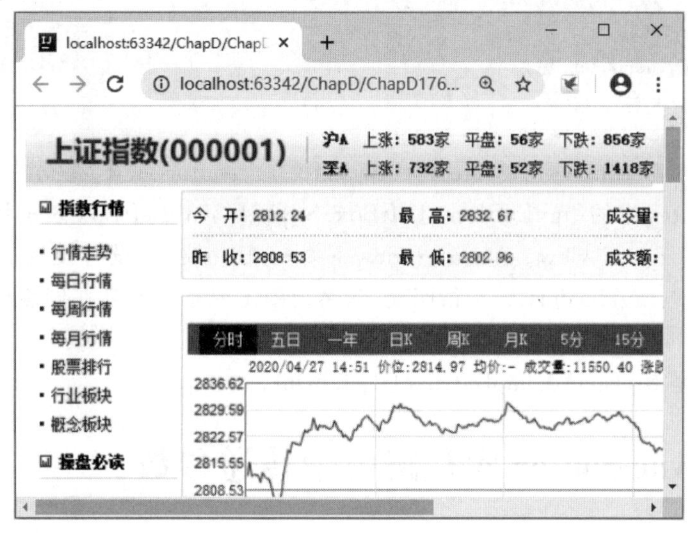

图 354-1

主要代码如下：

```
<!DOCTYPE html >
< html >< head >< meta charset = "utf - 8">
 < script src = "https://cdn. staticfile. org/vue/2. 6. 11/vue. min. js"></script >
 < script src = "https://cdn. staticfile. org/vue - router/2. 7. 0/vue - router. min. js">
 </script ></head >
< body >< div id = "myVue">
 < router - view ></router - view >
 < div class = "container">
    < router - view name = "myLeft"></router - view >
    < router - view name = "myMain"></router - view >
 </div >
</div >
< style >
 div{ margin: 0; padding: 0 }
 .container{ display: flex;}
 .header{ background - color:linen; height: 54px;}
 .left{background - color: lightcyan;
  width: 120px; height: 1800px;}
```

```
.main{background-color: lightgray;flex:100%; height: 1800px;}
</style>
<script>
  var myHeaderBox =
      { template:'<div class="header"><img src="images/img299.jpg"></div>' }
  var myLeftBox =
      { template:'<div class="left"><img src="images/img300.jpg"></div>' }
  var myMainBox =
      { template:'<div class="main"><img src="images/img301.jpg"></div>' }
  var myVueRouter = new VueRouter({
        routes:[ { path: '/', components: {
                        'default':myHeaderBox,
                        'myLeft':myLeftBox,
                        'myMain':myMainBox }, }, ], })
 new Vue({ el: '#myVue',
         router:myVueRouter,});
</script></body></html>
```

在上面这段代码中,<router-view name="myLeft"></router-view>表示将该 router-view 命名为 myLeft,对应在 routes 中的 'myLeft':myLeftBox。'myLeft':myLeftBox 表示将 myLeftBox 组件放置在名称为 myLeft 的 router-view。<router-view></router-view>没有设置 name 属性,因此对应在 routes 中的'default':myHeaderBox。很明显,命名视图主要是为渲染在同级(非嵌套)中的多个视图 router-view。

此实例的源文件是 MyCode\ChapD\ChapD176.html。

355 使用 vue-router 库在路由中传递参数

此实例主要通过使用 vue-router 库的路由组件和 $route.params,实现在路由中通过参数传递数据的效果。当在浏览器中显示页面时,单击超链接(路由链接 router-link)"公司新闻",则将跳转到"这是公司新闻标题页面"(注意地址栏变化: http://localhost:63342 /ChapD/ChapD161.html/news),如图 355-1 所示;然后单击超链接(路由链接 router-link)"第 002 号新闻",则将跳转到"这是公司新闻详细内容页面"(注意地址栏变化: http: //localhost: 63342/ChapD/ChapD161.html/news/002),如图 355-2 所示;如果直接在地址栏中输入 http://localhost: 63342/ChapD/ChapD161.html/news/001,则将显示"你选择了第 001 号新闻"。

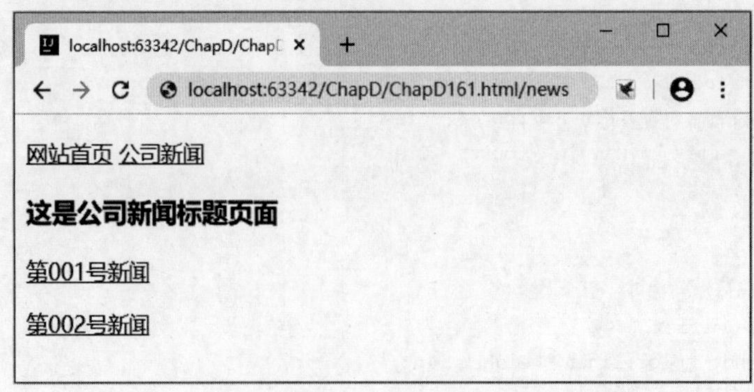

图 355-1

图 355-2

主要代码如下：

```
<!DOCTYPE html>
<html><head><meta charset = "utf - 8">
 <script src = "https://cdn.staticfile.org/vue/2.6.11/vue.min.js"></script>
 <script src = "https://cdn.staticfile.org/vue - router/2.7.0/vue - router.min.js">
 </script></head>
<body>
<div id = "myVue">
 <p><router - link to = "/home">网站首页</router - link>
     <router - link to = "/news">公司新闻</router - link></p>
 <router - view></router - view>
</div>
<template id = "home">
  <h3>这是公司网站首页页面</h3>
</template>
<template id = "news">
 <div><h3>这是公司新闻标题页面</h3>
   <p><router - link to = "/news/001">第 001 号新闻</router - link></p>
   <p><router - link to = "/news/002">第 002 号新闻</router - link></p></div>
</template>
<template id = "NewsDetail">
 <div><h3>这是公司新闻详细内容页面</h3>
  <span>你选择了第{{ $route.params.id}}号新闻</span></div>
</template>
<script type = "text/javascript">
 //定义路由组件
 const Home = { template: '#home' };
 const News = { template: '#news' };
 const NewsDetail = { template: '#NewsDetail' };
 //配置路由
 const routes = [{ path: '/', redirect: '/home' },
  { path: '/home', component: Home, },
  { path: '/news', component: News,},
  { path: '/news/:id', component: NewsDetail }, ]
 //创建 router 实例,然后传入 routes 配置
 const router = new VueRouter({routes})
 //创建和挂载根实例
 new Vue({ router }).$mount('#myVue')
</script></body></html>
```

在上面这段代码中，{ path：'/news/：id'，component：NewsDetail }表示根据 id 跳转到

NewsDetail,{{ $route. params. id}}的 id 则负责解析传递的 id; id 参数可以任意命名,但两者必须一致,如果传递参数是 myparam,即{ path: '/news/:myparam', component: NewsDetail },则接收参数也应该是 myparam,即{{ $route. params. myparam}}。

此实例的源文件是 MyCode\ChapD\ChapD161. html。

356 使用 vue-router 库实现 params 传递

此实例主要通过在 vue-router 库的路由组件 router-link 的 v-bind:to 中使用 params 设置多个参数,实现在路由时传递多个参数的效果。当在浏览器中显示页面时,单击超链接(路由链接 router-link)"第一本图书",则将跳转到第一本图书页面(注意地址栏变化: http://localhost:63342/ChapD/ChapD163. html/myBook1),name 和 price 则是传递的参数(自动隐藏),如图 356-1 所示;单击超链接(路由链接 router-link)"第二本图书",则将跳转到第二本图书页面(注意地址栏变化: http://localhost:63342/ChapD /ChapD163. html/myBook2),name、price 和 imgsrc 则是传递的参数(自动隐藏),如图 356-2 所示。

图 356-1

图 356-2

主要代码如下:

```
<!DOCTYPE html>
<html><head><meta charset="utf-8">
 <script src="https://cdn.staticfile.org/vue/2.6.11/vue.min.js"></script>
```

```
<script src="https://cdn.staticfile.org/vue-router/2.7.0/vue-router.min.js">
 </script></head>
<body><div id="myVue"></div>
<script>
 var myBook1 = {template:'<div><p>图书名称: {{ $route.params.name}}</p>
                  <p>图书售价: {{ $route.params.price}}元</p></div>', }
 var myBook2 = { template:'<div><p>图书名称: {{ $route.params.name}}</p>
                  <p>图书售价: {{ $route.params.price}}元</p>
                  <img v-bind:src=" $route.params.imgsrc"/></div>',
  created() { // alert( $route.params.name)
  }, }
 Vue.use(VueRouter);
 var myVueRouter = new VueRouter({
  routes:[{name:'myBook1',path:'/myBook1',component:myBook1},
          {name:'myBook2',path:'/myBook2',component:myBook2}] });
 var mycomponent = { template: '<center><div>
              <button><router-link v-bind:to="{ name:'myBook1',params:{'name':
              'jQuery炫酷应用实例集锦','price':99} }">
              第一本图书</router-link></button>
              <button><router-link  v-bind:to="{ name:'myBook2',params:{'name':
              'HTML5 + CSS3 炫酷应用实例集锦','price':149,
              'imgsrc':'images/img220.jpg'} }">第二本图书</router-link></button>
              <router-view></router-view> </div></center>'}
new Vue({ el: '#myVue',
          router:myVueRouter,
          components: { mycomponent1:mycomponent, },
          template:'<mycomponent1></mycomponent1>'});
</script></body></html>
```

在上面这段代码中，v-bind:to="{ name:'myBook1',params:{'name': 'jQuery炫酷应用实例集锦','price':99} }"表示跳转到myBook1目标页面，同时传递name和price两个参数。$route.params.name则用于在目标页面接收name参数值，$route.params.price则用于在目标页面接收price参数值。

此实例的源文件是MyCode\ChapD\ChapD163.html。

357 使用vue-router库实现query传递

此实例主要通过在vue-router库的路由组件router-link的v-bind:to中使用query设置多个参数，实现在路由时传递多个参数的效果。当在浏览器中显示页面时，单击超链接（路由链接router-link）"第三本图书"，则将跳转到第三本图书页面（注意地址栏变化：http://localhost:63342/ChapD/ChapD164.html/myBook3? name=Android炫酷应用300例%20提升篇&price=99.8），name和price则是传递的参数，如图357-1所示；单击超链接（路由链接router-link）"第四本图书"，则将跳转到第四本图书页面（注意地址栏变化：http://localhost:63342/ChapD/ChapD164.html/myBook4?name=Android炫酷应用300例%20实战篇&price=99&imgsrc=images%2Fimg207.jpg），name、price和imgsrc则是传递的参数，如图357-2所示。

主要代码如下：

```
<!DOCTYPE html>
<html><head><meta charset="utf-8">
 <script src="https://cdn.staticfile.org/vue/2.6.11/vue.min.js"></script>
```

```
<script src="https://cdn.staticfile.org/vue-router/2.7.0/vue-router.min.js">
 </script></head>
<body><div id="myVue"></div>
<script>
 var myBook3 = {template:'<div><p>图书名称：{{ $route.query.name}}</p>
                    <p>图书售价：{{ $route.query.price}}元</p></div>', }
 var myBook4 = { template:'<div><p>图书名称：{{ $route.query.name}}</p>
                    <p>图书售价：{{ $route.query.price}}元</p>
                    <img v-bind:src="$route.query.imgsrc"/></div>',}
 Vue.use(VueRouter);
 var myVueRouter = new VueRouter({
  routes:[{name:'myBook3',path:'/myBook3',component:myBook3},
          {name:'myBook4',path:'/myBook4',component:myBook4}] });
 var mycomponent = { template: '<center><div>
                <button><router-link v-bind:to="{ name:'myBook3',query:{'name':
                'Android 炫酷应用 300 例 提升篇','price':99.8} }">
                第三本图书</router-link></button>
                <button><router-link v-bind:to="{ name:'myBook4',query:{'name':
                'Android 炫酷应用 300 例 实战篇','price':99,
                'imgsrc':'images/img207.jpg'} }">第四本图书</router-link></button>
                <router-view></router-view></div></center>'}
 new Vue({ el: '#myVue',
          router:myVueRouter,
          components: { mycomponent1:mycomponent, },
          template:'<mycomponent1></mycomponent1>'});
</script></body></html>
```

图 357-1

图 357-2

在上面这段代码中,v-bind:to="{ name:'myBook3',query:{'name':'Android炫酷应用300例提升篇','price':99.8} }"表示跳转到myBook3目标页面,同时传递name和price两个参数。$route.query.name则用于在目标页面接收name参数值,$route.query.price则用于在目标页面接收price参数值。

此实例的源文件是MyCode\ChapD\ChapD164.html。

358 使用vue-router库配置多级路径路由

此实例主要通过使用vue-router库的路由组件,并在路由配置中使用children,配置具有层级关系的多级路径。当在浏览器中显示页面时,单击超链接(路由链接router-link)"分行",则将跳转到"这是省级分行页面"(注意地址栏变化:http://localhost:63342/ChapD/ChapD162.html/branch)。然后单击超链接(路由链接router-link)"四川分行",则将跳转到"这是四川分行页面"(注意地址栏变化:http://localhost:63342/ChapD/ChapD162.html/branch/sichuan),如图358-1所示;再单击超链接(路由链接router-link)"成都分行",则将跳转到"这是成都分行页面"(注意地址栏变化:http://localhost:63342/ChapD/ChapD162.html/branch/sichuan/chengdu),如图358-2所示。

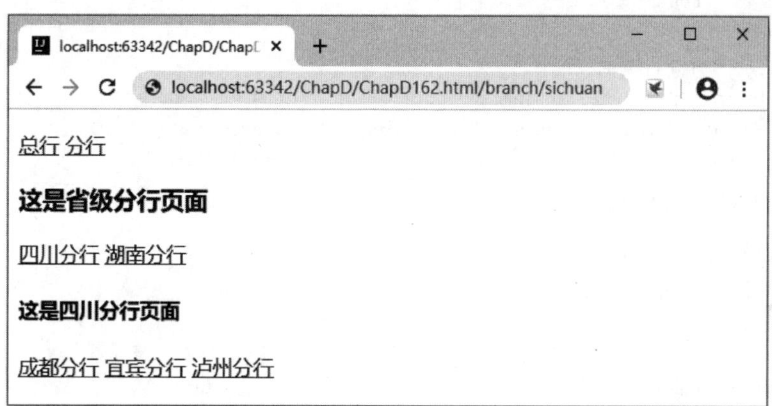

图 358-1

图 358-2

主要代码如下：

```
<!DOCTYPE html>
<html><head><meta charset="utf-8">
 <script src="https://cdn.staticfile.org/vue/2.6.11/vue.min.js"></script>
 <script src="https://cdn.staticfile.org/vue-router/2.7.0/vue-router.min.js">
 </script></head>
<body>
<div id="myVue">
 <p><router-link to="/home">总行</router-link>
    <router-link to="/branch">分行</router-link></p>
 <router-view></router-view>
</div>
<template id="home">
 <div><h3>这是总行页面</h3></div>
</template>
<template id="branch">
 <div><h3>这是省级分行页面</h3>
  <router-link to="/branch/sichuan">四川分行</router-link>
  <router-link to="/branch/hunan">湖南分行</router-link>
  <router-view></router-view></div></template>
<template id="sichuan">
 <div><h4>这是四川分行页面</h4>
  <router-link to="/branch/sichuan/chengdu">成都分行</router-link>
  <router-link to="/branch/sichuan/yibin">宜宾分行</router-link>
  <router-link to="/branch/sichuan/luzhou">泸州分行</router-link>
  <router-view></router-view></div>
</template>
<template id="chengdu">
 <h2>这是成都分行页面【钱存银行,利国利民】</h2>
</template>
<template id="yibin">
 <h5>这是宜宾分行页面</h5>
</template>
<template id="luzhou">
 <h5>这是泸州分行页面</h5>
</template>
<template id="hunan">
 <h4>这是湖南分行页面</h4>
</template>
<script type="text/javascript">
 //定义路由组件
 const Home = { template: '#home' };
 const branch = { template: '#branch' };
 const sichuan = { template: '#sichuan' };
 const chengdu = { template: '#chengdu' };
 const yibin = { template: '#yibin' };
 const luzhou = { template: '#luzhou' };
 const hunan = { template: '#hunan' };
 //配置路由
 const routes = [{ path: '/', redirect: '/home' },
                 { path: '/home', component: Home, },
                 { path: '/branch', component: branch,
```

```
    children:[{ path: '/branch/sichuan', component: sichuan,
              children:[{path: '/branch/sichuan/chengdu/', component:chengdu, },
                 {path: '/branch/sichuan/yibin', component: yibin, },
                 {path: '/branch/sichuan/luzhou', component: luzhou, }, ] },
                 {path: '/branch/hunan', component: hunan}] },]
  //创建 router 实例,然后传入 routes 配置
  const router = new VueRouter({routes})
  //创建和挂载根实例
  new Vue({ router }). $ mount('#myVue')
</script></body></html>
```

在上面这段代码中，children 用于在路由配置中设置除第一级外的多个子级组件和路径，并且 children 可以嵌套，即在 children 中还有更细化的 children。

此实例的源文件是 MyCode\ChapD\ChapD162. html。

359 使用 $ http 的 get 方式在线查询天气

此实例主要通过使用 $ http 的 get()方法，实现根据指定的 URL 获取远程服务器数据的效果。当在浏览器中显示页面时，在“城市：”输入框中输入城市名称，如“重庆”“上海”等，然后单击“查询天气”按钮，即可在下面的表格中显示该城市最近 5 天的天气数据，效果分别如图 359-1 和图 359-2 所示。

localhost:63342/ChapD/ChapD

localhost:63342/ChapD/C...

城市： 重庆 查询天气

日期	最低温度	最高温度	天气情况
3日星期天	低温 21℃	高温 35℃	晴
4日星期一	低温 23℃	高温 33℃	小雨
5日星期二	低温 24℃	高温 31℃	小雨
6日星期三	低温 24℃	高温 32℃	小雨
7日星期四	低温 18℃	高温 29℃	小雨

图 359-1

图 359-2

主要代码如下：

```
<!DOCTYPE html><html>
<head><meta charset="utf-8">
 <script src="https://cdn.staticfile.org/vue/2.6.11/vue.min.js"></script>
 <script src=
"https://cdn.staticfile.org/vue-resource/1.5.1/vue-resource.min.js"></script>
</head>
<body><center><div id="myVue">
 <p>城市:<input type="text" v-model="myCity"  style="width:220px;">
  <button v-on:click="onClickButton()"
          style="width:110px;">查询天气</button></p>
 <table cellspacing="2" border="2" v-show="myShow"  style="width: 400px;">
  <thead align="center">
  <td>日期</td>
  <td>最低温度</td>
  <td>最高温度</td>
  <td>天气情况</td>
  </thead>
  <tbody>
  <tr v-for="forecast in myForecast">
   <td>{{forecast.date}}</td>
   <td>{{forecast.low}}</td>
   <td>{{forecast.high}}</td>
   <td>{{forecast.type}}</td>
  </tr></tbody></table>
</div></center>
<script>
 new Vue({ el: '#myVue',
          data:{ myCity:'重庆',myShow:false, myForecast:[],},
          methods:{
  onClickButton:function(){
    this.myShow=false;
    //根据城市名称以GET方式请求天气信息,并返回相关数据
    this.$http.get("http://wthrcdn.etouch.cn/weather_mini?city="
        +this.myCity).then(function(response){
     this.myForecast=response.data.data.forecast;
     //在接收响应数据后,将数据显示在表格
     this.myShow=true;
    }); }, }, })
</script></body></html>
```

在上面这段代码中，this.$http.get(Url).then(function(response){ })的 response 是在请求成功之后，对方服务器返回的数据，它通常是一个 JSON 格式的字符串，需要进行解析。此外，Vue.js 实现异步加载需要 vue-resource 库，因此需要添加<script src="https://cdn.staticfile.org/vue-resource/1.5.1/vue-resource.min.js"></script>

此实例的源文件是 MyCode\ChapD\ChapD194.html。

360 使用 setInterval 实现逐字动态输入

此实例主要通过使用 setInterval()，在输入框中实现动态逐字输入字符的效果。当在浏览器中显示页面时，单击“开始动态逐字输入字符”按钮，则将每隔 200 毫秒在输入框中自动输入一个字符，直到输完文本的全部字符，效果分别如图 360-1 和图 360-2 所示。

图 360-1

图 360-2

主要代码如下：

```
<!DOCTYPE html><html>
<head><meta charset="utf-8">
 <script src="https://cdn.staticfile.org/vue/2.6.11/vue.min.js"></script>
 <script src="https://cdn.staticfile.org/jquery/3.4.1/jquery.min.js"></script>
</head>
<body><center><div id = "myApp">
 <input type="button" value="开始动态逐字输入字符" v-on:click="onClickButton"
        style="width:406px;height:26px;"/>
 <textarea  style="width:400px;height:130px;margin-top:2px;"
            id="myTextarea"></textarea>
</div></center>
<script>
 var vm = new Vue({ el: '#myApp',
                   data: { myIndex:0,
                           myChars:"芙蓉如面柳如眉,对此如何不泪垂。春风桃李花开夜,秋雨梧桐叶落时。西宫南苑多秋草,落叶满阶红不扫。梨园弟子白发新,椒房阿监青娥老。夕殿萤飞思悄然,孤灯挑尽未成眠。迟迟钟鼓初长夜,耿耿星河欲曙天。鸳鸯瓦冷霜华重,翡翠衾寒谁与共。悠悠生死别经年,魂魄不曾来入梦。临邛道士鸿都客,能以精诚致魂魄。为感君王辗转思,遂教方士殷勤觅。排空驭气奔如电,升天入地求之遍。上穷碧落下黄泉,两处茫茫皆不见。",},
                   methods :{
 onClickButton:function() {           //响应单击"开始动态逐字输入字符"按钮
    this.myIndex = -1;
    $("#myTextarea").text("");
    setInterval( function () {
```

```
            if ($("#myTextarea").text().length < vm.myChars.length) {
             vm.myIndex += 1;
             $("#myTextarea").text($("#myTextarea").text() +
                                        vm.myChars[vm.myIndex]);
            }
        }, 200);
    }, }, });
</script></body></html>
```

在上面这段代码中，setInterval(function(){函数体}, 200)表示每间隔200毫秒根据条件循环执行函数体的代码。此外需要注意的是：函数体中的vm.myIndex与this.myIndex是同一个变量，但是在setInterval()函数中必须这样写，即使用Vue的实例名称vm；其他变量与此类似。

此实例的源文件是MyCode\ChapD\ChapD196.html。

361　使用setTimeout实现延迟执行代码

此实例主要通过使用setTimeout()，实现在延迟定制的时间之后执行代码的效果。当在浏览器中显示页面时，单击“测试延迟执行代码”按钮，则将首先在下面的输入框中自动输入文本的前半部分内容，如图361-1所示；然后在延迟2000毫秒之后自动输入文本的后半部分内容，如图361-2所示。

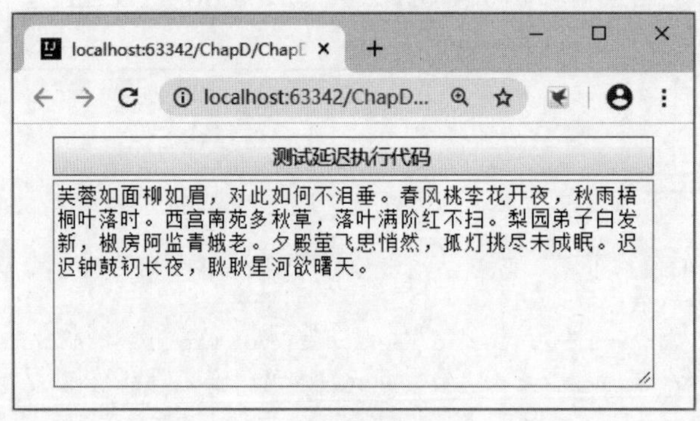

图　361-1

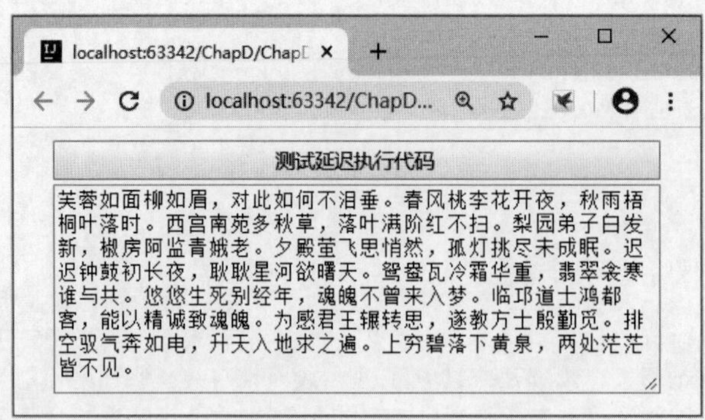

图　361-2

主要代码如下：

```
<!DOCTYPE html><html>
<head><meta charset="utf-8">
```

```
<script src="https://cdn.staticfile.org/vue/2.6.11/vue.min.js"></script>
 <script src="https://cdn.staticfile.org/jquery/3.4.1/jquery.min.js"></script>
</head>
<body><center><div id = "myApp">
 <input type="button" value="测试延迟执行代码"
        v-on:click="onClickButton" style="width:406px;height:26px;"/>
 <textarea  style="width:400px;height:130px;margin-top:2px;"
            id="myTextarea"></textarea>
</div></center>
<script>
 var vm = new Vue({ el: '#myApp',
                  data: { myChars1:"芙蓉如面柳如眉,对此如何不泪垂。春风桃李花开夜,秋雨梧桐叶落时。西宫南苑多秋草,落叶满阶红不扫。梨园弟子白发新,椒房阿监青娥老。夕殿萤飞思悄然,孤灯挑尽未成眠。迟迟钟鼓初长夜,耿耿星河欲曙天。",
                        myChars2:"鸳鸯瓦冷霜华重,翡翠衾寒谁与共。悠悠生死别经年,魂魄不曾来入梦。临邛道士鸿都客,能以精诚致魂魄。为感君王辗转思,遂教方士殷勤觅。排空驭气奔如电,升天入地求之遍。上穷碧落下黄泉,两处茫茫皆不见。", },
                   methods :{
 onClickButton:function() {         //响应单击"测试延迟执行代码"按钮
     $("#myTextarea").text(this.myChars1);
     setTimeout( function () {
      $("#myTextarea").text( $("#myTextarea").text() + vm.myChars2);
     }, 2000);
  }, },});
</script></body></html>
```

在上面这段代码中,setTimeout (function(){函数体}, 2000)表示在延迟 2000 毫秒之后执行函数体的代码。此外需要注意的是,在函数体中的 vm.myChars2 与数据属性 myChars2 是同一个变量,但是在 setTimeout()函数中必须这样写,即使用 Vue 的实例名称 vm。

此实例的源文件是 MyCode\ChapD\ChapD197.html。

图书资源支持

感谢您一直以来对清华版图书的支持和爱护。为了配合本书的使用，本书提供配套的资源，有需求的读者请扫描下方的"书圈"微信公众号二维码，在图书专区下载，也可以拨打电话或发送电子邮件咨询。

如果您在使用本书的过程中遇到了什么问题，或者有相关图书出版计划，也请您发邮件告诉我们，以便我们更好地为您服务。

我们的联系方式：

地　　址：北京市海淀区双清路学研大厦 A 座 714

邮　　编：100084

电　　话：010-83470236　010-83470237

客服邮箱：2301891038@qq.com

QQ：2301891038（请写明您的单位和姓名）

资源下载：关注公众号"书圈"下载配套资源。

资源下载、样书申请

书圈

获取最新书目

观看课程直播